AF565841

Francis Hunter

HOMÖOPATHIE
FÜR TIERE

WIDMUNG

Im Gedenken an meinen Bruder Roy (1929-2002).
Er war mehr als nur ein Verwandter; er war auch mein Freund
und sein ganzes Leben lang immer für mich da.

Francis Hunter

HOMÖOPATHIE
FÜR TIERE

Natürliche Hilfe bei den wichtigsten Beschwerden – für Hunde, Katzen, Pferde, Vögel, Hamster, Kaninchen, Ziegen, Schildkröten und viele weitere Tierarten

IMPRESSUM

Francis Hunter
Homöopathie für Tiere
Natürliche Hilfe bei den wichtigsten Beschwerden
–
für Hunde, Katzen, Pferde, Vögel, Hamster, Kaninchen,
Ziegen, Schildkröten und viele weitere Tierarten
1. Auflage 2015
2. Auflage 2015
3. Auflage 2023
ISBN 978-3-95582-034-3

Titel der englischen Originalausgabe:
Everyday Homeopathy for Animals

First published in 2004 by Beaconsfield Publishers Ltd., England

Übersetzung aus dem Englischen:
Shiela Mukerjee-Guzik
Layoutkonzept: Petra Pawletko
Satz und Layout: Karin Jerg

Herausgeber:
Narayana Verlag GmbH, Blumenplatz 2, 79400 Kandern
Tel.: +49 7626 974970-0
E-Mail: info@narayana-verlag.de
www.narayana-verlag.de

HINWEIS

Dieses Buch ist dazu gedacht, die Anweisungen und Ratschläge Ihres Tierarztes/Ihrer Tierärztin zu ergänzen. Krankheiten sind niemals gleichartig. Daher möchten wir Sie dringend bitten, sich nach den besten tiermedizinischen Möglichkeiten für Ihr Tier umzusehen, um sich umfassend zu informieren und so die besten Entscheidungen zum Wohle Ihres Tieres treffen zu können. Die Erwähnung bestimmter Firmen, Organisationen oder Fachleute bedeutet nicht, dass der Herausgeber diese unterstützt, noch, dass diese das vorliegende Buch unterstützen.

WICHTIGER HINWEIS

Als Halter von Haustieren ist es unsere Pflicht, stets für ihre Gesundheit und ihr Wohlbefinden Sorge zu tragen. Die Behandlungsempfehlungen, die Sie in dem vorliegenden Buch finden, sind größtenteils allgemeiner Art und zum unmittelbaren Einsatz bei weniger schwerwiegenden und nicht lebensbedrohlichen Erkrankungen gedacht. Sie können aber auch bei chronischen Problemen angezeigt sein, vor allem, wenn diese eine längere Behandlungsdauer erfordern.

Bei der Behandlung von Tieren spielen gute Lebensbedingungen und ausreichende liebevolle Fürsorge eine ebenso große Rolle wie beim Menschen. Gute und aufmerksame Pflege sind für die Unterstützung der Genesung von einer Krankheit oder einem sonstigen unerwünschten Zustand genauso wichtig wie Medikamente oder homöopathische Arzneimittel.

Kein Buch kann den Besuch bei einem Tierarzt[1] ersetzen. Dieser sollte im Zweifelsfall unbedingt konsultiert werden. Hatte Ihr Tier einen Unfall oder geht es ihm ganz offensichtlich sehr schlecht beziehungsweise hat es starke Schmerzen, vor allem aber, wenn Sie nicht wissen, was ihm eigentlich fehlt, sollten Sie sofort den Tierarzt rufen oder aufsuchen. Es ist vollkommen in Ordnung, wenn Sie homöopathische Erste Hilfe leisten, bevor sich der Tierarzt Ihr Tier anschauen kann, denn homöopathische Arzneien stören in keinem Falle die tierärztliche Behandlung. Ich kann nicht genug betonen, dass es unsere Pflicht als Besitzer und Schützer der Tiere ist, lieber früher als später einen Tierarzt zu Rate zu ziehen, denn die Tiere können nicht für sich selbst sprechen, und so müssen wir dafür sorgen, dass sie nicht unseretwegen unnötig leiden.

1 Der besseren Lesbarkeit wegen wird darauf verzichtet, die männliche und weibliche Schreibweise gleichzeitig oder alternativ zu verwenden, z. B. „der/die Leser/in, Tierbesitzer/in oder Tierarzt/Tierärztin". Im gesamten Text wird daher einheitlich die männliche Form verwendet. (Anm. d. Übers.)

INHALT

Hauptmittel 366

DANKSAGUNG

Dem verstorbenen Dr. David Gemmell und seiner Frau Irma schulde ich Dank dafür, dass ich ihre Ideen zum Aufbau dieses Buches übernehmen durfte.

Meine veterinärhomöopathischen Kollegen und ich danken der medizinischen Fakultät für Homöopathie (Faculty of Homeopathy) für ihre Unterstützung bei der Anerkennung unserer spezialisierten Arbeitsweise durch das *Royal College of Veterinary Surgeons*.

Außerdem möchte ich Christopher Day, John Saxton und dem verstorbenen George MacLeod meinen Dank dafür aussprechen, dass sie die Veterinärhomöopathie vor mehr als zwanzig Jahren mit Enthusiasmus und harter Arbeit ins Leben gerufen haben. Mein Dank gilt aber auch all jenen, die diesen Pionieren nachgefolgt sind und ihre Aufgabe mit eisernem Willen und Begeisterung fortgesetzt haben. Ich schulde der Homöopathie sehr viel – sie hat im Laufe der Jahre mein Leben verändert und Türen geöffnet, von denen ich früher nur träumen konnte.

Ich möchte auch meinem englischen Herausgeber John Churchill danken, dessen Ausdauer und Detailtreue dieses Werk erst möglich gemacht haben.

Schließlich danke ich meiner Frau Yvonne von ganzem Herzen für ihren Enthusiasmus und ihre Geduld in den drei Jahren, die ich gebraucht habe, um dieses Buch zu schreiben.

F. E. H.

VORWORT

Es scheint mir an der Zeit, ein umfangreiches Werk über die homöopathische Behandlung von Heimtieren zu veröffentlichen, da immer mehr Menschen Interesse an komplementären Therapieformen zeigen und um den Nutzen der Homöopathie für sich selbst, aber auch für ihre Tiere wissen.

Der erste Teil dieses Buches deckt grundlegende Probleme ab, die bei allen Tierarten auftreten können. Er beginnt mit der Behandlung von Unfällen, Notfällen und Erster Hilfe. Der größere Umfang dieses Buches ermöglicht es mir, darüber hinaus im zweiten Teil auf die wichtigsten der für die hier enthaltenen Tierarten spezifischen Erkrankungen einzugehen. Die einzelnen Kapitel sind relativ kurzgefasst und geben Hinweise zu den verschiedenen Behandlungsmöglichkeiten. Querverweise zum allgemeinen Teil wurden, soweit relevant, ebenfalls eingearbeitet.

Ich möchte dem Tierbesitzer die Augen öffnen – und zwar nicht nur für den möglichen Nutzen, sondern auch für die Grenzen einer homöopathischen oder sonstigen komplementären Behandlung der jeweiligen Erkrankungen. Es ist ein großer Fehler, ein Tier zu behandeln, ohne die notwendigen Kenntnisse von der jeweiligen Tierart und ihren Besonderheiten als Patient, aber auch ohne die Erfahrung bei der Wahl der richtigen Behandlungsform zu haben. Ein Durchschnittsmensch würde nicht im Traum daran denken, Akupunkturnadeln in sein Tier zu stechen, und in genau diesem Sinne sollte man ohne die entsprechende Erfahrung auch keine homöopathischen Arzneimittel verabreichen. Ich habe versucht aufzuzeigen, in welchen Fällen es in Ordnung ist, dass der Tierbesitzer sein Tier selbst behandelt, und wann er unbedingt tierärztlichen Rat einholen sollte.

Zuletzt möchte ich ausdrücken, dass ich große Bewunderung für das Buch *Everyday Homeopathy* des verstorbenen Dr. David Gemmell hege. Er war nicht nur ein erfahrener und mitfühlender Allgemeinarzt, sondern etliche Jahre lang auch der medizinische Registrar am *Royal London Homeopathic Hospital* (Königlich Homöopathisches Krankenhaus in London). Er war ein hervorragender Lehrer und ich hatte das Vergnügen, während meines Homöopathiestudiums an der Homöopathischen Fakultät in den frühen Achtzigerjahren einer seiner Schüler zu sein.

EINLEITUNG

Diese kurze Beschreibung der Grundlagen der Homöopathie sowie der Zubereitung und Anwendung von homöopathischen Arzneien erhebt keinesfalls den Anspruch auf Vollständigkeit. Sie soll dem Leser lediglich als Anleitung dienen, wie er den Inhalt dieses Buches am besten verstehen und umsetzen kann. Es gibt etliche hervorragende Bücher, in denen die Geschichte und Philosophie der Homöopathie ebenso wie die Herstellung und Verabreichung von homöopathischen Arzneimitteln umfassend erklärt wird. Eine Liste empfehlenswerter Literatur finden Sie im Anhang.

Was ist die Homöopathie?

Die Homöopathie ist eine medizinische Behandlungsform, bei der Substanzen nach einem speziellen Verfahren hergestellt und in sehr geringen Mengen verabreicht werden. Viele Stoffe, die in ihrer Ausgangsform giftig sind – beispielsweise Arsen oder Belladonna (die Tollkirsche), oder auch Schlangengifte – werden durch die spezielle Zubereitung zu sicheren und hochwirksamen Arzneien. Homöopathische Arzneimittel regen die körpereigenen Abwehrmechanismen an, sodass die Gesundheit des Patienten, sei es ein Mensch oder Tier, wiederhergestellt wird. Diese Arzneien sind auch bei chronischen Krankheiten, die nicht auf die üblichen Behandlungsmaßnahmen ansprechen, von besonderem Wert.

Die Homöopathie nimmt nicht den Platz der Schulmedizin für sich in Anspruch. Sie sollte als komplementäre Behandlungsform angesehen werden, die entweder eigenständig oder in Kombination mit einer von Ihrem Tierarzt verordneten schulmedizinischen Behandlung eingesetzt werden kann. Sie ist außerordentlich vielseitig und kann in den verschiedensten Bereichen angewendet werden:

1.) *Erste Hilfe.* z. B. Arzneien für Schock, Knochenbrüche, Beulen oder Wunden.
2.) *Organotrope oder „System"-Verschreibung.* Bestimmte Arzneien haben eine Affinität zu bestimmten Organen, z. B. Chelidonium zur Leber, Berberis zu den Nieren, der Blase und Leber, Crataegus zum Herzen und Kreislauf.
3.) *Konstitutionelle Verschreibung.* Diese stellt eine ganzheitliche Behandlungsform dar, da die verordnete Arznei auf der Grundlage aller mentalen und körperlichen Aspekte der Persönlichkeit und Gesundheit des Patienten gewählt wird. Sie kann sehr wirkungsvoll sein, erfordert aber die Beteiligung eines homöopathisch versierten Tierarztes. Daher gibt das vorliegende Buch dem Tierbesitzer keine entsprechende Anleitung. Allerdings wird an zahlreichen Stellen darauf hingewiesen, in welchen Fällen eine konstitutionelle Behandlung unter der entsprechenden Führung angezeigt erscheint.

Der historische Hintergrund

Ein System, in dem „Ähnliches durch Ähnliches geheilt wird", existiert schon seit Urzeiten. Es wurde bereits vor mehr als 2000 Jahren in hinduistischen Schriften beschrieben. Auch in den alten Schriften des Griechen Hippokrates sowie in den Werken von Galens im zweiten Jahrhundert vor Christus fand es Erwähnung, und Paracelsus wendete es im 16. Jahrhundert in Europa an.

Samuel Hahnemann (1755-1843) war ein deutscher Arzt, Chemiker, Sprachgelehrter und Philosoph. Bei der Übersetzung eines Textes des schottischen Arztes William Cullen zur Pflanzenheilkunde hatte er eine Eingebung, die schließlich zur Entwicklung der Homöopathie führte. Hahnemann war hinsichtlich der Wirkungsweise der Arznei Chinin anderer Auffassung als Cullen und probierte diese daraufhin an sich selber aus. Die Symptome einer Chinin-Vergiftung sind denen einer Malaria-Erkrankung sehr ähnlich. Malaria war zu jener Zeit auch als „Sumpffieber" bekannt und kam in der Gegend, in der Hahnemann lebte, sehr häufig vor. Hahnemann nahm so lange Chinarinde (die Quelle für Chinin) ein, bis er schließlich Symptome ähnlich jenen eines Malaria-Anfalls entwickelte. Diesen Vorgang bezeichnete er später als „Arzneimittelprüfung". Daraufhin heilte er sich selbst, indem er winzige Dosen derselben Substanz einnahm. Ermutigt durch diesen Erfolg führte er im Laufe seines Lebens gemeinsam mit Kollegen zahlreiche weitere Prüfungen durch, wobei er immer höhere Verdünnungen der zu prüfenden Substanzen verwendete. Schon bald war dabei eine Gesetzmäßigkeit zu erkennen. Die Gesamtheit der Informationen über die therapeutische Wirkung aller Arzneien, die von Hahnemann und seinen Nachfolgern geprüft wurden, wird auch als homöopathische Materia Medica bezeichnet.

Es ist ganz wichtig zu wissen, dass die Arzneimittelprüfungen zwar immer nur an freiwilligen menschlichen Prüfern und nicht an Tieren durchgeführt wurden, homöopathische Mittel bei Tieren aber dennoch genauso gut wirken wie beim Menschen.

Hahnemann legte seinem neuen System drei Prinzipien zugrunde, die zusammen das sogenannte Ähnlichkeitsgesetz bilden.

Das Ähnlichkeitsgesetz

1.) Jede pharmakologisch aktive Substanz führt bei einem gesunden und empfänglichen Individuum zu einer Reihe von Symptomen, die charakteristisch für die jeweilige Substanz sind.

2.) Jedes kranke Individuum, sei es Mensch oder Tier, entwickelt eine Reihe von Symptomen, die charakteristisch für die spezifische Erkrankung bzw. den jeweiligen Krankheitszustand sind. Man kann sie auch als „Veränderungen der Natur und Handlungen" des Patienten definieren.

3.) Heilung ist durch das Verschwinden der Krankheitssymptome gekennzeichnet und kann durch die Gabe von winzigen Dosen einer Substanz erzielt werden, die im Rahmen der Prüfung am gesunden Individuum dieselben Symptome hervorgerufen hat wie diejenigen, an denen der kranke Patient leidet.

Wie Sie dieses Buch einsetzen können

Das Buch gliedert sich in zwei Hauptteile. Im ersten Teil werden solche Krankheitszustände abgehandelt, die bei allen Haustierarten auftreten können. Der zweite Teil beschäftigt sich mit den einzelnen Tierarten und den Erkrankungen, die speziell bei diesen eine Rolle spielen. Eine rote Ampel zu Beginn des Abschnitts ist ein Warnsignal, dass möglichst schnell ein Tierarzt aufgesucht werden sollte. Bei einer gelben Ampel ist die Konsultation eines Tierarztes ratsam. Im Falle einer grünen Ampel kann erst eine homöopathische Behandlung versucht werden.

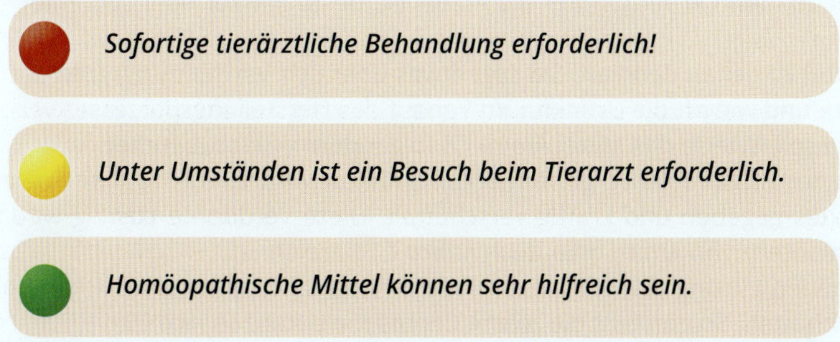

1.) Wenn Sie wissen, nach welchen Symptomen Sie suchen, schlagen Sie im entsprechenden Kapitel nach (z. B. Husten). Sie können auch im Sachregister am Ende dieses Buches nach der entsprechenden Seitenzahl suchen. Schlagen Sie die entsprechende Seite auf und lesen Sie sich die Hintergrundinformationen durch.
2.) Lesen Sie dann die Kurzbeschreibungen zu den einzelnen Mitteln und wählen Sie die Arznei aus, die am besten mit den Symptomen des Tieres übereinstimmt (z. B. „Bei Fieber, Schwitzen, Erregung und kräftigem Puls, oft auch mit erweiterten Pupillen") zusammen mit den Angaben zur empfohlenen Potenz und Dosierung (z. B. „***Belladonna* C30**, eine Gabe viermal täglich, fünf bis sieben Tage bis zur Besserung**"**).

In der primären Materia Medica am Ende dieses Buches finden Sie eine ausführliche Beschreibung aller Arzneien, die für die homöopathische Hausapotheke (siehe Anhang) empfohlen werden. Es sind Mittel, die Sie wahrscheinlich sehr häufig und unter den verschiedensten Umständen gebrauchen können, sodass es aus praktischen Gesichtspunkten sinnvoll ist, sie jederzeit zur Hand zu haben. Die sekundäre Materia Medica umfasst etwas weniger ausführlich alle anderen Arzneien, die in diesem Buch Erwähnung finden. Diese Informationen helfen Ihnen, ein immer besseres Verständnis für die Anwendung der Mittel und zunehmend Vertrauen in ihre Wirkung zu entwickeln.

Zubereitung homöopathischer Arzneien

Homöopathische Arzneien können aus fast allem hergestellt werden. In der Praxis sind ca. 50 bis 60 Prozent der Mittel pflanzlicher Herkunft, und aus diesem Grund wird die Homöopathie oft mit der Phytotherapie verwechselt. Die restlichen Arzneien werden aus Metallen, Mineralien und anderen natürlichen oder chemischen Substanzen hergestellt, darunter auch aus schädlichen Stoffen wie Giften, Toxinen und Krankheitsprodukten.

Die Herstellungsmethoden sind detailliert in den Pharmakopöen der Hersteller festgeschrieben und unterliegen kontrollierten Bedingungen. Lösliche Substanzen werden direkt zu einem Alkohol-Wasser-Gemisch gegeben. Unlösliche Stoffe müssen erst mit Mörser und Pistill auf eine definierte Weise mit Milchzucker verrieben werden. Dieser Vorgang wird auch als „Trituration" bezeichnet. Die Verreibung wird so lange durchgeführt, bis die Substanz fein genug ist und ebenfalls in einem Alkohol-Wasser-Gemisch gelöst werden kann. Die dabei entstehende Lösung wird in beiden Fällen als „Urtinktur" bezeichnet. Sie stellt die Grundlage für die weitere Zubereitung homöopathischer Arzneien dar.

Verdünnung und Potenzierung (Dynamisierung)

Ausgehend von der Urtinktur nimmt die Arzneikraft durch den weiteren Verdünnungsvorgang allmählich immer weiter zu, denn je verdünnter die Arznei ist, desto stärker oder „potenter" wird sie.

Die Potenz eines Mittel ist genau definiert. Sie sagt etwas über den Verdünnungsgrad der Arznei aus, also wie stark und wie oft die Urtinktur im Verlauf des Herstellungsprozesses verdünnt wurde. So wird beispielsweise das Mittel *Arnica* C6 folgendermaßen zubereitet:

Ein Tropfen der aus der Arnika-Pflanze gewonnenen Urtinktur wird zu 99 Tropfen eines Alkohol-Wasser-Gemisches gegeben und kräftig verschüttelt. Diese verdünnte Lösung wird nun als erste Centesimalpotenz von *Arnica* oder auch *Arnica* C1 bezeichnet.

Ein Tropfen dieser neuen Lösung (C1) wird nun wiederum mit 99 Tropfen eines Alkohol-Wasser-Gemisches verschüttelt. So entsteht die zweite Centesimalpotenz (*Arnica* C2).

Dieser Vorgang der Reihenverdünnung und Verschüttelung wird bis zur Potenz *Arnica* C6 fortgeführt. Auf dieser Stufe ist der Verdünnungsgrad bereits enorm – die Potenz C6 entspricht der Verdünnung von einem Teil zu Tausend Milliarden. Praktisch gesehen kann jede beliebige Verdünnungsstufe hergestellt werden.

Es gibt auch sogenannte „D"- oder Dezimalpotenzen. Diese werden in einem Mischungsverhältnis von 1:9 Tropfen anstatt 1:99 Tropfen wie bei der „C"- oder Centesimalpotenz hergestellt. Dezimalpotenzen werden in weiten Teilen Europas verwendet.

Wenn Sie ein bestimmtes Mittel geben möchten, aber nicht genau die Potenz bekommen können, die in diesem Buch angegeben ist, besteht kein Grund zu verzweifeln oder gar aufzugeben. *Geben Sie die Potenz, die Sie haben oder bekommen können.* Denken Sie immer daran, dass der Hauptgrund für die Wahl einer bestimmten Arznei *die Übereinstimmung der Symptome des Tieres mit der Symptomatik des Mittel ist.* Die Potenz der Arznei ist von wesentlich geringerer Bedeutung als die Wahl des richtigen Mittels.

Dosierung

Da in der Homöopathie die Dosis eine Form von Energie ist, die als Katalysator oder Reiz auf den Organismus wirkt, spielt die Größe der Dosis keine entscheidende Rolle. Ein Pferd bekommt dieselbe Dosis wie eine Maus.

Die Häufigkeit der Gabenwiederholung ist allerdings schon wichtig und hängt davon ab, ob es sich um eine akute und schwerwiegende oder um eine chronische und langdauernde Erkrankung handelt. In diesem Buch werden zu jeder Krankheit entsprechende Dosierungsrichtlinien gegeben. In manchen Notfällen kann es sich als notwendig erweisen, das Mittel über einen bestimmten Zeitraum alle 5-15 Minuten zu verabreichen. In chronischen Fällen ist es oft besser, die Arznei nur ein- bis dreimal täglich zu geben und die Behandlung unter Umständen auch von Zeit zu Zeit zu unterbrechen.

Wenn die gewählte Arznei zwar die gewünschte Wirkung zeigt, die Besserung der Symptome aber nicht vollständig ist, ist es oft zweckmäßig, das Mittel nach sieben bis zehn Tagen zu wiederholen. Wenn sich andererseits die Symptomatik ändert oder keine Besserung der bestehenden Symptome eingetreten ist, muss man die Situation neu überdenken und ein anderes Mittel wählen, das nun passender erscheint.

Geben Sie die Arznei nicht weiter, wenn die Symptome verschwunden sind (siehe auch: „Besserung").

Verschlimmerung

Manchmal scheint sich der Zustand nach der ersten oder den ersten zwei Arzneigaben sogar noch zu verschlimmern. Dies ist in der Homöopathie bekannt und normalerweise ein gutes Zeichen. Im Falle einer Verschlimmerung beendet man die Behandlung, und meist kommt es danach zu einer Besserung. Bei Bedarf kann man das Mittel in einer niedrigeren Potenz wiederholen, es ist allerdings auch möglich, dass danach ein anderes Mittel benötigt wird. Sollten Sie sich unsicher sein, suchen Sie einen homöopathisch versierten Tierarzt auf.

Besserung

Homöopathen verwenden diesen Begriff, der das Gegenteil der oben beschriebenen Verschlimmerung darstellt, wenn sich die Symptome oder der Allgemeinzustand des Patienten bessern. Grundsätzlich sollte die Arzneigabe mit Eintritt der Besserung beendet und nur dann erneut aufgenommen werden, wenn dieselben Symptome wiederkehren.

Verabreichung und Aufbewahrung der Arzneien

1.) Wichtig ist es, falls es möglich ist, die Arznei mindestens 20-30 Minuten vor oder nach der Fütterung zu geben. Lassen Sie das Tier nach der Gabe 20-30 Minuten nicht trinken. Die Mittel sind normalerweise als Globuli (Zuckerkügelchen) erhältlich und sollen über die Maulschleimhaut aufgenommen werden. Aus diesem Grunde sollte die Arznei auch vorzugsweise in den Mund oder auf die Zunge und nicht direkt in den Hals gegeben werden.
2.) Die Arzneien können auch ohne Bedenken sehr jungen Tieren (selbst wenn sie erst wenige Tage alt sind) und älteren Tieren verabreicht werden. Auch bei trächtigen Tieren ist die Anwendung in der Regel sehr sicher.
3.) Homöopathische Arzneien stören die Wirkung schulmedizinischer Medikamente nicht. Trotzdem ist es besser, einen Zeitabstand von mindestens 20 Minuten zwischen den Gaben einzuhalten. Es ist auch kein Problem, homöopathische Mittel einzusetzen, wenn bereits mit einer schulmedizinischen Behandlung begonnen wurde. Setzen Sie die schulmedizinischen Medikamente keinesfalls ab.
4.) Bewahren Sie die Arznei in dem dafür vorgesehenen Behältnis an einem geschützten Ort auf. Entnehmen Sie nur die Menge, die Sie gerade verabreichen möchten, und tun Sie dies mit trockenen und sauberen Händen.
5.) Die Arzneien verlieren ihre Wirkung, wenn sie verschmutzt, mehr als nötig in die Hand genommen, dem Sonnenlicht, flüchtigen Substanzen oder anderen Schadstoffen ausgesetzt werden. Sie sollten lichtgeschützt und bei Zimmertemperatur aufbewahrt werden.
6.) Die Behältnisse sollten fest verschlossen sein. Arzneien in Glasflaschen oder Ampullen behalten ihre Wirksamkeit über viele Jahre.

Definition einiger Begriffe, die in diesem Buch verwendet werden

Konstitutionsmittel

Wie bereits erwähnt, handelt es sich um sehr wichtige Arzneien, die für das homöopathische Konzept stehen, wonach jeder Patient ein einzigartiges Individuum darstellt. Der Wirkungsbereich eines Konstitutionsmittels deckt die gesamte körperliche und geistige Beschaffenheit eines Menschen oder Tieres ab.

Polychreste

Dieser Begriff bedeutet soviel wie „viele Anwendungsgebiete" und bezieht sich auf eine Gruppe von Arzneimitteln, die sehr häufig eingesetzt werden, da sie auf die verschiedensten Körperteile wirken und eine Vielzahl von Symptomen abdecken, die in keinem offensichtlichen Zusammenhang stehen.

Nosoden

Eine Nosode ist eine potenzierte homöopathische Arznei, die aus erkranktem Gewebe oder einer infektiösen Absonderung hergestellt wird. Nosoden stellen unter bestimmten Umständen eine Alternative zu herkömmlichen Impfstoffen dar, allerdings gibt es bisher keinen wissenschaftlichen Beweis dafür, dass sie denselben Schutz bieten wie orthodoxe Vakzinen. Auf der anderen Seite bergen sie nicht dieselben Risiken wie diese und sind frei von Nebenwirkungen.

Sarkoden

Diese Arzneien werden aus „gesunden" Stoffen hergestellt, z. B. aus Schlangengiften, Moschusöl etc. Dieser Begriff findet in dem vorliegenden Buch keine Verwendung, obwohl es sich bei etlichen der beschriebenen Mittel tatsächlich um Sarkoden handelt. Wenn Sie sich eingehender mit homöopathischer Literatur beschäftigen, werden Sie vielleicht auf diese Bezeichnung stoßen.

Modalitäten

Modalitäten sind ein wichtiger Aspekt in der Homöopathie und werden in diesem Buch häufig erwähnt. Sie beschreiben Umstände, durch die Symptome gebessert oder verschlimmert werden, und können der Schlüssel zur Wahl der richtigen Arznei sein. Beispiele sind:

1.) *Ort.* Beispielsweise Symptome, die vorzugsweise auf der linken oder rechten Körperseite auftreten.
2.) *Zeit.* Symptome, die zu bestimmten Tages- oder Nachtzeiten, in einem spezifischen Abschnitt eines Monats oder auch in einer bestimmten Jahreszeit besser oder schlechter zu sein scheinen.
3.) *Wetter.* Symptome, die durch Hitze oder Kälte, trockenes oder nasses bzw. feuchtes Wetter beeinflusst, sprich verschlimmert oder gebessert werden.
4.) *Temperatur.* Symptome, die durch heiße oder kalte Anwendungen verschlimmert oder gebessert werden.

Anzeigepflichtige Krankheiten

Erkrankungen, die eine Gefahr für die Öffentlichkeit, seien es Menschen oder Tiere, darstellen. Es ist gesetzlich vorgeschrieben, dass in einem solchen Fall die Behörden (Gesundheitsamt oder Veterinäramt) informiert werden müssen. Die Anzeigepflicht obliegt dem Tierarzt.

Zoonosen

Alle Infektionen oder Erkrankungen, die vom Tier auf den Menschen übertragen werden können.

Die Zusammenarbeit mit Ihrem Tierarzt

Vielleicht wohnen Sie sehr weit von der nächsten homöopathischen Tierarztpraxis oder Tierklinik entfernt und Ihr Haustierarzt ist nicht vom Wert der Homöopathie überzeugt.

Versuchen Sie nicht, ihn dazu zu bewegen, Ihre Auffassung zu teilen, da schließlich jeder ein Recht auf eine eigene Meinung hat, sondern geben Sie ihm zu verstehen, dass Sie sein Mitgefühl und seine Sorge um Ihr Tier zu schätzen wissen.

Möchten Sie den Rat eines qualifizierten homöopathischen Tierarztes einholen, können Sie sich bei den im Anhang genannten Stellen nach einer entsprechenden Adresse erkundigen. Einem Tierbesitzer steht es frei, die Meinung eines Tierarztes seiner Wahl einzuholen. Nichtsdestotrotz sollte er seinen Haustierarzt, der sonst für die Versorgung seines Tieres zuständig ist, darüber informieren, wenn er einen zweiten Tierarzt hinzuziehen möchte.

UNFÄLLE, NOTFÄLLE UND ERSTE HILFE

UNFÄLLE, NOTFÄLLE UND ERSTE HILFE

AUGENVERLETZUNGEN

Schlag auf das Auge

Quetschung im Bereich des Auges mit oder ohne Schmerzen („blaues Auge" beim Menschen).

oder

Das Auge ist rot und/oder entzündet. Evtl. eine leichte Absonderung.

→ ja → **Behandlung Zuhause**

oder

Ist das Sehvermögen beeinträchtigt?

oder

Behandlung zu Hause über 2-3 Tage mit nur geringer oder keiner Besserung.

→ ja → **Tierärztliche Behandlung erforderlich**

Fremdkörper

Kleine Staubpartikel oder Pollen, die zu Reizung des Auges und geringem Tränenfluss führen, mit oder ohne Reiben.

→ ja → **Behandlung Zuhause**

oder

Getreide- oder Grassamen, Spelzen, Metall, Holz oder jede andere Substanz, die zu Reizung des Auges mit Reiben und reichlichem Tränenfluss führt.

oder

Ist das Sehvermögen beeinträchtigt?

→ ja → **So schnell wie möglich zum Tierarzt**

AUGENVERLETZUNGEN

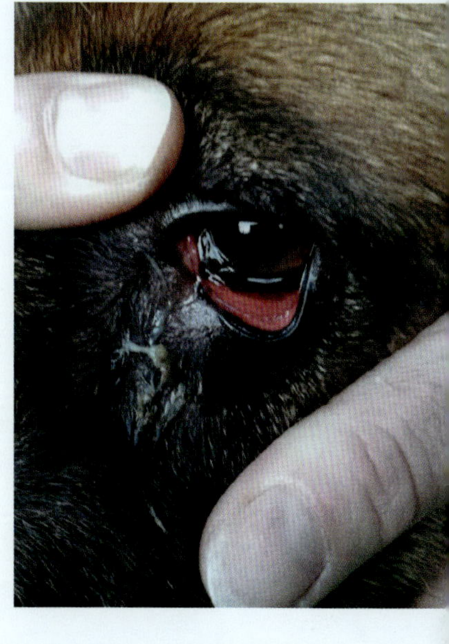

Baden Sie das betroffene Auge drei- bis viermal täglich mit einer Wasserauflösung von **Euphrasia**. Dazu geben Sie fünf Tropfen der Tinktur auf 200 ml abgekochtes und abgekühltes Wasser.

„Blaues Auge"

Alle Arten von Quetschungen.	***Arnica* C6** oder **C30.** Eine Gabe alle zwei Stunden, maximal sechs Gaben, dann drei- bis viermal täglich, einen oder zwei Tage lang, wenn noch Schmerzen bestehen.
Quetschung und deutliche Schmerzhaftigkeit.	***Ledum* C6**. Eine Gabe alle zwei Stunden, maximal fünf bis sechs Gaben.
Wenn der ganze Augapfel schmerzhaft erscheint.	***Symphytum* C6** oder **C30**. Eine Gabe alle zwei Stunden, maximal fünf bis sechs Gaben. Halten die Beschwerden oder Schmerzen an, wechselt man zu *Hypericum*.
Anhaltende Empfindlichkeit und Schmerzhaftigkeit.	***Hypericum* C6** oder **C30**. Eine Gabe alle zwei bis vier Stunden (bis zu sechsmal täglich), bis die Schmerzen abgeklungen sind.

„Blutauge"

Hellrotes Blut im Augenwinkel.	***Hamamelis* C6** oder **C30**. Eine Gabe alle zwei bis vier Stunden am ersten Tag (bis zu sechsmal täglich), dann drei- bis viermal täglich für zwei bis drei Tage bis zur Besserung
Fremdkörper	**Euphrasia-Augentropfen.**

Konjunktivitis

Entzündung der Bindehaut (der äußeren Schicht, die das „Augenweiß" einrahmt).	**Euphrasia-Augentropfen.** Bereiten Sie wie oben beschrieben eine Wasserauflösung zu und baden Sie das Auge drei- bis viermal täglich. Schlagen Sie auch unter dem Stichwort **Augenerkrankungen** nach.

Schmerzen

Allgemeine Empfindlichkeit.	***Hypericum* C6** oder **C30**. Eine Gabe alle 30-60 Minuten, maximal fünf bis sechs Gaben, dann drei- bis viermal täglich nach Bedarf.

BISSVERLETZUNGEN

Sofortige tierärztliche Behandlung erforderlich!

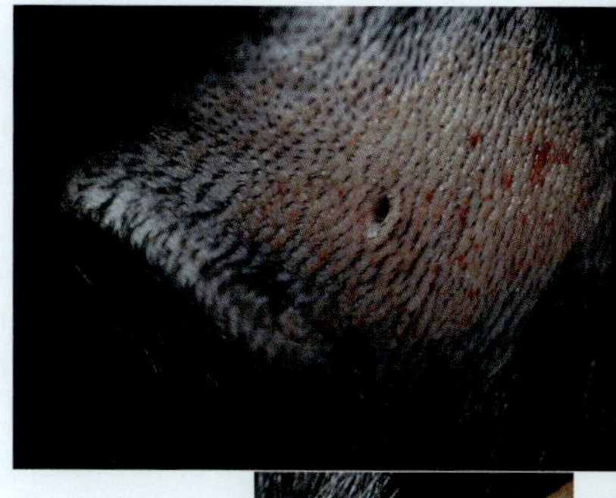

Die Eckzähne von Tieren, die zubeißen, wenn sie angreifen oder sich verteidigen, sind sehr scharf und spitz. Sie können tiefe Stichwunden verursachen, die augenscheinlich schnell abheilen. Aber weil die Zähne an der Oberfläche mit Bakterien behaftet sind, kann sich unter der Kruste eine Infektion mit vermehrter Wärme, Schwellung und Schmerzen entwickeln.

- Risswunden, große, tiefe und schmerzhafte Wunden. Suchen Sie sofort einen Tierarzt auf.
- Kleine Bissverletzungen. Setzen Sie homöopathische Arzneien ein, aber gehen Sie zum Tierarzt, wenn offensichtlich eine Infektion vorliegt.
- Bei Pferden rufen Sie im Zweifelsfall den Tierarzt.

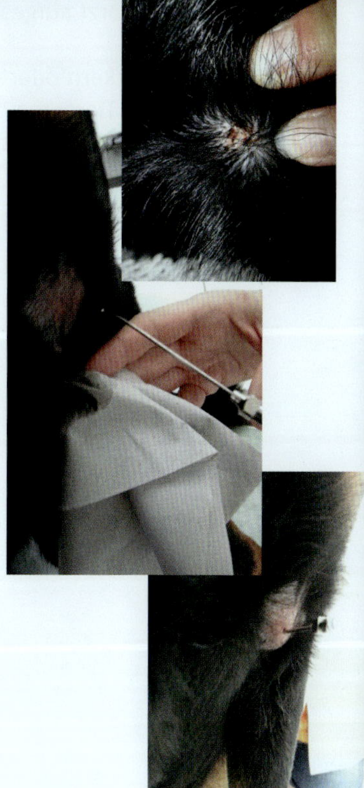

Wenn gerade ein Kampf stattgefunden hat und sich infolge der Bissverletzungen ein Schockzustand entwickelt.	***Aconitum* C30.** Eine Gabe alle 15-30 Minuten, vier- bis sechsmal nach Bedarf.
Dieses Mittel folgt gut auf *Aconitum*, kann aber auch gleich zu Beginn gegeben werden, wenn kein oder nur ein geringgradiger Schockzustand besteht.	***Arnica* C30.** Eine Gabe alle ein bis zwei Stunden, maximal vier Gaben, dann drei- bis viermal täglich, einige Tage bis zur Besserung. *Arnica* ist immer dann angezeigt und hilfreich, wenn eine Gewebeschädigung, Entzündung oder Quetschung vorliegt.
Bei Schmerzen. Anzeichen dafür können Appetitverlust, Unruhe, gedämpftes Verhalten, Hecheln, Japsen oder Lecken/Beknabbern der betroffenen Stelle sein.	***Hypericum* C30.** Eine Gabe drei- bis viermal täglich, zwei bis vier Tage bis zur Besserung.
Diese beiden Arzneien helfen, die Infektion einzudämmen und unterstützen die Wundheilung.	***Calendula* C6** und ***Ledum* C6**. Eine Gabe alle fünfzehn Minuten, eine Stunde lang, dann drei- bis viermal täglich für drei bis fünf Tage.

Versorgung der Wunde

Zur Reinigung der Wunde wäscht man sie drei- bis viermal täglich mit **Calendula-Lotion** aus. Macht die Wunde einen sauberen Eindruck, kann man die Heilung mit **Hypericum-** und **Calendula-Creme** unterstützen. Tragen Sie die Creme zwei- bis dreimal bis zur vollständigen Abheilung auf.

Ein Blutverlust nach einem Unfall oder einer Verletzung ist natürlich und hilft, die Wunde zu reinigen, sollte aber natürlich nicht zu lange anhalten. Es ist noch akzeptabel, wenn das Blut fünf bis zehn Minuten herauströpfelt, aber dann sollte der Gerinnungsvorgang schon beginnen. Eine solche Blutung betrifft kleinere Blutgefäße und hat meist keine weitreichenden Konsequenzen. Eine Blutung aus größeren Gefäßen ist sehr viel ernster, und es sollte umgehend ein Tierarzt aufgesucht werden, denn es könnte eine Arterie oder Vene betroffen sein.

- Heraussickern oder -tröpfeln von Blut. Geben Sie homöopathische Arzneien, aber suchen Sie einen Tierarzt auf, wenn die Blutung anhält.
- Pulsierendes, hellrotes Blut. Frei fließendes, dunkelrotes Blut. Suchen Sie sofort einen Tierarzt auf.

BLUTUNGEN

 ***Sofortige tierärztliche Behandlung erforderlich!***

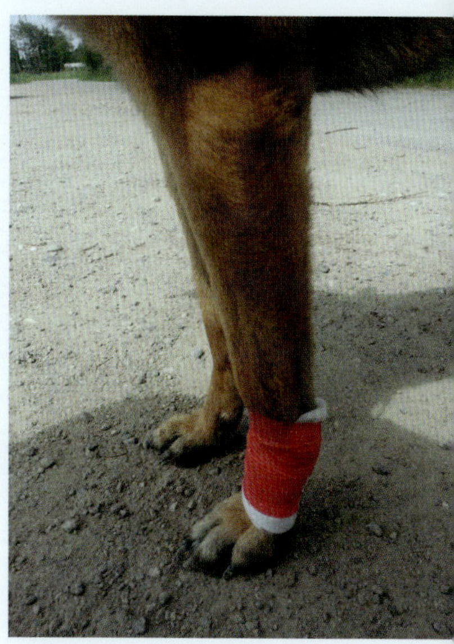

Ein Blutverlust nach einem Unfall oder einer Verletzung ist natürlich und hilft, die Wunde zu reinigen, sollte aber natürlich nicht zu lange anhalten. Es ist noch akzeptabel, wenn das Blut fünf bis zehn Minuten herauströpfelt, aber dann sollte der Gerinnungsvorgang schon beginnen. Eine solche Blutung betrifft kleinere Blutgefäße und hat meist keine weitreichenden Konsequenzen. Eine Blutung aus größeren Gefäßen ist sehr viel ernster und es sollte umgehend ein Tierarzt aufgesucht werden, denn es könnte eine Arterie oder eine Vene betroffen sein.

Arterielles Blut ist sauerstoffreich und daher von hellroter Farbe. Es wird synchron zum Herzschlag und Puls herausgepumpt. Venöses Blut kehrt aus dem Gewebe in das Herz zurück und ist sauerstoffarm. Es hat eine dunkelrote Farbe und fließt eher gleichmäßig aus der Wunde und nicht pulsierend. Eine sehr starke Blutung betrifft möglicherweise ein Hauptgefäß. In einem solchen Fall sollte Druck angewendet werden, um den sehr starken Blutverlust solange zu stoppen, bis Hilfe kommt. Dazu nimmt man einfach eine Bandage oder eine Mullkompresse und legt einen Druckverband an. Ist eine Gliedmaßenarterie betroffen, bindet man diese mit einem Band oder etwas Ähnlichem (Mullbinde, Gürtel, Leine, Halsband, etc.) oberhalb der Wunde ab (Aderpresse). Dies bringt die Blutung zum Stillstand.

- Heraussickern oder -tröpfeln von Blut. Geben Sie homöopathische Arzneien, aber suchen Sie einen Tierarzt auf, wenn die Blutung anhält.
- Pulsierendes, hellrotes Blut. Frei fließendes, dunkelrotes Blut. Suchen Sie sofort einen Tierarzt auf!

Bei Schock.	***Aconitum* C30**. Beginnen Sie sofort mit der Behandlung und geben Sie alle 15-30 Minuten eine Dosis, maximal vier Gaben

Symptome	Mittel
Bei Blutungen infolge einer Verletzung, die noch frisch und nur leicht ist. Hilfreich bei Blutungen an der Ohr- oder Schwanzspitze und bei allen anderen kleinen Wunden, die nicht so einfach verbunden werden können.	***Arnica* C30.** Eine Gabe alle vier Stunden, ein bis drei Tage lang nach Bedarf
Bei dunklen, anhaltenden, nicht gerinnenden, aber nur leichten Blutungen.	***Hamamelis* C6** oder **C30.** Eine Gabe dreimal täglich, drei bis fünf Tage lang
Wenn das Tier nach einem starken Blutverlust geschwächt ist.	***China officinalis* C30.** Eine Gabe alle vier Stunden, ein bis zwei Tage lang
Bei hellroten, anhaltenden Blutungen. Bevor der Tierarzt eintrifft.	***Ipecacuanha* C30.** Eine Gabe alle 30-60 Minuten, maximal vier Gaben, dann drei- bis viermal täglich, einen oder zwei Tage lang nach Bedarf
Bei oberflächlichen und leichten Blutungen, v. a. solchen, die immer wieder auftreten, aber nicht ernsthaft sind (z. B. leichtes Nasenbluten).	***Phosphorus* C6**. Eine Gabe alle 30-60 Minuten, maximal vier Gaben, dann drei- bis viermal täglich, einen oder zwei Tage lang nach Bedarf.

GEHIRNERSCHÜTTERUNG

(Teilweiser oder vollständiger Verlust des Bewusstseins)

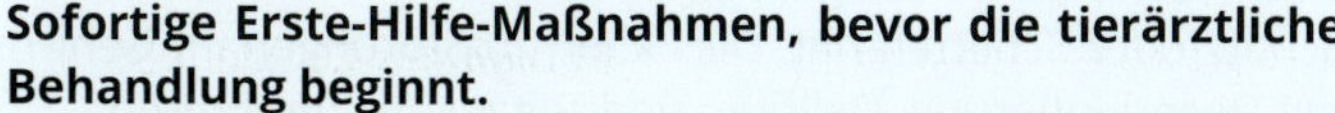

Sofortige tierärztliche Behandlung erforderlich!

Sofortige Erste-Hilfe-Maßnahmen, bevor die tierärztliche Behandlung beginnt.

Bei bestehendem Schock.	**Rescue Remedy.** Geben Sie ein paar Tropfen direkt auf die Zunge. Wiederholung nach 5-15 Minuten, zwei- bis dreimal nach Bedarf.
Unterstützt jegliche tierärztliche Behandlung.	***Arnica* C30.** Eine Gabe alle zwei bis vier Stunden, maximal sechs Gaben, dann drei- bis viermal täglich, einige Tage bis zur Besserung.

HITZSCHLAG

Es ist ratsam, einen Tierarzt aufzusuchen, wenn das Tier sehr schwer atmet und offensichtliche Beschwerden hat.

Ein Hitzschlag kann auftreten, wenn ein Hund lange Zeit intensivem Sonnenlicht ausgesetzt ist und keinen ausreichenden Schutz oder Schatten hat. Dies kann zu Störungen im Gehirn mit Desorientierung, Delirium und sogar zum Tod führen.

Aus diesem Grund ist es extrem wichtig, dass Hunde und auch andere Tiere im Sommer, jedoch auch im Frühjahr oder Herbst, bei warmem Wetter und Sonnenschein niemals unbeaufsichtigt im Auto zurückgelassen werden, da die Temperatur im Auto sehr schnell ansteigt.

Hauptsymptome

Das Tier ist unruhig und atmet schwer, u. U. mit Keuchen und Röcheln. Es macht einen schwerkranken Eindruck.

Bei allen genannten Hauptsymptomen.	***Aconitum* C30.** Sofort eine Gabe, die drei- bis viermal im Abstand von einer Stunde wiederholt wird, dann bei Bedarf viermal täglich.
Als Folgemittel nach *Aconitum*, wenn die Beschwerden anhalten.	***Belladonna* C30.** Eine Gabe dreimal täglich, zwei bis drei Tage bis zur Besserung. In akuten Fällen mit ausgeprägten Beschwerden können diese beiden Mittel drei- bis viermal täglich im Wechsel gegeben werden, einen oder zwei Tage.
Bei allen genannten Hauptsymptomen.	**Rescue Remedy**. Geben Sie ein paar Tropfen auf die Innenseite der Lippen oder die Zunge und wiederholen Sie dies alle fünf bis zehn Minuten, bis die Symptome abklingen und eine Besserung deutlich erkennbar ist.

INSEKTENSTICHE

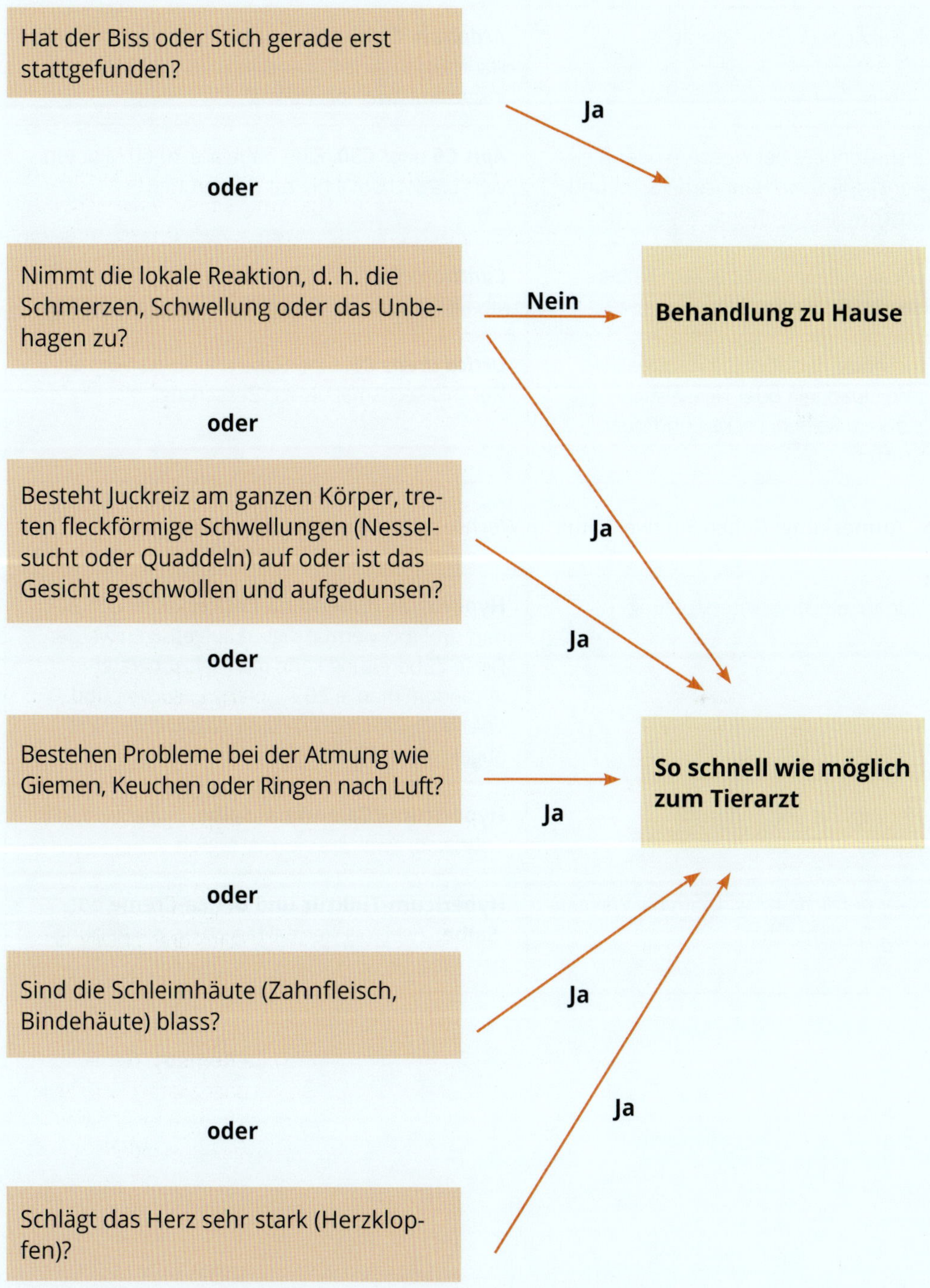

INSEKTENSTICHE

Bei Schock und Nervosität.	***Aconitum* C30.** Heiße, trockene, rote (brennende) Haut. Sofort eine Gabe, dann alle 15-30 Minuten, insgesamt zwei- bis viermal.
Insbesondere bei Wespen- oder Bienenstichen. Die Haut ist heiß, rot und geschwollen.	***Apis* C6** oder **C30.** Eine Gabe alle 30-60 Minuten, vier- bis sechsmal bis zur Besserung.
Lokale Reizung mit starkem Reiben, Lecken und/oder Kratzen.	***Cantharis* C6.** Sofort eine Gabe, dann stündlich, vier- bis sechsmal bis zur sichtbaren Besserung.
Juckende, fleckförmige Hautreaktion (wie Quaddeln oder Nesselsucht) mit starkem Reiben, Lecken und/oder Kratzen.	***Urtica urens* C6.** Eine Gabe alle 30-60 Minuten, vier- bis sechsmal bis zur Besserung.

▶ **Anmerkung**: Geben Sie zwei Mittel im Wechsel, wenn die Wahl zu schwierig ist.

Zur äußerlichen Unterstützung	**Hypericum-/Calendula-Lotion** kann nach Bedarf drei- bis viermal täglich aufgetragen werden. Diese Zubereitung kann man selbst herstellen, indem man je 20 Tropfen *Hypericum-* und *Calendula-Tinktur* auf 200 ml abgekochtes und abgekühltes Wasser gibt.
Beruhigend und lindernd.	**Hypericum-/Calendula- Salbe.** (*Hypericum* und *Calendula*) Zwei- bis viermal täglich.
Sehr nützlich und wirksam bei Wespen- oder Bienenstichen.	**Hypericum-Tinktur und Urtica-Creme** oder -**Salbe.** Zwei- bis viermal täglich bis die Reizung nachlässt.

KNOCHENBRÜCHE

(Frakturen)

Wurde die Verletzung durch einen Verkehrsunfall oder schweren Schlag verursacht? → **Ja** → **So schnell wie möglich zum Tierarzt**

oder

War das Tier bewusstlos, wenn auch nur für kurze Zeit? → **Ja** → **So schnell wie möglich zum Tierarzt**

oder

Sind die Schleimhäute (Zahnfleisch, Bindehäute) blass oder weiß? → **Ja** → **So schnell wie möglich zum Tierarzt**

oder

Sieht es so aus, als wäre der Rücken oder das Becken verletzt? → **Ja** → **So schnell wie möglich zum Tierarzt**

oder

Ist das betroffene Bein gebeugt, verkrümmt, sieht es deformiert aus, oder läuft das Tier auf drei Beinen? → **Ja** → **So schnell wie möglich zum Tierarzt**

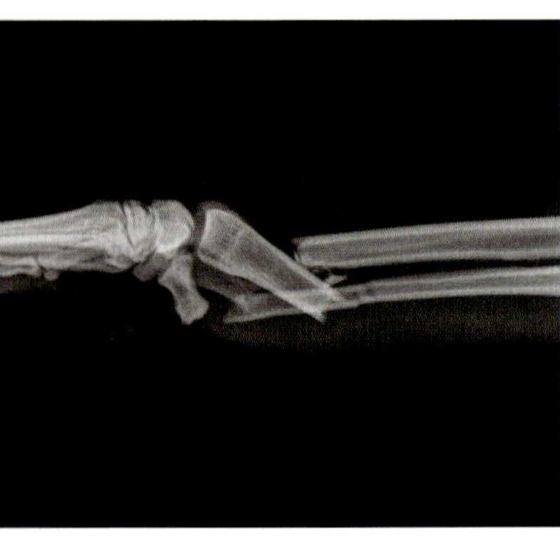

KNOCHENBRÜCHE

(Frakturen)

Sofortige tierärztliche Behandlung erforderlich!

Besteht der Verdacht auf einen Knochenbruch oder ist dieser offensichtlich, hat das Tier oft gleichzeitig einen Schock, der leicht bis sehr schwer sein kann.

Homöopathische Mittel können sehr gut unterstützend zur Schockbehandlung und Förderung der Knochenheilung eingesetzt werden.

Eine sofortige tierärztliche Behandlung ist erforderlich, um dem Schock entgegenzuwirken, die Diagnose zu bestätigen und so schnell wie möglich eine entsprechende Behandlung einzuleiten.

Sofortige Erste Hilfe

Schock.	***Aconitum* C30.** Sofort eine Gabe, dann alle 10-15 Minuten, maximal sechs Gaben nach Bedarf. **Rescue Remedy.** Ein paar Tropfen direkt auf die Zunge oder in ein wenig Wasser aufgelöst, zusammen mit *Aconitum*.
Quetschungen.	***Arnica* C6** oder **C30.** Folgt gut auf *Aconitum* bzw. kann mit diesem alle 30-60 Minuten im Wechsel gegeben werden, bis zu drei oder vier Gaben von jedem Mittel.

Nach dem Besuch beim Tierarzt zur häuslichen Weiterbehandlung:

Quetschungen.	***Arnica* C6** oder **C30.** Eine Gabe drei- bis viermal täglich, einige Tage bis zur Besserung.
Zur Kräftigung der Knochen.	***Calcium phosphoricum* C6.** Eine Gabe einmal täglich, sechs bis acht Wochen lang.

Zur Förderung der Knochenheilung.	***Symphytum* C6** oder **C30.** Diese Arznei unterstützt eine gute Kallusbildung an der Frakturstelle. Eine Gabe zwei- bis dreimal täglich, zwei bis drei Wochen lang. *Symphytum* lindert auch die bohrenden Schmerzen, die oft bei einem Knochenbruch auftreten.

KOLLAPS

Sofortige tierärztliche Behandlung erforderlich. Unabhängig von der Ursache für den Kollaps ist es sowohl möglich als auch hilfreich, zusätzlich homöopathische Arzneien einzusetzen.

Hauptsymptome

Der plötzliche Kollaps eines Tieres ist für den Besitzer bzw. die verantwortliche Person immer ein extrem erschreckendes Erlebnis. Das Tier ist vielleicht noch bei Bewusstsein, kann aber nicht mehr stehen oder sich bewegen. Auf der anderen Seite kann es auch bewusstlos sein und sich überhaupt nicht mehr rühren. Dabei kann es auch zu unfreiwilligem Kot- oder Harnabsatz kommen.

Sofortbehandlung, während Sie auf den Tierarzt warten

Sie können die gewählte Arznei zwischen zwei Lagen sauberem Papier zerdrücken und das Pulver auf die Innenseite der Lippen oder unter die Zunge geben. Alternativ kann das Mittel auch zerdrückt und in ein wenig Wasser aufgelöst dem Tier auf die gleiche Weise in kleinen Mengen (Schlucken) eingeflößt werden. Globuli können unzerdrückt auf die Innenseite der Lippen gelegt werden.

Immer, wenn ein Schock vorliegt.	**Rescue Remedy.** Geben Sie ein paar Tropfen direkt auf die Zunge. Wiederholen Sie dies nach 5-15 Minuten, zwei- oder dreimal nach Bedarf.
Bekannt als der „Leichenerwecker".	***Carbo vegetabilis* C6** oder **C30**. Sofort eine Gabe, dann alle 10-15 Minuten, während Sie auf den Tierarzt warten.
Bei Herz- oder Kreislaufproblemen, bläulichem Zahnfleisch, schwerer Atmung und/oder kalten Beinen und Füßen.	***Laurocerasus* C6.** Eine Gabe alle 10-15 Minuten, maximal vier Gaben, während Sie auf den Tierarzt warten.

KOPFVERLETZUNGEN

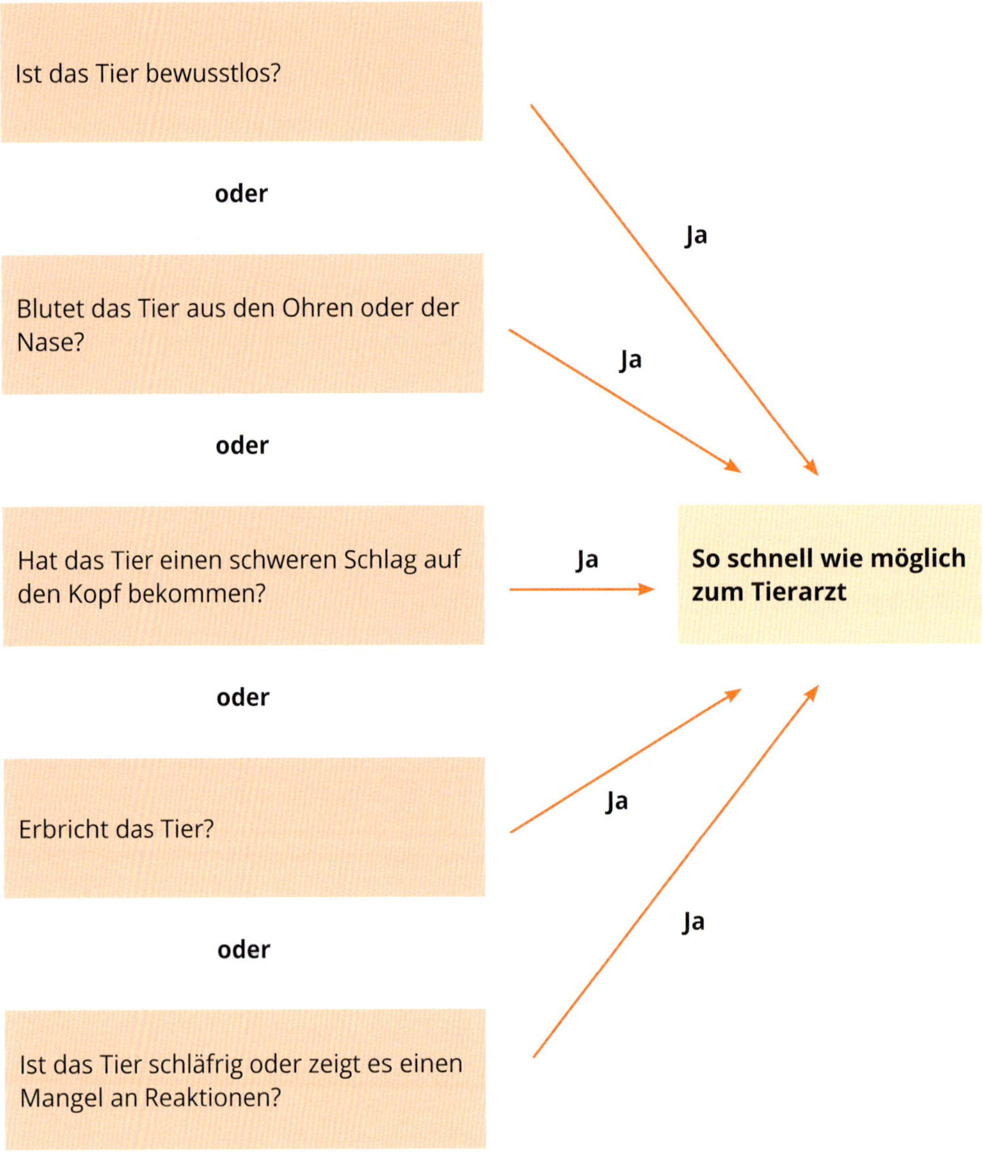

Ist das Tier bewusstlos?

oder

Blutet das Tier aus den Ohren oder der Nase?

oder

Hat das Tier einen schweren Schlag auf den Kopf bekommen?

oder

Erbricht das Tier?

oder

Ist das Tier schläfrig oder zeigt es einen Mangel an Reaktionen?

Ja → **So schnell wie möglich zum Tierarzt**

KOPFVERLETZUNGEN

Sofortige tierärztliche Behandlung erforderlich!

Sofortige Erste Hilfe

Legen Sie das Tier mit tiefgelagertem Kopf, geöffnetem Maul und herausgezogener Zunge auf die Seite. Stellen Sie sicher, dass die Atemwege frei sind, und die Atmung nicht blockiert wird.

Während Sie auf den Tierarzt warten	**Rescue Remedy.** Geben Sie sofort ein paar Tropfen auf die Zunge. Wiederholen Sie dies nach jeweils 5-15 Minuten zwei- oder dreimal nach Bedarf.
Bei Schock und Angst.	***Aconitum* C30.** Sofort eine Gabe und dann erneut nach 5-15 Minuten, wenn immer noch Anzeichen eines Schocks vorliegen (Hecheln, Keuchen, Unruhe, deutliche Beschwerden, Aufschreien, blasse Schleimhäute).
Bei Quetschungen, Schmerzen und Schock.	***Arnica* C6** oder **C30.** Eine Gabe alle 30-60 Minuten, maximal fünf oder sechs Gaben.
Spätere Behandlung Beide Mittel sind sehr hilfreich nach Kopfverletzungen.	***Arnica* C6** oder **C30** und ***Natrium sulphuricum* C6** oder **C30.** Eine Gabe zwei- bis dreimal täglich, fünf bis sieben Tage lang.

QUETSCHUNGEN, BLUTERGÜSSE

Blutergüsse (Hämatome)

Dabei handelt es sich um eine Ansammlung von Blut unter der Haut. Die Haut der Tiere ist meistens dicker und fester als die des Menschen, sodass es nach einem Stoß oder Schlag gut sein kann, dass die Haut nicht aufplatzt, es aber darunter zu einer Blutung kommt.

Quetschungen

Tiere können, genau wie Menschen, Quetschungen erleiden, wenn sie einen Stoß gleich welcher Art, abbekommen. Die Quetschung ist aber in der Regel nicht sichtbar, weil sie von Fell, Haaren oder Wolle bedeckt wird. Ist sie doch zu sehen, sieht eine Quetschung ganz ähnlich aus wie beim Menschen und ist rötlich-blau gefärbt. Hat man den Verdacht, dass eine Quetschung vorliegt, auch wenn nichts zu erkennen ist, und geht sie mit Schmerzen, Schwellung oder Muskelsteifheit einher (möglicherweise auch einer Lahmheit, wenn eine Gliedmaße beteiligt ist), wird eine homöopathische Behandlung den Zustand lindern.

Quetschungen und Blutergüsse

Kleiner Bereich	Geben Sie homöopathische Arzneien.
Großer Bereich und/oder schmerzhaft	Suchen Sie einen Tierarzt auf und geben Sie zusätzlich die entsprechenden homöopathischen Mittel.

Geben Sie ***Arnica* C6** oder **C30,** das beste Mittel bei Quetschungen und/oder Hämatomen. Eine Gabe alle ein bis zwei Stunden, maximal vier Gaben, dann drei- bis viermal täglich bis zur Besserung.

Bringen Sie zwei- bis viermal täglich **Hypericum-/Calendula-Lotion** auf. Diese Zubereitung kann selbst hergestellt werden, indem man je 20 Tropfen *Hypericum- und Calendula-Tinktur* auf 200 ml abgekochtes und abgekühltes Wasser gibt.

SCHOCK

Sofortige tierärztliche Behandlung erforderlich!

Ein Schock kann jederzeit und im Rahmen vieler Unfälle, Verletzungen oder anderer Ereignisse auftreten. Suchen Sie unbedingt einen Tierarzt auf, wenn Sie im Zweifel sind oder wenn die Symptome andauern bzw. sich sogar verschlimmern. Setzen Sie bis zur tierärztlichen Behandlung schon homöopathische Arzneien ein.

Hauptsymptome

Diese können sehr variieren. In leichten Fällen zeigt das Tier vielleicht nur Angst und Unruhe, eine erhöhte Atemfrequenz, evtl. auch Hecheln oder Schnaufen und eine gewisse Erregung. In schweren Fällen kann es wie erstarrt erscheinen oder kollabieren. Dann kann es vielleicht auch nicht mehr stehen oder sich bewegen. Unwillkürlicher Harn- oder Kotabsatz ist ebenfalls möglich.

Sofortige Erste Hilfe

Sie können die gewählte Arznei zwischen zwei Lagen sauberem Papier zerdrücken und das Pulver auf die Innenseite der Lippen oder unter die Zunge geben. Flüssigkeiten können dem Tier auf die gleiche Weise in kleinen Mengen (Schlucken) eingeflößt werden. Globuli können Sie unzerdrückt auf die Innenseite der Lippen legen.

Wenn gerade ein Kampf stattgefunden hat und sich infolge der Bissverletzungen ein Schockzustand entwickelt.	***Aconitum* C30.** Eine Gabe alle 15-30 Minuten, vier- bis sechsmal nach Bedarf.
Dieses Mittel folgt gut auf *Aconitum*, kann aber auch gleich zu Beginn gegeben werden, wenn kein oder nur ein geringgradiger Schockzustand besteht.	***Arnica* C30.** Eine Gabe alle ein bis zwei Stunden, maximal vier Gaben, dann drei- bis viermal täglich, einige Tage bis zur Besserung. *Arnica* ist immer dann angezeigt und hilfreich, wenn eine Gewebeschädigung, Entzündung oder Quetschung vorliegt.
Bei allen beschriebenen Symptomen.	**Rescue Remedy.** Ein paar Tropfen direkt oder in etwas Wasser auf oder unter die Zunge. Wiederholen Sie die Gabe alle fünf bis zehn Minuten, bis die Schocksymptome nachlassen und sich eine sichtbare Besserung einstellt.
Bei offensichtlichen Schmerzen. Anzeichen dafür können Angst, Unruhe, gedämpftes Verhalten, Hecheln, Japsen oder Erregung sein.	***Hypericum* C30.** Eine Gabe alle 30-60 Minuten, vier- bis sechsmal sofern notwendig bzw. während die tierärztlichen Untersuchungen laufen.

VERBRENNUNGEN UND VERBRÜHUNGEN

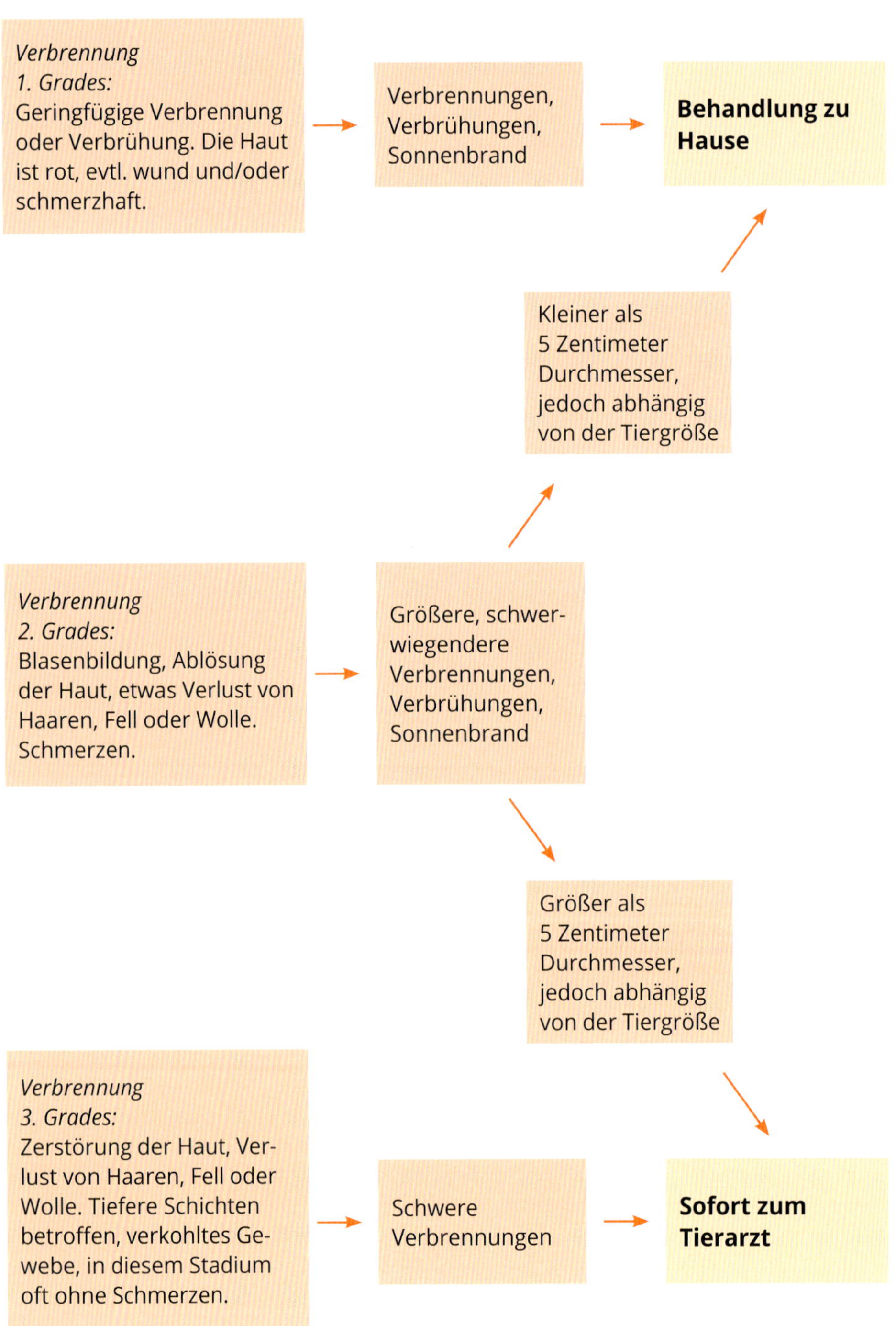

VERBRENNUNGEN UND VERBRÜHUNGEN

 ***Sofortige tierärztliche Behandlung erforderlich!***

Suchen Sie umgehend einen Tierarzt auf, wenn Sie sich über die Größe oder das Ausmaß der Verbrennung oder Verbrühung nicht im Klaren sind.

Das Tier erleidet dabei so gut wie immer auch einen Schock unterschiedlichen Schweregrades, je nachdem wie schwer die Verbrennung oder Verbrühung ist, deshalb sollten Sie sofort die entsprechenden Schockmittel verabreichen.

Jede Verbrennung oder Verbrühung sollte ernst genommen werden. Aufgrund des Fells oder der Wolle ist es vielleicht nicht unbedingt sofort ersichtlich, dass überhaupt eine Schädigung stattgefunden hat und das Ausmaß bzw. die Schwere der Verletzung ist mitunter nicht einfach zu bestimmen.

Sofortige Erste Hilfe

Waschung mit warmem Wasser fünf bis zehn Minuten lang.

Schock.	***Aconitum* C30.** Eine Gabe alle 15 Minuten, maximal vier- bis sechsmal. Wiederholen Sie das Mittel später, wenn die Schocksymptome verzögert auftreten.
Schmerzen: Verbrennung ersten Grades.	***Urtica urens* C6.** Eine Gabe alle 15 Minuten, maximal vier- bis sechsmal. Wiederholen Sie das Mittel, wenn die Schmerzen anhalten oder wiederkehren.
Schmerzen: Verbrennung zweiten Grades Aufgeplatzte Haut und Blasenbildung.	***Causticum* C6** oder **C30.** Eine Gabe alle zwei bis drei Stunden bis zur Besserung. (Dann bei Bedarf weitere drei bis vier Tage lang, vier- bis sechsmal täglich.)
Schmerzen: Verbrennung dritten Grades Zerstörung tieferliegender Gewebeschichten.	***Cantharis* C6.** Eine Gabe alle ein bis zwei Stunden, bis zu sechs Gaben, dann noch einige Tage lang drei- bis viermal täglich, bis das Tier keine starken Beschwerden mehr zeigt und aufgehört hat, die betroffene Stelle ständig zu reiben oder zu lecken.

Zur äußerlichen Unterstützung.	Geben Sie vier- bis sechsmal täglich **Hypericum-/Calendula- Lotion** oder **Urtica-urens-Lotion** auf die betroffene Stelle. Diese Zubereitungen kann man selbst herstellen, indem man je 20 Tropfen der Tinkturen auf 200 ml abgekochtes und abgekühltes Wasser gibt.

WUNDEN – ABSCHÜRFUNGEN, KRATZER UND SCHRAMMEN

Frische oberflächliche Abschürfung

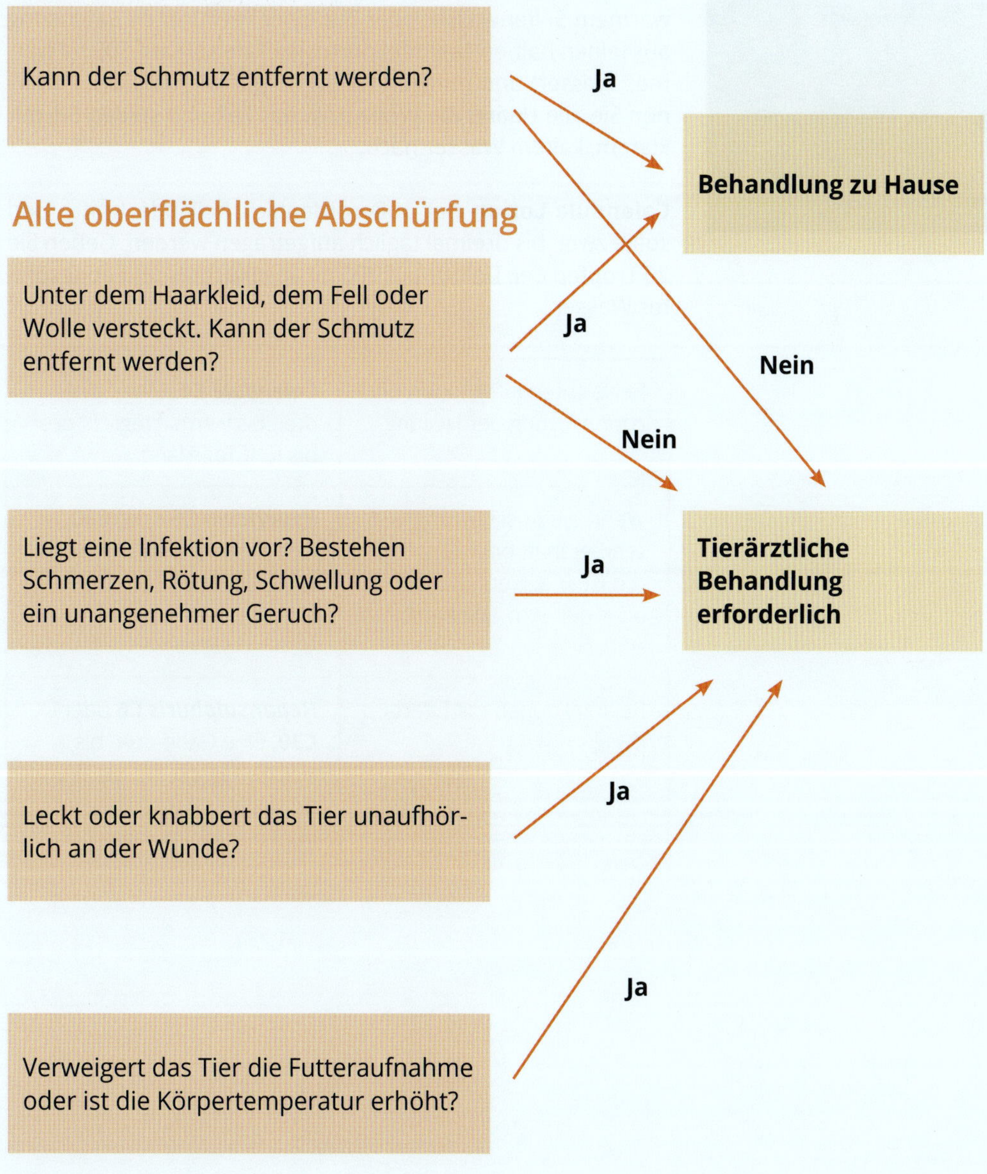

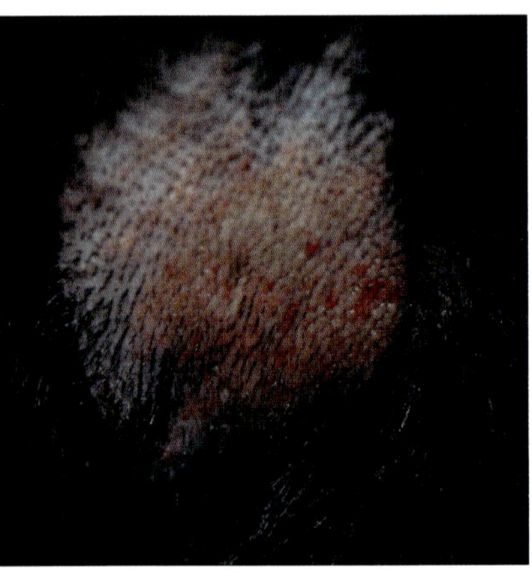

WUNDEN – ABSCHÜRFUNGEN, KRATZER UND SCHRAMMEN

Sofortige Erste Hilfe

Ist die betroffene Stelle sehr verschmutzt, waschen Sie sie mit warmem Seifenwasser oder mit einer verdünnten Salzlösung aus (einen halben Teelöffel normales Tafelsalz auf 500 ml warmes Wasser) und reinigen Sie sie so gut wie möglich. Entfernen Sie alle Haare, die Wolle bzw. das Fell und spülen Sie mit klarem, kaltem Wasser nach.

Calendula-Lotion hat außerordentlich heilende Kräfte und sollte zwei- bis dreimal täglich aufgetragen werden. Geben Sie 20 Tropfen der Tinktur auf 200 ml abgekochtes und abgekühltes Wasser.

Bei leichten Infektionen und zur Anregung der Heilung.	***Calendula* C6.** Eine Gabe drei- bis viermal täglich, drei bis fünf Tage lang.
Wenn die Abschürfung schmerzhaft oder empfindlich ist, v. a. wenn die Zehen oder der Schwanz betroffen sind.	***Hypericum* C6** oder **C30.** Eine Gabe drei- bis viermal täglich, drei bis fünf Tage lang.
Bei Infektionen mit Eiterbildung.	***Hepar sulphuris* C6** oder **C30.** Eine Gabe drei- bis viermal täglich, bis die Wunde sauber ist und abheilt (fünf bis sieben Tage).

WUNDEN – INFIZIERT

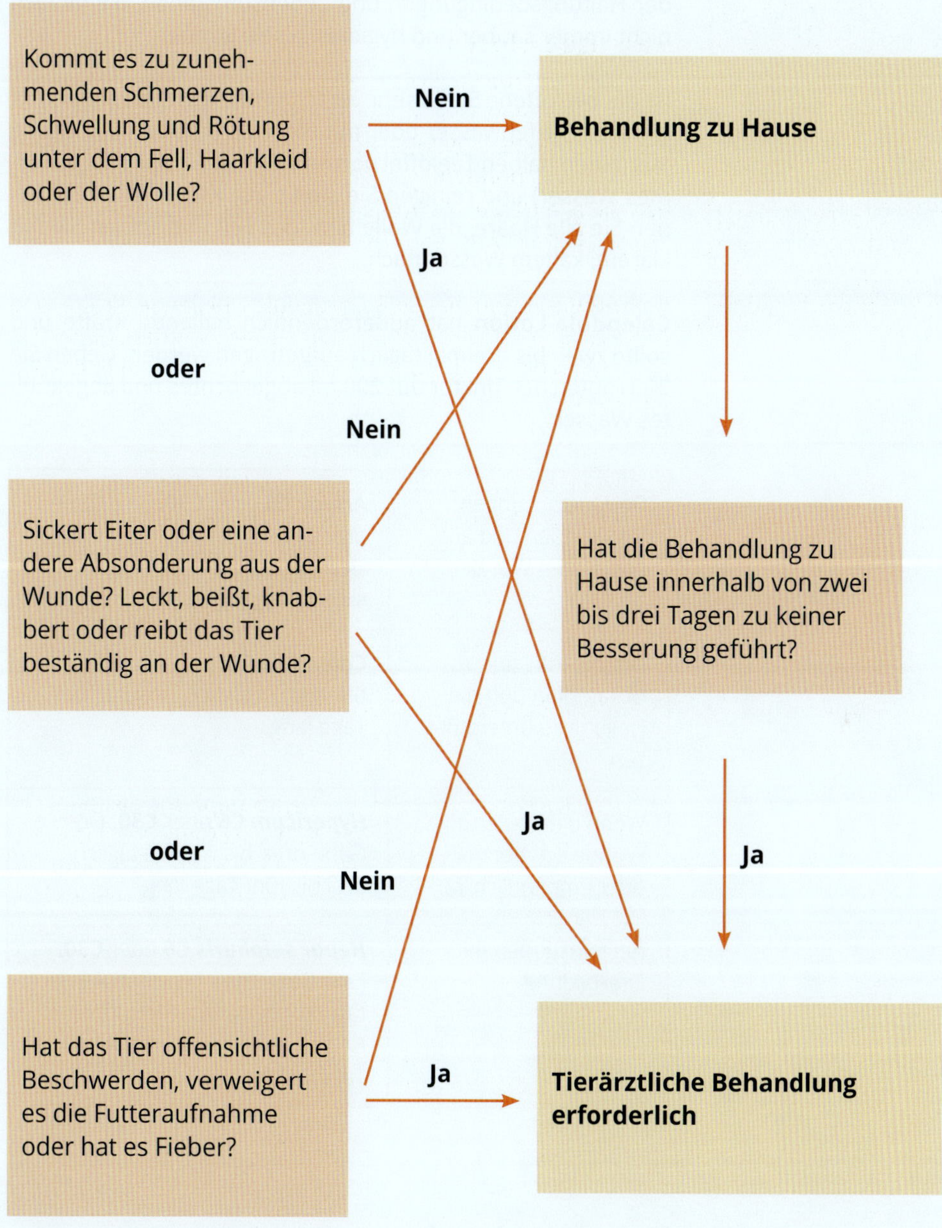

WUNDEN – INFIZIERT

Bei Tieren infizieren sich viele Wunden schon allein aufgrund der Haltungsbedingungen und Lebensumstände, die einfach nicht immer sauber und hygienisch sein können.

Ist die betroffene Stelle sehr verschmutzt, waschen Sie sie mit warmem Seifenwasser oder mit einer verdünnten Salzlösung aus (einen halben Teelöffel normales Tafelsalz auf 500 ml warmes Wasser) und reinigen Sie sie so gut wie möglich. Entfernen Sie alle Haare, die Wolle bzw. das Fell und spülen Sie mit klarem, kaltem Wasser nach.

Calendula-Lotion hat außerordentlich heilende Kräfte und sollte zwei- bis dreimal täglich aufgetragen werden. Geben Sie 20 Tropfen der Tinktur auf 200 ml abgekochtes und abgekühltes Wasser.

Bei Quetschungen, Risswunden und ausgefransten Wunden.	***Arnica* C6** oder **C30.** Eine Gabe drei- bis viermal täglich, bis die Heilung sichtbar ist (fünf bis sieben Tage).
Um die Infektion zu bekämpfen und die Heilung zu unterstützen.	***Calendula* C6.** Eine Gabe drei- bis viermal täglich, drei bis fünf Tage lang.
Wenn die infizierte Wunde schmerzhaft oder empfindlich ist.	***Hypericum* C6** oder **C30.** Eine Gabe drei- bis viermal täglich, drei bis fünf Tage lang.
Bei Infektionen mit Eiterbildung.	***Hepar sulphuris* C6** oder **C30.** Eine Gabe drei- bis viermal täglich, bis die Wunde sauber ist und abheilt (fünf bis sieben Tage).

WUNDEN – SCHNITTE UND RISSE

Ist der Schnitt klein, schmal, sauber und blutet er nicht sehr stark?

Ja → **Behandlung zu Hause wie unter Abschürfungen für 24-48 Stunden**

oder

Wenn Sie sich nicht sicher sind, dass die Wunde sauber ist und anfängt zu heilen, oder wenn der Verdacht besteht, sie könnte infiziert sein.

Ja → **Tierärztliche Behandlung erforderlich**

oder

Klaffen die Wundränder auseinander?

Ja → **Tierärztliche Behandlung erforderlich**

oder

Ist der Schnitt verschmutzt oder sieht er infiziert aus?

Ja → **Tierärztliche Behandlung erforderlich**

oder

Riecht die Wunde unangenehm?

Ja → **Tierärztliche Behandlung erforderlich**

WUNDEN – SCHNITTE UND RISSE

Sofortige tierärztliche Behandlung erforderlich!

Sofortige Erste Hilfe

Ist die betroffene Stelle sehr verschmutzt, waschen Sie sie mit warmem Seifenwasser oder mit einer verdünnten Salzlösung aus (einen halben Teelöffel normales Tafelsalz auf 500 ml warmes Wasser) und reinigen Sie sie so gut wie möglich. Entfernen Sie alle Haare, die Wolle bzw. das Fell und spülen Sie mit klarem, kaltem Wasser nach.

Calendula-Lotion hat außerordentlich heilende Kräfte und sollte zwei- bis dreimal täglich aufgetragen werden. Geben Sie 20 Tropfen der Tinktur auf 200 ml abgekochtes und abgekühltes Wasser.

Bei allen Anzeichen eines Schocks (Hecheln, Japsen, Unruhe, Aufschreien, offensichtliche Schmerzen, blasses Zahnfleisch etc.).	***Aconitum* C30.** Sofort eine Gabe und nach 5-15 Minuten, wenn immer noch Schockzeichen vorliegen.
Bei Quetschungen, Schmerzen oder Schock. *Arnica* folgt gut auf *Aconitum*.	***Arnica* C6** oder **C30.** Eine Gabe zwei- bis dreimal täglich, vier bis sieben Tage lang, bis die Heilung sichtbar ist.
Bei leichten Infektionen und zur Anregung der Heilung.	***Calendula* C6.** Eine Gabe drei- bis viermal täglich, drei bis fünf Tage lang.
Wenn die Wunde schmerzhaft oder empfindlich ist, v. a. wenn die Zehen oder der Schwanz betroffen sind.	***Hypericum* C6** oder **C30.** Eine Gabe drei- bis viermal täglich, drei bis fünf Tage lang.
Bei Infektionen mit Eiterbildung.	***Hepar sulphuris* C6** oder **C30.** Eine Gabe drei- bis viermal täglich, bis die Wunde sauber ist und abheilt (fünf bis sieben Tage).

WUNDEN – STICHWUNDEN

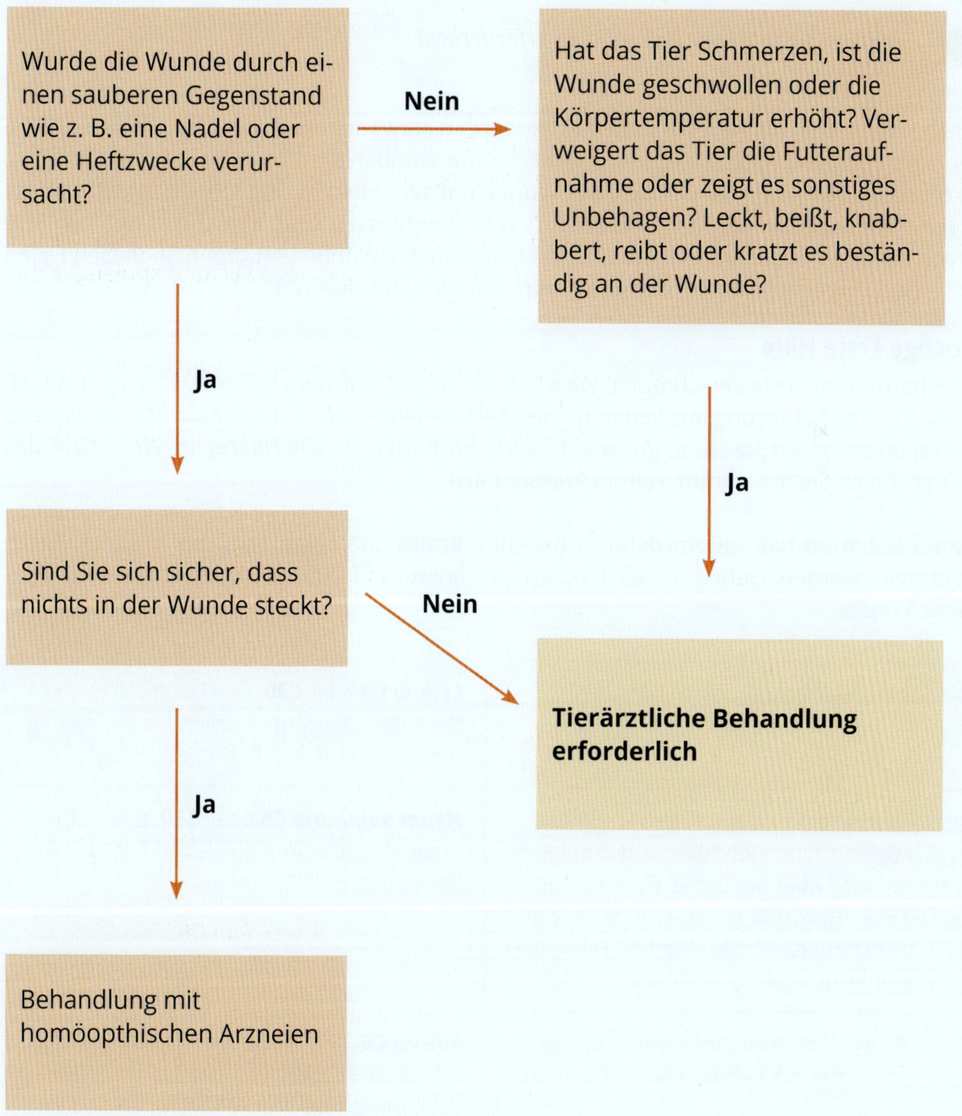

WUNDEN - STICHWUNDEN

Sofortige tierärztliche Behandlung erforderlich!

Stichwunden treten bei Tieren häufig auf; sie werden entweder durch die Zähne anderer Tiere oder durch Dornen, Splitter etc. verursacht. Solche Wunden sind so gut wie immer infiziert, was oft daran liegt, dass die Öffnung der Wunde nur sehr klein ist und schnell zuheilt, sodass der darunter liegende Schmutz und Bakterien eingeschlossen sind. Manchmal brechen Stücke von scharfen Gegenständen ab und sind dann in der Wunde verborgen. In diesen Fällen kann eine Röntgenaufnahme notwendig sein, um sie zu lokalisieren.

Sofortige Erste Hilfe

Ist die betroffene Stelle verschmutzt, waschen Sie sie mit warmem Seifenwasser oder mit einer verdünnten Salzlösung aus (einen halben Teelöffel normales Tafelsalz auf 500 ml warmes Wasser) und reinigen Sie sie so gut wie möglich. Entfernen Sie alle Haare, die Wolle bzw. das Fell und spülen Sie mit klarem, kaltem Wasser nach.

Calendula-Lotion hat außerordentlich heilende Kräfte und sollte zwei- bis dreimal täglich aufgetragen werden. Geben Sie 20 Tropfen der Tinktur auf 200 ml abgekochtes und abgekühltes Wasser.

Das Mittel der Wahl bei Stichverletzungen.	***Ledum* C6** oder **C30**. Eine Gabe sofort und dann drei- bis viermal täglich, bis die Heilung sichtbar ist (i. d. R. fünf bis sieben Tage).
Ist die Wunde eitrig oder infiziert, kommt es zu Schwellung, Empfindlichkeit und Rötung unter dem Fell oder der Wolle. Beständiges Lecken oder Beknabbern der Wunde, Inappetenz oder Unruhe können ebenfalls Hinweise auf eine Infektion sein.	***Hepar sulphuris* C6** oder **C30.** Eine Gabe dreimal täglich, fünf bis sieben Tage bis zur Besserung.
Wenn in der Wunde möglicherweise immer noch ein Splitter oder etwas Ähnliches steckt.	***Silicea* C6**. Eine Gabe zwei- bis viermal täglich, bis das Objekt abgestoßen wird. Dies kann manchmal mehrere Wochen dauern.

▶ **Anmerkung:** Bei manchen Tierarten kann eine Tetanus-Impfung ratsam sein (z. B. bei Pferden), und es sollte ein Tierarzt hinzugezogen werden.

ZERRUNGEN, VERRENKUNGEN UND VERSTAUCHUNGEN

(mit Beteiligung der Gelenke, Bänder, Muskeln oder Sehnen)

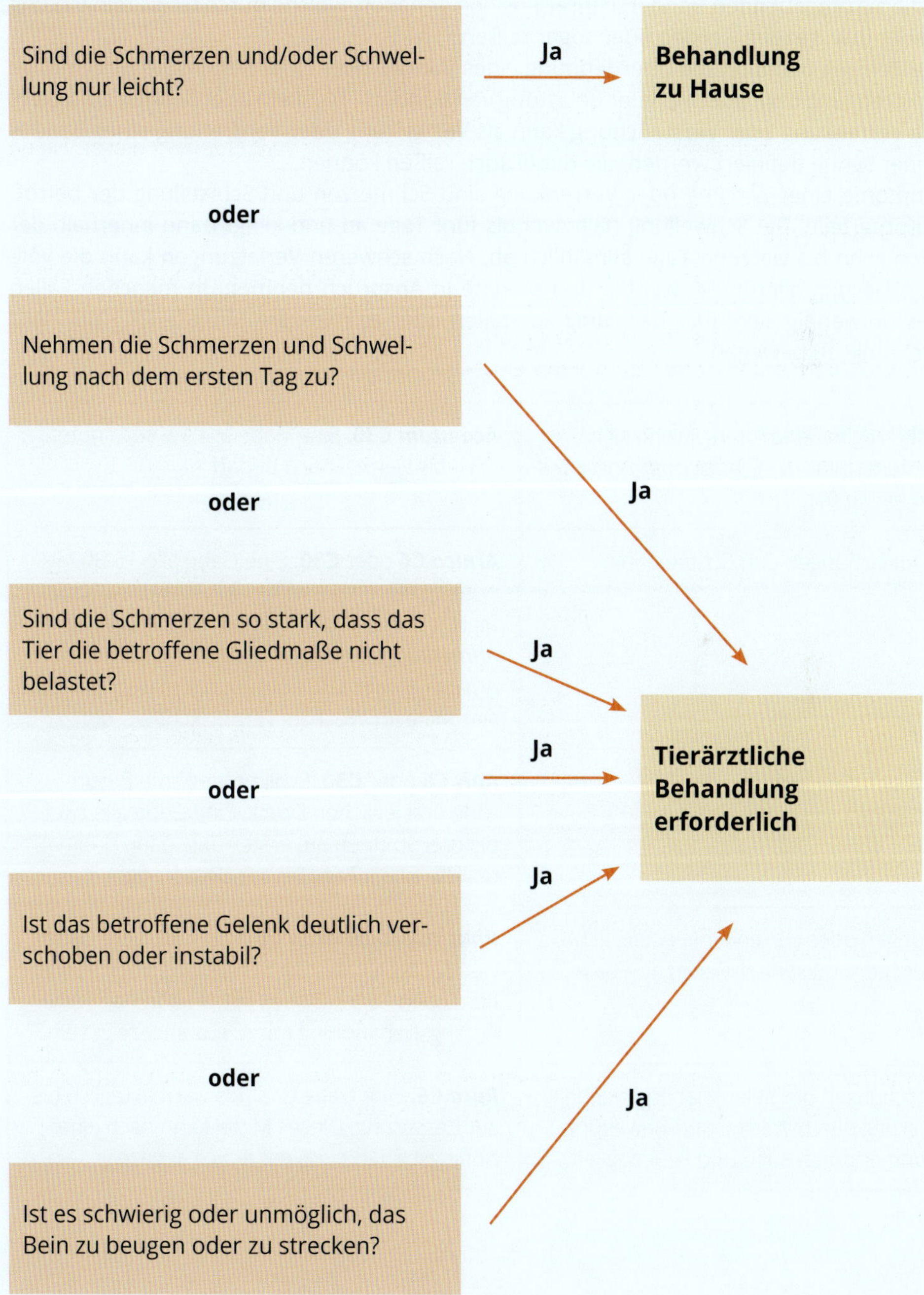

ZERRUNGEN, VERRENKUNGEN UND VERSTAUCHUNGEN

Gelenke sind nur in bestimmte Richtungen beweglich. Werden sie bei einem Unfall in eine unphysiologische Position gezwungen, nehmen sie leicht Schaden. Normalerweise werden sie durch die sie umgebenden Bänder in ihrer Position gehalten, welche durch Gewalteinwirkung überdehnt bzw. gezerrt werden oder sogar reißen.

Eine Zerrung bedeutet die Überdehnung eines Bandes oder einer Sehne. Sie kann infolge Überanstrengung bzw. übermäßiger Belastung von Bändern, Muskeln oder Sehnen auftreten.

Eine Verrenkung oder Verstauchung kann als Verrenkung oder Verdrehung eines Bandes oder einer Sehne definiert werden, die dabei auch reißen können.

Symptome einer Zerrung oder Verrenkung sind Schmerzen und Schwellung der betroffenen Körperteile. Die Schwellung hält zwei bis fünf Tage an und klingt dann innerhalb der nächsten zehn bis vierzehn Tage allmählich ab. Nach schweren Verletzungen kann die vollständige Heilung allerdings zwei bis drei Monate in Anspruch nehmen. In manchen Fällen kann es notwendig sein, das Tier ruhig zu stellen oder es mehrere Monate lang nur sehr eingeschränkt zu bewegen.

Zur sofortigen Behandlung, wenn sich nach dem Unfall ein Schock oder Angstzustand entwickelt.	***Aconitum* C30.** Eine Gabe alle 15-30 Minuten, drei- bis viermal nach Bedarf.
Bei Quetschungen und Schmerzen.	***Arnica* C6** oder **C30.** Eine Gabe alle 15-30 Minuten, drei- bis viermal, dann drei- bis viermal täglich, drei bis fünf Tage bis zur Besserung. *Anmerkung:* Die Mittel *Aconitum C30* und *Arnica C6* ***oder C30*** können die ersten drei bis vier Male im Wechsel verabreicht werden.
Wenn sich die Haut über der Schwellung stark spannt.	***Apis* C6** oder **C30.** Schlimmer durch Berührung und jeglichen Druck. Eine Gabe alle zwei bis drei Stunden am ersten Tag, dann dreimal täglich, einige Tage bis zur Besserung.
Zerrungen oder Verrenkungen, die sich bei leichter und sanfter Bewegung bessern.	***Rhus toxicodendron* C6** oder **C30.** Eine Gabe viermal täglich, bis die Schwellung abklingt (vier bis sieben Tage). Dieses Mittel kann nach einer Anfangsbehandlung mit *Arnica* angezeigt sein.
Quetschungen der gelenknahen Knochen. Besserung durch Wärme und Bewegung. Schlimmer durch Kälte und Feuchtigkeit.	***Ruta* C6.** Eine Gabe drei- bis viermal täglich bis zur Besserung. Dieses Mittel kann nach einer Anfangsbehandlung mit *Arnica* angezeigt sein.

Unterstützt die Knochenheilung bei Frakturen, kann aber auch in Fällen von schweren Zerrungen hilfreich sein, wenn die Ansätze von Bändern und Sehnen an den Knochen beteiligt sind. Mögliches Folgemittel nach einer Anfangsbehandlung mit *Arnica*.	***Symphytum* C30.** Eine Gabe dreimal täglich, 10-14 Tage lang, sofern eine Besserung sichtbar ist.
Äußerlich: Nur bei unverletzter Haut!	**Arnica-Creme** oder -**Salbe,** zwei- bis dreimal täglich auftragen.
Äußerlich: Bei verletzter Haut!	**Hamamelis, Rhus toxicodendron** oder **Ruta** als **Creme** oder **Salbe,** zwei- bis dreimal täglich auftragen.

ALLGEMEINE KRANKHEITS-ZUSTÄNDE

ALLGEMEINE KRANKHEITSZUSTÄNDE

ABSZESSE

Unter Umständen ist ein Besuch beim Tierarzt erforderlich.

Ein Abszess bildet sich im Rahmen einer meist infektionsbedingten Entzündung. Die Infektion dringt dabei über eine Verletzung der Haut oder über die Blutbahn in den Körper ein. Durch die Abwehrreaktionen des Körpers kommt es zur Bildung einer abgekapselten Eiteransammlung, die abgestorbene Blutkörperchen, Bakterien und Gewebe enthält. An der Oberfläche entsteht eine sogenannte Eiterbeule. Normalerweise „reift" ein Abszess und bricht an einer Stelle auf, sodass der Eiter entleert wird. Daran schließt sich der natürliche Heilungsprozess an. Tiefliegende innere Abszesse sind eine sehr viel ernstere Angelegenheit und müssen tierärztlich behandelt werden, u. U. auch mit Antibiotika. Bei Tieren entstehen Abszesse meist infolge von Kämpfen. Die Eckzähne (oder Canini) sind sehr scharf und dringen leicht in die Haut ein. Sie sind die Träger der Infektion. Nach dem Biss schließt sich die kleine Wunde sehr schnell, sodass die Bakterien eingeschlossen sind und es innerhalb weniger Tage zur Abszessbildung kommt.

Hauptsymptome

Schwellung der betroffenen Stelle mit Rötung, Berührungsempfindlichkeit und oft auch Schmerzen.

Hilfreich im Frühstadium, wenn die Stelle stark geschwollen und gerötet ist, glänzt und einen hochgradig entzündeten Eindruck macht.	***Apis* C30**. Eine Gabe stündlich bis zu viermal, dann dreimal täglich, bis der Abszess aufbricht oder sich zurückbildet.
Anstelle von *Apis* im Frühstadium, wenn die Abszessbildung mit Fieber einhergeht.	***Belladonna* C30.** Eine Gabe alle zwei bis vier Stunden bis zur Besserung oder zum Aufbrechen des Abszesses.
Hilfreich, wenn Abszesse länger bestehen bleiben oder an verschiedenen Körperstellen auftreten und wenn jede noch so kleine Wunde septisch wird.	***Hepar sulphuris* C6** oder **C30.** Unterstützt die Abszessreifung. Eine Gabe viermal täglich, drei oder vier Tage lang. Ansonsten dreimal täglich bis zu eine Woche lang, bei Bedarf Wiederholung nach einigen Tagen.
Bei langdauernden oder wiederkehrenden Abszessen, die oft nach Insektenstichen oder Bissverletzungen auftreten.	***Echinacea* C30.** Eine Gabe dreimal täglich, fünf bis sieben Tage lang, und Wiederholung nach sieben bis zehn Tagen, sofern erforderlich.

ALLERGIEN

Suchen Sie den Tierarzt auf, wenn die Symptome anhalten oder das Tier einen kranken Eindruck macht.

Eine Allergie kann als Reaktion des Körpers auf einen ungewohnten äußerlichen Reiz definiert werden. Allergien können vielfältiger Art sein und die unterschiedlichsten Erscheinungsformen annehmen. Sie treten heutzutage sehr häufig auf. Die Ursachen können Pollen von Blumen, Gräsern, Bäumen und Sträuchern sein, und die Allergie tritt dann v. a. in der Zeit vom Frühjahr bis zum Herbst auf. Außerdem können Allergien (siehe auch unter „Nesselsucht") auch durch den Kontakt mit Chemikalien (Reinigungsmittel, Gartenprodukte wie Herbizide oder Pestizide), Insektenstiche, bestimmte Nahrungsmittel und Medikamente (Antibiotika oder Entzündungshemmer) hervorgerufen werden. Daher überrascht es kaum, dass Tiere, v. a. kleinere, die in engeren Kontakt mit solchen Substanzen kommen, sehr häufig an Allergien leiden.

Hauptsymptome

Tränenfluss, Nasenausfluss, Niesen, Husten, Hautrötungen (Ohren, Leistengegend) und Hautreizungen unterschiedlicher Schweregrade. Bestimmte Hautareale können erhaben und entzündet sein (Nesselsucht, Quaddeln). Manchmal gehen diese Symptome mit Erbrechen und/ oder Durchfall einher.

Im Allgemeinen das hilfreichste Mittel.	***Urtica urens* C6.** Eine Gabe alle 10-20 Minuten, vier- bis sechsmal, dann mit zunehmender Besserung Verringerung der Dosis auf drei- bis viermal täglich nach Bedarf.
Bei Hautausschlägen mit Schwellung, v. a. nach Insektenstichen. Schwellung des Gesichts, der Lippen und Augenlider.	***Apis* C6** oder **C30.** Dosierung wie bei Urtica urens.
Wenn sich rasch Blasen bilden.	***Rhus toxicodendron* C6.** Dosierung wie bei *Urtica urens*.
Bei Allergien mit starkem Tränenfluss.	***Euphrasia* C30.** Eine Gabe alle ein bis zwei Stunden, bis zu sechsmal nach Bedarf.

Die lokale Anwendung von **Euphrasia-Augentropfen** kann ebenfalls hilfreich sein.

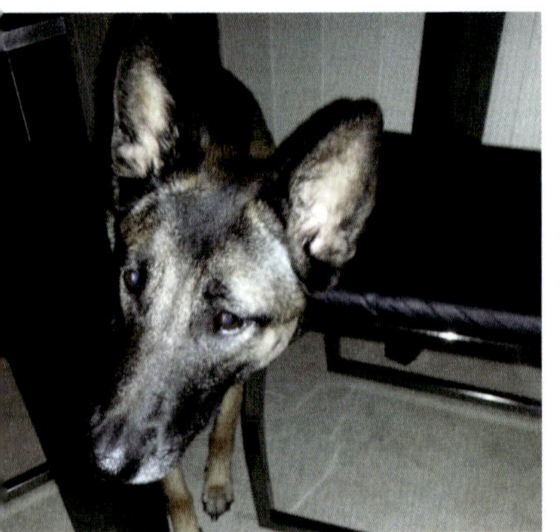

→ *Siehe auch unter „Furcht, Schreck, Erwartungsangst, Panik“.*

ANGST

Homöopathische Arzneien können hier überaus hilfreich sein. Um das bestmögliche Resultat zu erzielen, ist es oft von Vorteil, einen homöopathischen Tierarzt aufzusuchen, der eine konstitutionelle Verschreibung vornimmt.

Manchmal ist es schwierig, zwischen Angst, Anspannung, Nervosität, Stress, Furcht, Schreck und sogar Panik zu unterscheiden. In diesem Abschnitt geht es um Angst und Anspannung. Beispiele sind ungewöhnliches und unerwünschtes Verhalten vor Ausstellungen und anderen Ereignissen, v. a. wenn diese mit der Begegnung mit anderen Menschen und Tieren sowie u. U. auch viel Lärm und Aufregung verbunden sind.

Bei Erwartungsangst.	***Argentum nitricum* C30.** Eine Gabe zwei- bis dreimal täglich, einen oder zwei Tage vor dem Ereignis, und am eigentlichen Tag bei Bedarf stündlich, maximal fünf bis sechs Gaben.
Überempfindlich und schnell besorgt, braucht Ermutigung.	***Phosphorus* C30.** Eine Gabe zwei- bis dreimal täglich, einige Tage lang nach Bedarf.
Hat in den meisten Situationen, die mit Angst und Stress verbunden sind, eine allgemein beruhigende Wirkung.	**Rescue Remedy.** Geben Sie sechs bis acht Tropfen in frisches Trinkwasser. Bei Bedarf können zusätzliche Tropfen gegeben werden. Wenn vermehrter Stress bevorsteht (Gewitter, Feuerwerk, etc.), können Sie fünf oder sechs Tropfen direkt auf die Zunge oder auch in ein wenig Milch oder Wasser geben.

APPETIT

Abnormer Appetit

Eine tierärztliche Diagnose ist erforderlich.

Tritt plötzlich ein Verlangen nach ungewöhnlichen Dingen auf, kann das ein Hinweis darauf sein, dass dem Futter etwas fehlt. Um den Grund für dieses Verhalten herauszufinden, bedarf es genauer Untersuchungen, weshalb ein Tierarzt aufgesucht werden sollte. Sobald eine Diagnose gestellt wurde, kann eine homöopathische Behandlung angemessen sein.

Appetitverlust

Hält der Zustand an, ist es ratsam, einen Tierarzt aufzusuchen. Zu Beginn können homöopathische Arzneien versucht werden.

Gesunde Tiere freuen sich normalerweise auf ihr Futter. Der Mensch ist es meist gewöhnt, zwei- oder dreimal am Tag zu essen, und die verschiedenen Tierarten haben ebenfalls spezifische Fressgewohnheiten. Die meisten Hunde und Katzen fressen ein- bis dreimal täglich, wohingegen grasfressende Tiere den größten Teil des Tages mit der Futteraufnahme verbringen, wenn sie die Möglichkeit dazu haben. Dieses Verhaltensmuster ist immer von Bedeutung. So

interessieren sich beispielsweise manche kleinen Hunde zwei bis drei Tage lang überhaupt nicht für ihr Futter, und dann wieder fressen sie eine üppige Mahlzeit mit großer Begeisterung. In der ganzen Zeit sind sie aufmerksam und agil, und es besteht kein Grund, sich Sorgen zu machen. Erst wenn der Appeititmangel von anderen Symptomen begleitet wird, besteht Anlass zur Beunruhigung.
Das alte Sprichwort „Ein gesundes Tier ist ein hungriges Tier" entspricht meistens der Wahrheit.

Wenn das Tier an Erbrechen und Durchfall leidet oder wenn es von seinem Futter weggeht, so als könnte es nicht einmal den Anblick ertragen.	***Arsenicum album* C30.** Eine Gabe alle 30-60 Minuten, maximal viermal, dann drei- bis viermal täglich nach Bedarf.
Ein gutes allgemeines Mittel bei leichten Verdauungsstörungen.	***Nux vomica* C6.** Eine Gabe drei- bis viermal täglich, zwei bis drei Tage nach Bedarf.

AUGENERKRANKUNGEN

Halten die Symptome länger als zwei Tage an, oder hat das Tier offensichtliche Beschwerden, Schmerzen und/oder eiterähnlichen Augenausfluss, ist eine tierärztliche Untersuchung und Behandlung notwendig.

Die Augen sind für die Tiere genauso wichtig wie für uns. Das Auge ist sehr empfindlich und kompliziert aufgebaut und jede Augenerkrankung birgt eine potenzielle Gefahr. Daher sollte man lieber früher als später eine genaue tierärztliche Untersuchung durchführen lassen. Eine sofortige Behandlung kann oft verhindern, dass das Auge eine dauerhafte Schädigung davonträgt oder das Tier sogar auf dem betroffenen Auge erblindet.

Die meisten Tiere haben ein „drittes Augenlid" am inneren Augenwinkel. Dabei handelt es sich um eine Schutzvorrichtung. Bei chronischen Erkrankungen oder hochgradiger Schwäche ist es manchmal deutlicher sichtbar, sodass es immer angebracht ist, danach Ausschau zu halten.

Homöopathische Arzneien können bei akuten Erkrankungen sehr gut und sicher begleitend zur schulmedizinischen Therapie eingesetzt werden. Auch in langdauernden und weniger ernsthaften Fällen hat die Homöopathie sehr viel zu bieten.

Glaukom (Grüner Star)

Sofortige tierärztliche Behandlung erforderlich!

Der Augeninnendruck steigt so stark an, dass das ganze Auge anschwillt, hervortritt und sich verformt. Dabei kann der Sehnerv und/oder die Netzhaut geschädigt werden, und in schweren Fällen kann es zur Erblindung kommen.

Nach der tierärztlichen Diagnose.	***Phosphorus* C30** oder **C200**. Eine Gabe zweimal täglich an zwei bis drei Tagen in der Woche, so lange wie nötig.

Euphrasia-Augentropfen. Diese Tropfen können zusammen mit allen oben aufgeführten Arzneien angewendet werden. Spülen Sie die Augen zwei- bis dreimal täglich mit einer Lösung aus vier bis fünf Tropfen der Urtinktur in 250 ml abgekochtem und abgekühltem Wasser.

Hornhautgeschwür

Die Augen vieler Tierarten haben einen zusätzlichen Schutz in Form des dritten Augenlides (Nickhaut) im inneren Augenwinkel (zur Nase hin). Es hilft, vor Verletzungen der Vorderfläche des Auges zu schützen. Dennoch kann das Auge durch einen Kratzer oder eine andere Einwirkung verletzt werden, sodass eine Art „Krater" auf der Oberfläche entsteht. Eine solche Verletzung führt zu einer Reizung des Auges und in der Folge zu Reiben und Kratzen, was wiederum eine Infektion begünstigt, diese kann zur Entstehung eines Hornhautgeschwürs führen.

Damit ein Hornhautgeschwür abheilen kann, müssen vom Rand des Auges Blutgefäße einsprießen, die für die Dauer der Heilung bestehen bleiben und sich dann wieder zurückbilden. Dies kann mehrere Wochen dauern.

Nach jeder Verletzung bzw. jedem Schlag auf das Auge gegen die Quetschung und Entzündung („blaues Auge" beim Menschen).	***Arnica* C30**. Eine Gabe dreimal täglich, sieben bis zehn Tage lang.
Bei schmerzhaften Augenerkrankungen mit Schädigung der Hornhaut.	***Symphytum* C30.** Eine Gabe alle zwei Stunden, maximal viermal, dann drei- bis viermal täglich bis zur Besserung.

Cineraria-Augentropfen, eine Lösung aus vier bis fünf Tropfen der Urtinktur in 250 ml abgekochtem und abgekühltem Wasser. Baden Sie die Augen zwei- bis dreimal täglich damit.

Katarakt (Grauer Star)

Katarakt ist eine Trübung der Linse des Auges. Diese Erkrankung tritt häufiger bei älteren Tieren auf und beginnt als „wolkige" Verfärbung der Linse. Diese Veränderungen sind irreversibel, schreiten aber meist nur sehr langsam fort, sodass das Tier Zeit hat, sich an die neue Situation zu gewöhnen, da es erst allmählich zur Erblindung kommt.

▶ **Anmerkung:** Bei jüngeren Tieren kann eine Operation erwogen werden.

Um den Verlauf zu verlangsamen.	***Silicea* C6**. Eine Gabe ein- oder zweimal täglich, u. U. über Wochen oder sogar Monate.

Cineraria-Augentropfen. Zubereitung und Anwendung siehe Hornhautgeschwür.

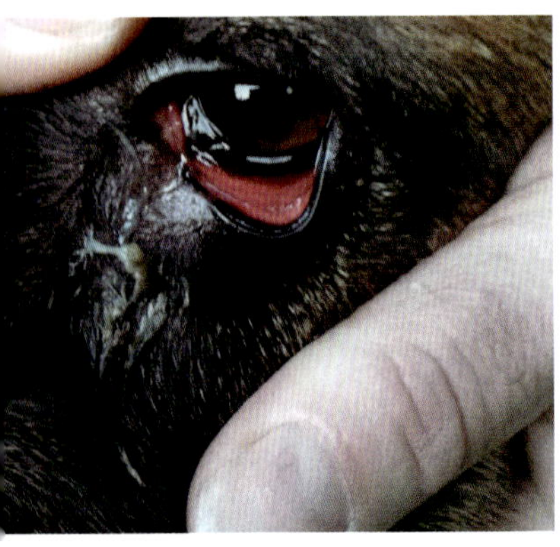

Konjunktivitis (Bindehautentzündung)

Entzündung der Bindehaut, d. h. der Membran, welche die Innenseite der Augenlider auskleidet.

Akute Konjunktivitis. Die Bindehaut ist gerötet und oft tritt auch eine Absonderung auf. Diese kann klar und wässrig sein (Tränenfluss), oder auch dick und gelb-weiß, wenn eine Infektion vorliegt.

Chronische Konjunktivitis. Das wiederholte Auftreten einer leichten Bindehautentzündung ist i. d. R. nichts Ernstes, sollte aber behandelt werden. Ein solcher Zustand reagiert meist gut auf eine homöopathische Behandlung.

Plötzliche akute Schwellung der Augenlider; Rötung und Entzündung, starker Tränenfluss.	***Apis* C30.** Eine Gabe alle ein bis zwei Stunden, maximal viermal, dann dreimal täglich, zwei bis drei Tage lang.
Starker Tränenfluss mit milder Absonderung. Lichtempfindlichkeit.	***Allium cepa* C6.** Eine Gabe drei- bis viermal täglich, einige Tage bis zur Besserung.
Tränen, die die Haut unterhalb der Augen wund machen. Trübe und lichtempfindliche Augen.	***Arsenicum album* C30.** Eine Gabe drei- bis viermal täglich, einige Tage bis zur Besserung.
Hochgradige Rötung der Lidinnenseite mit starker wässriger Absonderung. Zusätzlich auch äußerlich als Euphrasia-Augentropfen anzuwenden.	***Euphrasia* C30.** Eine Gabe alle zwei Stunden, maximal viermal, dann drei- bis viermal täglich bis zur Besserung. In leichten Fällen als erstes Mittel oft hilfreich.
Hochgradige Rötung der Lider, aber nur wenig Tränenfluss und kaum Anzeichen für eine Infektion.	***Sulphur* C30.** Eine Gabe dreimal täglich, vier bis sieben Tage.
Hilfreich nach Augenverletzungen oder wenn ein Fremdkörper im Auge gesteckt hat. Bei chronischer Konjunktivitis.	***Silicea* C6.** Eine Gabe dreimal täglich, sieben bis zehn Tage lang. Wiederholung nach Bedarf.

Euphrasia-Augentropfen. Diese Tropfen können zusammen mit allen oben aufgeführten Arzneien angewendet werden. Spülen Sie die Augen zwei- bis dreimal täglich mit einer Lösung aus vier bis fünf Tropfen der Urtinktur in 250 ml abgekochtem und abgekühltem Wasser.

BLÄHUNGEN

(Flatulenz)

Bei anhaltenden Symptomen kann ein Besuch beim Tierarzt erforderlich sein. Homöopathische Arzneien sind hier sehr nützlich.

Hauptsymptome

Der Abgang von Darmgasen, der manchmal mit deutlichem Kollern im Bauchraum einhergeht, tritt bei Tieren sehr häufig auf. Dies liegt an den vielen verschiedenen und manchmal außergewöhnlichen Dingen, die Tiere oft gerne aufnehmen. Ungewöhnliche Sachen werden entweder erbrochen, bevor die Verdauung einsetzt, oder sie wandern durch den Darmkanal, was oft mit Gasbildung verbunden ist. Dieses Gas muss den Körper dann entweder nach oben oder unten verlassen.

In akuten Fällen.	***Carbo vegetabilis* C6** oder **C30.** Eine Gabe alle 15 Minuten, vier- bis sechsmal bis zur Besserung. In chronischen Fällen kann es hilfreich sein, eine Stunde vor der Fütterung eine Gabe zu verabreichen. Häufige Gaben können notwendig sein.
Bei Verdauungsstörungen mit Darmkollern und Aufgasung. Der Abgang der Blähungen kann mit Durchfall oder einer Dickdarmentzündung (Colitis) verbunden sein.	***Nux vomica* C6.** Eine Gabe dreimal täglich bis zur Besserung.
Ein wirkungsvolles Lebermittel. Verstopfung und viel Aufstoßen, oft mit Darmkollern, Kolik und Auftreibung des Abdomens.	***Lycopodium* C6** oder **C30.** Eine Gabe viermal täglich bis zur Besserung.

BLASENENTZÜNDUNG

(Zystitis)

Es sollte ein Tierarzt aufgesucht werden, um die Diagnose zu stellen und eine entsprechende Behandlung einzuleiten. Mit homöopathischen Arzneien können Blasenentzündungen sehr wirksam behandelt werden, v. a. in chronischen, immer wiederkehrenden Fällen.

Anmerkung: *Bei einer akuten Zystitis kann der Einsatz von Antibiotika erforderlich sein. Gleichzeitig können homöopathische Arzneien gefahrlos und mit gutem Erfolg gegeben werden. Leichte Rezidive können u. U. allein mit homöopathischen Mitteln behandelt werden.*

Eine Zystitis ist eine Entzündung der Harnblase. Sie tritt häufiger beim weiblichen Tier auf als beim männlichen. Infektionen sind die häufigsten Ursachen für eine Blasenentzündung, Kälte und Feuchtigkeit können aber ebenso Auslöser sein wie reizende Substanzen, die die Blasenschleimhaut schädigen. Bei weiblichen Tieren kann eine Zystitis auch nach dem Deckakt oder der Kastration auftreten. Beim männlichen Tier kann sie die Folge einer Penisverletzung sein.

Hauptsymptome

Häufiger Harndrang mit nur geringem Harnabsatz. Der Urin hat oft einen strengen Geruch und enthält Blut. Der Harnabsatz ist u. U. schmerzhaft, da die gereizte Harnröhrenschleimhaut brennt. Das Tier macht einen kranken Eindruck und hat großen Durst. Es kann gleichzeitig eine Infektion der Nieren auftreten (übermäßige Wasseraufnahme, Erbrechen, Inappetenz, Apathie und stark gestörtes Allgemeinbefinden). In diesen Fällen sollte auf jeden Fall eine gründliche Untersuchung auch des Blutes und Urins erfolgen.

Häufiger und schmerzhafter Harnabsatz von nur kleinen Mengen Urin, der dunkel und evtl. blutstreifig ist.	***Cantharis* C6.** Eine Gabe alle 30-60 Minuten, bis zu vier- bis sechsmal, danach drei- oder viermal täglich.
Oft hilfreich bei älteren Tieren. Inkontinenz, Harntröpfeln, Probleme zu Beginn des Urinierens.	***Causticum* C30.** Eine Gabe dreimal täglich, sieben bis zehn Tage lang. Wiederholung bei Bedarf.
Schwieriger Harnabsatz mit Schmerzattacken. Häufiger, aber oft erfolgloser Harndrang. Der Urin ist dunkel und blutig.	***Mercurius corrosivus* C30.** Eine Gabe dreimal täglich, fünf bis sieben Tage lang bzw. bis zur Besserung.
Zystitis infolge von Unterkühlung durch Kälte und Nässe mit häufigem Harnabsatz. Der Urin ist wolkig und dick und möglicherweise schleimig. Der Harnabsatz scheint mit Schmerzen verbunden zu sein.	***Dulcamara* C30.** Eine Gabe drei- oder viermal täglich, einige Tage bis zur Besserung.

BLUTARMUT

(Anämie)

Die Diagnosestellung und eventuelle Behandlung durch einen Tierarzt ist erforderlich.

Diese Erkrankung geht mit einer Verminderung der roten Blutkörperchen einher. Diese transportieren den Sauerstoff zu den verschiedenen Organen und Geweben des Körpers. Sauerstoff ist für den Organismus lebensnotwendig. Es gibt eine Reihe von Gründen, warum ein Tier anämisch wird. Sehr häufig stecken Blutungen dahinter, die entweder äußerlich und damit sichtbar sind oder innerlich auftreten und dann möglicherweise erst erkannt werden, wenn sie bereits ein fortgeschrittenes bzw. lebensbedrohliches Stadium erreicht haben. Das weithin verwendete Rattengift Warfarin wirkt, indem es Blutungen verursacht. Besteht der Verdacht, dass es aufgenommen wurde, sollte umgehend ein Tierarzt aufgesucht werden. Homöopathische Arzneien können die Behandlung einer Anämie unterstützen und begleitend zu schulmedizinischen Maßnahmen und Bluttransfusionen eingesetzt werden.

Hauptsymptome

Trägheit, Mangel an Energie und Vitalität, Blässe des Zahnfleisches und der Augenbindehaut. Eine schwere Anämie kann zu allgemeiner Schwäche führen, bei der sich das Tier kaum noch auf den Beinen halten kann und vielleicht kollabiert, und schließlich sogar mit dem Tod enden.

Hilfreich bei Jungtieren, die nicht gedeihen – Schwäche, blasse Schleimhäute.	***Ferrum metallicum* C3** oder **C6.** Zweimal täglich, vier bis sechs Wochen lang bzw. bis sich der Zustand bessert.
Wenn eine Anämie bei einem älteren Tier diagnostiziert wird.	***Chininum sulphuricum* C30.** Zweimal täglich, drei bis vier Wochen lang bzw. bis sich der Zustand bessert.
Bei allen Blutungen angezeigt und damit indirekt zur Behandlung von Anämien geeignet.	***Arnica* C30.** Dreimal täglich, fünf bis zehn Tage lang nach Bedarf.

BLUTVERGIFTUNG

(Sepsis)

Um das Leben des Tieres zu retten, muss sofort eine tierärztliche Behandlung eingeleitet werden.

Hauptsymptome

Eine Septikämie wird durch das Eindringen von pathogenen Bakterien und/oder Viren und ihrer Toxine in die Blutbahn verursacht. Dadurch kommt es zu einer „Vergiftung" des gesamten Körpers.
Eine Toxämie entwickelt sich im Rahmen einer Infektion mit Bakterien oder Viren (Sepsis). Es kommt zu einer Anhäufung von Abfallprodukten (oder Toxinen) im Körper, wodurch die körpereigenen Abwehrmechanismen außer Gefecht gesetzt werden. Unbehandelt endet diese Erkrankung sehr oft tödlich.

Das Tier macht einen schwerkranken Eindruck. Hohes Fieber mit vermehrtem Durst oder ohne Durst, Appetitlosigkeit (Inappetenz) und extreme Apathie.

Im Frühstadium.	***Aconitum* C6** oder **C30.** Eine Gabe alle 15-30 Minuten, bis zu vier- bis sechsmal.
Angezeigt, wenn zusätzlich zu den oben genannten Symptomen Erbrechen, Durchfall oder extreme Unruhe auftritt. *Arsenicum album* sorgt dafür, dass sich der Patient besser fühlt.	***Arsenicum album* C6** oder **C30.** Stündlich eine Gabe (bis zu sechs- bis achtmal) am ersten Tag, dann viermal täglich, einige Tage bis zur Besserung.
Fördert die Eiterbildung. Apathie, Pusteln oder Abszesse. Der Körper fühlt sich unterkühlt an. Diese Arznei stärkt das körpereigene Immunsystem.	***Echinacea* C6.** Eine Gabe drei- bis viermal täglich, fünf bis sieben Tage lang.
Übelriechende Absonderungen (z. B. nach Abort). Hohes Fieber, aber schwacher Puls.	***Pyrogenium* C30.** Eine Gabe drei- bis viermal täglich, fünf bis sieben Tage bis zur Besserung.

BRONCHITIS

Tierärztliche Diagnosestellung notwendig. Homöopathische Arzneien können in akuten Fällen begleitend zur antibiotischen Behandlung und in chronischen Fällen auch eigenständig eingesetzt werden.

Hauptsymptome

Akute Bronchitis. Plötzlicher Beginn mit erhöhter Temperatur. Puls- und Atemfrequenz erhöht. Die Atmung kann schwer oder rasselnd sein. Appetitverlust. Es kann quälender Husten auftreten und dem Tier geht es offensichtlich schlecht.

Chronische Bronchitis. Anhaltender und quälender Husten, u. U. mit Atembeschwerden.

Eine Bronchitis ist eine Entzündung und möglicherweise auch eine Infektion der Bronchien und Bronchiolen, in denen die Luft bei der Atmung zur Lunge hin und zurück transportiert wird. Die Luftwege entzünden sich und schwellen an, und es kommt zu einer teilweisen Verlegung mit dickflüssigem Exsudat. Dadurch nimmt der Durchmesser weiter ab, sodass nicht mehr genügend sauerstoffreiche Luft in die Lunge gelangt. Die Atemfrequenz steigt, die Atmung wird keuchend und evtl. rasselnd. Begleitend tritt oft quälender Husten auf. Unbehandelt kann sich der Zustand verschlimmern und zu einer Lungenentzündung (Pneumonie) und/oder Rippenfell-/Brustfellentzündung (Pleuritis) führen.

Im Frühstadium.	***Aconitum* C30.** Eine Gabe alle 15-30 Minuten, maximal sechs bis acht Gaben.
Folgt gut auf *Aconitum,* wenn das Tier Fieber hat, schwer atmet oder schwitzt und offensichtlich sehr leidet.	***Belladonna* C30.** Eine Gabe viermal täglich bis zur Besserung.
Jede Bewegung scheint den Zustand zu verschlimmern. Es tritt trockener und quälender Husten auf. Das Tier hat meist vermehrten Durst.	***Bryonia* C6.** Eine Gabe viermal täglich bis zur Besserung.
Hohes Fieber, trockener Husten, pfeifende Atmung, extreme Schwäche, Unruhe, großer Durst.	***Arsenicum album* C30.** Eine Gabe drei- bis viermal täglich bis zur Besserung.
Hilfreich im Frühstadium mit tiefsitzendem, quälenden Husten, der sich in kalter Luft verschlimmert.	***Phosphorus* C6.** Eine Gabe alle zwei Stunden, maximal sechs Gaben bis zur Besserung.

Schleimrasseln, aber nur wenig Auswurf, Schwitzen, Schläfrigkeit und Schwäche, schnelle, kurze, erschwerte Atmung, Keuchen.	***Antimonium tartaricum* C6.** Eine Gabe viermal täglich bis zur Besserung.
In chronischen Fällen mit reichlicher Absonderung aus Nase und Maul.	***Kalium bichromicum* C30.** Eine Gabe dreimal täglich, so lange wie notwendig.

BRUST-/RIPPENFELLENTZÜNDUNG

(PLEURITIS)

Die Untersuchung und Behandlung durch einen Tierarzt ist erforderlich. Homöopathische Arzneien können bei Pleuritis mit gutem Erfolg eingesetzt werden.

Eine Pleuritis ist eine Entzündung der Pleura, des Rippenfells. Die Pleura bedeckt die Oberfläche der Lunge und kleidet den Brustkorb aus. Beim gesunden Tier bewegen sich die beiden Oberflächen der Pleura bei der Atmung frei gegeneinander. Eine Pleuritis tritt gar nicht so selten auf und entsteht oft nach einer Erkältung oder im Rahmen einer Brustinfektion wie z. B. einer Bronchitis und/oder Pneumonie. Der Tierarzt wird eine Pleuritis leicht durch Auskultation mit einem Stethoskop feststellen. Bei einer trockenen Pleuritis (P. sicca) werden charakteristische Reibegeräusche erzeugt. Eine feuchte Pleuritis hingegen kann aufgrund des Geräusches, das durch die Bewegung der Flüssigkeit innerhalb der Brustwand hervorgerufen wird, bestätigt werden. Sie tritt manchmal nur einseitig auf.

Hauptsymptome

Oberflächliche, schnelle und erschwerte Atmung. Die Brustwand schmerzt bei Berührung, und man kann die mühsame Bauchatmung erkennen.

Im Frühstadium. Erschwerte Atmung bei der geringsten Bewegung.	***Aconitum* C30.** Eine Gabe alle 15-30 Minuten, bis zu sechs- bis achtmal.
Jede Bewegung ist schmerzhaft. Es kann ein trockener und quälender Husten auftreten. Evtl. besteht vermehrter Durst.	***Bryonia* C30.** Eine Gabe viermal täglich bis zur Besserung.
Können im Wechsel gegeben werden, wenn eine Flüssigkeitsansammlung vorliegt und die Atmung beschleunigt und erschwert ist.	***Apis* C6** und ***Bryonia* C6.** Stündlich eine Gabe im Wechsel, von jeder Arznei zwei Gaben (insgesamt vier Gaben). Dann einige Tage lang je zwei Gaben von jeder Arznei im Wechsel, einige Tage bis zur Besserung.

Rasselnde Atemgeräusche mit wenig Husten. Erschwerte und beschleunigte Atmung, Kurzatmigkeit, Keuchen.	***Antimonium tartaricum* C6.** Eine Gabe viermal täglich bis zur Besserung.
Trockener, heiserer, erstickender Husten. Schlimmer bei kaltem, trockenem Wetter. Giemen, asthmatische Atmung. Eindeutige Infektion des Brustkorbs.	***Hepar sulphuris* C6** oder **C30.** Eine Gabe drei- bis viermal täglich, fünf bis sieben Tage bis zur Besserung.

DARMENTZÜNDUNG

(Enteritis)

Eine tierärztliche Diagnosestellung ist meist erforderlich. V. a. bei sehr jungen, alten und geschwächten Tieren sollte umgehend ein Tierarzt aufgesucht werden. Homöopathische Arzneien sind bei der Behandlung von Durchfall überaus wirksam.

Enteritis ist eine allgemeine Bezeichnung für eine Entzündung der Schleimhaut des Dünn- und Dickdarmes (des Darmes ohne den Magen). Eine solche Entzündung führt dazu, dass die Darmpassage der aufgenommenen Nahrung sehr viel schneller vonstatten geht und damit eine effektive Verdauung nicht mehr stattfinden kann. Die Folge ist die Ausscheidung von flüssigem Kot (Durchfall). Es ist wichtig, die Ursache der Darmentzündung herauszufinden, sofern dies überhaupt möglich ist.

Mögliche Ursachen sind:

- Infektionen: Verschiedene Viren und Bakterien können eine Enteritis verursachen (z. B. Salmonellen). Manche dieser Erreger, wie z. B. *E. coli,* leben auch in einem gesunden Darm. Erst wenn andere Faktoren hinzukommen, die störend wirken (z. B. das falsche Futter), kommt es zur massiven Vermehrung der Bakterien im Darm, woraus sich eine Erkrankung entwickeln kann.
- Diätetische Ursachen: Aufnahme von falschem Futter (z. B. Unrat oder Aas) oder Überfressen am normalen Futter.
- Chronische Lebererkrankungen gehen oft mit einer Darmentzündung (Enteritis) einher.
- Nierenerkrankungen, in deren Folge es zur Ansammlung von toxischen Stoffwechselprodukten kommt, können zu einer Darmentzündung führen.
- Dickdarmentzündung (Colitis) durch Futtermittelallergien, Futterwechsel, Stress etc.
- Übermäßiger Einsatz von schulmedizinischen Medikamenten, z. B. langdauernde Gabe von Antibiotika, Kortikoiden oder anderen entzündungshemmenden oder schmerzlindernden Medikamenten.
- Vergiftungen aller Art. Bei einer Vergiftung kommt es meist gleichzeitig zu Durchfall und Erbrechen (Gastroenteritis).

- Hochgradiger Wurm-/Parasitenbefall. Dieser geht meist mit einem allmählichen Verlust der Kondition und des Gewichts einher. Hier muss zusätzlich zu der Behandlung der Darmentzündung eine Entwurmung mit einem geeigneten Präparat erfolgen.

Hauptsymptome

Eine Darmentzündung kann akut auftreten, aber wenn mehrere akute Episoden aufeinanderfolgen, wird sie chronisch. Die Entzündung kann so schwer sein, dass die Darmschleimhaut geschädigt wird und es zu Blutungen kommt (hämorrhagische Enteritis oder Dysenterie). Der Kot ist dann blutfleckig bzw. kann mit Blut bedeckt sein. Dauert die Darmentzündung an und ist nur wenig Kot im Darm, kann der Kot mit Schleim bedeckt sein oder ganz durch Schleim ersetzt werden.

Angst oder Schreck, schneller Puls, erweiterte Pupillen, erhöhte Atemfrequenz.	***Aconitum* C6** oder **C30.** Stündlich eine Gabe, drei- bis viermal.
Hellbrauner, faulig riechender Kot, der ohne Schmerzen abgesetzt wird, meist durch Überfressen oder verdorbenes Futter. Durst auf kleine Mengen, Unruhe, evtl. Blut im wässrigen Kot.	***Arsenicum album* C30.** Drei- bis viermal eine Gabe im Abstand von einer Stunde, dann maximal viermal täglich bis zur Besserung.
Durchfall mit schleimigem Kot und Koliksymptomen.	***Colocynthis* C30.** Eine Gabe alle 30-60 Minuten, maximal sechsmal, dann viermal täglich bis zur Besserung.
Reichlicher wässriger Kot, der im Strahl herausschießt, schlimmer durch Wassertrinken.	***Croton tiglium* C30.** Eine Gabe drei- bis viermal täglich, zwei bis vier Tage lang.
Oft Durst und Speichelfluss, Kälte und Schwitzen oder Schweratmigkeit. Blut im Kot.	***Mercurius corrosivus* C30.** Ein gutes grundsätzliches Mittel bei Blut im Kot. Eine Gabe viermal täglich, bei Bedarf vier bis sieben Tage lang.
Durchfall infolge einer Verdauungsstörung, evtl. mit Leberbeteiligung.	***Nux vomica* C6**. Eine Gabe drei- bis viermal täglich, drei bis vier Tage lang.
Chronische Fälle. Übelriechender und wässriger Kot, reichliche Ausscheidung, geräuschvoller Absatz.	***Podophyllum* C6.** Eine Gabe drei- bis viermal täglich, einige Tage lang nach Bedarf.
Darmentzündung, bei der nur morgendlicher Durchfall auftritt.	***Sulphur* C3** oder **C6.** Eine Gabe dreimal täglich bis zur Besserung.

Bei langdauernder Darmentzündung mit Schwäche, Auszehrung und Erschöpfung. Evtl. auch mit Erbrechen.	***China* C6.** Eine Gabe drei- bis viermal täglich bis zur Besserung.

▶ **Anmerkung:** Wenn keine der oben genannten Arzneien zur Heilung führt, muss ein Tierarzt aufgesucht werden.

DICKDARMENTZÜNDUNG

(Colitis)

Die Diagnosestellung durch einen Tierarzt ist erforderlich. Homöopathische Arzneien können bei dieser Erkrankung sehr wirksam sein, v. a. wenn sie bereits chronisch ist.

Streng genommen handelt es sich bei einer Colitis um eine Entzündung des Colon, allerdings wird der Begriff landläufig für alle entzündlichen Zustände des Dickdarms verwendet. Der moderne Terminus „Reizdarmsyndrom" bezeichnet ebenfalls eine chronische und oft schwächende Entzündung der unteren Darmabschnitte.

Hauptsymptome

Die Symptome sind sehr vielfältig. Es gehört immer auch Durchfall dazu, der aber auch im Wechsel mit Verstopfung auftreten kann. Oft kommt es zu lautem Darmkollern, Bauchschmerzen und Koliksymptomen. Aufgasung führt zu Auftreibung des Abdomens und starkem Blähungsabgang.

Jede Änderung der normalen Darmfunktion eines Tieres, die länger als eine oder zwei Wochen anhält, sollte von einem Tierarzt untersucht werden – bevor der Zustand chronisch werden kann.

Die schulmedizinische Behandlung besteht oft in der langfristigen Gabe von Kortikosteroiden. Die richtige homöopathische Arznei kann diese Medikation in vielen Fällen überflüssig machen oder zumindest dafür sorgen, dass keine dauerhafte Abhängigkeit davon entsteht.

Eine Colitis tritt bevorzugt bei nervösen Tieren auf bzw. bei Tieren, die unter Stress stehen. So kann ein Futterwechsel oder eine Unverträglichkeit des Futters eine Colitis auslösen, aber auch anhaltende Angst oder Furcht vor jemand oder etwas Bestimmtem begünstigt die Entstehung dieser Krankheit.

Ein ausgezeichnetes Universalmittel bei Verdauungsstörungen aller Art. In vielen Fällen von leichter Colitis kann dieses Mittel alleine bereits die Erkrankung unter Kontrolle bringen.	***Nux vomica* C6.** Eine Gabe ein- bis dreimal täglich nach Bedarf. Beginnen Sie mit dreimal täglich und gehen Sie auf einmal täglich herunter, wenn das Mittel wirkt.
Starke Blähungen mit wässrigem Durchfall. Erwartungsangst (vor Ausstellungen, Turnieren etc.).	***Argentum nitricum* C6** oder **C30.** Eine Gabe viermal täglich. Setzen Sie das Mittel mit beginnender Besserung ab.
Ratsam und oft sehr erfolgreich in langdauernden und behandlungsresistenten Fällen.	**Konstitutionelle Verschreibung.**

➜ *Siehe unter „Darmentzündung (Enteritis)".*

DURCHFALL

(Diarrhoe)

Eine tierärztliche Diagnosestellung und Behandlung kann erforderlich sein, wenn die Symptome andauern. Homöopathische Arzneien sind bei der Behandlung von Durchfall überaus wirksam.

Der Begriff Durchfall ist uns allen geläufig und bedeutet, dass halbfester oder flüssiger Kot abgesetzt wird. Die erfolgreiche homöopathische Behandlung von Durchfall hängt sehr stark von der Art und Farbe der Ausscheidungen sowie der Art und Weise des Kotabsatzes ab. Die Ursache für die Erkrankung ist ebenfalls von Bedeutung.

DURST

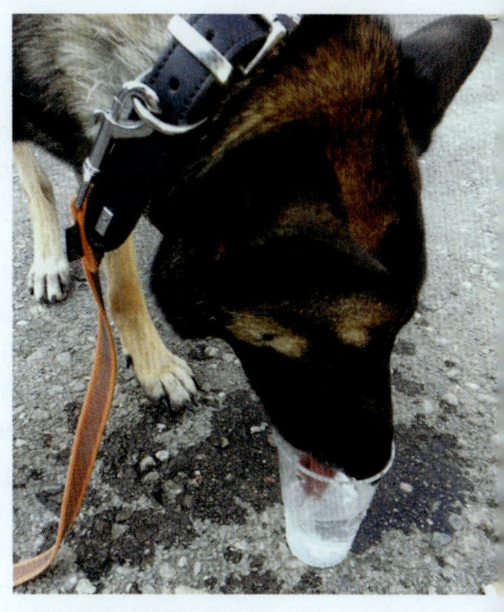

Eine tierärztliche Diagnosestellung und/oder Behandlung kann erforderlich sein, wenn die Symptome andauern.

Hauptsymptome

Gesteigerter oder verminderter Durst, der sich vom normalen Durstverhalten des Tieres unterscheidet und länger als einen oder zwei Tage anhält.

Manche Tiere trinken mehr als andere, ohne dass dies etwas zu bedeuten hätte. Eine plötzliche Veränderung des normalen Trinkverhaltens und der aufgenommenen Trinkmenge ist das Entscheidende. Übermäßiger Durst kann ein Hinweis auf Fieber, eine Nierenerkrankung, Diabetes, Durchfall, eine Pyometra (Gebärmuttervereiterung) und eine ganze Reihe weiterer Erkrankungen sein. Im Gegensatz dazu trocknet ein Tier, das wenig oder gar nichts trinkt, sehr schnell aus, was an sich schon eine ernstzunehmende Angelegenheit ist. Deshalb sollte jeder Veränderung hinsichtlich des Trinkverhaltens, die länger als einen oder zwei Tage andauert, auf den Grund gegangen werden.

Es gibt eine Vielzahl homöopathischer Arzneien, die sich für die Behandlung solcher Zustände eignen, nachdem eine entsprechende Diagnose gestellt wurde.

ENTZÜNDUNG

Ein Besuch beim Tierarzt ist ratsam, wenn die Symptome länger als zwei oder drei Tage anhalten und homöopathische Mittel keine Wirkung zeigen.

Eine Entzündung kann akut, chronisch, leicht, schwer, katarrhalisch (Überproduktion von Schleim durch die Schleimhäute), reaktiv (Entzündung um einen „Fremdkörper" herum, z. B. einen Splitter), traumatisch (nach einer Verletzung), eitrig (mit Eiterbildung) etc. sein.

Entzündungen können in äußeren Körperteilen auftreten; sie entstehen im Rahmen von Infektionen durch die Aktivierung der körpereigenen Abwehrmechanismen. Genauso kann es aber auch zu Entzündungen in inneren Organen (z. B. der Leber – Hepatitis) oder Geweben kommen. Spezielle Zellen, z. B. Makrophagen, werden über das Blut zum Ort der Entzündung transportiert und versuchen dort, die Bakterien zu vernichten. Haben diese Abwehrmechanismen Erfolg, klingt die Entzündung ab. Ist die Reaktion aber nicht stark genug oder die Infektion übermächtig, bildet sich ein Abszess (siehe unter Abszess).

Hauptsymptome

Äußerlich findet man evtl. Rötung, vermehrte Wärme, Schwellung und Berührungsempfindlichkeit. Bei inneren Entzündungen können Symptome wie Kolik, Erbrechen, Durchfall und Appetitverlust auftreten.

Äußerliche Entzündung

Leichte Entzündungen im Frühstadium – geringgradige lokale Rötung, aber keine Allgemeinsymptome einer Erkrankung.	***Ferrum phosphoricum* C6.** Eine Gabe drei- bis viermal täglich, einige Tage bis zur Abheilung.
Im Frühstadium, um eine Abszessbildung zu verhindern. Bei Hautinfektionen große Berührungsempfindlichkeit und Schmerzhaftigkeit.	***Hepar sulphuris* C30.** Eine Gabe alle vier Stunden (vier- bis fünfmal täglich), einige Tage bis zur Abheilung.
Im späteren Stadium zur Förderung der Abszessreifung.	***Hepar sulphuris* C6.** Eine Gabe alle vier Stunden (viermal täglich), bis der Abszess aufgebrochen ist und die Heilung eingesetzt hat.

Innerliche Entzündung

Sobald ein Tierarzt die Diagnose bestätigt hat, behandeln Sie die vorliegenden Symptome (z. B. Erbrechen, Kolik etc.) mit der entsprechenden Arznei.

EPILEPSIE, HYSTERIE, KRAMPFANFÄLLE, KONVULSIONEN

Eine tierärztliche Diagnosestellung und Behandlung ist erforderlich.

Jede Art von Anfall oder Krämpfen ist erschreckend mit anzusehen, v. a. wenn sie zum ersten Mal auftreten. Es sollte umgehend ein Tierarzt aufgesucht werden, um die Ursache herauszufinden. Es ist sehr wichtig, ein Tier, das gerade einen Anfall hat, nicht anzufassen, da es sich selbst und die Person verletzen könnte. Ist der Anfall vorüber, sollte man dem Tier mindestens eine Stunde Ruhe gönnen, sofern es das möchte.

Die Ursache für solche Anfälle bleibt oft im Verborgenen. Ein Anfall scheint eine Art Sicherheitsventil für das Gehirn darzustellen, so wie Dampf aus einem Dampfdrucktopf entweicht, wenn sich in diesem der maximale Druck aufgebaut hat. Bei nervösen, angespannten Tieren scheinen Anfälle häufiger aufzutreten; bei ruhigeren Typen sind sie eher seltener. Intensive Inzucht kann die erbliche Veranlagung für Anfallsleiden begünstigen.

Hauptsymptome

Ein Anfall beginnt meist mit Schaum vor dem Maul, mitunter kann diesem aber auch Erbrechen vorausgehen. Das Tier beginnt zu schwanken und zu taumeln, bevor es auf die Seite fällt und mehr oder weniger heftig mit den Beinen rudert. Es kann unwillkürlicher Harn- und/oder Kotabsatz erfolgen. Ein Anfall kann wenige Sekunden bis mehrere Minuten dauern. Der Zustand ist als schwerwiegend einzustufen, wenn mehrere Anfälle fast oder ganz ohne Pause aufeinander folgen. Nach einem Anfall kann das Tier einen benommenen oder desorientierten Eindruck machen; dies kann wenige Minuten bis zu mehrere Stunden andauern.

Das Muster, die Schwere, Dauer und Anzahl der Anfälle (manchmal treten sie geballt auf) helfen bei der Bestimmung der passenden homöopathischen Arznei. In der Regel stellt eine konstitutionelle Behandlung die beste Herangehensweise an diese Erkrankung dar.

Die homöopathische Behandlung kann gut und sicher mit schulmedizinischen Maßnahmen kombiniert werden und diese in manchen Fällen vielleicht sogar ersetzen oder zumindest eine Reduktion der Dosierung ermöglichen. Homöopathische Arzneien führen oft zu einer Verminderung der Schwere und Dauer der Anfälle und verkürzen die Erholungszeit, auch wenn sie das Auftreten vielleicht nicht ganz unterbinden können.

Suchen Sie nach dem ersten Anfall umgehend einen Tierarzt auf und danach in regelmäßigen Abständen. Die Konsultation eines homöopathisch erfahrenen Tierarztes kann ebenfalls sehr hilfreich sein.

Zum unmittelbaren Einsatz, wenn ein Anfall droht oder wenn man entsprechend früheren Erfahrungen einen neuerlichen Anfall befürchtet. Alternativ auch zur sofortigen Anwendung nach einem Anfall.	***Belladonna* C6** oder **C30.** Eine Gabe alle 15 Minuten, maximal viermal, dann alle drei Stunden, einen oder zwei Tage lang, bis die Symptome abklingen. Dieses Mittel ist v. a. dann angezeigt, wenn der Anfall bzw. die Anfälle mit Fieber einhergehen.

Ein gutes grundsätzliches Mittel bei leichten und kurzen Anfällen.	***Ignatia* C30.** Eine Gabe drei- bis viermal täglich, drei bis sieben Tage lang nach Bedarf.

Viele andere Arzneien wie z. B. ***Bufo, Cocculus*** und ***Chamomilla*** oder auch verschiedene Metalle – z. B. ***Cuprum, Ferrum*** und ***Zincum*** – kommen in Abhängigkeit vom Naturell des Tieres und den vorliegenden Symptomen ebenfalls in Frage. Hier bedarf es allerdings fachmännischer Unterstützung, um ein befriedigendes Ergebnis zu erzielen.

ERBRECHEN

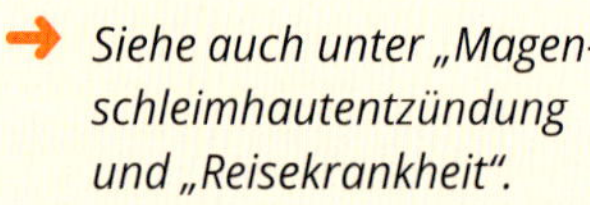

Siehe auch unter „Magenschleimhautentzündung und „Reisekrankheit".

Eine tierärztliche Diagnosestellung und Behandlung ist erforderlich, wenn das Erbrechen gehäuft auftritt oder die Symptome länger als ein paar Stunden anhalten.

Erbrechen tritt bei Fleischfressern (Carnivoren) und Allesfressern (Omnivoren) gar nicht so selten auf. Pflanzenfresser hingegen erbrechen nur selten, und wenn sie es einmal tun, kommt das Erbrochene oft aus den Nasenlöchern heraus und zeigt eine ernsthafte Erkrankung an. Bei Wiederkäuern, die normalerweise Kugeln der aufgenommenen Nahrung wieder in die Mundhöhle hoch befördern und noch einmal kauen, läuft manchmal eine grüne Flüssigkeit aus der Nase, wenn sie sich überfressen haben oder in den Vormägen zuviel Gas gebildet wird (v. a. im Pansen, in dem das Futter durch Fermentierung verdaut wird).

Bei Pferden zeigt Erbrechen immer eine sehr schwerwiegende Erkrankung an, in vielen Fällen handelt es sich dabei um den Beginn der Graskrankheit. Das Erbrochene kommt dann meist aus den Nüstern heraus. Bei Hunden und Katzen ist Erbrechen oft nur mit wenig Beschwerden verbunden und gibt erst dann Anlass zur Sorge, wenn es anhält. Manche Tiere, z. B. Hunde und Katzen, fressen das Erbrochene wieder auf, und andere wiederum fressen Gras, um Erbrechen zu provozieren. Das ist relativ normal. Unabhängig von der Ursache kann Erbrechen bei allen Tierarten zu Austrocknung führen, sodass es ratsam ist, lieber früher als später einen Tierarzt aufzusuchen.

Hauptsymptome

Futter wird wieder nach oben befördert und über das Maul – manchmal auch die Nase – ausgeschieden. Das Erbrechen kann unmittelbar nach der Futteraufnahme, aber auch zu irgendeinem späteren Zeitpunkt erfolgen. Es kann andauern und manchmal sehr heftig sein. Manchmal ist es mit vermehrtem Durst und/oder Durchfall verbunden.

Das Tier ist oft durstig, erbricht das Wasser aber sofort nach dem Trinken. Häufiges Erbrechen und Durchfall.	***Arsenicum album* C30.** Eine Gabe alle 15-20 Minuten, vier- bis sechsmal, dann drei- oder viermal täglich, einige Tage bis zur Besserung.
Anhaltendes Erbrechen, evtl. mit blutigem Durchfall. Starker Speichelfluss und Erbrechen von unverdautem Futter. Bei Jungtieren sollte **sofort** ein Tierarzt aufgesucht werden.	***Ipecacuanha* C6.** Eine Gabe alle zwei bis vier Stunden, sechs- bis achtmal, bei Besserung absetzen. Hält das Erbrechen an, wechseln Sie entsprechend den vorliegenden Symptomen zu einer besser passenden Arznei oder suchen Sie einen Tierarzt auf.
Bei gelegentlichem Erbrechen in Verbindung mit Verdauungsstörungen. Erbrechen und Durchfall im Wechsel. Kein vermehrter Durst.	***Nux vomica* C6.** Eine Gabe drei- bis viermal täglich nach Bedarf.

Andere Arzneien. Viele andere Mittel kommen für die Behandlung von Erbrechen in Frage, z. B. ***Antimonium tartaricum*, *Mercurius corrosivus*, *Cocculus*** und ***Phosphorus*,** in Abhängigkeit von den vorliegenden Symptomen. Um die passende Arznei zu finden, kann es notwendig sein, einen homöopathisch versierten Tierarzt aufzusuchen.

ERKÄLTUNGEN

Erkältungen können gut mit homöopathischen Arzneien behandelt werden. Bei anhaltenden Symptomen kann es notwendig sein, einen Tierarzt aufzusuchen.

Erkältungen

Echte „Erkältungen“, so wie sie beim Menschen häufig sind, treten in dieser Form bei Tieren nicht auf.

Hauptsymptome

Treten sie zu unterschiedlichen Zeiten auf, werden die vielen verschiedenen Symptome einer gewöhnlichen Erkältung, wie Katarrh, Husten, Tränenfluss, Niesen, Nasennebenhöhlenentzündung und Halsentzündung (Tonsillitis) meist nicht in einen Zusammenhang gestellt, sondern scheinen einzelne Erscheinungen darzustellen. Eine Behandlung mit homöopathischen Arzneien hängt von den jeweiligen Symptomen ab.

Bei den ersten Anzeichen einer Erkältung oder allgemeinem Unwohlsein.	***Aconitum* C30.** Eine Gabe alle ein bis drei Stunden, maximal vier bis sechs Gaben.
Folgt gut auf Aconitum, wenn die Körpertemperatur ansteigt bzw. sich Fieber entwickelt.	***Belladonna* C30.** Eine Gabe alle zwei bis vier Stunden (vier- bis sechsmal täglich) bis zur Besserung oder bis ein passenderes Mittel sichtbar wird, das die bestehenden Symptome besser abdeckt.

Zusätzliche Mittel. Diese sollten entsprechend der vorliegenden Symptomatik gewählt werden und diese so weit wie möglich abdecken (z. B. tränende Augen, Husten etc.).

Unpässlichkeit

Was ist eine „Unpässlichkeit“? Früher wurde dieser Begriff oft verwendet, wenn der Arzt die Ursache einer Erkrankung oder sonstigen Befindlichkeitsstörung nicht erkennen konnte. Mit anderen Worten ist es ein wunderbarer Ausdruck für alle geringfügigen Beschwerden, der sich im allgemeinen Sprachgebrauch über die Jahre hinweg etabliert hat.

Hauptsymptome

Ein allgemeines Gefühl von Unwohlsein ohne spezifische Ursache. Im Zusammenhang mit Erkältungen könnte man darunter leichte Beschwerden im Bereich der Atemwege verstehen, die oftmals virusbedingt sind und evtl. mit einem geringfügigen Anstieg der Körpertemperatur einhergehen.

EUTER-/GESÄUGEENTZÜNDUNG

(Mastitis)

➜ *Siehe auch im Kapitel „Rinder" und „Schweine".*

Es bedarf der tierärztlichen Diagnosestellung und Behandlung. Euter-/Gesäugeentzündungen sprechen oft gut auf homöopathische Arzneien an, insbesondere in langwierigen und chronischen Fällen.

Bei Milchkühen in der Laktation, aber auch bei laktierenden Schafen, Schweinen und Ziegen treten Euterentzündungen recht häufig auf. Pferde, Hunde und Katzen erkranken dagegen seltener an einer Euter- bzw. Gesäugeentzündung. Gelegentlich kann auch bei Tieren, die keine Milch geben, eine Mastitis auftreten.

Hauptsymptome

Die Milchdrüsen sind heiß, entzündet, geschwollen und schmerzhaft. Diese Symptome gehen oft mit hohem Fieber, Inappetenz und Mattigkeit (Depression) einher. Eine Euter-/Gesäugeentzündung ist meistens ein akuter Zustand, kann bei manchen Tieren aber immer wiederkehren und chronisch werden.

Im Akutfall mit den meisten oder allen oben aufgeführten Symptomen.	***Belladonna* C6** oder **C30.** Eine Gabe alle zwei Stunden, bis zu vier- bis sechsmal. Tritt eine Besserung ein, gehen Sie auf drei- bis viermal täglich herunter oder wechseln Sie zu einem Mittel, das mit den vorliegenden Symptomen übereinstimmt.
Das Euter oder Gesäuge ist heiß, schmerzhaft, verhärtet und oft kleinknotig verändert. Das Tier steht oder liegt lieber still auf kaltem Boden und möchte sich nicht bewegen.	***Bryonia* C6** oder **C30.** Eine Gabe alle zwei Stunden, bis zu vier- bis sechsmal, dann viermal täglich bis zur Besserung.

In akuten Fällen mit Flüssigkeitsansammlung im Gewebe (Ödem – drückt man mit dem Finger auf eine Stelle, bleibt eine Delle zurück).	***Urtica urens* C6 oder C30.** Stündlich eine Gabe, vier- bis sechsmal, dann zwei- bis viermal täglich bis zur Besserung.
Eine Kombination aus den drei Mitteln *Belladonna*, *Bryonia* und *Urtica urens*, die v. a. dann hilfreich ist, wenn die Symptome nicht klar abgegrenzt sind.	***BBU* C30.** Eine Gabe alle zwei Stunden, bis zu vier- bis sechsmal, dann zwei- bis dreimal täglich bis zur Besserung.
Eine Kombination aus *Sulphur, Silicea* und *Carbo vegetabilis*. Nützlich in akuten und chronischen Fällen. Die Schwellung ist oft schon zurückgegangen, aber die Milchdrüse ist hart und die Milch enthält immer noch Klumpen.	***SSC* C30.** Eine Gabe zwei- bis dreimal täglich bis zur Besserung.
Abszesse des Drüsengewebes, die nicht abheilen. Das erkrankte Tier sucht die Wärme (im Gegensatz zu *Bryonia*).	***Hepar sulphuris* C6** oder **C30.** Eine Gabe drei- bis viermal täglich, vier bis sieben Tage bis zur Besserung.
Nahezu ein Universalmittel bei Mastitis. Es folgt gut auf *Belladonna* und *Bryonia,* wenn der Fall chronisch zu werden droht. Die Milchdrüsen bleiben hart und schmerzhaft, sind manchmal bläulich verfärbt, und die Zitzen sind wund und rissig.	***Phytolacca* C30.** Eine Gabe drei- bis viermal täglich, einige Tage bis zur Besserung.

FIEBER

Fieber kann immer das erste Anzeichen für eine Infektionskrankheit sein. Eine frühzeitige Diagnose ist entscheidend, und es ist ratsam, so früh wie möglich einen Tierarzt aufzusuchen. Eine homöopathische Behandlung kann problemlos und sicher begleitend zu einer Behandlung mit Antibiotika oder anderen von Ihrem Tierarzt verordneten Maßnahmen durchgeführt werden. Besonders bei Viruserkrankungen ist die Homöopathie hilfreich, da die meisten konventionellen Medikamente nicht gegen Viren wirken. Homöopathische Arzneien unterstützen die körpereigenen Abwehrmechanismen und helfen so bei der Bekämpfung der Viren.

Ein Anstieg der Körpertemperatur über den Normalbereich hinaus zeigt gewöhnlich an, dass die natürlichen Abwehrmechanismen des Körpers aus irgendeinem Grund aktiviert worden sind. Meist ist eine Infektion die Ursache. Der Anstieg der Körpertemperatur ist an sich keine schlechte Sache und bedeutet, dass der Körper versucht, die Bakterien oder Viren loszuwerden. Das Ziel der Behandlung ist, diesen Vorgang zu unterstützen und einen allmählichen Abfall der Temperatur bis in den Normalbereich einzuleiten. Ein sehr schneller Abfall der Körpertemperatur bis zur Untertemperatur kann dagegen eine sehr ernsthafte Angelegenheit darstellen.

Hauptsymptome

Fieber geht in der Regel mit Inappetenz, Mattigkeit, Zittern und Bewegungsunlust einher. Allerdings kann es auch zu Unruhe mit ängstlichem Gesichtsausdruck kommen. In der Folge steigt die Atemfrequenz, das Tier atmet u. U. schwer und hat großen Durst.

Beginnen Sie so schnell wie möglich mit diesem Mittel. *Aconitum* wirkt schnell, aber nur kurzfristig, daher muss es oft wiederholt werden.	***Aconitum* C30.** Eine Gabe alle 10-20 Minuten, nach Bedarf bis zu sechs- bis achtmal.
Folgt gut auf *Aconitum*. Die Pupillen sind erweitert und der Puls ist voll und pochend.	***Belladonna* C30.** Eine Gabe alle ein bis zwei Stunden, nach Bedarf bis zu achtmal. Sobald die Symptome abklingen, geht man auf eine Gabe viermal täglich herunter, bis sich der Zustand gebessert hat. (Zwei bis vier Tage sollten genügen.)
Mattigkeit und Schläfrigkeit. Kein Durst. Evtl. Muskelzittern oder allgemeines Zittern (v. a. bei Grippe).	***Gelsemium* C30.** Eine Gabe viermal täglich bis zur Besserung (nach Bedarf drei bis sieben Tage).
Anhaltend hohe Temperatur, evtl. durch eine Virusinfektion bedingt.	***Sulphur* C30.** Hilfreich, wenn andere Arzneien versagen. Eine Gabe viermal täglich bis zur Besserung (fünf bis zehn Tage oder länger wenn nötig).

Der Temperaturanstieg wird durch eine Sepsis verursacht (z. B. durch einen chronischen Abszess irgendwo im Körper). Der Puls ist schwach und fadenförmig (das Gegenteil von *Belladonna*).	***Pyrogenium* C30.** Eine Gabe viermal täglich, fünf bis sieben Tage lang.
Große Unruhe, häufiges Niesen. Verlangen nach warmen Getränken in kleinen Mengen.	***Arsenicum album* C30.** Eine Gabe viermal täglich, fünf bis sieben Tage lang.
Angezeigt, wenn jegliche Wärme den Zustand verschlimmert.	***Apis* C30.** Eine Gabe viermal täglich, fünf bis sieben Tage lang.
Starker Husten, großer Durst, schlimmer durch jede Bewegung.	***Bryonia* C6.** Eine Gabe viermal täglich, fünf bis sieben Tage lang.
Husten, Schwäche, Erschöpfung; dennoch ruhelos und Linderung durch Umhergehen.	***Rhus toxicodendron* C6.** Eine Gabe viermal täglich, fünf bis sieben Tage lang.

FLÖHE

Zu Beginn ist eine tierärztliche Untersuchung und Behandlung ratsam.

Eine Flohinfestation von Haustieren und ihrer Umgebung kann zu massiven Problemen führen. Im Frühjahr und Sommer ist eine besonders günstige Zeit für Flöhe und manche Tiere reagieren besonders empfindlich auf die Stiche, die eine allergische Hautreaktion auslösen können. Flöhe sind dunkelbraun und ihr schwarzer Kot ist oft auf der Haut am Haaransatz zu erkennen.
Wenn man das Tier auf ein weißes Tuch stellt oder ein paar Küchentücher unterlegt und das Tier bürstet, kann man bei Flohbefall herabfallende schwarze Krümelchen erkennen. Wenn man diese mit Wasser befeuchtet, werden sie bräunlich/rot (Flohkot); auch auf einer hellen Liegeunterlage kann man bei einem Befall diese Krümel erkennen.

Der Lebenszyklus der Flöhe dauert ca. eine Woche. Daher ist es sehr wichtig, das betroffene Tier und seine Umgebung so schnell wie möglich zu behandeln. Die Flöhe müssen das Wirtstier zur Eiablage verlassen. Die Eier werden an den Schlafplätzen des Tieres, in Möbeln, hinter Fußleisten etc. abgelegt, daher müssen diese gleichzeitig mit dem Tier behandelt werden. Heutzutage gibt es wirksame und sichere konventionelle Behandlungsmöglichkeiten sowohl für das Tier als auch die Umgebung. Pflanzliche Abwehrmittel sind ebenfalls erhältlich.

Flohstiche scheinen manche Tiere stärker zu belasten als andere. Manche Tiere scheinen sogar nie gestochen zu werden. Andere wiederum reagieren allergisch auf den Flohspeichel.

Hauptsymptome

Die Hauterscheinungen reichen von leichtem bis hin zu hochgradigem Juckreiz. Kratzen, Beißen und Reiben der betroffenen Stellen können zu Ekzemen und Hautentzündung mit Haarausfall führen.

Diese Arznei hat den Ruf, dass die Tiere dadurch weniger anziehend auf Flöhe wirken.	***Sulphur* C200.** Eine Gabe dreimal wöchentlich in Zeiten, in denen eine Gefährdung durch Flöhe besteht.

FURCHT, SCHRECK, ERWARTUNGSANGST, PANIK

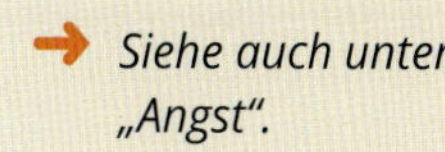

Siehe auch unter „Angst".

Die Konsultation eines Tierarztes kann angebracht sein. Homöopathische Arzneien sind bei Angstzuständen oftmals hilfreich. In manchen Fällen empfiehlt der Tierarzt möglicherweise eine Verhaltenstherapie.

Es gibt viele Gründe, warum ein Tier in einen der oben genannten Zustände geraten kann. Nervosität und Stress gehören ebenfalls in diese Kategorie. In all diesen Fällen wird beim Tier eine „Kampf oder Flucht" -Reaktion ausgelöst. Und natürlich gibt es viele Tiere, die durch ungewöhnliche oder ungewohnte Dinge und Ereignisse, wie z. B. laute Geräusche, Schüsse, Feuerwerk oder Luftballons in Angst und Schrecken versetzt werden.

Die unten aufgeführten homöopathischen Arzneien können Ängste und Stress in vielen Fällen reduzieren. Handelt es sich aber um ein grundlegendes und tiefsitzendes Problem, ist es meist ratsam, einen homöopathisch erfahrenen Tierarzt aufzusuchen, um das Konstitutionsmittel des Tieres herauszufinden.

Angst nach einem Unfall oder Schock.	***Aconitum* C30.** Eine Gabe alle 15-30 Minuten, bei Bedarf bis zu sechsmal, bis sich das Tier wieder beruhigt hat.
Angst beim Alleinsein, oft mit Kotabsatz.	***Arsenicum album* C30.** Eine Gabe alle 15-30 Minuten, bis zu viermal, dann, falls nötig, alle vier Stunden.
Bei Erwartungsspannung oder -angst (vor einer Ausstellung oder Aufführung etc.).	***Argentum nitricum* C6** oder **C30.** Eine Gabe zwei- bis dreimal täglich, einen oder zwei Tage vor dem Ereignis, und an dem Tag selbst bei Bedarf stündlich, bis zu fünf- bis sechsmal.
Jämmerliche Angst, Zittern vor Furcht, Entsetzen.	***Gelsemium* C30.** Eine Gabe alle 30-60 Minuten, bei Bedarf bis zu sechsmal.

Überempfindlich und schnell beunruhigt oder verängstigt – braucht Trost und Halt.	***Phosphorus* C30.** Eine Gabe zwei- bis viermal täglich.
Wenn eine plötzliche Änderung der Routine oder ein Umzug zu Verhaltensänderungen führt. Ein normalerweise ruhiges Tier wird plötzlich laut, unruhig und sogar zerstörerisch.	***Scutellaria* C30.** Eine Gabe zwei- bis dreimal täglich, bis sich das Tier wieder beruhigt hat.
Bei anhaltender Angst.	***Opium* C30.** Einmal täglich eine Gabe, drei bis fünf Tage lang, bis sich das Tier wieder beruhigt hat.

Rescue Remedy. Die tägliche Gabe von einigen Tropfen in frisches Trinkwasser kann eine beruhigende Wirkung haben. Anwendung nach Bedarf.

GÄHNEN

Hält das Gähnen über einen langen Zeitraum an, sollte ein Tierarzt aufgesucht werden.

Hauptsymptome

Manche Tiere scheinen zu gähnen, wenn sie sich freuen oder entspannt sind, andere gähnen, wenn sie sich nicht wohlfühlen, stressbedingt oder aus Langeweile. Gähnen stellt nicht zwingend ein Krankheitssymptom dar. Manche Tiere gähnen öfter als andere, daher ist es – genau wie beim Trinkverhalten – eher das Gähnmuster, das signifikant sein kann.

Plötzliches wiederholtes Gähnen tritt meist dann auf, wenn ein Tier sich nicht wohlfühlt und ist oft ein Vorzeichen für Erbrechen (z. B. bei Reisekrankheit).

Zeigt ein Tier anhaltendes Gähnen in Verbindung mit anderen Symptomen wie Erbrechen oder Durchfall, sollte man der Sache auf den Grund gehen.

Hilfreich bei allen Verdauungsstörungen, unabhängig davon, ob sie mit Gähnen einhergehen oder nicht.	***Nux vomica* C6.** Eine Gabe drei- bis viermal täglich, zwei bis fünf Tage nach Bedarf.
Diese Arznei ist eigentlich ein Lebermittel; sie kann aber angezeigt sein, wenn das Gähnen eine Folge von Überfressen ist.	***Chelidonium* C30.** Eine Gabe dreimal täglich, einige Tage bis zur Besserung.

GELBSUCHT

(Ikterus)

Bei erkennbarer Gelbsucht oder entsprechendem Verdacht sollte unbedingt sofort ein Tierarzt konsultiert werden.

➜ *Siehe auch unter „Lebererkrankungen".*

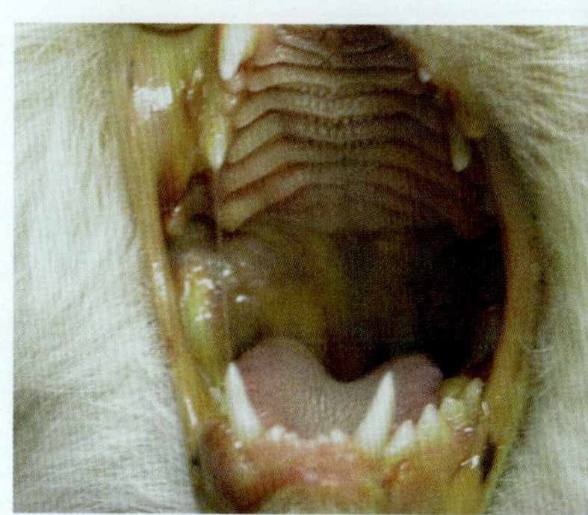

Die Leber ist ein lebenswichtiges Organ. Sie bildet die Gallenflüssigkeit, die für den Verdauungsvorgang benötigt wird. Die Gallenflüssigkeit wird bei den meisten Tieren (außer dem Pferd) in der Gallenblase gespeichert und gelangt über den Gallengang in den ersten Darmabschnitt, den Zwölffingerdarm. Hier vermischt sie sich mit dem Nahrungsbrei, der im Darm weitertransportiert und verdaut wird. Die Gallenflüssigkeit ist grün-gelb gefärbt. Liegt ein Hindernis vor, sodass sie nicht in den Darm abfließen kann, gelangt sie in den Blutkreislauf, was zu der charakteristischen Gelbfärbung der Haut und Schleimhäute führt.

Der Erreger der infektiösen Gelbsucht, beim Menschen unter dem Namen „Weilsche Krankheit" bekannt, ist bei 40-60 % aller gesund erscheinenden Ratten zu finden und wird mit deren Urin ausgeschieden. Auf diesem Wege kann es zu einer Kontamination von Nahrungs- und Futtermitteln kommen. Der Erreger kann schwere Erkrankungen bei Mensch und Tier auslösen.

Die Krankheit wird durch Leptospiren verursacht, die zu den Spirochäten gehören (spiralförmige oder gebogene Bakterien) (siehe auch unter „Leptospirose"). Tier und Mensch können sich aber auch mit einer viralen Form der infektiösen Gelbsucht anstecken.

Hauptsymptome

Erbrechen, das häufig akut und in kurzen Zeitabständen auftritt, u. U. begleitet von gelblichem Durchfall. Durst, Inappetenz, gedämpftes Verhalten und Vitalitätsverlust. Gelbstich der Haut und Schleimhäute (siehe oben).

Nützlich, wenn die Gelbsucht in Verbindung mit anderen Symptomen wie Erbrechen oder Verstopfung und Durchfall im Wechsel auftritt.	***Nux vomica* C6.** Eine Gabe alle vier Stunden (viermal täglich) bis zur Besserung.

Ein gutes Mittel bei Gelbsucht u. a. Lebererkrankungen.	***Chelidonium* C30.** Eine Gabe viermal täglich bis zur Besserung.

GELENKENTZÜNDUNG

(Arthritis)

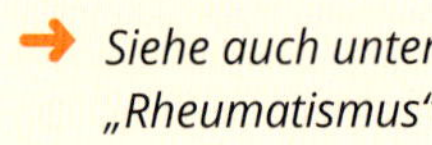

➔ *Siehe auch unter „Rheumatismus".*

Eine tierärztliche Diagnosestellung ist notwendig. Homöopathische Arzneien können bei der Langzeitbehandlung einer Arthritis sehr hilfreich sein.

Der Mensch kann an den verschiedensten Schmerzzuständen leiden, die allgemein als Arthritis, Fibrositis, Schultersteife, Putzfrauenknie, Hexenschuss, Rheumatismus, Ischialgie, Zerrungen, Verrenkungen, Tennisarm etc. bezeichnet werden.

Eine echte Arthritis kann als Entzündung der Oberflächen eines Gelenks bezeichnet werden. Diese ist oft verschleißbedingt, genauso wie die beweglichen Teile eines Motors, eines Fahrrades oder eines Gummireifens durch den beständigen Gebrauch und Abrieb verschleißen. Die beiden gelenkseitigen Flächen eines Gelenks sollten sich frei gegeneinander bewegen, wenn das Gelenk gebeugt oder gestreckt wird, und müssen daher geschmeidig und glatt sein. Werden sie hingegen aus irgendeinem Grund beschädigt, sodass es zu einem ungleichmäßigen Abrieb kommt, wird die glatte Oberfläche aufgeraut und es kann sich eine Arthritis entwickeln. Eine Arthritis findet man häufiger bei älteren Tieren, sie kann aber infolge einer Gelenkverletzung in jedem Alter auftreten. Zusätzlich zu den oben beschriebenen Veränderungen kann das Gelenk auch äußerlich geschwollen und deformiert sein. Solche Veränderungen verursachen Schmerzen, und wenn die Gliedmaßen betroffen sind, wird in der Regel auch eine Lahmheit unterschiedlichen Schweregrades auftreten.

Akute Arthritis

Plötzlicher Beginn, Hautrötung, Schwellung (wie bei einem Bienenstich) und Schmerzen.	***Apis* C30.** Stündlich eine Gabe, bis zu viermal, dann dreimal täglich, einige Tage lang.
Bei allen akuten Zuständen.	***Arnica* C30.** Eine Gabe alle drei bis vier Stunden bis zur Besserung.
Schmerzen, die schnell von einem Gelenk zum anderen wechseln. Die Gliedmaßen fühlen sich kalt an und das Gelenk ist heiß und geschwollen, aber nicht rot.	***Ledum* C6** oder **C30.** Eine Gabe alle drei bis vier Stunden bis zur Besserung, dann absetzen.

Heiße, rote, geschwollene und sehr steife Gelenke. Verschlimmerung durch die geringste Bewegung, Berührung oder Erschütterung.	***Bryonia* C6.** Eine Gabe drei- bis viermal täglich nach Bedarf.
Heiße, geschwollene, schmerzhafte Gelenke. Leichte Besserung durch allmähliche, langsame Bewegung und Veränderung der Lage oder Stellung.	***Rhus toxicodendron* C6** oder **C30.** Eine Gabe drei- bis viermal täglich nach Bedarf.

Chronische Arthritis

Schwellung, Schmerzhaftigkeit, Steifheit.	***Bryonia*** oder ***Rhus toxicodendron*.** Diese beiden Mittel können im Wechsel ein- bis zweimal täglich gegeben werden, wenn das die größtmögliche Linderung bringt.
Hilfreich bei älteren Tieren. Schmerzen in deformierten, geschwollenen Gelenken mit muskulärer und allgemeiner Schwäche.	***Causticum* C30.** Eine Gabe drei- bis viermal täglich. Mit zunehmender Besserung wird die Dosis verringert bzw. das Mittel abgesetzt.

GRIPPE

(Influenza)

Die Konsultation eines Tierarztes ist empfehlenswert. Homöopathische Arzneien eignen sich oft gut für die Behandlung der Grippesymptome.

Es gibt nur sehr wenige schulmedizinische Medikamente, um virale Infektionen zu behandeln. Homöopathische Arzneien hingegen, die sorgfältig ausgewählt werden und deren Arzneimittelbild im Einzelfall mit den besonderen Symptomen der Grippeerkrankung übereinstimmt, erweisen sich oftmals als sehr wirksam.

Die Grippe, wie wir sie vom Menschen her kennen, kann in einer ganz ähnlichen Form auch bei Pferden, Schweinen und Katzen auftreten. Bei anderen Haustierarten ist sie dagegen eher unbekannt. Die Bezeichnung Grippe umfasst eine Vielzahl viraler Infektionen des Brustkorbs und der oberen Atemwege (Nase, Rachen und Kehlkopf, Nasennebenhöhlen etc.).

➜ *Siehe auch im Kapitel „Pferde" unter „Pferdegrippe", im Kapitel „Schweine" unter „Atemwegsinfektionen" und im Kapitel „Katzen" unter „Katzenschnupfen".*

Hauptsymptome

Die Symptome sind sehr vielfältig. Die Krankheit beginnt oft sehr plötzlich mit hohem Fieber, Inappetenz, Husten, Niesen, Tränenfluss, laufender Nase, manchmal auch Steifheit des Rückens und der Gelenke. Weiterhin können Abgeschlagenheit, Zittern, erhöhte Atemfrequenz und Keuchen auftreten. Das Tier hat evtl. vermehrten Durst. Die Grippe tritt oft epidemisch auf und betrifft dann mehrere oder sogar alle Tiere einer Gruppe.

Bei allen oben beschriebenen Symptomen.	***Aconitum* C30.** Bei Grippeverdacht vier Gaben in stündlichen Abständen. Sobald die Diagnose bestätigt ist, Wechsel zu einem anderen Mittel, das mit den vorliegenden Symptomen übereinstimmt.
In akuten Fällen mit Fieber.	***Belladonna* C30.** Vier Gaben in stündlichen Abständen, mit Beginn der Besserung eine Gabe alle vier Stunden, weitere drei bis fünf Tage lang.
Wird bei der Grippe des Menschen als Hauptmittel empfohlen. Die Symptome müssen passen. Beschreibung der Symptome?	***Gelsemium* C30.** Eine Gabe viermal täglich bzw. alle vier Stunden, drei bis fünf Tage, bis die Symptome abklingen.
Grippesymptome begleitet von einem rauen und trockenen Husten, der durch die geringste Bewegung ausgelöst wird.	***Bryonia* C6.** Eine Gabe drei- bis viermal täglich, drei bis fünf Tage lang.
Deutlich beschleunigte Atmung, Kurzatmigkeit und Keuchen. Evtl. beginnende Lungenentzündung. Quälender Kitzelhusten, schlimmer in kalter Luft.	***Phosphorus* C30.** Eine Gabe drei- bis viermal täglich, nach Bedarf drei bis fünf Tage lang.
Starker Tränenfluss, Fieber und Durst. Der Rachen ist auch oft beteiligt.	***Allium cepa* C30.** Eine Gabe viermal täglich bzw. alle vier Stunden, drei bis fünf Tage, bis die Symptome abklingen.
Gelenkschmerzen, Steifheit, Unruhe; Linderung durch leichte Bewegung.	***Rhus toxicodendron* C6.** Eine Gabe viermal täglich (alle zwei bis vier Stunden), einige Tage, bis die Symptome abklingen.

HARNWEGSPROBLEME

Die Diagnosestellung durch einen Tierarzt ist erforderlich.

➜ *Siehe auch unter „Blasenentzündung" und „Inkontinenz".*

Verlegung der Harnröhre. Harnwegsprobleme können bei männlichen und weiblichen Tieren in allen Teilen des Harntraktes entstehen. Abgesehen von Tumorerkrankungen ist die Verlegung der Harnröhre durch eine Verletzung oder Harngrieß bzw. -steine eine der häufigsten Ursachen für eine Störung des Harnabflusses. Durch Kristallbildung im Urin kann es in der Harnblase auch zur Verlegung der Mündung in die Harnröhre kommen. Der vollständige Verschluss kann zu einer Rückvergiftung des Körpers führen, die im schlimmsten Fall tödlich enden kann, da Stoffwechselprodukte nicht mehr mit dem Harn ausgeschieden werden können.

Hauptsymptome

Teilweise oder vollständige Harnverhaltung. Pressen, dauerndes Hinhocken bei weiblichen Tieren, eindeutige Schmerzen und Beschwerden. Inappetenz, verminderter oder gesteigerter Durst, das Tier ist gedämpft und ganz offensichtlich krank.

Es gibt eine ganze Reihe von homöopathischen Arzneien zur Behandlung von Harnsteinen und Harnverhaltung, beispielsweise *Belladonna, Cantharis* und *Nux vomica*. Da es sich aber um komplizierte und oft schwerwiegende Erkrankungen handelt, sollte so schnell wie möglich professionelle Hilfe gesucht werden. Manchmal muss zu Beginn konventionell behandelt oder sogar chirurgisch eingegriffen werden, aber dann zeigt eine homöopathische Behandlung oft sehr gute Erfolge und kann im Einzelfall sogar die Notwendigkeit einer Operation verhindern.

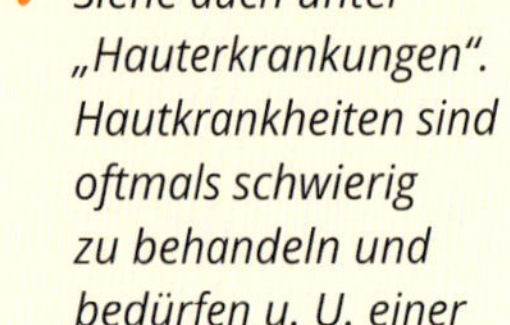

Siehe auch unter „Hauterkrankungen“. Hautkrankheiten sind oftmals schwierig zu behandeln und bedürfen u. U. einer konstitutionellen Behandlung.

HAUTENTZÜNDUNG

(Dermatitis)

Eine tierärztliche Diagnosestellung und Behandlung kann gegebenenfalls erforderlich sein. Homöopathische Arzneien eignen sich für die Behandlung vieler Hauterkrankungen einschließlich Dermatitis.

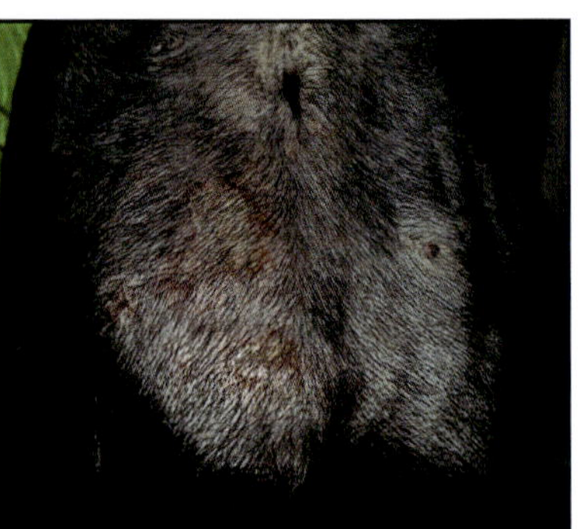

Eine Dermatitis ist eine Entzündung der oberen Hautschichten. Die damit verbundene Reizung kann verschiedene Schweregrade erreichen und zu Lecken, Beknabbern, Reiben und Kratzen der betroffenen Stellen führen. In der Folge kommt es zu einer Infektion der Haut mit verschiedenen Bakterien, die bereits die gesunde Haut besiedeln. Leckt das Tier unaufhörlich an der Stelle, kann sich eine gerötete Hautveränderung entwickeln, die als Ekzem bezeichnet wird.

Wenn die Haut ganz offensichtlich infiziert, gerötet, entzündet, wund und stark gereizt ist.	***Hepar sulphuris* C30.** Eine Gabe dreimal täglich, fünf bis sieben Tage lang. Wiederholung nach sieben Tagen, wenn es zwar zu einer Besserung, aber nicht zur vollständigen Abheilung gekommen ist.

Siehe auch unter „Hautentzündung“, „Flöhe“, „Läuse“, „Nesselsucht“, „Räude“ und „Zecken“.

HAUTERKRANKUNGEN

Es sollte unbedingt ein Tierarzt aufgesucht werden, um das Tier zu untersuchen, eine Diagnose zu stellen und eine entsprechende Behandlung einzuleiten.

Hauterkrankungen stellen in diagnostischer und therapeutischer Hinsicht oft eine ganz besondere Herausforderung dar und zählen häufig zu den schwierigsten Fällen in einer Tierarztpraxis. Es gibt unzählige Ursachen, die oft nicht eindeutig zu ermitteln sind – angefangen vom einfachen Befall mit Parasiten (z. B. Flöhe oder Läuse) bis hin zu tiefsitzenden und seltenen oder unbekannten Allergien. Daneben stehen viele Ekzeme oder Hautentzündungen mit einer nervösen oder ängstlichen Disposition in Zusammenhang. Es ist unmöglich, hier im Einzelnen auf diese vielschichtigen Erkrankungen einzugehen. Die häufigsten Symptome und dazu passenden homöopathischen Arzneien sind unten aufgeführt, allerdings ist diese Liste keineswegs vollständig.

Hauptsymptome

Akute oder hartnäckige Hautbeschwerden sollten einem Tierarzt vorgestellt werden. Einfache homöopathische Mittel können viele Symptome lindern, aber um wirklichen Erfolg zu haben, ist es ratsam, einen homöopathisch erfahrenen Tierarzt aufzusuchen. Fälle, die schon lange mit Kortikoiden vorbehandelt wurden, sind besonders schwer zu behandeln. Dies liegt daran, dass solche entzündungshemmenden Medikamente die Wirkung homöopathischer Arzneien behindern können, die entscheidend von den körpereigenen Abwehrkräften abhängt.

Akutes nässendes Ekzem

Ein nässendes Ekzem entwickelt sich oft sehr schnell (manchmal innerhalb weniger Minuten) und ist oft selbst beigebracht. Irgendetwas, wie z. B. ein Floh- oder Wespenstich, reizt die Haut, sodass das Tier sich an dieser Stelle heftig kratzt, leckt, beißt oder reibt, bis dort das ganze Fell verschwunden ist. Zurück bleibt eine kahle, feuchte und äußerst berührungsempfindliche Stelle.
Schneiden Sie das Fell in dem betroffenen Bereich kurz, da es meist verklebt und verfilzt ist und dadurch den Juckreiz und die Wundheit verstärkt.

Ein gutes Mittel, das man sofort geben sollte, sobald man das Ekzem entdeckt hat. In vielen Fällen zeigt es eine rasche Wirkung und das Ekzem trocknet schnell ab. Gleichzeitig wird der Juckreiz deutlich gelindert.	***Mercurius solubilis* C30.** Eine Gabe alle zwei Stunden am ersten Tag, bis zu sechsmal, dann viermal täglich, einige Tage bis zur Besserung.
Hilfreich bei rezidivierendem feuchtem Ekzem. Die Haut ist oftmals verdickt und weist Risse auf, aus denen eine klebrige, honigartige Absonderung heraussickert. Diese Ekzemform tritt v. a. bei älteren und übergewichtigen Tieren auf.	***Graphites* C6.** Eine Gabe dreimal täglich, einige Tage bis zur Besserung. Wiederholung nach Bedarf.
Bei nässenden Ekzemen der Ohrmuschel bzw. im Leisten- oder Genitalbereich.	***Croton tiglium* C30.** Eine Gabe dreimal täglich, fünf bis sieben Tage lang. Wiederholung bei Bedarf nach einer Woche.

Chronisches Ekzem

Dieser hartnäckige und lang anhaltende Zustand ist oftmals kaum therapeutisch zu beeinflussen. Ein chronisches Ekzem kann sich aus einem akuten Ekzem oder aber ganz allmählich entwickeln. Mögliche Ursachen sind endogene Reaktionen wie z. B. eine Allergie oder psychische Probleme, die sich als Hauterkrankung manifestieren. Beispiele hierfür sind Futterwechsel, Veränderungen der äußeren Umstände (z. B. wenn ein Tier in einer Tierpension untergebracht wird) oder Trennung vom Besitzer. Charakteristische Symptome sind ständiger Juckreiz, der zu permanentem Kratzen, Reiben oder Beknabbern der betroffenen Stellen führt.

Trockene, raue und schuppige Hautausschläge. Schlimmer durch Kälte, besser durch Wärme. Unruhe und Verschlimmerung durch Kratzen. Die betroffene Stelle ist u. U. geschwollen und entzündet. Rezidivierend.	***Arsenicum album* C30.** Eine Gabe dreimal täglich, zwei bis drei Tage lang. Wiederholung nach einigen Tagen, wenn eine deutliche Besserung stattgefunden hat, diese aber nicht vollständig ist.
Angezeigt, wenn die Haut bei Berührung heiß, aber trocken und stark gerötet ist. Es besteht heftiger Juckreiz. Schlimmer durch Wärme, besser durch Kälte. Die Haut weist meist einen unangenehmen Geruch auf. Rezidivierend.	***Sulphur* C6** oder **C30.** Eine Gabe zweimal täglich, einige Tage (5-10) bis zur Besserung. Wiederholung nur bei Bedarf nach sieben bis zehn Tagen.
Nützlich, wenn die Erkrankung mit der Bildung von kleinen Blasen beginnt, die durch Reiben oder Kratzen leicht aufplatzen. Besser durch Wärme.	***Rhus toxicodendron* C6** oder **C30.** Eine Gabe viermal täglich, fünf bis zehn Tage bis zur Besserung. Wiederholung nach sieben bis zehn Tagen oder bei Bedarf, sofern eine Besserung sichtbar ist.
Das Ekzem entsteht nach einem Insektenstich. Rötung und Schwellung der Haut mit heftigem Juckreiz. Schlimmer durch jegliche Form von Wärme oder Hitze.	***Apis* C30.** Eine Gabe viermal täglich, drei bis sieben Tage bis zur Besserung. Wiederholung nur bei Bedarf.
Bei chronisch nässendem Ekzem. Symptome wie oben bei *Graphites*, aber rezidivierend. Schlimmer durch Wärme.	***Graphites* C6.** Eine Gabe dreimal täglich, fünf bis zehn Tage bis zur Besserung. Wiederholung bei Bedarf.
Graue, fettige Haut. Ekzeme in den Gelenkbeugen (v. a. der Vorderfußwurzel- und Kniegelenke und hinter den Ohren). Sehr starker und unangenehmer Hautgeruch mit permanentem Beißen und Kratzen. Schlimmer durch Kälte und Feuchtigkeit. Besser durch Wärme.	***Psorinum* C6.** Eine Gabe zweimal täglich, fünf bis zehn Tage lang. Bei einsetzender Besserung Beendigung der Gabe.

Blasenartige Hautveränderungen (v. a. im Genitalbereich und am Hodensack). Sekundäres Ekzem nach Verbrennungen oder Verbrühungen. Mehlartige Schuppen. Sonnenbrand. Schlimmer durch Berührung, aber besser durch Reiben.	***Cantharis* C6.** Stündlich eine Gabe, bis zu viermal, dann viermal täglich, zwei bis fünf Tage bis zur Besserung.

Dermatitis

Eine Dermatitis ist eine Entzündung der oberflächlichen Hautschichten. Sie entsteht oft dadurch, dass sich das Tier kratzt oder leckt und dabei die Haut beschädigt, sodass eine Infektion eindringen kann. Auf der Haut können Pickel oder Hautausschläge erscheinen, und die betroffenen Stellen sind wund und sehr berührungsempfindlich.

Bei allen Hautinfektionen mit Pusteln oder Abszessbildung.	***Hepar sulphuris* C30.** Eine Gabe dreimal täglich, fünf bis sieben Tage lang. Wiederholung nur bei Bedarf nach sieben Tagen.

Furunkulose

Furunkulose ist eine chronische Infektion der Haut, bei der sich die Haut so stark verdicken kann, dass sie Falten bildet, die oft gerötet und chronisch entzündet sind und jucken. Sie nehmen schließlich eine schwarze Färbung an und werden hart. Es können sich auch Pusteln und nässende Geschwüre bilden. Die Erkrankung entsteht meist im Maulbereich, an den Füßen und der Bauchunterseite, kann sich aber so weit ausbreiten, dass schließlich der größte Teil der Körperoberfläche davon bedeckt ist.

Diese Erkrankung ist ohne die Unterstützung eines homöopathisch erfahrenen Tierarztes nur sehr schwierig zu behandeln.	***Hepar sulphuris* C30** kann hilfreich sein, bis man professionelle Hilfe bekommt.

Haarausfall (Alopezie)

Es ist ganz normal, dass zweimal im Jahr, im Frühjahr und Herbst, der Fellwechsel stattfindet. Hält der Haarausfall allerdings über einen langen Zeitraum an und ist der Haarverlust beträchtlich (insbesondere wenn er mit Juckreiz und heftigem Kratzen und Beißen einhergeht), muss man der Sache auf den Grund gehen. Die Ursache kann in einer Störung des Stoffwechsels oder Hormonhaushalts oder auch in einem äußeren Problem liegen (Flöhe, Läuse etc.). Möglicherweise ist auch einfach das Umfeld zu warm und trocken (z. B. bei Zentralheizung).

Haarausfall in Verbindung mit Schuppenbildung.	***Sulphur* C3** oder **C6.** Eine Gabe zweimal täglich, bei Bedarf zwei bis drei Wochen lang.
Kreisförmiger und/oder symmetrischer Haarausfall in den Flanken.	***Sepia* C6.** Eine Gabe zweimal täglich, 10-14 Tage lang. Wiederholung nach ein bis zwei Wochen, wenn sich zwar eine Besserung eingestellt hat, diese aber nicht vollständig ist.
Hartnäckiger und büschelweiser Haarausfall. Das Tier ist oft durstig, reizbar und teilnahmslos.	***Natrium muriaticum* C6.** Eine Gabe zwei- oder dreimal täglich, bei Bedarf zwei bis drei Wochen lang bis zur Besserung.

Juckreiz

Tritt Juckreiz bei einem Tier zum ersten Mal auf, sollte man die Haut sofort nach Parasiten absuchen (Flöhe, Läuse, Zecken, Räudemilben etc.). Siehe auch Dermatitis

Lokale Behandlung

Wunde und juckende Hautstellen.	**Hypericum-/Calendula-Creme** oder -**Salbe.** Tragen Sie die Creme oder Salbe zwei- bis dreimal täglich auf.
Verbrennungen, Verbrühungen, Insektenstiche etc.	**Hypericum-/Urtica-Creme** oder -**Salbe.** Tragen Sie die Creme oder Salbe nach Bedarf drei- bis viermal täglich auf, um die Schmerzen und den Juckreiz zu lindern.
Bei großflächigen Ekzemen oder Dermatitiden.	**Hypericum-/Calendula-Lotion** (Herstellung siehe Seite 34)**.** Tragen Sie die Lotion nach Bedarf drei- bis viermal täglich auf, um die Schmerzen und den Juckreiz zu lindern.

▶ **Anmerkung:** Es gibt viele andere homöopathische Arzneien, die auch auf die Haut wirken. Sollte keines der oben aufgeführten Mittel wirken, fragen Sie einen homöopathisch erfahrenen Tierarzt um Rat.

Schuppenbildung

Es kommt zur Bildung von flockenähnlichen und meist trockenen Schuppen. Diese können sehr klein und staubartig oder so groß wie Haferkleie sein. Die Schuppenbildung kann sich auf die Rückengegend beschränken oder mehr oder weniger am ganzen Körper auftreten. Sie kann, muss aber nicht unbedingt mit Juckreiz einhergehen.

Wenig Juckreiz, kleine Schuppen. Bevorzugt die Wärme.	***Arsenicum album* C30.** Eine Gabe dreimal täglich, sieben bis zehn Tage lang. Wiederholung nach sieben bis zehn Tagen bis zur Besserung.
Meist größere kleieartige Schuppen mit Juckreiz. Bevorzugt die Kälte.	***Sulphur* C6** oder **C30.** Eine Gabe zweimal täglich, bei Bedarf zwei bis drei Wochen lang bis zur Besserung.

Sonnenbrand

Tiere, besonders diejenigen mit hellem oder weißem Fell, sind (genau wie der Mensch) empfänglich für ein Übermaß an Sonnenbestrahlung, die dann zu Hautverbrennungen führt.

Blasenartige Hautveränderungen, gerötete und entzündete Haut, oft mit heftigem Juckreiz und Wundheit. Schlimmer durch Berührung.	***Cantharis* C6.** Stündlich eine Gabe, vier- bis sechsmal, dann viermal täglich, zwei bis fünf Tage bis zur Besserung.

Weitere homöopathische Arzneien zur Behandlung von Sonnenbrand finden Sie im Kapitel „Unfälle, Notfälle und Erste Hilfe“ unter „Verbrennungen“.

Trockenes Ekzem

Diese Ekzemform braucht meist etwas mehr Zeit, um sich zu entwickeln, und ist daher etwas weniger dramatisch. Sie kann aber mit genauso heftigem Juckreiz und Kratzen einhergehen. Das Fell geht beim trockenen Ekzem nicht unbedingt aus, aber am Haargrund sieht oder fühlt man oft gerötete oder erhabene und manchmal schuppige Stellen.

Trockene, raue und schuppige Hautausschläge. Schlimmer durch Kälte, besser durch Wärme. Unruhe und Verschlimmerung durch Kratzen. Die betroffene Stelle ist u. U. geschwollen und entzündet.	***Arsenicum album* C30.** Eine Gabe dreimal täglich, zwei bis drei Tage lang. Wiederholung nach einigen Tagen, wenn eine deutliche Besserung stattgefunden hat, diese aber nicht vollständig ist.
Angezeigt, wenn die Haut bei Berührung heiß, aber trocken und stark gerötet ist. Es besteht heftiger Juckreiz. Schlimmer durch Wärme, besser durch Kälte. Die Haut weist meist einen unangenehmen Geruch auf.	***Sulphur* C6** oder **C30.** Eine Gabe zweimal täglich, einige Tage (5-10) bis zur Besserung. Wiederholung nur bei Bedarf nach sieben bis zehn Tagen.
Akutes allergisches Ekzem. Nesselsucht mit heftigem und anhaltendem Juckreiz und Reiben. Schlimmer durch Berührung und Kratzen.	***Urtica urens* C6.** Stündlich eine Gabe, drei- bis viermal, dann dreimal täglich, einige Tage (5-7) bis zur Besserung.

HAUTPILZ

(Borkenflechte, Pilzflechte, Dermatomykose)

Die Diagnose muss durch einen Tierarzt gestellt werden. Oft ist eine schulmedizinische Behandlung erforderlich, aber homöopathische Arzneien wirken auch oft gut.

Diese Hautpilzerkrankung tritt häufiger in ländlichen Gegenden auf, wo sie von Rindern und anderen landwirtschaftlichen Nutztieren auf Haustiere übertragen werden kann. Auch der Mensch steckt sich leicht an, da sich die Krankheit allein durch Berührung verbreitet. Besonders Kinder sind gefährdet, wenn sie engen Kontakt mit infizierten Haustieren haben. Daher ist es wichtig, besondere Sorgfalt und Sauberkeit im Umgang mit infizierten Tieren walten zu lassen, um das Ansteckungsrisiko zu minimieren.

Hauptsymptome

Kreisrunde, feucht aussehende, gerötete Hautstellen, an denen die Haare abbrechen und ausfallen. Mit Fortschreiten der Erkrankung werden die anfangs sehr kleinen Stellen immer größer und ringförmig, mit einem trockenen, matten Zentrum und einem aktiv entzündlichen Rand. Die Krankheit geht mit intensivem Juckreiz einher, sodass sich das Tier heftig kratzt, leckt und reibt.

Das Hauptmittel bei Pilzflechte.	***Bacillinum* C30.** Eine Gabe dreimal täglich, 10-14 Tage lang. Stellt sich eine Besserung ein, die aber nicht vollständig ist, Wiederholung nach 14 Tagen. Tritt nach zwei Durchgängen keine wirkliche Besserung ein, das Mittel absetzen.
Wenn *Bacillinum* nicht wirkt.	***Sepia* C30.** Dosierung wie bei *Bacillinum*.
Die infizierten Stellen riechen unangenehm, und es besteht starker Juckreiz. Die Stellen sind am Kopf und hinter den Ohren besonders markant.	***Tellurium* C6** oder **C30.** Eine Gabe dreimal täglich, sieben bis zehn Tage lang. Bei Bedarf Wiederholung nach sieben bis zehn Tagen bis zur Besserung.

HERZERKRANKUNGEN

Vor Beginn einer jeden Behandlung sollte zwingend eine tierärztliche Untersuchung und Diagnose erfolgen. Jede Herzerkrankung ist potenziell schwerwiegend, evtl. sogar lebensgefährlich, daher sollte man ihr unbedingt auf den Grund gehen.

Bei älteren Tieren kann es notwendig sein, schulmedizinische Medikamente zu geben, um sie überhaupt am Leben zu erhalten, und v. a. um eine gewisse Lebensqualität zu gewährleisten, auf die jedes Tier einen Anspruch hat. Viele Tieren fahren gut mit einer Kombination aus schulmedizinischen Medikamenten und homöopathischen Arzneien. Leichte Fälle können evtl. allein mit homöopathischen Arzneien behandelt werden. So spricht beispielsweise der raue, trockene und mit Würgen einhergehende „Herzhusten", der bei vielen älteren Tieren auftritt, gut auf homöopathische Mittel an und bedarf vielleicht gar nicht schulmedizinischer Medikamente. In solchen Fällen ist es oft ratsam, solche Medikamente erst zu einem späteren Zeitpunkt einzusetzen.

Hauptsymptome

Kurzatmigkeit (erhöhte Atemfrequenz), Keuchen selbst im Ruhezustand. Schnaufen oder rauer, trockener und mit Würgen einhergehender Husten (der oben bereits erwähnte sogenannte „Herzhusten"). Die Schleimhäute und/oder Zunge sind oftmals blass oder bläulich verfärbt. Das Tier ist erschöpft oder extrem müde und sträubt sich gegen Bewegung oder das Training. In schwereren Fällen kann infolge der Flüssigkeitsansammlung (Wassersucht) im Bauchraum eine Schwellung im Unterbauchbereich auftreten, denn das Herz ist nicht mehr in der Lage, eine normale Pumpleistung aufrecht zu erhalten.

Anmerkung: *Es gibt noch viele weitere wirksame Herzmittel, die in Absprache mit einem homöopathisch erfahrenen Tierarzt eingesetzt werden sollten, beispielsweise in Form einer Tinktur zur täglichen Anwendung.*

Herzerkrankungen mit krampfartigem Husten, die nicht auf *Spongia tosta* ansprechen (siehe unten).	***Cactus grandiflorus* C3.** Ein- bis dreimal täglich nach Bedarf.
Ein Herztonikum, das auf den Herzmuskel wirkt. Bei chronischen Herzkrankheiten mit Schwäche und Erschöpfung.	***Crataegus* C3**. Ein- bis viermal täglich nach Bedarf.

Herzhusten

Dieser tritt v. a. bei älteren Tieren auf und wird charakterisiert durch einen trockenen und rauen Husten, der mit einem deutlichen Würgen endet, wobei selten etwas ausgeworfen wird. Die homöopathischen Arzneien für diese Hustenform sind spezifisch.

Trockener, abgehackter Husten, oft schlimmer an der frischen Luft und bei Bewegung. Kurzatmigkeit, evtl. bläuliche Schleimhäute.	***Spongia tosta* C6.** Ein- bis viermal täglich nach Bedarf, falls notwendig über lange Zeit.
Trockener Kitzelhusten, Atemnot und Zyanose (bläuliche Schleimhäute), die nicht auf *Spongia* ansprechen.	***Laurocerasus* C6.** Ein- bis dreimal täglich nach Bedarf.

HUSTEN

Husten kann oft sehr gut mit homöopathischen Arzneien behandelt werden. Halten die Symptome aber lange an, sollte ein Tierarzt aufgesucht werden.

Husten entsteht infolge einer Reizung der Schleimhäute der Atemwege. Dabei wird die Lokalisation zur Namensgebung herangezogen, also Laryngitis bei einer Reizung des Kehlkopfes, Tracheitis, wenn die Luftröhre betroffen ist, Bronchitis bei Beteiligung der Bronchien oder Pneumonie, wenn die Erkrankung in der Lunge selbst sitzt. Es kommen viele Ursachen in Frage, beispielsweise reizende Substanzen, Rauch und Abgase, in den meisten Fällen liegt dem Husten aber eine Infektion zugrunde.

Hustenerkrankungen, die für eine bestimmte Tierart spezifisch sind, finden Sie in den entsprechenden Kapiteln.

Hauptsymptome

Husten wird oft beschrieben als: trocken, kitzelnd, quälend, rau, abgehackt, krampfartig, anhaltend, kruppartig, rasselnd, giemend, keuchend oder bellend. In der Homöopathie verfügen wir über zahlreiche Arzneien zur Behandlung von Husten. Um den bestmöglichen Erfolg zu erzielen, ist es wichtig ein Mittel zu wählen, dessen Arzneimittelbild am besten mit den vorliegenden Hustensymptomen übereinstimmt.

Das erste Mittel, an das man bei allen Arten von Husten denken sollte.	***Aconitum* C30.** Stündlich eine Gabe, viermal, dann Wechsel zu einer anderen angezeigten Arznei.
Ein gutes Mittel, wenn der Husten eindeutig durch Bewegung und Wärme verschlimmert wird.	***Bryonia* C6.** Eine Gabe drei- bis viermal täglich, je nach Bedarf drei bis sieben Tage lang.
Husten mit Fieber, Schwitzen, Erregung und vollem Puls, oft auch mit erweiterten Pupillen.	***Belladonna* C30.** Eine Gabe viermal täglich, fünf bis sieben Tage bis zur Besserung.

Krampfartiger Husten, schlimmer im Freien und begleitet von Auswürgen oder Erbrechen von Sputum.	***Ipecacuanha* C6.** Eine Gabe vier- bis sechsmal täglich bis zur Besserung.
Hartnäckiger rasselnder Husten mit viel Schleim, der nur schwer ausgeworfen kann, und giemenden Atemgeräuschen.	***Antimonium tartaricum* C6.** Eine Gabe drei- bis sechsmal täglich bis zur Besserung.
Chronischer und krampfartiger Husten mit viel Würgen und Bellen (Keuchhusten beim Menschen).	***Drosera* C6** oder **C12**. Eine Gabe drei- bis viermal täglich, mehrere Tage lang.
Wenn der Husten nach einer Bronchitis oder Lungenentzündung einfach nicht weggeht.	***Arsenicum iodatum* C6.** Eine Gabe drei- bis viermal täglich, drei bis sieben Tage bis zur Besserung.
Bei hartem, trockenem, anhaltendem und schmerzhaftem Kitzelhusten.	***Phosphorus* C6.** Eine Gabe viermal täglich, bis zur Besserung.

IMPFUNGEN

Es gibt schon seit vielen Jahren konventionelle Impfstoffe, die vor den verschiedensten Krankheiten schützen sollen. In dieser Zeit haben sie sich als sehr wirksam erwiesen und dazu geführt, dass viele potentiell tödliche Erkrankungen wie Hundestaupe, Hepatitis, Leptospirose und Tollwut sehr viel seltener geworden sind. Sie werden auch schon lange mit gutem Erfolg in Herden und Nutztierbeständen eingesetzt, um die Tiere vor Infektionskrankheiten der Atemwege und des Verdauungstraktes zu schützen. Die Anwendung dieser Impfstoffe hat sich demnach bewährt, und man könnte sogar so weit gehen zu sagen, dass es in einigen Fällen fahrlässig und nachlässig ist, sie nicht einzusetzen, weil dadurch das Tierwohl gefährdet und unnötiges Leiden erzeugt wird.

Es ist allerdings auch eine Tatsache, dass Impfungen manchmal unerwünschte Nebenwirkungen haben. Diese wurden leider nicht so gründlich untersucht, wie es wünschenswert und notwendig gewesen wäre. Dies hat sich inzwischen aber geändert und das ganze Thema Impfungen, einschließlich der möglichen Nebenwirkungen und Impfintervalle, wird neu überdacht. Besprechen Sie das Thema Impfungen, insbesondere bei Jungtieren, mit Ihrem Tierarzt.

Nosoden können unter den geeigneten Bedingungen entweder als Alternative oder als Ergänzung zu konventionellen Impfungen eingesetzt werden. Dies sollte aber nur unter Anleitung eines homöopathisch erfahrenen Tierarztes erfolgen.

Homöopathische Behandlung von Impfreaktionen

Das beste Mittel bei Impfreaktionen. Das Tier macht insgesamt einen kranken Eindruck und zeigt evtl. Erbrechen, Durchfall und plötzliche Hautveränderungen.	***Thuja* C30.** Eine Gabe dreimal täglich, fünf bis zehn Tage lang. Muss eine Impfung zwingend vorgenommen werden, und ist das Auftreten einer Impfreaktion sehr wahrscheinlich, kann *Thuja* mit gutem Erfolg vor der Impfung gegeben werden, eine Gabe dreimal täglich, jeweils drei bis fünf Tage vor und nach der Impfung.
Hilfreich zur Stärkung der natürlichen Abwehrkräfte. Das Tier macht nach der Impfung einen gedämpften Eindruck, hat keinen Appetit und ist insgesamt apathisch. Es zeigt keine besonderen Symptome, ist aber eindeutig krank.	***Sulphur* C6** oder **C30.** Eine Gabe zwei- bis dreimal täglich, bis zu zehn Tage lang, bzw. bis eine Besserung eingetreten ist.
Unterstützt die Ausscheidung von Toxinen und ist angezeigt, wenn es nach der Impfung zu Verdauungsstörungen mit Erbrechen und Durchfall kommt.	***Nux vomica* C6**. Eine Gabe dreimal täglich, drei bis fünf Tage bis zur Besserung.

INFEKTIÖS BEDINGTE DARMENTZÜNDUNG

(Dysenterie)

Eine tierärztliche Diagnosestellung und Behandlung ist notwendig. Homöopathische Arzneien sind sehr wirksam, um einer Dysenterie entgegenzuwirken.

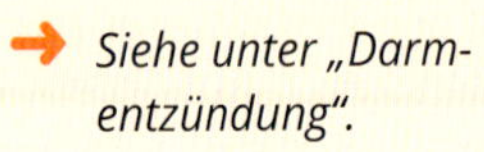

→ *Siehe unter „Darmentzündung".*

Der Begriff Dysenterie bezeichnet den Absatz von sehr weichem oder flüssigem Kot, der Blut enthält (hämorrhagische Enteritis). In solchen Fällen ist die Entzündung der Darmschleimhaut so massiv, dass ein Teil der Schleimhaut zerstört wird und es zu Blutungen der darunter liegenden Gewebeschichten kommt. Das Blut verfärbt den Kot und es tritt ein charakteristischer stechender oder beißender Geruch auf. Eine Dysenterie kann sehr schwerwiegend sein, weshalb umgehend ein Tierarzt aufgesucht werden sollte, um frühzeitig einer Austrocknung und anderen Komplikationen entgegenzuwirken.

INKONTINENZ

Es sollte ein Tierarzt aufgesucht werden, damit dieser eine Diagnose stellen und eine entsprechende Behandlung einleiten kann, v. a. wenn es sich um ein akutes Geschehen handelt.

Hauptsymptome

Unfähigkeit, den Urin oder Kot einzuhalten, der dann unwillkürlich abgesetzt wird, manchmal sogar, ohne dass das Tier etwas davon merkt. Dieser Zustand tritt am häufigsten bei sehr jungen und alten Tieren auf. Die Behandlung ist oftmals sehr schwierig, aber es gibt homöopathische Arzneien, die durchaus einen Versuch wert sind.

Allgemein

Bei Tieren, die schier platzen und es kaum abwarten können, nach draußen zu kommen.	***Apis* C6.** Eine Gabe viermal täglich, drei bis fünf Tage lang. Wiederholung nach Bedarf, wenn das Mittel geholfen hat.
Häufiger Harndrang. Junge und leicht erregbare Tiere. Schlimmer durch Husten.	***Pulsatilla* C30.** Eine Gabe viermal täglich, einige Tage lang.
Häufiger Harndrang, schmerzhafte Krämpfe beim Harnabsatz, wobei nur sehr kleine Mengen Urin abgesetzt werden. Der Urin kann dunkel und blutig sein.	***Mercurius corrosivus* C6** oder **C30.** Stündlich eine Gabe, bis zu viermal, dann drei- bis viermal täglich bis zur Besserung.

Harninkontinenz

Großtiere (Pferde, Rinder etc.). Bei diesen Tieren tritt eine Harninkontinenz in aller Regel nach einer traumatischen Geburt auf. Werden die Verletzungen entsprechend versorgt bzw. heilen sie im Laufe der Zeit ab, kann es auch zu einer Besserung der Inkontinenz kommen. Die Homöopathie kann die Abheilung in solchen Fällen sehr gut unterstützen.

Hunde. Ältere Hunde und sterilisierte Hündinnen verlieren manchmal etwas Urin im Körbchen oder auf dem Boden, ohne dessen gewahr zu sein. Auch manche Hündinnen, die gerade läufig sind oder geworfen haben, werden vorübergehend inkontinent. Viele Welpen verlieren Urin, wenn sie Angst haben oder sich bei der Begrüßung übermäßig freuen bzw. aufregen.

Katzen. Bei älteren Katzen kann es ebenfalls zu einem Nachlassen der nervalen Kontrolle der Blasenfunktion und damit zu Inkontinenz kommen. Manchmal steckt aber auch einfach nur Faulheit dahinter oder eine Abneigung dagegen, bei Kälte und Nässe hinauszugehen.

▶ **Anmerkung:** Harninkontinenz ist leicht mit einer Blasenentzündung zu verwechseln. Arzneien zur Behandlung der letzteren finden Sie unter „Blasenentzündung (Zystitis)".

Kotinkontinenz

Unfreiwilliger Absatz von Kot tritt auch bei manchen älteren Tieren auf, die die Kontrolle über die Aftermuskeln verlieren bzw. an einer Degeneration der für den Kotabsatz verantwortlichen Nerven leiden.

Häufiger Harndrang, Harntröpfeln, oder unfreiwilliger Kotabsatz, meist beim älteren Tier.	***Causticum* C30.** Eine Gabe dreimal täglich, zehn Tage lang. Hilft das Mittel, Wiederholung einmal monatlich oder häufiger, nach Bedarf.
Starker Drang.	***Sulphur* C6** oder **C30.** Eine Gabe dreimal täglich, fünf bis zehn Tage bis zur Besserung.

Sehr alte und junge Tiere

Das Hauptmittel für Senilität. Ist bei sehr alten und jungen Tieren auf jeden Fall einen Versuch wert.	***Barium carbonicum* C30.** Eine Gabe zweimal täglich, sieben bis zehn Tage lang. Schlägt das Mittel an, Wiederholung einmal monatlich oder öfter nach Bedarf.

Verletzungen

Nach jeder Verletzung oder Schädigung in diesem Bereich.	***Arnica* C30.** Eine Gabe drei- bis viermal täglich, einige Tage bis zur Besserung.
Nach einer verletzungs- oder operationsbedingten Schädigung.	***Staphysagria* C30.** Eine Gabe dreimal täglich, fünf bis sieben Tage nach Bedarf.

KATARRH

(Schleimhautentzündung)

➜ *Siehe auch unter „Nasennebenhöhlenentzündung".*

Zu Beginn der Erkrankung kann es erforderlich sein, eine tierärztliche Diagnose einzuholen. Homöopathische Arzneien sind bei dieser Erkrankung sehr wirksam, v. a. wenn sie chronisch wird.

Katarrh ist die Bezeichnung für eine Entzündung der Schleimhäute, die mit reichlicher Absonderung einhergeht. (Schleimhäute sind die Auskleidungen aller Kanäle und Körperhöhlen, die Kontakt mit der Außenwelt bzw. Luft haben, also z. B. die Augen, Nase und Mundhöhle.) Ein Katarrh ist oft Begleitsymptom einer Infektion in diesen Körperteilen. Wird er nicht umgehend behandelt, kann er chronisch werden und ist dann nur sehr schwierig zu behandeln.

Hauptsymptome

Wässrige, dicke oder fadenziehende Absonderung. Die Farbe variiert von klar bis gelb oder grün. In extremen Fällen können Blutbeimengungen enthalten sein. Die Augen und Nase laufen möglicherweise.

Wässrige, beißende Absonderung, die die Nasenöffnungen sehr wund macht. Schlimmer in kalter Luft.	***Arsenicum album* C30.** Eine Gabe zwei- bis dreimal täglich, fünf bis sieben Tage lang.
Infektion mit gelbem Ausfluss. Hochgradige Berührungs- und Druckempfindlichkeit im Bereich der Nase.	***Hepar sulphuris* C30.** Eine Gabe zweimal täglich, fünf bis sieben Tage lang. Bei Bedarf Wiederholung nach einer Woche.
Dicke, klebrige, fadenziehende und gelbe oder grün-gelbe Absonderung. In der Nase bilden sich Krusten. Hilfreich in langwierigen Fällen.	***Kalium bichromicum* C30.** Eine Gabe zweimal täglich, fünf bis sieben Tage lang. Bei Bedarf Wiederholung nach einer Woche.
Chronischer Katarrh mit Atmung durch den Mund. Rezidivierende Tonsillitis. Dicke weiße Absonderung, manchmal mit Nasenbluten.	***Kalium muriaticum* C6.** Eine Gabe zweimal täglich, bei Bedarf vier bis acht Wochen lang.
Verstopfung der (meist) rechten Nasenöffnung. Grüne Krusten in der Nase. Morgens reichliche dicke und gelbe Absonderung.	***Pulsatilla* C30.** Eine Gabe drei- bis viermal täglich bis zur Besserung.
In chronischen, hartnäckigen, langwierigen Fällen mit weißer, eiterähnlicher Absonderung.	***Silicea* C30.** Eine Gabe morgens und abends, fünf bis zehn Tage lang oder bei Bedarf auch länger.

KOLIK

Die Konsultation eines Tierarztes ist zwingend erforderlich. Homöopathische Arzneien sind v. a. in leichten und/oder chronischen Fällen sehr wirksam. Sie können gefahrlos in Kombination mit schulmedizinischen Medikamenten gegeben werden.

Unter einer Kolik versteht man landläufig Schmerzen im Bauchraum. Diese können akut auftreten und permanent anhalten oder krampfartigen Charakter haben, aber auch chronisch werden. Bei offensichtlichen Schmerzen sollte man unbedingt Hilfe holen, insbesondere wenn die Abstände zwischen den einzelnen Anfällen immer kürzer werden.

Hauptsymptome

Das Tier hat eindeutig Schmerzen, es schwitzt und/oder keucht, je nachdem, welcher Art und wie heftig die Schmerzen sind. Die Flanken sind hart und angespannt. Der Bauch kann aufgrund von Blähungen aufgetrieben sein. In eher chronischen Fällen kann es zu Erbrechen und Durchfall oder auch Verstopfung bzw. zu Durchfall und Verstopfung im Wechsel kommen. Die Schmerzen können so stark sein, dass sich das Tier hinwirft und herumwälzt. In etwas weniger schweren Fällen ist das Tier unruhig, es legt sich oft hin und steht wieder auf, schaut zu den Flanken oder tritt gegen seinen Bauch.

Pferde sind besonders anfällig für Koliken. Detaillierte Informationen dazu finden Sie im Kapitel „Pferde“ unter „Kolik“.

Sehr wirksam bei akuter Krampfkolik, die zum Zusammenkrümmen zwingt.	***Colocynthis* C30.** Eine Gabe alle 15-30 Minuten, bei starken Schmerzen sechs- bis achtmal, während man auf den Tierarzt wartet.
Angezeigt, wenn die Kolik in Verbindung mit einer Verdauungsstörung auftritt, möglicherweise mit Beteiligung der Leber.	***Nux vomica* C6** oder **C30.** Eine Gabe alle zwei bis vier Stunden, dann bei Bedarf drei- bis viermal täglich. Die Schmerzen sind oft nicht sehr heftig, und das Tier liegt einfach auf der Seite und scheint sich nicht wohl zu fühlen.
Wenn die Kolik durch Kälte und Feuchtigkeit ausgelöst wurde.	***Dulcamara* C30.** Stündlich eine Gabe, bis zu vier- bis sechsmal, dann drei- bis viermal täglich bis zur Besserung.
Blähungskolik mit Krämpfen und Besserung durch Druck. Verstopfung. Der Zustand wird oft chronisch.	***Magnesium phosphoricum* C6** oder **C30.** Eine Gabe viermal täglich bis zur Besserung.
Besonders angezeigt bei Jungtieren mit aufgeblähtem Bauch. Blähungsabgang bringt keine Linderung. Besserung durch Wärme. Reizbarkeit bei den Schmerzen.	***Chamomilla* C30.** Eine Gabe alle 30-60 Minuten, drei- bis viermal. Wiederholung bei Bedarf.

KRALLEN

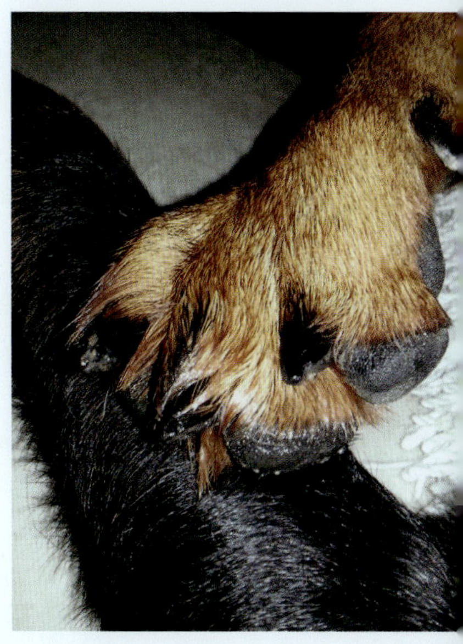

Ist eine Kralle abgebrochen oder gesplittert, oder hat das Tier offensichtliche Schmerzen, sollte ein Tierarzt konsultiert werden.

Die Krallen der Tiere sind nützliche Waffen und Werkzeuge im Kampf, beim Klettern, Festhalten etc. Es kann recht leicht zu einer Verletzung im Bereich der Krallen kommen, v. a. wenn sie brüchig werden oder sich verformen. Abgebrochene oder anderweitig beschädigte Krallen können zu Lahmheit und erheblichen Schmerzen führen.

Hauptsymptome

Das ständige Lecken oder Knabbern an einer Kralle weist auf Beschwerden oder Schmerzen in diesem Bereich hin.

Zur Verbesserung der Qualität und Festigkeit nachwachsender Krallen.	***Silicea* C6.** Eine Gabe zweimal täglich, zwei bis vier Wochen nach Bedarf.
Bei brüchigen oder leicht splitternden, beschädigten oder deformierten Krallen.	***Thuja* C6** oder **C30.** Eine Gabe dreimal täglich, sieben bis zehn Tage lang. Wiederholung bei Bedarf nach 10-14 Tagen.

➔ *Siehe auch im Kapitel „Unfälle, Notfälle und Erste Hilfe" unter „Quetschungen" und „Zerrungen", und in diesem Kapitel unter „Gelenkentzündung" und „Rheumatismus".*

LAHMHEIT/HINKEN

Es sollte unbedingt ein Tierarzt hinzugezogen werden, v. a. da es oft schwierig ist zu bestimmen, welche Gliedmaße tatsächlich betroffen ist.

Lahmheit ist ein derart allgemeiner Begriff, dass es sinnvoller erscheint, ihn im Rahmen der oben genannten Erkrankungen abzuhandeln. Die beiden wichtigen Punkte, die abgeklärt werden müssen, sind zum einen die betroffene/n Gliedmaße/n, und zum anderen, welcher Teil des Beines beteiligt ist (Hüfte, Schulter, Fuß etc.).

Hauptsymptome

Ist die Lahmheit plötzlich aufgetreten? Handelt es sich um ein Rezidiv einer kürzlich aufgetretenen Lahmheit? Wie stark sind die Schmerzen oder Beschwerden?

All diese Dinge müssen berücksichtigt werden. Im Zweifelsfall sollte vor Beginn einer Behandlung unbedingt professioneller Rat eingeholt werden.

Unabhängig von der Ursache ist es gefahrlos, einige Gaben *Arnica* zu verabreichen.	***Arnica* C30.** Eine Gabe alle zwei bis vier Stunden, während man überlegt, wie weiter vorzugehen ist.

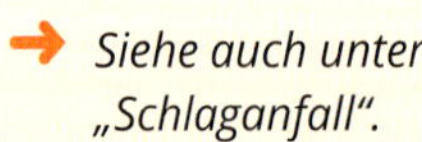

➔ *Siehe auch unter „Schlaganfall".*

LÄHMUNGEN

Die Diagnosestellung und Behandlung durch einen Tierarzt ist erforderlich. Homöopathische Arzneien sind bei dieser Erkrankung oft hilfreich und können gut in Kombination mit den vom Tierarzt verordneten Medikamenten gegeben werden.

Eine Lähmung kann infolge eines Unfalls oder einer Verletzung, aber auch im Rahmen einer Schädigung des Gehirns auftreten (z. B. nach einem Schlaganfall).

Hauptsymptome

Halbseitige Lähmung. Hemiplegie**.** Tritt bei Tieren seltener auf als beim Menschen und ist u. U. nur teilweise. Ein Tier mit einer teilweisen Lähmung zeigt oft Kreisbewegungen in eine bestimmte Richtung, es stolpert oder fällt sogar um und hält den Kopf oft nach unten zu einer Seite. (Dies ist nicht zu verwechseln mit einer Schädigung des Mittel- oder Innenohres. Die tierärztliche Untersuchung kann hier Aufschluss bringen.) Auch wenn sich das Tier wieder erholt, was mit der richtigen Behandlung durchaus möglich ist, hält es den Kopf oft noch deutlich schief bzw. nach einer Seite gebeugt, wenn es müde ist, sich angestrengt hat oder es einfach später am Tag ist.

Totale Lähmung. Paraplegie **(einschließlich Bandscheibenvorfall).** Lähmung des hinteren Bereichs einschließlich der Hinterbeine. Eine vollständige Lähmung beim Tier ist sehr schwierig zu behandeln, da diese oft mit unwillkürlichem Harn- und/oder Kotabsatz einhergeht oder diese natürlichen Ausscheidungsfunktionen vollständig zum Stillstand kommen. Ist die Lähmung unfallbedingt, wird sie recht schnell wieder verschwinden, wenn sie durch Quetschung, Schwellung oder Druck der betroffenen Nerven verursacht wird. Tritt nicht innerhalb weniger Tage eine Besserung ein, ist es sehr wahrscheinlich, dass das Gehirn und/oder die Wirbelsäule einen bleibenden Schaden davongetragen hat. Sprechen Sie mit Ihrem Tierarzt über das Ausmaß der Schädigung und die wahrscheinliche Prognose.

Die Symptome von **akuten rheumatischen Schmerzen im Lendenbereich** nach ungewohnter oder übermäßiger Anstrengung können einer Paralyse der Hinterhand sehr ähneln. Sie sprechen zumeist sehr gut auf die passenden homöopathischen Mittel an (siehe auch unter „Rheumatismus“).

Bei den ersten Lähmungserscheinungen.	***Arnica* C30.** Sofort eine Gabe und stündliche Wiederholung am ersten Tag, dann viermal täglich, fünf bis zehn Tage bis zur Besserung.
Wenn offensichtliche Schmerzen bestehen.	***Hypericum* C30.** Kann gleichzeitig mit und in derselben Dosierung gegeben werden wie *Arnica*.
Wenn die Lähmung bestehen bleibt.	***Conium* C6.** Eine Gabe dreimal täglich, 10-14 Tage lang. Hat das Mittel eine Wirkung gezeigt, Wiederholung nach zwei bis vier Wochen.
Bei Bandscheibenvorfällen, wenn die Muskulatur der Hinterhand bretthart oder die Lähmung spastischer Art ist (zuckende Bewegungen der Hinterbeine).	***Nux vomica* C6.** Eine Gabe drei- bis viermal täglich, 10-14 Tage lang. Ist eine Besserung sichtbar, Wiederholung nach zwei bis vier Wochen.
Bei älteren Tieren mit Harn- und/oder Kotinkontinenz und partieller Lähmung oder Hinterhandschwäche.	***Causticum* C30.** Eine Gabe dreimal täglich, 10 Tage lang. Bei Bedarf Wiederholung alle 10-14 Tage.

➜ *Siehe auch unter „Hauterkrankungen, trockenes Ekzem".*

LÄUSE

Tritt ein Läusebefall zum ersten Mal auf, ist die Untersuchung und Behandlung durch einen Tierarzt erforderlich.

Läuse sind kleine Parasiten, die man gerade noch so mit dem bloßen Auge erkennen kann, sie leben auf dem Wirtstier und vermehren sich auch dort. Sie verbreiten sich von Tier zu Tier durch direkten Kontakt, Einstreu und gemeinsame Pflegeutensilien. Läuse sind winzige, graue Objekte, die auf der Haut herumkrabbeln und sich abhängig von ihrer Art saugend oder beißend vom Blut ihres Wirtes ernähren. Alle domestizierten Tierarten haben ihre eigene Läusespezies. Die Läuseeier, die sogenannten „Nissen", werden an den Haarschaft geklebt und sind nur sehr schwierig zu entfernen. Schulkinder mit Nissen im Haar haben einen Läusebefall, wobei die Nissen in Wahrheit die Eier der Läuse sind und nicht die Läuse.

Hauptsymptome

Der Läusebefall ruft starken Juckreiz hervor, und das Tier weiß sich nicht anders zu helfen, als sich an den betroffenen Stellen zu kratzen, zu beißen und zu reiben. Dadurch kann es wiederum zu wunden Stellen, Ekzemen und Hautentzündungen (Dermatitis) kommen.

Grundsätzliche Behandlung

Das vorrangige Ziel besteht darin, das Tier von den Läusen zu befreien. Dazu bieten sich diverse Zubereitungen in Form von Shampoos, Lotionen und Pudern an, die man beim Tierarzt, im Zoohandel oder in Apotheken erhält.

➜ *Siehe auch unter „Lebererkrankungen" und im Kapitel „Hunde" unter „Leberentzündung".*

LEBERENTZÜNDUNG

(Hepatitis)

Es sollte unbedingt ein Tierarzt aufgesucht werden, um die Diagnose zu bestätigen.

Eine Hepatitis ist eine Entzündung der Leber. Die Ursache kann eine Infektion oder Vergiftung sein, aber auch die ständige Aufnahme von falschem Futter oder die Bildung von Endotoxinen, die während einer Krankheit vom Körper selbst gebildet werden.

Hauptsymptome

Akute Symptome sind plötzliches Erbrechen und Durchfall (manchmal auch Verstopfung), Inappetenz, fehlender Durst, ständiges Gähnen und hochgradige Abgeschlagenheit und Schwäche.

Eine chronische Hepatitis kann nach einigen akuten Phasen mit Gallekrisen und dem Auswürgen von gelbem Schleim (Galle) entstehen. Der Appetit ist unbeständig und wechselhaft, und es kommt zu einem allmählichen Verlust der Kondition und des Gewichts. Ein weiteres mögliches Symptom ist Gelbsucht (Gelbfärbung der Schleimhäute durch Gallepigmente, in Verbindung mit Abmagerung, u. U. auch Kreislaufproblemen und/oder Flüssigkeitsansammlung im Bauchraum).

Es gibt homöopathische Arzneien zur Behandlung dieser Erkrankung (siehe auch unter „Lebererkrankungen").

LEBERERKRANKUNGEN

➜ *Siehe auch unter „Leberentzündung" und „Gelbsucht".*

Die Konsultation eines Tierarztes ist zwingend erforderlich, um anhand von Laboruntersuchungen eine korrekte Diagnose stellen zu können und eine entsprechende Behandlung einzuleiten. Homöopathische Arzneien eignen sich sehr gut zur Behandlung von Lebererkrankungen, insbesondere in chronischen und lange andauernden Fällen.

Die Leber ist eines der wichtigsten Organe des Körpers und kann schon als „Fabrik" bezeichnet werden, da sie alle Aspekte der Verdauung und Entgiftung kontrolliert. Jede Infektion oder sonstige Erkrankung (z. B. Futtermittelvergiftung) des Verdauungstraktes, bei der Toxine gebildet werden, zieht auch die Leber in Mitleidenschaft. In solchen Fällen wird die Leber zwar geschädigt, kann sich aber regenerieren. Liegt allerdings eine schwere Schädigung vor, ist diese möglicherweise irreversibel. In lange andauernden und chronischen Fällen kann sich eine Zirrhose (Verhärtung des Lebergewebes und Funktionsverlust) entwickeln.

Hauptsymptome

Die Symptome sind vielfältig und oft nicht klar abgegrenzt, bis sich schließlich eine Gelbsucht zeigt. Mögliche Symptome sind verminderter Durst, gedämpftes Verhalten, Erschöpfung und häufiges Gähnen. Daneben kann Erbrechen und/oder Durchfall auftreten, und die Palpation des Leberbereichs (seitlich gleich hinter den Rippen) ist möglicherweise unangenehm oder schmerzhaft.

Ein gutes allgemeines Mittel bei leichten, aber wiederkehrenden Leberstörungen.	***Chelidonium* C30.** Eine Gabe dreimal täglich, fünf bis sieben Tage lang. Wiederholung bei Bedarf.
Wenn Verdauungsstörungen die Ursache für Leberprobleme sind.	***Nux vomica* C6** oder **C30.** Eine Gabe dreimal täglich, vier bis sieben Tage bis zur Besserung.
Besonders angezeigt, wenn die Konstitution dazu passt. Chronische Lebererkrankungen mit Gelbsucht und Empfindlichkeit über dem Leberbereich.	***Lycopodium* C6** oder **C30.** Eine Gabe dreimal täglich, bei Bedarf fünf bis zehn Tage lang.
Ein weiteres wichtiges Konstitutionsmittel. In akuten Fällen, in denen der Verdacht auf einen Leberschaden besteht (z. B. bei Vergiftungen).	***Phosphorus* C6** oder **C30.** Eine Gabe dreimal täglich, sieben bis zehn Tage lang. Wiederholung bei Bedarf.
Durst und Durstlosigkeit im Wechsel. Gelbsucht und lehmfarbener Kot.	***Berberis* C6** oder **C30.** Eine Gabe dreimal täglich, fünf bis zehn Tage bis zur Besserung.
Zwei Symptome weisen auf dieses Mittel hin. Das erste ist Erbrechen von unverdautem Futter, das einige Stunden zuvor aufgenommen wurde. Das zweite ist die Veränderlichkeit der Kotbeschaffenheit; an einem Tag ist er fest, am nächsten weich oder sogar wässrig. Bei dieser Form von Lebererkrankung besteht meist kein vermehrter Durst.	***Pulsatilla* C30.** Eine Gabe dreimal täglich, fünf bis zehn Tage bis zur Besserung.

LEPTOSPIROSE

Tierärztliche Diagnosestellung und Behandlung sind erforderlich.

Leptospirose tritt bei verschiedenen Tierarten auf (z. B. bei Rindern, Schweinen und Hunden). Es können verschiedene Stämme für die Erkrankung verantwortlich sein. Am häufigsten sind *L. canicola, L. icterohaemorrhagiae* (Erreger der Weilschen Krankheit bei Mensch und Tier) und *L. interrogans var hardjo.*

L. canicola. Infiziert v. a. Hunde. Die dadurch hervorgerufene Erkrankung wird auch als „Straßenlaternen-Krankheit" bezeichnet, da ein häufiger Übertragungsmodus das Schnüffeln am infektiösen Urin anderer Hunde ist. Der Erreger verursacht eine Nephritis (Nierenentzündung), die akut oder subakut verlaufen kann und oft mit einer Vielzahl von Symptomen einhergeht.

Hauptsymptome

Inappetenz, Fieber, Abgeschlagenheit, u. U. extremer Durst, Erbrechen und plötzlicher Gewichtsverlust. Der Körper dünstet einen charakteristischen, ekelhaft süßlichen Geruch aus. Die Atemluft riecht ebenso, und aufgrund der Urämie (Selbstvergiftung des Körpers mit seinen eigenen Gift- und Abfallstoffen) kommt es zu Krämpfen und Zuckungen und schließlich zum Tod.

L. icterohaemorrhagiae. Siehe unter „Gelbsucht".
L. interrogans var hardjo. Siehe im Kapitel „Rinder".

Zum Schutz vor den verschiedenen Leptospiroseformen gibt es konventionelle Impfstoffe und homöopathische Nosoden.

Hinweise zur homöopathischen Behandlung einer Nephritis (akut oder chronisch) infolge einer Infektion mit Leptospiren finden Sie unter „Nierenerkrankungen".

LUNGENENTZÜNDUNG

(Pneumonie)

Die Diagnosestellung und Behandlung durch einen Tierarzt ist unbedingt notwendig. Die homöopathische Behandlung ist wirksam und kann in Kombination mit schulmedizinischen Medikamenten eingesetzt werden.

▶ **Anmerkung:** Suchen Sie bei Verdacht auf eine Lungenentzündung sofort einen Tierarzt auf! Eine Verzögerung kann den Tod des Tieres bedeuten

Eine Pneumonie ist eine Lungenentzündung. Es gibt eine Reihe verschiedener Pneumonieformen, aber bei Tieren haben wir es hauptsächlich mit Lungenentzündungen zu tun, die durch Viren oder Bakterien verursacht werden. Eine Pneumonie ist das letzte Glied in einer Kette von Ereignissen, die durch eine orale oder nasale Tröpfcheninfektion in Gang gesetzt wird. Die Mandeln und andere lymphatische Drüsen im Mund- und Rachenbereich bilden die erste Verteidigungslinie gegen solche Infektionen. Haben die Erreger diese erst einmal überwunden, können sie ihren Weg durch die Luftröhre in die Bronchien und Bronchiolen fortsetzen – so kommt es zu einer Bronchitis. Schließlich erreichen die Infektion und die Entzündung das eigentliche Lungengewebe und verursachen eine Pneumonie. Wird auch noch das Rippenfell (die Pleura) in Mitleidenschaft gezogen, kommt es zu einer Pleuritis.

Hauptsymptome

Plötzlicher Beginn mit Temperaturerhöhung. Deutlich erhöhte Puls- und Atemfrequenz, Keuchen, erschwerte Einatmung. Inappetenz und erheblich gestörtes Allgemeinbefinden. Weitere mögliche Symptome sind schmerzhafter Husten und gelber (eitriger) Nasenausfluss. In sehr schweren Fällen sind die Lippen, Schleimhäute und Zunge aufgrund des Sauerstoffmangels bläulich verfärbt. Wird nicht sofort eine Behandlung eingeleitet, kann es innerhalb kurzer Zeit zu Kollaps mit Todesfolge kommen.

Bei allen oben aufgeführten Symptomen.	***Aconitum* C30.** Im Frühstadium eine Gabe alle 15-30 Minuten, bis zu sechs- oder achtmal.
Folgt gut auf *Aconitum*, wenn das Tier Fieber hat, schwer atmet oder schwitzt und eindeutig starke Beschwerden hat.	***Belladonna* C30.** Eine Gabe viermal täglich bis zur Besserung.
Jede Bewegung scheint den Zustand zu verschlimmern. Ein trockener und quälender Husten ruft große Beschwerden hervor. Meist besteht großer Durst.	***Bryonia* C6.** Eine Gabe viermal täglich bis zur Besserung.
Nützlich im Frühstadium mit tiefsitzendem quälenden Husten, der in kalter Luft schlimmer wird.	***Phosphorus* C6.** Eine Gabe alle zwei Stunden, bis zu sechsmal bis zur Besserung. Dann viermal täglich, drei- bis fünfmal, wenn die Besserung anhält.
Trockener, anfallsartiger Husten, anhaltend und erstickend. Gleichzeitig Pneumonie und Pleuritis. Gelbe Sekretion und evtl. Blutungen aus Maul und Nase.	***Drosera* C12** oder **C30.** Eine Gabe viermal täglich bis zur Besserung.

MAGENSCHLEIMHAUTENTZÜNDUNG

(Gastritis)

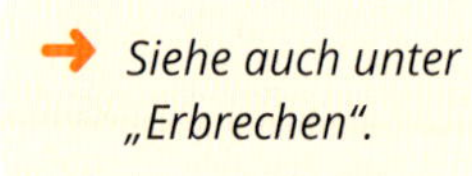
Siehe auch unter „Erbrechen“.

Eine tierärztliche Untersuchung ist ratsam. Wurde eine Diagnose gestellt, können homöopathische Arzneien auf jeden Fall hilfreich sein.

Eine Gastritis ist eine Entzündung der Magenschleimhaut. Eine hochgradige Entzündung kann zur Entstehung von Magengeschwüren führen, die im schlimmsten Fall durchbrechen können, was eine Peritonitis zur Folge hätte. Diese Erkrankung tritt bei Tieren eher selten auf, es sei denn, sie verschlucken aus Versehen einen scharfen oder spitzen Gegenstand (z. B. eine Nadel oder einen Angelhaken). Manchmal entsteht eine Gastritis auch durch Stress.

▶ **Anmerkung:** Erbrechen mit oder ohne Durchfall und andere Symptome ist oft ein Teil der Symptomatik. Anhaltendem Erbrechen sollte man immer auf den Grund gehen.

Hauptsymptome

Das Hauptsymptom ist Erbrechen. Fleischfresser (Carnivoren) und Allesfresser (Omnivoren) erbrechen häufig, während es bei Pflanzenfressern (Herbivoren) eher selten auftritt. Zeigt z. B. ein Pferd Erbrechen, so sollte man dies unbedingt sehr ernst nehmen.

Ein Hauptmittel für die Behandlung von akutem Erbrechen. Das Erbrechen geht oft mit Durchfall einher.	***Arsenicum album* C30.** Eine Gabe alle 15-20 Minuten, bei Bedarf bis zu vier- bis sechsmal, dann drei- bis viermal täglich bis zur Besserung.
Starker Speichelfluss und Erbrechen von unverdautem Futter.	***Ipecacuanha* C6.** Eine Gabe alle ein bis zwei Stunden bis zur Besserung.

MANDELENTZÜNDUNG

(Tonsillitis)

Bei anhaltenden Symptomen bzw. wenn das Tier offensichtliche Schmerzen oder Beschwerden hat, sollte ein Tierarzt aufgesucht werden.

Entzündung der Tonsillen (Mandeln). Die Mandeln sind zwei wichtige lymphatische Organe im Rachenbereich. Diese beiden Drüsen bilden die erste Verteidigungslinie bei Infektionen, die durch die Nase oder den Mund in den Körper eindringen. Weniger schwere Fälle, die frühzeitig erkannt werden, und chronische Fälle sprechen oft sehr gut auf homöopathische Arzneien an, sodass evtl. auf den Einsatz von Antibiotika verzichtet werden kann.

Hauptsymptome

Akute Mandelentzündung. Speichelfluss, Würgen und vermehrtes Schlucken mit eindeutigen Krankheitssymptomen und gestörtem Allgemeinbefinden. Eines der ersten Anzeichen ist oft ein quälender Husten. Das Tier gähnt oft, hat vermehrten Durst und einen roten, entzündeten Hals. Kommt hohes Fieber hinzu, kann eine Behandlung mit Antibiotika erforderlich sein.

Chronische Mandelentzündung. Wiederkehrendes Auftreten der oben beschriebenen Symptome.

Der innere Hals ist glühend rot. Schmerzen beim Schlucken. Das Tier fühlt sich heiß und fiebrig an.	***Belladonna* C6** oder **C30.** Eine Gabe alle zwei bis drei Stunden, bis zu viermal, dann viermal täglich, einige Tage bis zur Besserung.
Halsentzündung. Die Zunge sieht geschwollen aus und ist oft gelb belegt. Vermehrter Durst und Speichelfluss. Mundgeruch und übelriechende Atemluft.	***Mercurius solubilis* C6** oder **C30.** Eine Gabe viermal täglich, einige Tage bis zur Besserung.
Chronische Mandelentzündung. Der Hals ist berührungsempfindlich, das Tier macht einen kranken Eindruck und ist oft reizbar.	***Hepar sulphuris* C6** oder **C30.** Eine Gabe drei- bis viermal täglich, fünf bis sieben Tage. Wiederholung bei Bedarf.
Häufige und chronische Mandelentzündungen. Die Mandeln und anderen Halsdrüsen sind immer vergrößert.	***Barium carbonicum* C6** oder **C30.** Eine Gabe drei- bis viermal täglich, fünf bis zehn Tage. Wiederholung bei Bedarf.

MUNDHÖHLE

→ *Siehe auch unter „Zahnfleischentzündung“ und „Zähne“ sowie „Mundgeruch“.*

Bei anhaltenden Symptomen sollte ein Tierarzt konsultiert werden. Homöopathische Arzneien sind bei Erkrankungen der Mundhöhle oft sehr wirksam.

Die Mundhöhle ist insofern sehr wichtig, als dass sie die Eintrittspforte sowohl zum Verdauungstrakt als auch zu den Atemwegen ist. Zu letzteren besteht auch ein Zugang über die Nase. Da manche Arzneien so rasch wirken, geht man davon aus, dass sie über die Maulschleimhaut resorbiert werden.

Geschwüre der Mundhöhle treten bei manchen Tieren nur selten, bei anderen wiederum gehäuft auf. Es gibt eine ganze Reihe möglicher Ursachen, darunter Infektionen und Verätzungen mit reizenden Substanzen. Geschwüre können überall in der Mundhöhle auftreten – auf dem Zahnfleisch, der Maulschleimhaut und der Zunge.

Hauptsymptome

Speichelfluss und/oder Wundheit mit Reiben des Maules, Kaubewegungen, häufigem Schlucken, manchmal auch Würgen.

Vermehrter Speichelfluss kann nach der oralen Aufnahme einer reizenden Substanz auftreten (z. B. wenn Hunde an einer Kröte oder einem Frosch lecken) oder wenn aus irgendeinem Grund Schluckschwierigkeiten bestehen, z. B. wenn der Rachen oder Kehlkopf entzündet oder verlegt ist.

Trockenheit der Maulschleimhaut entsteht durch verminderte oder fehlende Speichelproduktion. Austrocknung, plötzlicher Schock und einige Krankheiten können ebenfalls zu Trockenheit der Maulschleimhaut führen.

Geschwüre

Ein gutes grundlegendes Mittel. Vermehrter Speichelfluss und Durst. Die Zunge ist evtl. geschwollen. Mundgeruch.	***Mercurius solubilis* C6** oder **C30.** Eine Gabe dreimal täglich, fünf bis sieben Tage lang bzw. bis zur Besserung.
Wenn *Mercurius solubilis* nicht wirkt. Die Geschwüre haben oft unregelmäßige Ränder und bluten leicht.	***Nitricum acidum* C6.** Eine Gabe dreimal täglich, einige Tage lang. Verminderung der Dosis bei Besserung.
Rote Blasen, die sich zu Geschwüren entwickeln. Ausgeprägte Wundheit, bereitet Probleme beim Fressen.	***Borax* C6.** Eine Gabe dreimal täglich, Verminderung der Dosis bei Besserung.

Vermehrter Speichelfluss

Mercurius solubilis C6 oder **C30**. Dosierung wie oben.

Verminderte Speichelproduktion

Bei Schock.	Siehe im Kapitel „Unfälle, Notfälle und Erste Hilfe" unter „Schock".
Trockener Mund, aber nicht durstig.	***Pulsatilla* C6** oder **C30.** Eine Gabe dreimal täglich, fünf bis sieben Tage lang nach Bedarf.
Wunde, geschwollene und geschwürige Zunge. Zahnfleisch und Lippen geschwollen. Trockener Mund.	***Apis* C30**. Eine Gabe dreimal täglich, fünf bis sieben Tage bis zur Besserung.

Äußerliche Behandlung

Wunde und geschwürige Maulschleimhaut.	**Hypericum-Calendula-Lotion.** Tragen Sie die verdünnte Lotion nach Bedarf zwei- bis viermal täglich auf.

Ein sehr wirksames Mittel bei hartnäckigen und schmerzhaften Geschwüren im Maulbereich.	**Tinktur aus Arnica, Myrrhe und Calendula.** Bepinseln Sie die Geschwüre zwei- bis dreimal täglich mit Hilfe von Wattestäbchen, einige Tage bis zur Besserung.

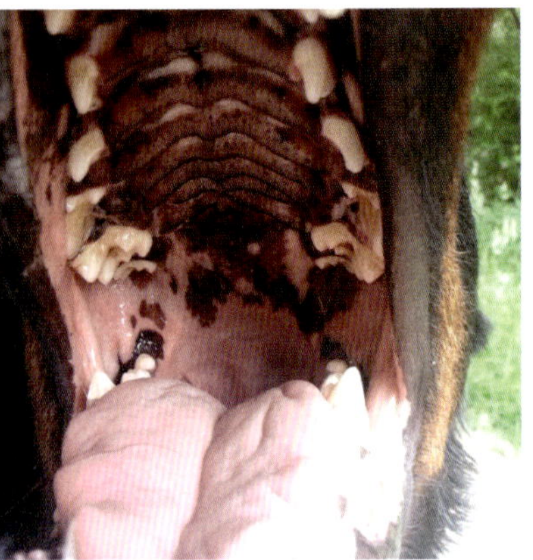

MUNDGERUCH

(Foetor ex ore)

Bei anhaltenden Symptomen sollte ein Tierarzt aufgesucht werden. Mundgeruch entsteht entweder in der Mundhöhle selbst oder im Magen.

Magen

Sind die Zähne weiß und glänzend, kommt der Mundgeruch möglicherweise aus dem Magen. Das kann an etwas liegen, was das Tier gefressen hat, oder aber Symptom einer Verdauungsstörung, einer Leber- oder Nierenerkrankung sein. Auch ein massiver Befall mit Spulwürmern im Magen kann zu Mundgeruch führen.

Verdauungsstörungen. Erbrechen, gelber oder verfärbter Durchfall.	***Nux vomica* C6.** Eine Gabe viermal täglich nach Bedarf.
Mundgeruch mit Blähungen und Darmkollern.	***Carbo vegetabilis* C6.** Eine Gabe viermal täglich nach Bedarf.

Mundhöhle

Meist sind die Zähne und/oder das Zahnfleisch für Mundgeruch verantwortlich. Tiere haben genau wie der Mensch oftmals schlechte Zähne, v. a. wenn sie älter werden, und häufig bildet sich auch Zahnstein auf den Zähnen. Wird dieser nicht entfernt, greift er das Zahnfleisch an, sodass Infektionen Tür und Tor geöffnet wird und es zudem zu Zahnfleischschwund kommt.

Es gibt verschiedene Präparate auf dem Markt, die oral verabreicht oder zum Zähneputzen verwendet werden.

Wenn die Entzündung noch frisch ist oder sich gerade ein Zahnabszess bildet.	***Aconitum* C30.** Eine Gabe alle ein bis drei Stunden, bis zu viermal (siehe *Belladonna*).
Folgt gut auf *Aconitum*, wenn eine heiße, glänzende und schmerzhafte Schwellung besteht, aber kein Eiter abgesondert wird.	***Belladonna* C30.** Eine Gabe alle zwei bis vier Stunden (vier- bis sechsmal täglich), bis zur Besserung.
Schwellung, aber noch keine Eitersekretion.	***Hepar sulphuris* C6.** Dieses Mittel beschleunigt die Abszessreifung. Eine Gabe viermal täglich bis zur Besserung.
Absonderung von faulig riechendem Eiter, das Tier fühlt sich nicht wohl.	***Pyrogenium* C30.** Eine Gabe viermal täglich bis zur Abheilung.

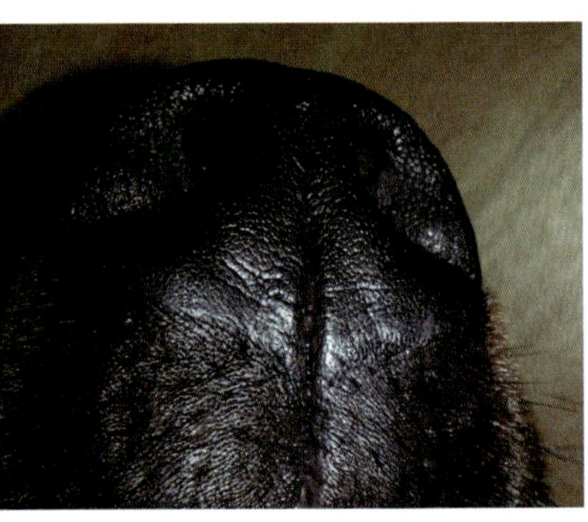

NASE

Es sollte unbedingt ein Tierarzt konsultiert werden, v. a. wenn die Blutung stark ist oder schon länger als ein oder zwei Stunden anhält.

Hauptsymptome

Die Nase ist die Eintrittspforte zu den Atemwegen. Ihre Flimmerhärchen und zarten Nasenmuscheln wirken als Filter, um das Eindringen von Staub und Fremdkörpern zu verhindern.

➜ *Siehe auch im Kapitel „Unfälle, Notfälle und Erste Hilfe" unter „Blutungen", und in diesem Kapitel unter „Katarrh" und „Nasennebenhöhlenentzündung".*

Nasenbluten

Nasenbluten kann spontan oder infolge einer Verletzung auftreten. Sickert oder tropft hellrotes Blut aus den Nasenlöchern, ist dies ein Hinweis darauf, dass das Blut aus der Nase selbst kommt. Kommt dagegen dunkleres Blut aus der Nase und evtl. auch aus dem Maul, kommt es eher aus der Lunge oder dem Magen.

Rufen Sie sofort den Tierarzt wenn es zum ersten Mal auftritt bzw. sehr stark ist.

Bei jeder Form von Nasenbluten.	***Aconitum* C30.** Sofort zu Beginn. Eine Gabe alle 15-30 Minuten, bis zu viermal.
Wenn das Nasenbluten verletzungsbedingt ist oder vor kurzem schon einmal aufgetreten und nur leicht ist.	***Arnica* C30.** Eine Gabe alle vier Stunden (viermal täglich), ein bis drei Tage nach Bedarf. Man kann auch mit *Arnica-Tinktur* getränkte Watte in die Nase stecken.
Anhaltendes, aber nicht starkes Nasenbluten mit dunklem, ungeronnenem Blut.	***Hamamelis* C6** oder **C30.** Eine Gabe dreimal täglich, drei bis fünf Tage lang.
Wenn das Tier stark geblutet hat und danach geschwächt ist.	***China* C30**. Eine Gabe alle vier Stunden, ein bis vier Tage lang.
Hellrote Blutung nach einer Verletzung.	***Phosphorus* C6.** Eine Gabe alle 15-20 Minuten, bei Bedarf bis zu vier- bis sechsmal, bis die Blutung unter Kontrolle ist.

Niesen

Niesen kann bei jedem Tier auftreten und steht oft in Verbindung mit grippeartigen Symptomen oder einer Allergie. Manchmal ist es auch ein Anzeichen dafür, dass ein Fremdkörper (z. B. eine Granne) in der Nase steckt. Anhaltendem Niesen sollte man auf jeden Fall versuchen, auf den Grund zu gehen.

Rissige oder aufgesprungene Nase. Die äußeren Schichten der Nase werden wund und rissig.

Ein gutes Allgemeinmittel. Der Patient macht oft einen kalten Eindruck.	***Natrium muriaticum* C6**. Eine Gabe alle zwei Stunden, bis zu viermal, dann drei- bis viermal täglich bis zur Besserung.
Niesen mit reichlichem wässrigen Nasenausfluss.	***Euphrasia* C6.** Eine Gabe alle zwei Stunden, bis zu viermal, dann drei- bis viermal täglich bis zur Besserung.
Rissige oder aufgesprungene Nase	***Graphites* C6.** Eine Gabe dreimal täglich, fünf bis zehn Tage bis zur Besserung.

NASENNEBENHÖHLEN-ENTZÜNDUNG

(Sinusitis)

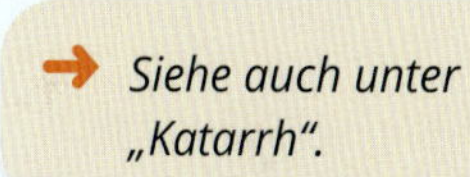
Siehe auch unter „Katarrh“.

Es ist ratsam, eine tierärztliche Diagnose einzuholen. Homöopathische Arzneien eignen sich sehr gut zur Behandlung dieser Erkrankung, v. a. in wiederkehrenden Fällen.

Eine Sinusitis ist eine Entzündung einer oder mehrerer Nasennebenhöhlen. Innerhalb des Schädels gibt es drei verschiedene Arten von Nebenhöhlen: die beiden Kieferhöhlen, die seitlich der Nase liegen, die kleineren Stirnhöhlen, die oberhalb der Augenhöhlen und der Nasenwurzel lokalisiert sind, sowie die Siebbeinhöhlen, die im oberen Bereich der Nase auf deren Rückseite liegen.

Die Nebenhöhlen sind mit einer feuchten Schleimhaut ausgekleidet, die identisch mit der Schleimhaut der Luftröhre und Bronchien ist, und stehen mit der Nasenhöhle in Verbindung.

Eine Sinusitis entsteht, wenn sich die Schleimhaut entzündet und die Nebenhöhle sich mit einem schleimigen Sekret füllt (Katarrh). Die Sinusitis kann akut infolge einer Infektion der oberen Atemwege auftreten und nach mehreren Rezidiven chronisch werden. Weitere mögliche Ursachen sind knöcherne Fehlbildungen oder Sekretstau mit teilweiser Verlegung der Nebenhöhlen. Dadurch wiederum kann ein Abfluss des Sekrets verhindert werden. Die Art und Farbe des Sekrets können bei der Wahl der am besten passenden Arznei sehr hilfreich sein.

Hauptsymptome

Absonderung aus einem oder beiden Nasenlöchern oder eine verstopfte Nase. Die Absonderung kann wässrig, dick, fadenziehend oder blutstreifig sein. Die Farbe ist meist grün oder gelb. Weitere mögliche Symptome sind Niesen, Tränenfluss und/oder Husten.

Scharfe Absonderung, die die Nasenlöcher sehr wund macht.	***Arsenicum album* C30.** Einmal täglich, fünf bis sieben Tage lang.
Eindeutige Infektion. Der Nasenbereich ist sehr berührungs- und druckempfindlich.	***Hepar sulphuris* C30.** Eine Gabe zweimal täglich, sieben Tage lang.
Ein hilfreiches Mittel in hartnäckigen Fällen mit dicker, fadenziehender Absonderung.	***Kalium bichromicum* C30.** Eine Gabe zweimal täglich, fünf Tage lang. Bei Bedarf Wiederholung nach einer Woche.
In chronischen und langdauernden Fällen mit weißer, eiterähnlicher Absonderung.	***Silicea* C30.** Eine Gabe morgens und abends, fünf bis zehn Tage lang.
Dünnes, wässriges Sekret wie Eiklar. Häufiges Niesen. Rezidivierende Nebenhöhlenentzündungen. Evtl. Husten.	***Natrium muriaticum* C30.** Eine Gabe dreimal täglich, fünf bis sieben Tage bis zur Besserung.
Chronische Sinusitis und Katarrh mit Maulatmung. Rezidivierende Tonsillitis. Dicke und weiße Absonderung, manchmal Nasenbluten.	***Kalium muriaticum* C6.** Eine Gabe zweimal täglich, bei Bedarf bis zu vier bis acht Wochen lang.
Besonders angezeigt, wenn das rechte Nasenloch verstopft ist. Grüne Krusten in der Nase. Morgens reichliche dicke, gelbe Absonderung.	***Pulsatilla* C30.** Eine Gabe drei- bis viermal täglich bis zur Besserung.

NESSELSUCHT

(Urticaria)

➔ Siehe auch unter „Allergien“.

Bei anhaltenden Symptomen sollte ein Tierarzt aufgesucht werden.

Nesselsucht oder Urticaria wird durch eine allergische Reaktion auf eine Substanz hervorgerufen, die entweder über die Schleimhäute aufgenommen wurde, oder mit der die Haut in Kontakt gekommen ist.

Hauptsymptome

Plötzliches Auftreten von Schwellungen oder Quaddeln am Kopf oder anderen Körperteilen. Diese stören das Tier evtl. gar nicht, sie können andererseits aber auch starken Juckreiz und dementsprechend heftige Reaktionen mit Kratzen, Reiben und Beißen hervorrufen.

Das beste Allgemeinmittel.	***Urtica urens* C6.** Eine Gabe alle 15-20 Minuten, bis zu vier- bis sechsmal. Mit zunehmender Besserung Verminderung der Dosierung auf drei- bis viermal täglich, nach Bedarf ein bis drei Tage lang.
Starke Schwellung und Ödem (Flüssigkeitsansammlung). Sehr empfindliche Haut, schlimmer durch Wärme und Druck. Schwellung der Lippen und Augenlider.	***Apis* C30.** Eine Gabe alle 15-20 Minuten, vier- bis sechsmal, dann drei- bis viermal täglich bis zur Besserung.

NIERENERKRANKUNGEN

(Nephritis)

Tritt eines der unten beschriebenen Symptome auf, sollte unbedingt ein Tierarzt konsultiert werden. Homöopathische Arzneien eignen sich sehr gut zur Behandlung von Nierenerkrankungen, v. a. in chronischen bzw. langdauernden Fällen.

Eine Nephritis ist eine Entzündung des Nierengewebes. Sie kann durch eine Infektion, ein Trauma (Verletzung oder anderweitige Schädigung, z. B. durch Vergiftungen etc.) oder einfach im Laufe des natürlichen Alterungsprozesses entstehen. Eine Nierenentzündung findet man häufiger bei fleisch- und allesfressenden Tieren als bei Pflanzenfressern.

Akute Nephritis

Das Tier macht einen eindeutig kranken Eindruck. Die häufigsten Symptome sind vermehrter Durst, oft Erbrechen, manchmal zusammen mit Durchfall, Inappetenz und Fieber. Weitere mögliche Symptome sind Zittern, aufgekrümmter Rücken, der bei Palpation schmerzhaft ist, steifer Gang und Apathie. Das Tier trocknet rasch aus, und ohne sofortige Behandlung entwickelt sich eine Toxämie, die schließlich zum Tod führt.

Das erste Mittel der Wahl.	***Mercurius solubilis* C30.** Eine Gabe alle zwei Stunden, bis zu sechsmal am ersten Tag, dann viermal täglich, drei bis fünf Tage lang.
Im Akutfall mit spärlichem, stark gefärbtem Urin, der unter Schmerzen abgesetzt wird. Der Rücken ist aufgekrümmt und das Tier hat eindeutig starke Beschwerden.	***Apis* C30.** Eine Gabe viermal täglich bis zur Besserung, oder Wechsel zu *Mercurius solubilis*, wenn die Besserung nur langsam voranschreitet oder ausbleibt.
Blut im Urin, häufiger Absatz unter Pressen und Inkontinenz. Brennen in der Harnröhre und nur tropfenweiser Harnabgang.	***Cantharis* C6.** Eine Gabe alle zwei Stunden, sechsmal am ersten Tag, dann viermal täglich bis zur Besserung.

Chronische Nephritis

Tritt v. a. bei älteren Tieren auf und entwickelt sich meist schleichend und unbemerkt. Das Tier zeigt oft nur geringe Beschwerden oder Schmerzen. Es besteht großer Durst, der in vielen Fällen zu Inkontinenz führt, und der Appetit ist vermindert. Weitere Symptome sind Gewichtsverlust, Abmagerung, Erbrechen und Verdauungsstörungen. Schreitet die Erkrankung fort, tritt ein übelriechender „urämischer" Geruch aus dem Maul auf, und es entwickeln sich Ekzeme mit Haarausfall. Schließlich kommt es zu Austrocknung, und infolge der Nierenschädigung treten Zittern und Zuckungen auf. Abfallstoffe, die normalerweise mit dem Urin ausgeschieden werden, bleiben im Körper und führen schließlich zu einer Urämie mit urämischen Konvulsionen und zum Tod.

Das erste Mittel der Wahl.	***Mercurius solubilis* C30.** Eine Gabe drei- bis viermal täglich, einige Tage lang. Danach empfiehlt es sich oft, einmal monatlich eine Kur über fünf bis sieben Tage durchzuführen, wobei das Mittel dreimal täglich verabreicht wird. Dies kann routinemäßig gemacht werden, um die Nierenfunktion zu unterstützen.
Wechselhafte Symptome, z. B. Durst und Durstlosigkeit. Reichlicher Harnabgang und dann Harnverhaltung. Der Urin ist oft schleimig und rötlich gefärbt, evtl. liegt auch eine leichte Blasenentzündung vor.	***Berberis* C6.** Eine Gabe dreimal täglich, sieben bis zehn Tage bis zur Besserung.

NIESEN

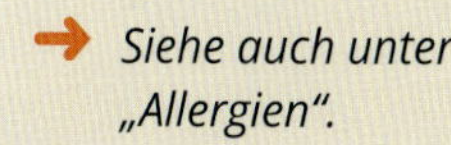

Siehe auch unter „Allergien".

Bei anhaltendem Niesen sollte ein Tierarzt konsultiert werden.

Hauptsymptome

Niesen kann im Rahmen einer Allergie auftreten, oder aufgrund einer Reizung der Nase durch das Einatmen von Staub. Niesen ist auch ein häufiges Symptom bei Grippe, Katarrh, Sinusitis und ähnlichen Erkrankungen.

Häufiges Niesen mit verstopfter Nase, wie bei Katarrh und Grippe.	***Aconitum* C30.** Vier bis sechs Gaben in drei- bis vierstündlichen Abständen, dann Wiederholung nach Bedarf.
Wässriger Nasenausfluss, schmerzhaftes Niesen, das zu Reiben der Nase führt.	***Arsenicum album* C30.** Stündlich eine Gabe, vier- bis sechsmal bis zur Besserung.
Hilfreich bei Niesen unbekannter Genese.	***Gelsemium* C30.** Stündlich eine Gabe, bis zu viermal, dann alle vier Stunden (viermal täglich) nach Bedarf.
Tränende Augen und laufende Nase. Besser in frischer Luft. Heiß und durstig.	***Allium cepa* C6.** Stündlich eine Gabe, bis zu viermal, dann alle vier Stunden (viermal täglich) bis zur Besserung.

OHRENERKRANKUNGEN

Bestehen die Symptome längere Zeit, sollte ein Tierarzt aufgesucht werden. Homöopathische Arzneien eignen sich sehr gut zur Behandlung einfacher Entzündungen und chronischer Fälle.

Hauptsymptome

Deutlicher Juckreiz mit ständigem Kratzen am Ohr, Kopfschütteln und Kopfschiefhaltung, wenn die Entzündung nur einseitig ist. Das betroffene Ohr wird am Boden oder an irgendeinem Gegenstand gerieben. Oft tritt auch eine Absonderung auf, deren Beschaffenheit wichtig ist, um die am besten passende Arznei zu finden.

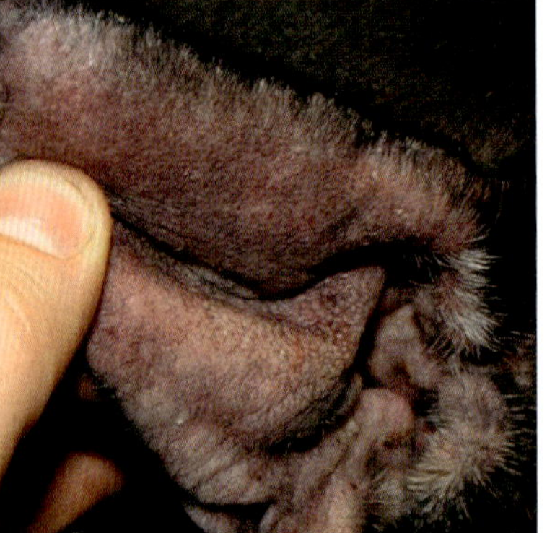

Blutohr (Othämatom)

In der Ohrmuschel bildet sich eine Blutblase. Die Ursache ist meist zu starkes Kratzen oder Kopfschütteln bei einer Otitis. Die Haut des Tierohres ist sehr viel stärker als die inneren Strukturen, deshalb kommt es bei einer Schädigung zu einer Blutung in die Ohrmuschel und einem Bluterguss. Die Schwellung kann die gesamte Ohrmuschel umfassen. Manchmal ist eine Operation notwendig, um das Blut abzulassen. Kleine Hämatome und solche bei älteren Tieren, wo ein erhöhtes Operationsrisiko besteht, sprechen oft gut auf eine homöopathische Behandlung an.

Bei inneren Blutungen und Quetschungen. *Arnica* unterstützt die allmähliche Auflösung und Resorption des Blutergusses und vermindert die Schwellung.	***Arnica* C30.** Eine Gabe dreimal täglich, 10-14 Tage lang.
Nach einer Operation, wenn Blut oder Serum aus der Wunde sickern. Auch bei Quetschungen.	***Hamamelis* C30.** Eine Gabe dreimal täglich, fünf bis zehn Tage bis zur Besserung.

Entzündung des äußeren Ohres und der Ohrmuschel

Ein oder beide Ohren sind wund und gerötet, mit oder ohne Absonderung. Durch ständiges Kratzen wird schnell Schmutz in das Ohr eingebracht und es kommt zur Infektion. Die Außenseite der Ohrmuschel kann durch äußere Ursachen wie Herbstgrasmilben oder eine Kontaktallergie gerötet und wund sein. Es können aber auch weiße Schuppen auftreten, oder die Haut der Ohren ist roh und nässend. Durch starkes Kratzen kann auch die Innenseite der Ohrmuschel oder der Gehörgang in Mitleidenschaft gezogen werden.

Entzündung des Ohres (Otitis)

Einfache Otitis. Das Ohr ist gerötet und gereizt, meist gibt es aber kaum Anzeichen für übermäßig viel Ohrenschmalz oder eine Absonderung. Jede Erkrankung der Ohren, die mit deutlichen Symptomen einhergeht und länger als zwei oder drei Tage anhält, sollte tierärztlich behandelt werden. Sobald der Tierarzt die Diagnose gestellt hat, können homöopathische Arzneien gefahrlos auch in Kombination mit schulmedizinischen Medikamenten eingesetzt werden. Viele Ohrenerkrankungen neigen zu Rezidiven oder werden chronisch. In solchen Fällen wirken homöopathische Mittel oft sehr gut, sodass es bei einem erneuten Aufflackern nicht immer unbedingt nötig ist, zum Tierarzt zu gehen.

Gerötetes Ohr mit Zuschwellen des äußeren Gehörganges.	***Apis* C30.** Eine Gabe alle zwei Stunden, bis zu viermal, dann dreimal täglich, einige Tage bis zur Besserung.
Das Ohr bzw. die Ohrmuschel erscheint feucht, wund und akut entzündet.	***Mercurius solubilis* C30.** Eine Gabe drei- bis viermal täglich bis zur Besserung.
Dicke, gelbe, fadenziehende, katarrhalische Absonderung mit Verschlimmerung im Warmen.	***Kalium bichromicum* C30.** Eine Gabe dreimal täglich bis zur Besserung.

Otitis mit übermäßiger Ohrenschmalzproduktion. Ohrenschmalz wird vom Körper gebildet und stellt einen natürlichen Schutz für das Trommelfell und andere empfindliche Anteile des Ohres dar. Manchmal wird zuviel Ohrenschmalz gebildet, dieses kann dann zu einer Reizung führen.

Eine **infektionsbedingte Otitis** tritt auf, wenn die Schleimhaut des Ohres infiziert ist und zuviel Ohrenschmalz gebildet wird. Es tritt eine eitrige und übelriechende Absonderung auf. Daneben kann eine Hefepilzinfektion vorliegen, die das Problem noch verstärkt.

Parasitär bedingte Otitis. Im Ohr kommen winzige Milben vor, die die Produktion von Ohrenschmalz verstärken. Dieses ist dann dunkelbraun und riecht meist unangenehm. Wenn sich die Milben vermehren, lösen sie heftigen Juckreiz im Ohr aus, und es treten die oben beschriebenen Symptome auf. Die Milben können gerade noch mit dem bloßen Auge als weiße, bewegliche Pünktchen gesehen werden. Mit einer Lupe oder unter dem Mikroskop sind sie dagegen gut zu erkennen.

Infektion mit oder ohne Absonderung. Reichlich gelber Eiter.	***Hepar sulphuris* C6** oder **C30.** Eine Gabe alle zwei bis drei Stunden, bis zu viermal, dann dreimal täglich bis zur Besserung.
Gelbgrüner, dicker, klebriger Eiter. Übler Geruch. Evtl. Schwerhörigkeit.	***Pulsatilla* C6** oder **C30.** Eine Gabe drei- bis viermal täglich bis zur Besserung.
Dem Tier geht es nicht gut und es hat erhöhte Temperatur. Faulig riechender Eiter.	***Pyrogenium* C6** oder **C30**. Eine Gabe dreimal täglich bis zur Besserung.

Gehör und Gleichgewicht (Mittel- und Innenohr)

Die Strukturen, die für das Gehör und Gleichgewicht verantwortlich sind, sind überaus empfindlich. Über die Ohrtrompete (Eustachische Röhre) ist das Ohr mit dem Rachen verbunden. Ist sie z. B. bei einer Entzündung der Schleimhäute im Nasen- und Rachenraum verstopft, kann es zu zeitweiliger Taubheit kommen. Bei Hörproblemen oder Gleichgewichtsstörungen sollte umgehend ein Tierarzt aufgesucht werden.

Schmerzen

Die geringste Berührung verursacht Schmerzen und Jammern. Hochgradige Unruhe. Hilfreich zur Schmerzlinderung und bei Reizung infolge parasitärer Otitis.	***Chamomilla* C30.** Eine Gabe alle zwei bis vier Stunden bis zur Besserung.

Äußerliche Behandlung

Hypericum-/Calendula-Lotion (Zubereitung siehe Seite 34) und -Creme. Die verdünnte Lotion kann verwendet werden, um das Ohr zu säubern, und die Creme, um die Beschwerden zu lindern und die Heilung zu unterstützen.

OPERATIONEN

Vor und nach jeder Operation (auch bei Zahnbehandlungen) können homöopathische Arzneien mit großem Nutzen eingesetzt werden. Mit ihrer Hilfe können Blutungen unter Kontrolle gebracht und Quetschungen, Traumata, Schwellungen und Schmerzen gelindert werden. Um das wirksamste Mittel herauszufinden, sollten, wie immer in der Homöopathie, die Symptome des Tieres mit den entsprechenden Arzneimittelbildern abgeglichen werden, um dann das Mittel mit der größtmöglichen Übereinstimmung zu wählen.

Arnica ist hilfreich bei Schockzuständen, Quetschungen und Blutungen.	***Arnica* C6** oder **C30.** Angezeigt zwei bis vier Tage vor und fünf bis zehn Tage nach einer Routineoperation oder Zahnbehandlung. Eine Gabe viermal täglich (alle vier Stunden) bis zur Genesung.
Zur Schmerzlinderung.	***Hypericum* C6** oder **C30.** Eine Gabe viermal täglich (alle vier Stunden) bis zur Genesung. Die Gabe von *Hypericum* in Kombination mit *Arnica* vor und nach einer Operation mindert unerwünschte Nebenwirkungen und Schmerzen ganz erheblich.
Bei nervösen Tieren.	***Argentum nitricum* C30.** Eine Gabe viermal täglich, ein bis zwei Tage vor der Operation.
Bringt an Stellen, die zu starken Blutungen neigen (Ohren, Zähne), die Blutung unter Kontrolle.	***Phosphorus* C6.** Eine Gabe ein- bis zweimal täglich am Tag vor der Operation und einige Tage danach (in Kombination mit Arnica).
Körperliche Schwäche und Apathie nach einer Operation. Flüssigkeitsverlust durch Blutungen und/oder Erbrechen.	***China* C6.** Eine Gabe viermal täglich, fünf bis sieben Tage lang.

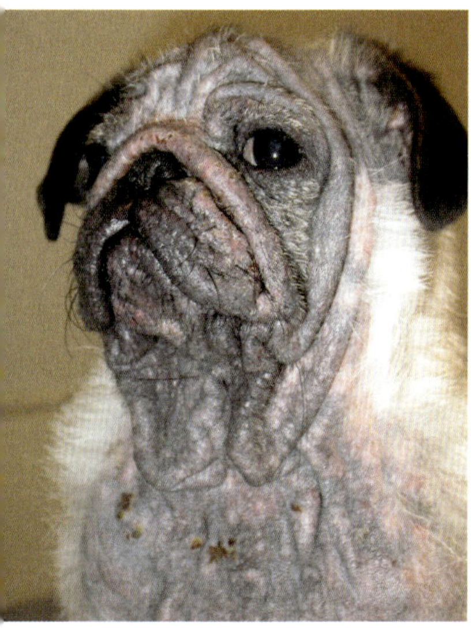

RÄUDE

Es ist notwendig, einen Tierarzt aufzusuchen, damit eine Diagnose gestellt und die entsprechende Behandlung eingeleitet wird.

Räude wird durch mikroskopisch kleine Milben verursacht, die in den äußeren Hautschichten des Wirtstieres leben und sich dort auch vermehren. Im 19. Jahrhundert war die sogenannte Krätze, die ebenfalls durch eine Räudemilbe hervorgerufen wird, beim Menschen weit verbreitet. Die Milbe *Sarcoptes scabei* verursacht eine Räudeform, die beim Fuchs und anderen Tierarten auftritt. Weitere häufig vorkommende Räudeformen sind die Demodikose des Hundes, die durch die Haarbalgmilbe *Demodex canis* hervorgerufen wird, der Befall mit der Cheyletiella-Milbe sowie die Notoedres-Räude der Katze, die durch die Milbe *Notoedres cati* verursacht wird.

Bei Verdacht auf Räude ist es wichtig, eine tierärztliche Untersuchung und Behandlung durchführen zu lassen. Eine homöopathische Behandlung kann nur indirekt wirken, indem sie den Zustand der Haut allgemein verbessert.

Hauptsymptome

Die Milben führen zu heftigem Juckreiz und dadurch zu oft permanentem Kratzen, Beißen, Lecken und Reiben der betroffenen Stellen. Unbehandelt kommt es innerhalb kurzer Zeit zu Dermatitis, wunden Stellen und Hautverdickung (Furunkulose). Die Haut ist sehr rot und entzündet und riecht charakteristisch „mausartig".

Bei Tieren, die die Kälte bevorzugen und stark gerötete Haut haben.	***Sulphur* C30.** Eine Gabe zwei- bis dreimal täglich, fünf bis sieben Tage lang. Bei sichtbarer Besserung Wiederholung nach 10-14 Tagen.
Bei Tieren, die die Wärme bevorzugen, v. a. wenn die Haut Schorf und Schuppen aufweist.	***Arsenicum album* C30.** Eine Gabe zwei- bis dreimal täglich, fünf bis sieben Tage lang. Bei sichtbarer Besserung Wiederholung nach 10 - 14 Tagen.
Sollte nur unter der Anleitung eines homöopathisch erfahrenen Tierarztes eingesetzt werden:	***Psorinum*** (eine Nosode, die aus der Krätzemilbe hergestellt wird)

REISEKRANKHEIT

Am besten lässt man sich durch einen Tierarzt beraten.

Homöopathische Arzneien sind zur Behandlung der Reisekrankheit sehr gut geeignet. Sie können auch mit Erfolg bei Jet Lag und in ähnlichen Situationen eingesetzt werden. Reisekrankheit kann bei Reisen zu Wasser, zu Lande oder in der Luft auftreten.

Hauptsymptome

Speichelfluss, Gähnen, Mattigkeit, Unruhe, manchmal Erregung oder Übelkeit, gefolgt von Erbrechen.

Jet Lag

Hilfreich bei Jet Lag und anderen Nachwirkungen einer Reise.	***Cocculus* C30.** Eine Gabe drei- oder viermal täglich, zwei bis fünf Tage lang, bis die Symptome verschwunden sind.
Bei allen langen Reisen und reisebedingter Erschöpfung, Müdigkeit oder Steifheit angezeigt.	***Arnica* C30.** Eine Gabe drei- oder viermal täglich, drei bis sieben Tage bis zur Besserung.

Reisekrankheit

Das erste Mittel der Wahl. *Cocculus* ist in 60-70 Prozent der Fälle wirksam.	***Cocculus* C30.** Eine Gabe ca. eine Stunde vor Abreise und eine zweite direkt vor Reisebeginn. Nur bei Bedarf Wiederholung alle ein bis vier Stunden.
Wirkt *Cocculus* nicht, ist dieses Mittel einen Versuch wert.	***Petroleum* C30.** Dosierung wie bei Cocculus.
Eine weitere Alternative zu den oben genannten Mitteln.	***Tabacum* C30.** Dosierung wie oben.

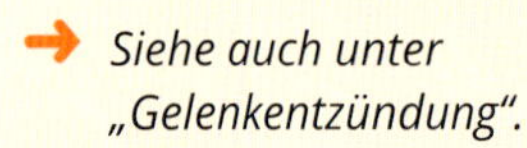

Siehe auch unter „Gelenkentzündung".

RHEUMATISMUS

Hat das Tier offensichtlich Schmerzen, oder tritt eine sporadische oder permanente Lahmheit auf, sollte eine tierärztliche Untersuchung veranlasst werden. Homöopathische Arzneien können sich hier als sehr wirksam erweisen.

Hauptsymptome

Rheumatismus ist eine Erkrankung, die durch rezidivierende Schmerzen und Steifheit der Muskeln und Gelenke charakterisiert ist. Die Beschwerden werden meist durch Feuchtigkeit, Kälte oder nasses Wetter ausgelöst bzw. verschlimmert, gelegentlich kann aber auch heißes, trockenes Wetter der Auslöser sein. In diesem Abschnitt geht es vorrangig um Muskelrheuma und weniger um Gelenkrheumatismus (Arthritis). Fibrositis ist ein spezifischer Begriff für Rheumatismus der langen Bein- und Rückenmuskeln (die für die Fortbewegung zuständig sind).

Akuter Rheumatismus

Tritt manchmal nach langer oder ungewohnter Anstrengung auf. Die Muskeln des Rückens und der Hinterbeine, manchmal auch der Vorderbeine, sind sehr steif. Die Beschwerden treten innerhalb kurzer Zeit nach Anstrengung auf und das Tier zeigt eine hochgradige Lahmheit. Manchmal macht es fast den Eindruck, als sei es gelähmt.

Chronischer Rheumatismus

Tritt hauptsächlich bei älteren Tieren und oft schubweise auf, entwickelt sich aber im Laufe der Zeit meist zu einem Dauerzustand. Steifheit der Gelenke und Bewegungseinschränkung. Sichtbare Schmerzen und Beschwerden in der Bewegung. Rheumatismus ist oft wetter- und temperaturabhängig.

Ein gutes allgemeines, erstes Mittel bei Steifheit und sichtbaren Schmerzen in den Muskeln oder Gelenken.	***Arnica* C30.** Eine Gabe alle zwei bis vier Stunden am ersten Tag, dann viermal täglich bis zur Besserung oder Wechsel zu einer besser angezeigten Arznei.
Steifheit, die durch sanfte Bewegung und Wärme gelindert wird.	***Rhus toxicodendron* C6** oder **C30.** Eine Gabe viermal täglich, mit zunehmender Besserung nur noch ein- bis dreimal täglich, falls nötig über einen längeren Zeitraum.
Steifheit und Beschwerden, die durch jegliche Bewegung verschlimmert werden. Kälteanwendungen bessern.	***Bryonia* C6.** Eine Gabe drei- bis viermal täglich bis zur Besserung.
Können bei unklaren Symptomen im Wechsel gegeben werden, v. a. beim älteren Tier.	***Rhus toxicodendron* C6** und ***Bryonia* C6.** Eine Gabe ein- bis zweimal täglich, beide Mittel im Wechsel. Mit zunehmender Besserung Verringerung der Dosis. Hilfreich in chronischen Fällen.
Schmerzen, Steifheit und Berührungsempfindlichkeit. Lahmheit durch Probleme mit den Sehnen und Bändern. Besonders angezeigt nach Zerrungen und Verrenkungen.	***Ruta* C6.** Eine Gabe drei- bis viermal täglich bis zur Besserung.
Rheumatische Schmerzen, Lahmheit und Steifheit unter feuchten und kalten Bedingungen und bei nasskaltem Wetter. Oft in Verbindung mit Hautproblemen und/oder Durchfall.	***Dulcamara* C6.** Eine Gabe drei- bis viermal täglich bis zur Besserung.
Allgemeine Steifheit und Schmerzen. Andere Mittel zeigen keine Wirkung. Chronische Steifheit der Karpalgelenke der Vorderbeine und der Knie- und Sprunggelenke der Hinterbeine.	***Sulphur* C30.** Eine Gabe zweimal täglich, bis zu eine Woche lang, falls sich eine Besserung einstellt. Nicht zu oft wiederholen (frühestens nach zwei bis drei Wochen).

SALMONELLOSE

Es muss sofort ein Tierarzt aufgesucht werden. Salmonellose ist in Abhängigkeit von der betroffenen Tierart eine anzeigepflichtige Krankheit und muss vom Tierarzt bei der zuständigen Behörde angezeigt werden. Sie ist außerdem eine Zoonose (eine auf den Menschen übertragbare Infektionskrankheit).

Es gibt eine ganze Reihe von unterschiedlichen Salmonellenstämmen, die Haus- und Wildtiere infizieren können. Infizierte Nagetiere, wie z. B. Mäuse und Ratten, können die Infektion u. U. weiterverbreiten.

Diagnose

Die Diagnose wird durch Laboruntersuchungen von Blut und Kot bestätigt. Salmonellenstämme, die häufig bei Rindern, Schweinen und beim Menschen auftreten, sind *S. enteridis, S. typhimurium* und *S. dublin*, während andere wie *S. abortis avis* und *S. montevideo* zu Aborten bei Schafen und Ziegen führen. Darüber hinaus gibt es noch zahlreiche andere Serotypen, die bei allen Tierarten einschließlich Vögeln und Nagetieren auftreten können.

Hauptsymptome

Akut. Hohes Fieber, Appetitlosigkeit (Anorexie, Inappetenz), vermehrter Durst, wässriger, übelriechender, oft blutiger Durchfall (Dysenterie) und gestörtes Allgemeinbefinden (Mattigkeit, evtl. Bauchschmerzen und Pressen beim Kotabsatz). Schneller körperlicher Abbau, Austrocknung und schließlich Kollaps mit Todesfolge.

Chronisch. Anhaltender Durchfall, mit fortschreitendem körperlichem Abbau und Fieberschüben. Salmonellen können bei manchen Tierarten (v. a. Schafen und Ziegen) symptomarme Aborte auslösen.

- **Anmerkung:** Einige Tiere (und der Mensch) können als Träger fungieren und die Krankheit weiter verbreiten, ohne selbst Symptome zu zeigen.

Behandlung

Flüssigkeitsersatz in Kombination mit einer antibakteriellen Therapie unter tierärztlicher Aufsicht ist entscheidend, wenn das Tier eine Chance haben soll zu überleben.

Homöopathische Arzneien können v. a. in chronischen Fällen helfen, die Infektion unter Kontrolle zu bringen. Das gewählte Mittel sollte den vorliegenden Symptomen so weit wie möglich entsprechen. Die verschiedenen in Frage kommenden Mittel sind unter den einzelnen Überschriften zu finden („Darmentzündung [Enteritis]", „Fieber" etc.).

Diese Arznei stimmt mit vielen Symptomen überein, die gewöhnlich bei Salmonelleninfektionen auftreten. *Baptisia* verbessert den Allgemeinzustand und unterstützt das Immunsystem.	***Baptisia* C6** oder **C30**. Eine Gabe alle zwei Stunden, bis zu sechsmal am ersten Tag, dann drei- bis viermal täglich, fünf bis zehn Tage bis zur Besserung.

Dieses Mittel unterstützt die Wirkung anderer angezeigter Arzneien. Es kann auch helfen, eine Weiterverbreitung der Infektion zu verhindern.	***Salmonellen-Nosode* C30.** Sollte nur unter Anleitung eines homöopathisch erfahrenen Tierarztes angewendet werden.

SCHLAGANFALL

Sofortiges tierärztliches Eingreifen ist erforderlich. Diese Erkrankung kann lebensbedrohlich sein.

Hauptsymptome

Plötzliche Lähmungserscheinungen, oft einseitig (Hemiplegie), die durch ein kleines Blutgerinnsel im Gehirn oder Rückenmark verursacht werden. Auf die Nerven in diesem Bereich wird Druck ausgeübt und in den korrespondierenden Körperteilen treten dann die entsprechenden Symptome auf. Manchmal ist nur die hintere Körperhälfte betroffen (Paraplegie).

Homöopathische Arzneien, die zur Behandlung der Folgen eines Schlaganfalls eingesetzt werden können, finden Sie unter „Lähmungen".

SCHLANGENBISSE

Sofortiges tierärztliches Eingreifen ist zwingend erforderlich.

Schlangen gibt es in einigen Urlaubsländern, in die Hundebesitzer gerne reisen. Schlangen kommen an heißen, sonnigen Tagen gerne aus ihrem Versteck unter Büschen und Hecken hervor, um ein Sonnenbad zu nehmen. Werden sie in dieser Situation von einem anderen Tier überrascht, das sich nicht schnell genug zurückziehen kann oder sich die Sache genauer anschauen möchte, kann es passieren, dass sie zubeißen. Die häufigsten Bissstellen sind im Maulbereich und an den Beinen bzw. Füßen.

Hauptsymptome

Die betroffene Stelle schwillt fast sofort stark an. Es bildet sich ein Ödem (Flüssigkeitsansammlung im Gewebe), und das Tier hat deutliche Schmerzen. Das umgebende Gewebe und die Haut können bei Berührung bretthart erscheinen. **Bei kleinen Tieren kann der Biss tödlich sein, deshalb sollte sofort ein Tierarzt aufgesucht werden!**

▶ **Anmerkung***:* Während man auf den Tierarzt wartet, sollte man sofort mit der homöopathischen Behandlung beginnen.

Gegen den Schock, der fast immer nach einem Schlangenbiss auftritt.	***Aconitum* C30.** Sofort eine Gabe und dann alle 15 Minuten, bis zu vier- bis sechsmal.
Gegen die extreme Schwellung, Quetschung und allgemeinen Beschwerden.	***Arnica* C30.** Folgt gut auf *Aconitum*. Eine Gabe viermal täglich, bis die Symptome deutlich gebessert sind.
Bei Blutvergiftung und Sepsis mit Sekretion und Schmerzen.	***Echinacea* C30.** Eine Gabe viermal täglich, vier bis sieben Tage bis zur Besserung.
Bei allen oben aufgeführten Symptomen.	**Rescue Remedy.** Geben Sie ein paar Tropfen direkt ins Maul, entweder pur oder in etwas Wasser verdünnt, um dem Schock entgegenzuwirken. Bei starken Beschwerden sollte das Mittel noch einige Male im Abstand von wenigen Minuten wiederholt werden.

→ *Siehe auch unter „Kolik", „Gelenkentzündung" und „Rheumatismus".*

SCHMERZEN

Abhängig von der Art und dem Ausmaß der Schmerzen sollte ein Tierarzt hinzugezogen und nach der Diagnosestellung eine entsprechende Behandlung eingeleitet werden.

Es besteht kein Zweifel, dass Tiere genauso unter Schmerzen leiden können wie der Mensch. Der große Vorteil bei der Behandlung von Menschen liegt darin, dass diese die Qualität und oft auch den genauen Sitz ihrer Schmerzen angeben können. So kann ein Mensch den Schmerz beispielsweise als drückend, brennend, reißend, krampfartig, kolikartig, stechend, schießend, klopfend u. s. w. beschreiben. Leider kann uns das Tier keine solchen Informationen geben, und es ist oft nicht nur schwierig, die Intensität der Schmerzen zu erfassen, sondern auch, die genaue Lokalisation zu ermitteln.

Man sollte bedenken, dass Schmerz ein Schutzmechanismus ist, der den Körper dazu auffordert, sich nach einer Verletzung wie z. B. einer Zerrung, oder nach einer Operation zu schonen und es nicht zu übertreiben. Bei Tieren kann es ein Fehler sein, ihnen zu rasch alle Schmerzen zu nehmen, da sie dann zu ihrem normalen Verhalten und ihrer Alltagsroutine zurückkehren und sich leicht überanstrengen, was meist einen enttäuschenden Rückfall zur Folge hat.

Hauptsymptome

Akute Schmerzen. Unruhe, heftige Atmung, Schwitzen, offensichtliches Unbehagen. Es können auch spezifische Schmerzzeichen vorliegen. So schaut ein Tier beispielsweise bei einer Kolik nach hinten zu den Flanken, tritt gegen seinen Bauch, steht dauernd auf und legt sich wieder hin und wälzt sich in schweren Fällen heftig hin und her. Ein Tier mit akuten Schmerzen hat meist keinen Appetit und zeigt evtl. auch Erbrechen, Durchfall oder nimmt in Abhängigkeit von der Lokalisation der Schmerzen eine merkwürdige Haltung ein.

Chronische Schmerzen. Tiere mit geringgradigen oder chronischen Schmerzen fressen meist normal, haben aber im Stand oder in der Bewegung mehr oder weniger große Probleme. Sie stöhnen oder ächzen beim Aufstehen bzw. Hinlegen oder in der Bewegung. Sie sind ganz offensichtlich nicht mehr sie selbst und verhalten sich auch nicht wie sonst.

Bei allen Arten von Schmerzen und Steifheit.	***Arnica* C6** oder **C30.** Eine Gabe zwei- bis viermal täglich bis zur Besserung.
Unerträgliche Schmerzen, hochgradige Unruhe, massive akute Beschwerden. Zahn- und Ohrenschmerzen, akute Muskelschmerzen infolge einer Rückenverletzung oder Muskelzerrung.	***Chamomilla* C6** oder **C30.** Eine Gabe alle 10-15 Minuten, bei Bedarf bis zu sechsmal, dann viermal täglich bis zur Besserung.
Koliksymptome.	***Colocynthis* C30.** Eine Gabe alle 15-30 Minuten, bei offensichtlich starken Schmerzen bis zu sechs- bis achtmal, dann nach Bedarf vier- bis sechsmal täglich bis zur Besserung.
Bei allen unspezifischen Schmerzzuständen, v. a. nach Verletzungen der Füße, Krallen bzw. Hufe oder Klauen und Wirbelsäule.	***Hypericum* C30.** Eine Gabe viermal täglich bis zur Besserung.
Schmerzhafte rote Schwellungen, plötzlich verdickte Gelenke. Schlimmer durch Wärme.	***Apis* C6** oder **C30.** Eine Gabe alle 15-30 Minuten, bis zu viermal, dann viermal täglich bis zur Besserung.
Schmerzen im Rahmen einer Blasenentzündung (siehe dort), vor, während oder nach dem Harnabsatz, oft mit ständigem Pressen und/oder Harntröpfeln (siehe auch unter „Inkontinenz").	***Cantharis* C6.** Eine Gabe viermal täglich bis zur Besserung.

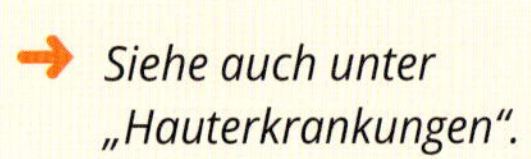

Siehe auch unter „Hauterkrankungen".

SCHUPPEN

Eine homöopathische Behandlung kann erfolgreich sein. Bei anhaltenden Symptomen oder wenn noch andere Krankheitssymptome auftreten, sollte ein Tierarzt konsultiert werden.

Schuppen sind abgestorbene Hautbestandteile, die sich manchmal in dramatischer Weise in Form von kleineren oder größeren Flocken von der obersten Hautschicht ablösen. Das plötzliche Auftreten vieler Schuppen kann ein Hinweis auf ein tiefersitzendes Gesundheitsproblem sein.

Bevorzugt die Wärme. Trockene, raue und schuppige Haut. Die Hautschuppen sind weiß und meist klein.	***Arsenicum album* C30.** Eine Gabe dreimal täglich, sieben bis zehn Tage lang. Bei Bedarf Wiederholung nach zehn Tagen.
Bevorzugt die Kälte. Trockene, schuppige und gerötete Haut. Sehr infektionsanfällig.	***Sulphur* C6.** Eine Gabe zwei- bis dreimal täglich, zwei bis drei Wochen lang.

SENILITÄT

Eine tierärztliche Diagnose ist evtl. erforderlich. Homöopathische Arzneien können hier sehr hilfreich sein.

Senilität wird beim Menschen oft als Demenz bezeichnet. Das Gehirn wird im Alter oft nicht mehr ausreichend mit Sauerstoff versorgt, was sich beim Tier als Verwirrung und Desorientierung äußert. Betroffen sind v. a. Hunde und Katzen, seltener andere Tierarten, da diese meist kein hohes Alter erreichen. Betroffene Tiere machen in vielerlei Hinsicht einen ganz normalen Eindruck, haben einen gesunden Appetit und in den meisten Fällen immer noch eine annehmbare Lebensqualität.

Hauptsymptome

Das normale Verhalten kann beeinträchtigt sein. Manchmal wandert das Tier ziellos herum oder steht eine Zeitlang in einer Ecke mit dem Kopf zur Wand und scheint seine vertraute Umgebung nicht mehr zu erkennen. Gleichzeitig kann es zum Verlust der Kontrolle über die Blasen- und Darmfunktion kommen.

Dieses Mittel sollte bei offensichtlicher Senilität immer versucht werden.	***Barium carbonicum* C30.** Eine Gabe dreimal täglich, drei bis vier Tage lang. Tritt eine Besserung ein, häufige Wiederholung des Mittels (in sieben- bis zehntägigen Abständen).
Bei deutlichen Koordinationsstörungen und anderen Anzeichen für Senilität.	***Conium* C6.** Eine Gabe dreimal täglich, zehn Tage lang. Tritt eine Besserung ein, Wiederholung alle drei bis vier Wochen.
Hilfreich beim allgemeinen Alterungsprozess mit Verlust der Kontrolle über die Blasen- und/oder Darmfunktion.	***Causticum* C30.** Eine Gabe dreimal täglich, sieben bis zehn Tage lang. Tritt eine Besserung ein, Wiederholung nach Bedarf alle zwei bis vier Wochen.

TUBERKULOSE

Es sollte unbedingt sofort ein Tierarzt hinzugezogen werden. Tuberkulose ist eine anzeigepflichtige Krankheit und muss vom Tierarzt bei der zuständigen Behörde angezeigt werden. Sie ist außerdem eine Zoonose (eine auf den Menschen übertragbare Infektionskrankheit).

Es gibt eine ganze Reihe von Tuberkuloseerregern (Mykobakterien), die Haus- und Wildtiere infizieren können. Infizierte Nagetiere, wie z. B. Mäuse und Ratten, können u. U. die Infektion weiterverbreiten. Die Diagnose wird durch Laboruntersuchungen bestätigt.

Hauptsymptome

Fortschreitender Gewichtsverlust und Abnahme der Kondition, Temperaturschwankungen, Husten, Atemwegssymptome, schlechter Appetit und gestörtes Allgemeinbefinden.

Sobald die Diagnose bestätigt wurde, liegt die weitere Vorgehensweise allein in der Hand des Tierarztes. Bedenkt man die schwerwiegende Natur der Erkrankung, wird er wahrscheinlich dazu raten, das Tier einzuschläfern.

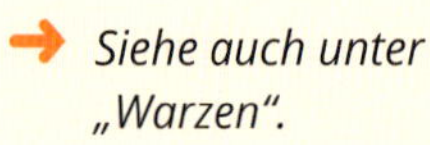

Siehe auch unter „Warzen".

TUMOREN

(Neoplasien)

Die Untersuchung und Diagnosestellung durch einen Tierarzt ist unbedingt erforderlich.

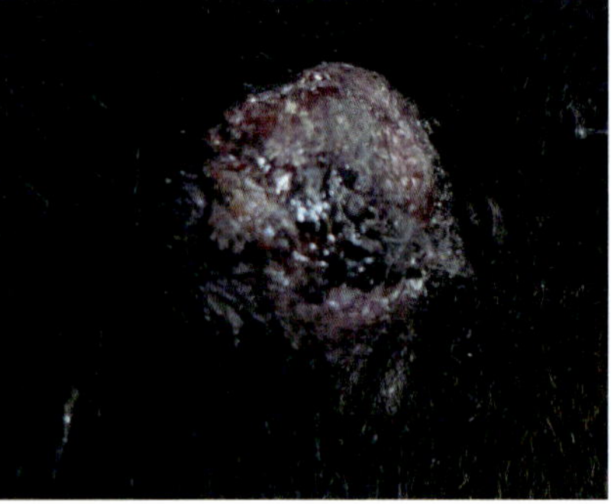

Hauptsymptome

Tumoren in Form von Schwellungen oder Knoten können im Prinzip überall am und im Körper auftreten. Sie entstehen durch übermäßige und unkontrollierte Zellteilung.

Äußere Tumoren

Sie bilden sich entweder innerhalb der eigentlichen Hautschichten, im Unterhautgewebe oder in den unter der Haut liegenden Knochen oder Muskeln. Abgesehen von der Schwellung müssen nicht zwingend andere Symptome oder Krankheitsanzeichen auftreten. Das Tier scheint es manchmal gar nicht zu merken, dass da etwas wächst, aber mit zunehmender Größe kann der Tumor beginnen zu jucken oder zu stören, und das Tier reagiert dann mit Reiben, Beißen oder Kratzen.

Innere Tumoren

Auch hier merkt das Tier oft erst nicht, dass etwas nicht in Ordnung ist, bis der Tumor irgendwann anfängt, die normalen Körperfunktionen zu beeinträchtigen. Häufige Symptome sind Erbrechen, Durchfall, Inappetenz, vermehrter Durst und Gelbsucht.

Behandlung

Jeder Tumor bzw. jede Zubildung ist potenziell gefährlich und sollte unbedingt untersucht und möglichst schon im Frühstadium behandelt werden. Manchmal stellt eine Operation die empfehlenswerteste Option dar.

Eine homöopathische Behandlung kann möglicherweise das Tumorwachstum verlangsamen oder in manchen Fällen sogar den Tumor zum Schrumpfen bringen.

Die homöopathische Behandlung von Tumoren ist oft sehr schwierig und erfordert großes Geschick und Erfahrung. Daher ist es sehr wichtig, dass ein homöopathisch geschulter Tierarzt die Beratung und Behandlung übernimmt.

UNRUHE, SCHLAFLOSIGKEIT

Halten die Symptome länger als sieben bis zehn Tage an, sollte ein Tierarzt konsultiert werden. Homöopathische Arzneien erweisen sich bei diesen Zuständen oft als sehr wirksam.

Es ist wichtig, falls möglich, die Ursache herauszufinden, v. a. wenn das Tier gleichzeitig eine plötzliche Veränderung seines normalen Verhaltens zeigt. Hat es vor irgendetwas Angst? Hat ein Futterwechsel stattgefunden (evtl. mit weichem Kot oder Durchfall)? Ist das Umfeld sehr laut oder besteht ein ungewöhnlicher Geräuschpegel? Fühlt sich das Tier unwohl oder hat es Schmerzen?

Hauptsymptome

Das Tier ist unruhig, kommt nicht zur Ruhe, keucht möglicherweise und fühlt sich sichtlich unwohl. Anomales Verhalten.

Bei Angst, Unruhe, Nervosität oder Aufregung.	***Aconitum* C30.** Eine Gabe nach Bedarf ein- bis viermal in 15-30-minütigen Abständen.
Extreme Unruhe, das Tier ist nicht in der Lage, längere Zeit still zu stehen oder zu liegen.	***Arsenicum album* C6** oder **C30.** Eine Gabe nach Bedarf ein- bis viermal in 30-60minütigen Abständen.
Angst und Unruhe aufgrund von Schmerzen.	***Chamomilla* C6** oder **C30.** Eine Gabe ein- bis viermal in ein- bis zweistündigen Abständen bis zur Besserung.
Erregung, Hyperaktivität bei Lärm.	***Coffea cruda* C6** oder **C30.** Eine Gabe ein- bis viermal in ein- bis zweistündigen Abständen bis zur Besserung.
Übererregbarkeit und Unruhe.	**Homöopathische „Schlaftabletten".** Inhaltsstoffe: *Coffea cruda, Kalium bromatum, Passiflora* und *Valeriana*. Eine Gabe nach Bedarf ein- bis viermal in ein- bis vierstündigen Abständen.

VERDAUUNGSSTÖRUNGEN

Es ist meist ratsam, einen Tierarzt aufzusuchen. Homöopathische Arzneien eignen sich besonders für chronische oder langdauernde Fälle.

Es ist schwierig zu beurteilen, ob Tiere in derselben Weise an Verdauungsstörungen leiden wie der Mensch, da viele Symptome (wie z. B. Sodbrennen oder ein Schweregefühl im Magen) nicht einfach am Erscheinungsbild des Tieres erkannt werden können. Sie leiden aber auf jeden Fall auch an Blähungen und Koliken. Tiere können auch durch Überfressen oder die Aufnahme von falschem Futter krank werden.

Hauptsymptome

Erbrechen – bei den Tierarten, die auf normalem Wege erbrechen können (nicht bei Pferden), – v. a. kurz nach der Futteraufnahme, kann ein Hinweis auf eine Verdauungsstörung sein. Weitere mögliche Symptome sind Durchfall, der manchmal anfallsweise und in kurzen Abständen und oft zusammen mit dem Erbrechen auftritt. Es kann auch zu Inappetenz und einer Störung des Allgemeinbefindens kommen.

Bei allen Symptomen einer Verdauungsstörung – plötzliches Erbrechen und/oder Durchfall, Überfressen, Flatulenz, laute Darmgeräusche etc.	***Nux vomica* C6.** Eine Gabe alle 15-30 Minuten, nach Bedarf drei- oder viermal. Mit zunehmender Besserung Wiederholung in größeren Abständen.
Aufstoßen und starker Blähungsabgang – im Allgemeinen schlimmer nach dem Fressen.	***Carbo vegetabilis* C6.** Eine Gabe alle 15-30 Minuten, nach Bedarf drei- oder viermal. Mit zunehmender Besserung Verminderung der Dosis auf dreimal täglich, einige Tage lang.
Überfressen, v. a. an Gemüse und anderem grünen Futter (zuviel Gras). Starke Blähungen mit grünem Durchfall.	***Colchicum* C30.** Eine Gabe dreimal täglich, vier bis fünf Tage lang.
Leberbeteiligung und Intoxikation. Störung des Allgemeinbefindens, Gelbfärbung der Schleimhäute, evtl. auch der Haut. Hellbrauner oder gelber Kot, der fest oder durchfällig sein kann.	***Chelidonium* C30.** Eine Gabe drei- bis viermal täglich bis zur Besserung.

VERSTOPFUNG

(Obstipation)

Bei anhaltender Verstopfung sollte ein Tierarzt konsultiert werden. Homöopathische Arzneien können hier sehr wirksam sein.

Verstopfung ist die Folge einer verminderten Darmaktivität. Wenn die regulären rhythmischen Bewegungen des Darmes langsamer werden oder gar völlig zum Erliegen kommen, ist Verstopfung das Ergebnis. Sie kann auch bei Fieber, Inappetenz oder Bauchschmerzen auftreten oder wenn falsches oder zu trockenes Futter aufgenommen wird. Es sollte immer sichergestellt sein, dass das Tier ausreichend frisches Wasser zur Verfügung hat, denn Wassermangel bzw. Austrocknung kann ebenfalls zu Verstopfung führen.

Hauptsymptome

Fehlender Kotabsatz oder Absatz von nur kleinen Kotmengen, wobei dieser hart und oft schleimüberzogen ist. Manchmal treten auch Blutbeimengungen auf, weil der harte Kot die empfindliche Darmschleimhaut verletzt.

Wenn das Tier kein Futter mehr aufnimmt.	Geben Sie Pflanzen- oder Paraffinöl in das Futter bzw. suchen Sie bei anhaltenden Beschwerden einen Tierarzt auf.
Ein gutes allgemeines Mittel, v. a. wenn der Verdacht auf eine Verdauungsstörung besteht.	***Nux vomica* C6.** Alle zwei Stunden eine Gabe, drei- bis viermal, dann dreimal täglich, einen oder zwei Tage lang, bis die Beschwerden abklingen.
Hilfreich, wenn der Bauch berührungsempfindlich ist oder leichte Koliksymptome auftreten, v. a. nach dem Trinken.	***Sulphur* C6.** Dosierung wie oben oder im Zweifelsfall im Wechsel mit *Nux vomica*.
Verstopfung mit starkem, aber oft erfolglosem Pressen. Viel Blähungsabgang mit deutlichen Beschwerden.	***Aloe* C6.** Eine Gabe viermal täglich, bis die Beschwerden abklingen.
Häufiger Absatz von hartem, kleinknolligem und trockenem Kot führt zu Blutungen aus dem wunden Rektum und After. Auch der Harnabsatz kann schwierig erscheinen.	***Alumina* C30.** Eine Gabe dreimal täglich, bis zu drei Tage lang.
Schwarzer, harter und klumpiger Kot. Afterkrämpfe und evtl. Koliksymptome.	***Plumbum metallicum* C30.** Eine Gabe drei- bis viermal täglich, bis die Beschwerden abklingen.

➜ *Näheres zur Behandlung von Virusinfektionen finden Sie auch unter „Fieber".*

VIRUSERKRANKUNGEN

Bei anhaltenden oder sich verschlimmernden Symptomen sollte unbedingt ein Tierarzt aufgesucht werden.

Viren wurden erstmalig 1898 isoliert und neben den Bakterien als Krankheits- und Infektionserreger identifiziert. Es handelt sich um extrem kleine Organismen, die nur unter einem starken Elektronenmikroskop sichtbar werden. Viele bisher nicht zuzuordnende Krankheiten werden nun mit Virusinfektionen in Verbindung gebracht.

Hauptsymptome

Die Symptome können überaus vielfältig sein. Meist gehen Virusinfektionen aber mit anhaltend hohem Fieber (das nicht auf eine antibiotische Behandlung anspricht), Inappetenz, evtl. vermehrtem Durst, gestörtem Allgemeinbefinden, Apathie und Austrocknung einher. (Letztere kann durch Aufziehen einer Hautfalte sichtbar gemacht werden. Diese sollte normalerweise sofort in ihren Ursprungszustand zurückgleiten. Ist das Tier hingegen ausgetrocknet, bleibt die Hautfalte stehen oder geht nur langsam wieder zurück.) Daneben kann Erbrechen und/oder Durchfall auftreten.

Es gibt kaum schulmedizinische Medikamente zur Behandlung von Virusinfektionen. Homöopathische Arzneien hingegen sind hier, sofern sie entsprechend der vorliegenden Symptomatik ausgewählt werden, oftmals sehr erfolgreich.

WARZEN

Die Konsultation eines Tierarztes und/oder chirurgische Entfernung kann erforderlich sein.

Warzen sind epidermale Tumoren (Zubildungen der Haut), die durch Viren verursacht werden und überall am Körper auftreten können. Betroffen sind zumeist ältere Tiere. In der Regel sind Warzen keine ernste Angelegenheit. Werden sie allerdings verletzt und fangen sie an zu bluten, kann es zu Problemen kommen. Manchmal fängt auch das Tier an, an ihnen zu knabbern, zu reiben oder zu kratzen. Manche Warzen, auch solche im Bereich der Augenlider, die auf den Augapfel drücken, müssen operativ entfernt werden.

Hauptsymptome

Auf der Körperoberfläche erscheint ganz plötzlich oder auch allmählich ein Knötchen oder „Gewächs“. Größe und Farbe variieren dabei beträchtlich. Die Warzen können hautfarben oder auch braun oder schwarz in den unterschiedlichsten Schattierungen sein und eher flach oder wie ein kleiner Blumenkohl aussehen. Einige bluten sehr leicht und manche jucken, was zu Reiben, Beißen oder Kratzen führt.

Das beste allgemeine Mittel. *Thuja* ist bei Warzen in mehr als 50 % der Fälle erfolgreich. Die Warzen sind blumenkohlartig und bluten oft leicht.	***Thuja* C6** oder **C30.** Eine Gabe zweimal täglich, bei Bedarf mehrere Wochen lang.
Harte, verhornte, gelbe Warzen, die schmerzhaft sein können. Es können auch Risse auftreten. Warzen an den Augenlidern und Pfoten sprechen oft gut auf diese Arznei an. Sie sind wund, jucken, bluten leicht und nässen manchmal.	***Nitricum acidum* C6.** Eine Gabe zweimal täglich, bei positiver Reaktion mehrere Wochen lang.
Harte kleine Warzen am ganzen Körper, v. a. beim älteren Tier. Flache oder lange und dünne Warzen, die ausgehöhlt aussehen können.	***Causticum* C6** oder **C30.** Eine Gabe zweimal täglich, bei Besserung mehrere Wochen lang.
Äußerlich.	***Thuja-Urtinktur.*** Wird zwei- bis dreimal täglich mit einem Wattepad oder Wattestäbchen auf die betroffenen Stellen aufgetragen, bei Bedarf mehrere Wochen lang, bis die Warzen verschwunden sind.

WÜRMER

Es ist ratsam, die Art des Wurmbefalls feststellen zu lassen. Moderne Wurmkuren gegen Spul- und Bandwürmer sind sicher und wirksam. Bei starkem Befall kann es nötig sein, solche Medikamente einzusetzen.

Unsere Haustiere sind hauptsächlich mit zwei Gruppen von Würmern befallen – Spulwürmern und Bandwürmern. Ein schwerer Befall kann die Darmschleimhaut schädigen. Außerdem produzieren diese Würmer Toxine und ernähren sich auf Kosten ihres Wirtstieres.

Hauptsymptome

Ein starker Wurmbefall kann zu Erbrechen und/oder Durchfall führen. Weitere mögliche Symptome sind gestörtes Allgemeinbefinden, Gedeihstörungen und Auftreibung des Abdomens. Unbehandelt kann es zu Anämie (Blutarmut), Kollaps und Tod kommen.

Bandwürmer

Der Lebenszyklus von Bandwürmern ist sehr kompliziert und beinhaltet die Passage eines Zwischenwirtes. So können beispielsweise Flöhe, kleine Nagetiere oder auch andere Säugetiere als Zwischenwirt fungieren (z. B. sind Hütehunde Zwischenwirte für den Schafbandwurm). Dieser Prozess muss durchlaufen werden, bevor der eigentliche Wirt wieder infiziert werden kann. Der Kopf des Bandwurms hat starke Saugnäpfe, mit denen er sich an die Darmwand des Wirtes anheftet. Der Wurm bildet dann Segmente und kann je nach Spezies eine Länge von bis zu zwei Metern erreichen.

Die Segmente reifen heran, lösen sich vom Ende des Wurms und krabbeln entweder aktiv aus dem Anus oder werden mit dem Kot ausgeschieden. Sie ähneln Maden, wie man sie in verfaultem Fleisch findet, und bewegen sich wie eine Raupe, oder sie trocknen ein und sehen dann aus wie Reiskörner. Es können täglich mehrere Segmente ausgeschieden werden, und jedes von ihnen enthält zahllose Bandwurmeier. Diese Eier müssen dann vom Zwischenwirt aufgenommen werden, bevor es zu einer Neuansteckung des Hauptwirtes kommen kann.

Der Kopf des Bandwurms ist so fest in der Darmwand verankert, dass es sehr schwierig ist, ihn zu entfernen. Daher müssen konventionelle Wurmkuren eine sehr starke Wirkung haben, aber gleichzeitig unschädlich für das Wirtstier sein.

Es gibt heutzutage sichere und wirksame Wurmkuren zur Bekämpfung von Spul- und Bandwürmern. Man sollte sich vorab informieren, welche Behandlung für die jeweilige Tierart am besten ist. Homöopathische Arzneien können ebenfalls eingesetzt werden und sollen auch wirken, allerdings gibt es dahingehend keinen Wirksamkeitsnachweis.

Filix mas und ***Granatum*** in Tiefpotenz (C1-C3) sollen Bandwürmer abtreiben können.

Bevor man eines der Mittel anwendet, um ein Tier von Spul- oder Bandwürmern zu befreien, sollte man mit einem homöopathisch erfahrenen Tierarzt besprechen, inwieweit sie passen und in welcher Potenz und Dosierung sie verabreicht werden sollten.

Spulwürmer

Spulwürmer treten v. a. bei Jungtieren auf und leben im Magen-Darm-Trakt. Sie können bereits während der Trächtigkeit oder kurz nach der Geburt übertragen werden. Ein geringer Befall verursacht meist keine Symptome, und die Würmer können Monate bis Jahre im Wirtstier verbleiben, ohne dass man diesem etwas anmerken würde. Die Würmer werden hin und wieder erbrochen oder mit dem Kot ausgeschieden. Eine homöopathische Behandlung tötet die Würmer nicht ab, sondern verändert das Darmmilieu so, dass die Parasiten dort keine idealen Lebensbedingungen mehr vorfinden und sich nicht mehr so gut vermehren können.

Abrotanum, Cina maritima und ***Santoninum*** können bei Spulwurmbefall eingesetzt werden.

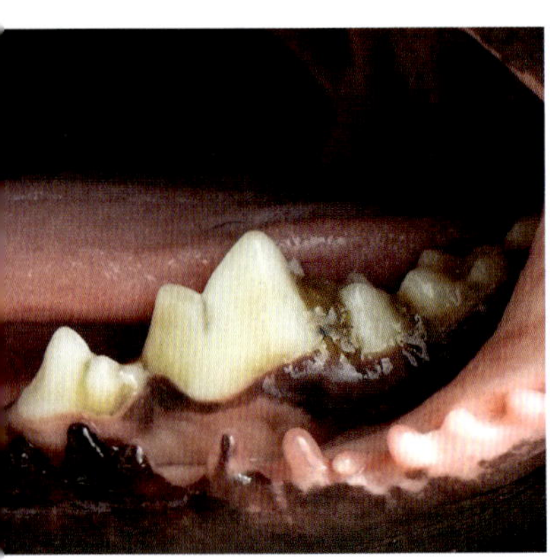

ZÄHNE

Bei länger bestehenden Symptomen oder wenn das Tier offensichtliche Schmerzen oder Beschwerden hat, sollte man einen Tierarzt aufsuchen.

Bei den meisten Haustieren geben die Zähne aufgrund ihrer relativ kurzen Lebensspanne wenig Anlass zur Sorge. Ausnahmen sind Hunde, Katzen und auch Pferde. Bei ihnen werden die Zähne v. a. mit zunehmendem Lebensalter oft schlecht und es kommt zur übermäßigen Bildung von Zahnstein, der das Zahnfleisch angreift und das Eindringen von Infektionen begünstigt. Ein Tierarzt kann den Zahnstein entfernen und, falls nötig, angegriffene Zähne ziehen. Selbst wenn der Zahnverfall so ausgeprägt ist, dass alle Zähne entfernt werden müssen, können die Tiere recht gut damit leben. Das Zahnfleisch wird schnell fest und es treten selten Probleme beim Fressen auf, da zumindest Hunde und Katzen ihr Futter oft ohnehin kaum kauen. Insbesondere bei weichem Futter sind eigentlich keine Schwierigkeiten zu erwarten.

➜ *Siehe auch unter „Mundgeruch" und „Zahnfleischentzündung (Gingivitis)".*

Hauptsymptome

Speichelfluss, Weigerung zu fressen trotz offensichtlichem Hunger. Reiben einer Seite des Gesichts auf dem Boden bzw. mit der Pfote. Übler Geruch aus der Maulhöhle. Zahnfleischentzündung, rote Linie am Zahnfleischsaum. Starke braune Verfärbung der Zähne und/oder Zahnsteinbildung.

Bei einer Zahnfleischentzündung, die gerade erst aufgetreten ist, oder einem Abszess an der Zahnbasis.	***Aconitum* C30.** Eine Gabe alle ein bis drei Stunden, drei- bis viermal (siehe *Belladonna*).
Heiße, glänzende Schwellung mit deutlichen Schmerzen, aber ohne Absonderung von Eiter.	***Belladonna* C30.** Folgt gut auf *Aconitum*. Eine Gabe alle zwei bis vier Stunden (vier- bis sechsmal täglich) bis zur Besserung.

Zahnschmerzen

Förderung der Abszessreifung und Eiterabsonderung.	***Hepar sulphuris* C6.** Eine Gabe viermal täglich, einige Tage nach Bedarf, bis zur Besserung.
Lokale, schmerzhafte Schwellung im Zahnbereich. Vermehrter Durst und starker Speichelfluss. Schwammiges Zahnfleisch, Zahnfleischschwund und Zahnfleischbluten. Zahnverfall.	***Mercurius solubilis* C30.** Eine Gabe drei- bis viermal täglich, fünf bis sieben Tage lang. Wiederholung bei Bedarf.
Zahnschmerzen v. a. junger und alter Tiere. Schmerzintoleranz. Reizbarkeit, schlechte Laune, Unruhe. Schlimmer nachts.	***Chamomilla* C30.** Eine Gabe vier- bis sechsmal täglich bis zur Besserung.

ZAHNFLEISCHENTZÜNDUNG

(Gingivitis)

Eine tierärztliche Untersuchung und Behandlung der Zähne kann notwendig sein.

Hauptsymptome

Am Zahnfleischsaum ist eine rote Linie erkennbar. Der betroffene Bereich ist sehr berührungsempfindlich. Eine Zahnfleischentzündung ist oft mit der Bildung von Zahnstein verbunden. Dieser drückt auf das Zahnfleisch und führt zu Zahnfleischschwund. Dadurch fangen die Zähne an zu faulen, was das Zahnfleisch noch mehr schädigt.

Zahnfleischabszess

Es entwickelt sich eine Schwellung im Bereich eines Zahnes, die Hinweis auf eine Infektion mit Abszessbildung ist.

Bei leichter, aber wiederkehrender Gingivitis.	***Carbo vegetabilis* C6.** Eine Gabe drei- bis viermal täglich, fünf bis sieben Tage bis zur Besserung. Wiederholung bei Bedarf.
Angezeigt, wenn sich das Zahnfleisch zurückzieht und leicht blutet, die Zähne locker werden und Mundgeruch besteht.	***Mercurius solubilis* C30.** Eine Gabe viermal täglich, vor und nach der tierärztlichen Behandlung. Bei Neigung zu Rezidiven regelmäßige Gabe, einmal monatlich über vier bis fünf Tage.

Beim ersten Auftreten einer Schwellung, aber ohne Absonderung.	***Hepar sulphuris* C6.** Stündlich eine Gabe, bis zu sechsmal, dann viermal täglich, fünf bis sieben Tage bis zur Besserung.
Das Tier macht einen kranken Eindruck. Starker Mundgeruch; Eiterabsonderung.	***Pyrogenium* C6**. Stündlich eine Gabe, bis zu sechsmal, dann viermal täglich, fünf bis sieben Tage bis zur Besserung.

→ *Siehe auch unter „Hauterkrankungen – trockenes Ekzem".*

ZECKEN

Unter Umständen müssen die Zecken durch einen Tierarzt entfernt werden.

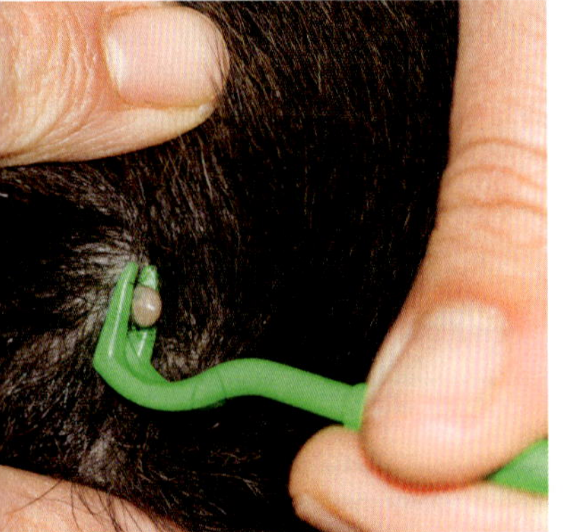

Hauptsymptome

Plötzliches Erscheinen eines dunkelbraun-schwarzen, warzenähnlichen Objekts auf der Haut. Es kann die Größe einer kleinen Erbse haben, bis die Zecke Blut aufnimmt und dann bis zu bohnengroß wird.

Zecken sehen seltsam und abstoßend aus und haben einen langen Lebenszyklus. Viele saugen nur einmal jährlich Blut, fallen dann von ihrem Wirt ab und bleiben ein Jahr lang auf dem Boden liegen, bevor ihr Lebenszyklus in die nächste Phase eintritt. Sie können auf vielen Tierarten überleben, sind aber hauptsächlich auf Schafen, Hirschen und Kaninchen zu finden. Sie können auch jedes Haustier befallen. Mit ihren Mundwerkzeugen beißen sie in die Haut ihres Wirtes und nehmen dann dessen Blut auf. Dabei können sie den Wirt auch mit verschiedenen Krankheiten infizieren (z. B. Q-Fieber, eine meldepflichtige Krankheit bei Rindern und Schafen, oder Borreliose und FSME bei anderen Tierarten und Menschen).

Es kann sein, dass sie keinen weiteren Schaden verursachen und nach 10-14 Tagen abfallen, aber manchmal kommt es zu einer lokalen Reizung, sodass sich der Wirt an der betreffenden Stelle reibt und kratzt. Man sollte die Zecke entfernen, wobei es ganz wichtig ist, dass auch die Mundwerkzeuge vollständig entfernt werden, ansonsten kann es zu einer Dermatitis und Infektion kommen. Zecken können am besten mit einer Pinzette oder speziellen Zeckenzange entfernt werden. Im Zweifelsfall ist es besser, einen Tierarzt aufzusuchen.

ZUNGE

➜ *Siehe auch unter „Mundhöhle".*

Bei anhaltenden Symptomen sollte ein Tierarzt aufgesucht werden.

Eine Entzündung der Zunge wird als Glossitis bezeichnet. Die Zunge badet – genau wie die Mundschleimhaut – permanent in Speichel, der eine natürliche antiseptische Wirkung hat. Die häufigsten Ursachen für Zungenprobleme sind Verletzungen der Zungenoberfläche, die zu Entzündung und/oder Geschwürbildung führen, aber manchmal auch Tumoren.

Hauptsymptome

Speichelfluss, Schwierigkeiten beim Schließen des Maules und bei der Futteraufnahme. Das Tier hat offensichtlich Hunger, zögert aber zu fressen. Schmerzen im Maulbereich und Widerstand beim Öffnen des Maules. Reiben oder Kratzen am Maul bzw. im Gesicht.

Die Zunge ist akut geschwollen, wund und geschwürig verändert. Das Zahnfleisch und die Lippen sind evtl. auch geschwollen. Trockener Mund.	***Apis* C30.** Eine Gabe viermal täglich, fünf bis sieben Tage bis zur Besserung.
Ein nützliches, allgemeines Mittel für die Zunge. Vermehrter Durst und Speichelfluss. Die Zunge ist evtl. geschwollen.	***Mercurius solubilis* C6** oder **C30.** Eine Gabe dreimal täglich, fünf bis sieben Tage bis zur Besserung.

FORTPFLANZUNG

DIE FORTPFLANZUNG

Die Entwicklung der Geschlechtsorgane und des Sexualzyklus ist bei den meisten domestizierten Tieren grundsätzlich mit der des Menschen vergleichbar. Allerdings gibt es einige wesentliche tierartspezifische Unterschiede, die man kennen muss, bevor man sich an einer homöopathischen Behandlung versucht. Die Homöopathie ist eine Behandlungsform, die dazu dient, Erkrankungen zu überwinden und die Gesundheit wiederherzustellen. Dabei ist sie nicht zwangsläufig auch wirksam bei Störungen, die durch eine Behandlung mit synthetischen Hormonpräparaten verursacht wurden, welche das normale hormonelle Gleichgewicht durcheinander gebracht haben.

DER FORTPFLANZUNGSZYKLUS

Der Fortpflanzungszyklus kann sehr vereinfacht folgendermaßen dargestellt werden:

1.) Entwicklung der verschiedenen Geschlechtsorgane, bereits im Mutterleib und anschließend in der Pubertät bis zum Erwachsenenalter.
2.) Ein normales gesundes Tier ist dann geschlechtsreif und in einer bestimmten Zeit paarungsbereit (Östrus, Hitze, Brunst, Läufigkeit).
3.) Die erfolgreiche Paarung führt zur Empfängnis (Konzeption), Trächtigkeit und schließlich zur Geburt, wobei die Trächtigkeitsdauer abhängig von der jeweiligen Tierart ist.
4.) Nach der Geburt sollten die beteiligten Organe rasch wieder in ihren Normalzustand zurückkehren. In manchen Fällen kommt es allerdings zu Komplikationen wie z. B. Nachgeburtsverhaltung, Mastitis etc.

Homöopathische Arzneien können in jedem Stadium hilfreich sein, um Anomalien zu korrigieren und Krankheiten zu bekämpfen.

Der weibliche Zyklus kann in fünf Phasen unterteilt werden:

Proöstrus. Der Proöstrus ist die Zeit, in welcher der Eifollikel heranreift.

Östrus. Der Östrus ist die Zeit der Paarungsbereitschaft.

Metöstrus. Der Metöstrus schließt sich unmittelbar an den Östrus an, nachdem der Follikel gesprungen ist und die Eizelle freigesetzt hat. Nun werden verschiedene Hormone freigesetzt, die die Gebärmutterschleimhaut auf die Einnistung der befruchteten Eizelle und somit die Trächtigkeit vorbereiten. Im Metöstrus wird ferner die Entwicklung der Milchdrüse eingeleitet und kontrolliert. Kommt es nicht zu einer Trächtigkeit, tritt der Zyklus entweder wieder in den Proöstrus oder in den Anöstrus ein.

Diöstrus. Nach einer erfolgreichen Paarung kommt es zur Trächtigkeit. Im Diöstrus werden die entsprechenden Hormone gebildet, um die Trächtigkeit aufrecht zu erhalten.

Anöstrus. Der Anöstrus ist eine Zeit geringer ovarieller Aktivität und schließt sich normalerweise an die Geburt an, um der Gebärmutter und anderen Organen die vollständige Rückbildung zu erlauben. Er dauert sechs bis acht Wochen oder länger. Hält er länger an, verhindert er den Beginn eines normalen Zyklusgeschehens.

DAS WEIBLICHE TIER

Bei manchen weiblichen Jungtieren setzt die geschlechtliche Aktivität nicht mit Beginn der Pubertät ein; dies kann verschiedene Gründe haben. Auch nach der Geburt kann es zu einem verlängerten Anöstrus kommen. Homöopathische Arzneien können in beiden Fällen hilfreich sein.

BLUTUNGEN

Bei starken oder anhaltenden Blutungen muss sofort ein Tierarzt aufgesucht werden. Siehe auch im Kapitel „Unfälle, Notfälle und Erste Hilfe“.

Plötzliche Blutungen können in jeder Phase der Trächtigkeit und Geburt, aber auch bei Aborten auftreten. Dabei kann es zu bedrohlichen, möglicherweise sogar lebensgefährlichen Situationen kommen, in denen sofortiges Handeln entscheidend sein kann.

Bei Blutungen, Schock oder Trauma nach einem Abort.	***Arnica* C30.** Eine Gabe alle 30-60 Minuten, vier- bis sechsmal, dann drei- bis viermal täglich, drei bis fünf Tage lang nach Bedarf.

Bei starken, hellroten (arteriellen) Blutungen.	***Ipecacuanha* C30.** Eine Gabe alle 30-60 Minuten, bis zu viermal, dann drei- bis viermal täglich, bis die Blutung vollständig zum Stillstand gekommen ist.
Bei Heraussickern von dunklem (venösem) Blut.	***Hamamelis* C6.** Eine Gabe drei- bis viermal täglich, einige Tage lang nach Bedarf, bis die Blutung zum Stillstand gekommen ist.

FORTPFLANZUNGSSTÖRUNGEN AUSBLEIBEN DER HITZE/BRUNST ODER „STILLE BRUNST"

Ein sehr nützliches Mitttel, v. a. wenn keine Anomalien der Geschlechtsorgane bekannt sind.	***Pulsatilla* C30.** Eine Gabe dreimal täglich, drei bis vier Tage lang, dann einmal pro Woche, drei bis vier Wochen lang, bis Östruserscheinungen zu sehen sind.
Wirkt auf alle weiblichen Geschlechtsorgane und reguliert den Zyklus. Angezeigt bei allen Unregelmäßigkeiten des normalen Zyklus.	***Sepia* C30.** Eine Gabe morgens und abends, zweimal pro Woche (z. B. am Montag und Freitag), vier bis sechs Wochen lang, bis ein normaler Östrus zu beobachten ist.

SCHEIDENVORFALL

(Vaginalprolaps)

Die Untersuchung und Behandlung durch einen Tierarzt ist erforderlich.

Ein Scheidenvorfall tritt meist gegen Ende der Trächtigkeit auf, wenn das Gewicht des oder der Feten zu schwer für den Bandapparat der Gebrärmutter und Scheide wird.

Um generell den Schock, das Trauma und die Verletzungen zu reduzieren.	***Arnica* C30.** Eine Gabe drei- bis viermal täglich, drei bis fünf Tage lang.

SCHEINTRÄCHTIGKEIT

Die Untersuchung und Behandlung durch einen Tierarzt kann ratsam sein.

Bei dieser Erkrankung handelt es sich um eine hormonelle Störung. Sie tritt v. a. bei Hündinnen auf, kann aber gelegentlich auch andere Tierarten betreffen. Sie tritt meist einige Zeit nach einer ganz normal erscheinenden „Hitze" oder Läufigkeit auf. Siehe auch in den Kapiteln „Hunde" und „Ziegen".

TRÄCHTIGKEIT
ABORT, FEHLGEBURT, FRÜHGEBURT

Die Untersuchung und gegebenenfalls Behandlung durch einen Tierarzt ist erforderlich. Bei einigen Tierarten muss bei Verdacht auf bestimmte Infektionskrankheiten das Veterinäramt eingeschaltet werden.

Die wichtigsten Aborterreger werden bei den einzelnen Tierarten näher erläutert. Ein klarer oder leicht trüber Ausfluss in unterschiedlicher Menge ist manchmal das einzige Anzeichen für einen bevorstehenden Abort oder eine Frühgeburt oder dafür, dass bereits ein Abort stattgefunden hat. Daher ist es sehr wichtig, zur Abklärung einen Tierarzt aufzusuchen.

Bei allen Fällen von drohendem Abort; auch ab dem Zeitpunkt der nächsten Paarung, die auf einen Abort bzw. eine Fehlgeburt folgt.	***Viburnum opulus* C30.** Einmal pro Woche je eine Gabe morgens und abends, einen Monat lang nach der Paarung.
In den letzten Wochen der Trächtigkeit bei bekannter Frühgeburt in der Vorgeschichte und zur Unterstützung während der Geburt.	***Caulophyllum* C30.** Im letzten Trächtigkeitsmonat an einem Tag in der Woche drei Gaben, und bei verlängerter Geburt alle ein bis zwei Stunden während des Geburtsvorganges.

Arzneien zur Aufrechterhaltung der Trächtigkeit

Wird in den ersten vier bis sechs Wochen nach der Paarung eingesetzt, je nach Tierart (Großtiere: 6 Wochen, Kleintiere: 4 Wochen).	***Viburnum opulus* C30.** Einmal pro Woche je eine Gabe morgens und abends.
Diese Arznei kann in den letzten vier bis sechs Wochen der Trächtigkeit gegeben werden (Großtiere: 6 Wochen, Kleintiere: 4 Wochen).	***Caulophyllum* C30.** Einmal pro Woche je eine Gabe morgens und abends.

UNFRUCHTBARKEIT

Unfruchtbarkeit ist ein großes Problem – sowohl für die Züchter von Rassetieren aller Spezies als auch für diejenigen, deren Betrieb oder Unternehmen von der Fruchtbarkeit ihrer landwirtschaftlichen Nutztiere abhängt.

➜ *Siehe im Kapitel „Schafe“.*

ZERVIX, UNVOLLSTÄNDIGE ÖFFNUNG

(Zervikale Achalasie, Rigidität des Muttermundes)

DIE GEBURT

DER GEBURTSVORGANG

Die Untersuchung und Behandlung durch einen Tierarzt kann erforderlich sein, wenn der Geburtsvorgang nicht zügig voranschreitet bzw. nicht glatt verläuft.

Es ist wichtig, jede Geburt zu überwachen, um sicherzugehen, dass sie normal abläuft, insbesondere wenn das betreffende Tier zum ersten Mal gebärt. In den meisten Fällen ist es am besten, nicht einzugreifen, außer es liegen offensichtliche Anzeichen dafür vor, dass etwas nicht stimmt. Zieht sich die Geburt zu sehr in die Länge oder presst das Muttertier ständig, ohne dass ein Jungtier ausgetrieben wird, sollte man lieber früher als später tierärztliche Hilfe aufsuchen. Dadurch erspart man sich selber Enttäuschungen und dem Muttertier und seinem Nachwuchs mögliche Leiden.

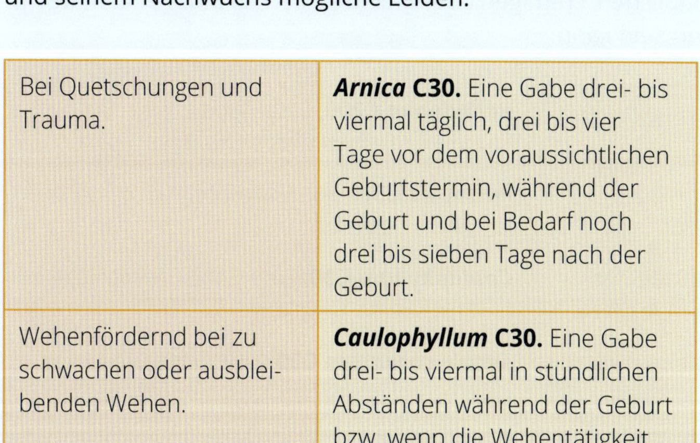

Bei Quetschungen und Trauma.	***Arnica* C30.** Eine Gabe drei- bis viermal täglich, drei bis vier Tage vor dem voraussichtlichen Geburtstermin, während der Geburt und bei Bedarf noch drei bis sieben Tage nach der Geburt.
Wehenfördernd bei zu schwachen oder ausbleibenden Wehen.	***Caulophyllum* C30.** Eine Gabe drei- bis viermal in stündlichen Abständen während der Geburt bzw. wenn die Wehentätigkeit nachlässt.

NACH DER GEBURT

EUTER-, GESÄUGEENTZÜNDUNG

(Mastitis)

→ *Siehe Kapitel „Allgemeine Krankheitszustände" und im Kapitel „Rinder" unter „Euterentzündung".*

GEBÄRMUTTERENTZÜNDUNG

(Metritis, Endometritis)

Die Untersuchung und Behandlung durch einen Tierarzt ist erforderlich, wenn das Tier einen kranken Eindruck macht oder der Zustand länger anhält.

Eine Metritis ist eine Entzündung bzw. Infektion der Gebärmutter im Anschluss an die Geburt. Sie geht oft mit einem klaren, weißlichen, cremigen oder blutstreifigen Ausfluss einher, der im Falle einer Infektion übelriechend sein kann.

Bei Fieber oder Septikämie (Blutvergiftung).	***Belladonna* C200.** Eine Gabe alle ein bis zwei Stunden, maximal vier- bis fünfmal.
Bei Nachgeburtsverhaltung oder mildem, schleimigem, weißlichem Ausfluss.	***Pulsatilla* C30.** Eine Gabe dreimal täglich, drei bis sieben Tage lang.
Angezeigt bei reichlichem schokoladenfarbenem und meist übelriechendem Ausfluss.	***Caulophyllum* C30.** Eine Gabe dreimal täglich, fünf bis sieben Tage lang.
Blutig-roter, übelriechender Ausfluss.	***Secale cornutum* C30.** Eine Gabe dreimal täglich, vier bis sieben Tage lang.
Absonderung von Blut in Verbindung mit einer Nachgeburtsverhaltung oder grau-rosafarbenem und übelriechendem Ausfluss.	***Sabina* C6.** Eine Gabe zwei- bis dreimal täglich, zwei bis vier Tage lang.
Ein grundsätzlich hilfreiches Mittel bei allen Erkrankungen der weiblichen Geschlechtsorgane. Für chronische Fälle geeignet.	***Sepia* C30.** Eine Gabe zweimal täglich, sieben bis zehn Tage lang.
Chronische Fälle mit grau-weißem, übelriechendem Ausfluss.	***Pyrogenium* C30.** Eine Gabe zweimal täglich, sieben bis vierzehn Tage lang.

GEBÄRMUTTERVEREITERUNG

(Pyometra)

Die Untersuchung und Behandlung durch einen Tierarzt ist erforderlich.

Dieser Erkrankung liegt eine schwerwiegende Infektion der Gebärmutter zugrunde, bei der toxisches Material (Eiter) gebildet wird, das zu einer Septikämie bzw. Toxämie führen kann. Das gebildete Sekret fließt entweder durch die Vulva ab („offene" Pyometra) oder wird in der Gebärmutter zurückgehalten („geschlossene" Pyometra). Die letztere Form ist dabei die gefährlichere. Eine Pyometra tritt bevorzugt nach der Geburt oder zur Zeit des Östrus auf, wenn der Muttermund geöffnet ist und damit dem Eindringen von Bakterien in die Gebärmutter Vorschub geleistet wird. Allerdings kann eine Pyometra auch zu jedem anderen Zeitpunkt des Zyklus auftreten (z. B. bei der Hündin bevorzugt 6-8 Wochen nach der Läufigkeit; ist aber auch zu jedem anderen Zeitpunkt möglich. Anm. d. Üb.).

Bei einer „geschlossenen" Pyometra muss so gut wie immer operiert werden, aber auch bei der „offenen" Form kann eine Operation angezeigt sein.

Bei „offener" Pyometra mit offensichtlicher Infektion – gestörtes Allgemeinbefinden, Inappetenz, vermehrter Durst, übelriechende rote bis dunkelrote Absonderung.	***Hepar sulphuris* C6** oder **C30.** Eine Gabe drei- bis viermal täglich, vier bis sieben Tage bis zur Besserung.
Das Muttertier verhält sich gleichgültig oder sogar aggressiv gegenüber seinem Nachwuchs. Blutstreifiger oder übelriechender Ausfluss.	***Sepia* C6** oder **C30.** Eine Gabe dreimal täglich, fünf bis sieben Tage bis zur Besserung.
Tiefdunkelroter oder schokoladenfarbener Ausfluss. Ein sehr hilfreiches Mittel, um die Gebärmutter zu reinigen und den Muskeltonus wiederherzustellen.	***Caulophyllum* C30.** Eine Gabe dreimal täglich, fünf bis zehn Tage bis zur Besserung.

GEBÄRMUTTERVORFALL

(Uterusprolaps)

Die sofortige Untersuchung und Behandlung durch einen Tierarzt ist zwingend erforderlich.

Ein Gebärmuttervorfall kann jederzeit nach einer Geburt auftreten, wird allerdings durch eine schwierige oder langdauernde Geburt begünstigt. Es handelt sich um einen äußerst schwerwiegenden Zustand, und das Infektions- und Blutungsrisiko ist sehr hoch. Die homöopathische Behandlung kann den Schock, die Verletzungen und Blutung reduzieren und sollte bereits vor der Ankunft des Tierarztes begonnen werden.

Sofort als erstes Mittel, um dem Schock entgegenzuwirken.	***Aconitum* C30.** Eine Gabe alle 15-30 Minuten, bis zu viermal.
Nach der Gabe von *Aconitum* angezeigt.	***Aurum metallicum* C30.** Eine Gabe dreimal täglich, drei bis vier Tage lang, nachdem die Gebärmutter zurückverlagert wurde.
Nachdem die Gebärmutter zurückverlagert wurde, wenn Anzeichen für eine Infektion bestehen oder ein dunkelroter bzw. schokoladenfarbener Ausfluss auftritt. *Caulophyllum* unterstützt die Rückbildung der Gebärmutter auf ihre normale Größe und reguliert den Muskeltonus der Gebärmuttermuskulatur.	***Caulophyllum* C30.** Eine Gabe dreimal täglich, fünf bis siebenTage lang.

HARNABSATZSTÖRUNGEN

Die Untersuchung und Behandlung durch einen Tierarzt ist erforderlich, wenn das Tier Beschwerden bzw. Schmerzen zeigt

Vor allem nach einer langen und schwierigen Geburt kann es zu Harnabsatzstörungen kommen.

➜ *Siehe im Kapitel „Allgemeine Krankheitszustände" unter „Blasenentzündung"*

HARNINKONTINENZ

Die Untersuchung und Behandlung durch einen Tierarzt kann ratsam sein.

Nach der Geburt kann es zu unwillkürlichem Harnabsatz oder Harntröpfeln kommen.

➜ *Siehe im Kapitel „Allgemeine Krankheitszustände" unter „Inkontinenz".*

MILCHFIEBER, MILCHTETANIE

(Eklampsie)

Die sofortige Untersuchung und Behandlung durch einen Tierarzt ist zwingend erforderlich.

➜ *Siehe im Kapitel „Hunde".*

MILCHMANGEL

Die Untersuchung und Behandlung durch einen Tierarzt kann ratsam sein.

Dieser Zustand kann eine körperliche Ursache haben, die oftmals schwierig zu behandeln ist. Andererseits können auch psychische Faktoren eine Rolle spielen und es kann sein, dass zwar genügend Milch vorhanden ist, diese aber aus irgendwelchen Gründen nicht freigesetzt wird, z. B. weil das Muttertier nervös ist oder Angst vor seinem eigenen Nachwuchs hat.

Sehr hilfreich in diesem Zusammenhang.	***Urtica urens.*** Als Hochpotenz unter Anleitung eines Tierarztes.

MILCHÜBERSCHUSS

Die Untersuchung und Behandlung durch einen Tierarzt kann notwendig sein. Dieser Zustand tritt v. a. zum Zeitpunkt des Absetzens/Entwöhnens auf.

Ein nützliches Mittel in diesem Zusammenhang.	***Urtica urens.*** Als Tiefpotenz unter Anleitung eines Tierarztes. *Urtica* hat in niedriger Potenz eine gegenteilige Wirkung und unterstützt am Ende der Laktation das Versiegen der Milch bzw. das Trockenstellen.

NACHGEBURTSVERHALTUNG

(Retentio secundinarum)

Zurückbleiben der Nachgeburt (fetale Plazenta mit den Eihüllen und dem Rest des Nabelstranges).

Eine Nachgeburtsverhaltung kann bei allen Tierarten auftreten und zu Infektion, Septikämie u. a. schweren Krankheitserscheinungen führen. Manchmal muss die Nachgeburt von Hand entfernt werden, v. a. bei Pferden, und dies sollte immer durch einen Tierarzt erfolgen.

Nach Abort oder Schwergeburt, v. a. wenn es dabei zu Gebärmutterblutungen gekommen ist.	***Caulophyllum* C30.** Eine Gabe dreimal täglich, drei bis sieben Tage lang im Anschluss an die Geburt.
Grundsätzlich hilfreich bei Nachgeburtsverhaltung.	***Pulsatilla* C200.** Eine Gabe morgens und abends, zwei, höchstens drei Tage lang, dann abwarten.
Bei Nachgeburtsverhaltung mit Abgang von hellrotem Blut, wenn keine Anzeichen einer Infektion vorliegen (z. B. Fieber, Inappetenz, gedämpftes Verhalten, übler Geruch aus der Scheide).	***Sabina* C6.** Eine Gabe dreimal täglich, drei bis fünf Tage lang.
Wenn eine Infektion vorliegt und das Tier in einem schlechten Allgemeinzustand ist, mit hohem Fieber, Inappetenz, gedämpftem Verhalten und meist üblem Geruch aus der Scheide. Tierarzt hinzuziehen.	***Pyrogenium* C30.** Eine Gabe morgens und abends, zwei bis fünf Tage bis zur Besserung.

DAS NEUGEBORENE

WIEDERBELEBUNGSMASSNAHMEN

Das Hinzuziehen einen Tierarztes ist ratsam.

Ist das Neugeborene schwach oder kollabiert, sei es nach einer langdauernden Geburt oder weil es sich um eine Frühgeburt handelt, können die unten aufgeführten Arzneien hilfreich sein. Diese Mittel sind gleichermaßen angezeigt, wenn das Muttertier oder irgendein anderes älteres Tier erschöpft ist oder kollabiert.

- **Anmerkung**: Erkrankungen wie Kolik, Enteritis, Erbrechen, Blähungen etc. werden im Kapitel „Allgemeine Krankheitszustände" in den entsprechenden Abschnitten behandelt.

Bei Schock.	**Rescue Remedy.** Geben Sie ein paar Tropfen direkt auf die Zunge. Wiederholen Sie dies bei Bedarf zwei- oder dreimal nach jeweils 5-15 Minuten.
Bekannt als der „Leichenerwecker".	***Carbo vegetabilis* C6.** Eine Gabe sofort und dann alle 10-15 Minuten, bei Bedarf sechs- bis achtmal, bis zur Besserung.
Bei Kreislaufproblemen mit blauen Schleimhäuten, Atemnot und kalten Füßen und Beinen.	***Laurocerasus* C6.** Eine Gabe alle 10-15 Minuten, einige Male bis zur Besserung.

DAS MÄNNLICHE TIER

LIBIDOMANGEL

Die Untersuchung durch einen Tierarzt ist meist erforderlich, um die Ursache festzustellen.

Libidomangel kann anatomisch begründet sein, aber auch eine psychische Ursache haben. Das Tier zeigt in Anwesenheit eines brünstigen weiblichen Tieres keine Anzeichen einer Erektion. Dies kann auch an Faulheit und/oder Mangel an Energie oder Interesse liegen. Die Hoden sind entweder klein und weich oder auch geschwollen und hart und fühlen sich unter Umständen kalt an. Es kann auch eine Absonderung aus dem Penis auftreten.

Libidomangel.	***Agnus castus* C6.** Eine Gabe dreimal täglich, zehn bis vierzehn Tage bis zur Besserung. Nur bei Bedarf Wiederholung nach 14 Tagen.

TIERARTEN

CHINCHILLAS

SPEZIELLE ERKRANKUNGEN

Die meisten Erkrankungen, die bei Chinchillas auftreten, finden Sie im Kapitel „Allgemeine Krankheitszustände". Hier sind daher nur einige spezielle Krankheiten aufgeführt, an denen Chinchillas leiden können. Sie haben z. T. eigene Bezeichnungen wie z. B. „Listeriose" und werden daher etwas ausführlicher beschrieben.

ALLGEMEINES

Körpergewicht des ausgewachsenen Tieres	400-500 g, das Weibchen ist größer als das Männchen
Durchschnittliche Lebenserwartung	10 Jahre
Körpertemperatur	38-39 °C
Herzfrequenz	100-150 pro Minute
Trächtigkeitsdauer	111 Tage
Durchschnittliche Wurfgröße	meist 2
Säugezeit	6-8 Wochen
Geschlechtsreife	8 Monate

▶ **Anmerkung**: Wasser sollte immer zur Verfügung stehen.

HÄUFIGE ERKRANKUNGEN

FELLABWERFEN

Das Fell löst sich sehr leicht bzw. wird ausgezogen, wenn das Tier grob angefasst wird oder kämpft. Die darunter liegende Haut ist glatt und unversehrt.

➜ *Siehe im Kapitel „Allgemeine Krankheitszustände" unter „Hauterkrankungen".*

FELLBEISSEN

Das Tier rupft sein eigenes Fell oder das seines Gefährten aus. Dies führt zu einem „mottenfraßähnlichen" Aussehen des Haarkleides. Mögliche Ursachen sind Langeweile, unzureichende Fütterung oder schlechte Haltungsbedingungen, die zu einer Verschmutzung des Fells führen.

HAUTPILZ

(Pilzflechte, Dermatomykose)

➜ *Siehe im Kapitel „Allgemeine Krankheitszustände" unter „Hautpilz".*

Die Untersuchung und Behandlung durch einen Tierarzt ist erforderlich. Chinchillas sind sehr empfänglich für eine Hautpilzerkrankung.

KOLIK

Hat das Tier Schmerzen, sollte schnellstmöglich ein Tierarzt aufgesucht werden.

Ist die Kolik Folge einer schweren Verstopfung, muss u. U. flüssiges Paraffin eingegeben und/oder ein Einlauf mit Seifenlauge durchgeführt werden.

Die Symptome und homöopathischen Arzneien zur Behandlung von Kolik und/oder Verstopfung finden Sie unter den entsprechenden Überschriften im Kapitel „Allgemeine Krankheitszustände".

LISTERIOSE

Die Untersuchung durch einen Tierarzt sollte schnellstmöglich erfolgen.

➜ *Siehe im Kapitel „Allgemeine Krankheitszustände“ unter „Fieber“ und „Darmentündung“.*

Chinchillas sind sehr empfänglich für diese Erkrankung. Sie wird durch das Bakterium *Listeria monocytogenes* hervorgerufen. Die schulmedizinische Behandlung ist oft wenig erfolgreich. Daher spielt die Vorbeugung eine wichtige Rolle. Eine Kontamination des Futters durch Nager sollte unbedingt vermieden werden. Das Tier macht einen fiebrigen Eindruck, und durch Beteiligung des Gehirns kommt es zu Mattigkeit, Schwierigkeiten beim Stehen oder Laufen, evtl. Lähmungserscheinungen, oder auch zu schwerem Durchfall.

LUNGENENTZÜNDUNG

(Pneumonie)

➜ *Siehe im Kapitel „Allgemeine Krankheitszustände“ unter „Lungenentzündung“.*

Die Untersuchung und Behandlung durch einen Tierarzt ist erforderlich. Bei Haltung in einer zugigen und feuchten Umgebung können Chinchillas eine Lungenentzündung entwickeln.

PARASITEN

Chinchillas stecken sich gelegentlich mit Würmern und Kokzidien an, allerdings führen diese nur selten zu Problemen. Bei Beeinträchtigung des Allgemeinbefindens und/oder Durchfall sollte ein Tierarzt aufgesucht werden.

SCHOCK

Die Untersuchung durch einen Tierarzt kann erforderlich sein, um diesen Zustand festzustellen.

➜ *Homöopathische Schockmittel können sich hier als hilfreich erweisen. Siehe im Kapitel „Unfälle, Notfälle und Erste Hilfe“ unter „Schock“.*

Chinchillas können Krankheitserscheinungen zeigen, die vage als „Schock“ bezeichnet werden. Es kommt zu fortschreitender Schwäche und Koordinationsstörungen, meist infolge eines Stresses. Das Tier muss eine Zeitlang in einem sehr warmen, schwach beleuchteten und ruhigen Raum gehalten werden. Außerdem sollte die Ursache herausgefunden und abgestellt werden.

FISCHE

Zuchtfische

Erkrankungen von Zuchtfischen sind ein spezielles Thema, daher sollte ein Fachtierarzt für Fische zu Rate gezogen werden.

Homöopathische Arzneien sind wasserlöslich und können deshalb in Kombination mit schulmedizinischen Medikamenten, in manchen Fällen auch anstelle dieser, eingesetzt werden, sobald eine Diagnose gestellt wurde.

Zierfische

Zierfische können vier Gruppen zugeordnet werden:

Kaltwasser: (bis „Zimmertemperatur")	Süßwasser Salzwasser
Tropisch: 21-29 °C	Süßwasser Salzwasser

Quarantäne

Es ist überaus wichtig, dass alle neuen Fische eine Zeitlang unter Quarantäne gestellt werden, bevor sie dem eigentlichen Becken zugeführt werden, damit sie keine Infektion oder andere Erkrankung einschleppen. Aquarienfische sollten zwei bis vier Wochen in einem separaten Bassin gehalten werden.

Teichfische wie z. B. Goldfische oder Koi können, sofern sie klein genug sind, in einem Aquarium unter Quarantäne gestellt werden. Große Koi brauchen hingegen ein Plastikbecken (mit Netzabdeckung, um das Herausspringen zu verhindern) und bis zu zwei bis drei Monate Quarantäne. Viele Fische sind sehr teuer, daher ist es wichtig, das Aquarium bzw. den Teich vor Infektionen zu schützen.

HÄUFIGE ERKRANKUNGEN

Die meisten der nachstehenden Krankheiten müssen von einem Tierarzt, der sich auf Fische spezialisiert hat, festgestellt und oftmals schulmedizinisch behandelt werden. Homöopathische Arzneien können (wenn sie angezeigt sind) in Verbindung mit oder manchmal auch anstelle von herkömmlichen Medikamenten eingesetzt werden.

ÄUSSERE ERKRANKUNGEN

Chilodonellose

Der Fisch ist mit einem Übermaß an Schleim bedeckt, hervorgerufen durch einen kleinen einzelligen Parasiten (eine Protozoe). Dies kann zu Erosion der Flossen führen. Diese Erkrankung tritt gehäuft bei schlechter Wasserqualität auf.

Flossen- und Schwanzfäule

Ursache sind Parasiten oder Bissverletzungen durch andere Fische. Meist sind die Haltungsbedingungen schlecht.

Grießkörnchenkrankheit (Ichthyophthiriosis)

Eine parasitäre Erkrankung mit zahlreichen weißen Flecken am ganzen Körper und den Flossen.

Lymphozytose

Eine Virusinfektion mit charakteristischen warzenähnlichen Hautveränderungen.

Pilzbefall

Dieser sieht aus, als wäre der Fisch mit Watte bedeckt und tritt meist sekundär nach einer Schädigung der Haut auf.

Trematodenbefall

Dieser tritt recht häufig auf und führt zu Schädigung der Kiemen und Flossen.

▶ **Anmerkung**: Die untenstehenden Arzneien können bei jeder der oben genannten Erkrankungen eingesetzt werden.

***Phosphoricum acidum* C6** oder **C30,** oder ***China* C6** oder **C30.** Beide Arzneimittel stärken den Körper während einer Erkrankung oder bei Schwächezuständen. Man gibt täglich einige Tropfen (10-20 Tropfen je nach Beckengröße) der flüssigen Zubereitung ins Wasser, sieben bis zehn Tage bis zur Besserung.

INNERE ERKRANKUNGEN

Blutvergiftung (Sepsis)

➜ *Siehe im Kapitel „Allgemeine Krankheitszustände" unter „Blutvergiftung".*

Häufig bei Fischen in schlechten Haltungsbedingungen. Die Fische sehen ganz offensichtlich krank aus.

Es muss unbedingt ein Tierarzt hinzugezogen werden. Tuberkulose ist eine Zoonose, d. h., eine vom Tier auf den Menschen übertragbare Krankheit. Je nach Gesetzeslage und betroffener Tierart handelt es sich um eine anzeige- oder meldepflichtige Erkrankung, die vom Tierarzt der zuständigen Behörde mitgeteilt werden muss.

Exophthalmus (Glubschauge)

➜ *Siehe im Kapitel „Allgemeine Krankheitszustände" unter „Herzerkrankungen".*

Hervorquellende Augen oder ein geschwollener Bauch können infolge einer Septikämie auftreten, bei der es zu Herzversagen mit Ansammlung von Flüssigkeit kommt.

Tuberkulose

Tuberkulose tritt recht häufig bei Tropenfischen und gelegentlich bei Goldfischen auf. Die Diagnose wird im Labor im Anschluss an die Sektion durch verschiedene Tests bestätigt.

Hauptsymptome

Fast immer kommt es zu chronischer Schwäche und Abmagerung. Es können auch Vergrößerung des Bauches, Exophthalmus (Hervortreten der Augen) oder ulzerative Granulome (knotige Schwellungen an der Körperoberfläche) auftreten.

Die tierärztlichen Anweisungen sollten befolgt werden. Es kann aber auch ratsam sein, alle Fische zu töten und das Becken zu desinfizieren.

FRETTCHEN

SPEZIELLE ERKRANKUNGEN

Die meisten Erkrankungen, die bei Frettchen auftreten, finden Sie im Kapitel „Allgemeine Krankheitszustände". Hier sind daher nur einige spezielle Krankheiten aufgeführt, an denen Frettchen leiden können. Sie haben z. T. eigene Bezeichnungen, wie z. B. Staupe, und werden etwas ausführlicher beschrieben.

ALLGEMEINES

Körpergewicht des ausgewachsenen Tieres	500-2000 g
Durchschnittliche Lebenserwartung	5-10 Jahre
Körpertemperatur	38,8 °C
Herzfrequenz	300-400 pro Minute
Trächtigkeitsdauer	42 Tage
Durchschnittliche Wurfgröße	4-10
Säugezeit	6-8 Wochen
Geschlechtsreife	4-8 Monate (im ersten Frühling nach der Geburt)

- Ausreichend Wasser sollte immer zur Verfügung stehen.
- Frettchen haben den Ruf, aggressiv zu sein. Sie können aber gezähmt werden und geben gute und freundliche Haustiere ab.

HÄUFIGE ERKRANKUNGEN

ABSZESSE

Es sollte ein Tierarzt aufgesucht werden, falls der Abszess gespalten werden muss.

➜ *Siehe im Kapitel „Allgemeine Krankheitszustände" unter „Abszesse".*

Abszesse entwickeln sich häufig im Anschluss an Hautverletzungen, manchmal auch innerhalb der Maulhöhle nach dem Verzehr von Knochen.

BISSVERLETZUNGEN

Die Untersuchung durch einen Tierarzt ist meist erforderlich.

➜ *Siehe im Kapitel „Unfälle, Notfälle und Erste Hilfe" unter „Wunden".*

Werden mehrere Frettchen zusammen gehalten, kann es zu Bisswunden kommen. Diese infizieren sich leicht.

DARMENTZÜNDUNG

(Enteritis)

Macht das Tier einen kranken Eindruck oder hält der Durchfall länger an, sollte unbedingt ein Tierarzt aufgesucht werden.

➜ *Siehe im Kapitel „Allgemeine Krankheitszustände" unter „Darmentzündung".*

Durchfall ist ein Begleitsymptom vieler Erkrankungen der Frettchen, kann aber auch eine eigenständige Krankheit darstellen. Die Ursache kann in der Fütterung liegen. So ist es beispielsweise nicht ratsam, Frettchen Brot und Milch zu geben.

FORTPFLANZUNGSSTÖRUNGEN

➜ *Siehe im Kapitel „Fortpflanzung" unter „Gebärmutterentzündung".*

Die Fortpflanzungsperiode dauert von März bis September. Wird das Weibchen nicht gedeckt, neigt es zu Dauerhitze. Dies kann zu Problemen wie Metritis (Gebärmutterentzündung) oder dauerhafter Schwellung und Wundheit der Vulva führen. Dann kann es u. U. notwendig sein, das Tier sterilisieren zu lassen (besprechen Sie diese Möglichkeit mit Ihrem Tierarzt).

Die Vulvaschwellung kann mit **Hypericum-/Calendula-Lotion** (siehe S. 34) und -Creme behandelt werden. Baden Sie den betroffenen Bereich mit der Lotion, trocknen Sie ihn dann gut ab und tragen Sie die Creme zweimal täglich auf, bis zur Besserung.

➔ *Siehe im Kapitel „Allgemeine Krankheitszustände" unter „Grippe", im Kapitel „Pferde" unter „Pferdegrippe" und im Kapitel „Katzen" unter „Katzenschnupfen".*

INFLUENZA

Frettchen können sich beim Menschen mit Grippe anstecken und zeigen dann ganz ähnliche Symptome wie Niesen, Husten, tränende Augen etc.

PARASITEN

Die Untersuchung durch einen Tierarzt ist meist erforderlich, um die Ursache festzustellen.

Ektoparasiten Frettchen können an Milbenbefall leiden. Räudemilben können zu „Fußfäule" führen und die Otodectes-Milbe zu einer Infektion der Ohren. Werden Frettchen zur Kaninchenjagd eingesetzt, können sie sich auch Flöhe einfangen.

Näheres zu Ohrenerkrankungen und Räude finden Sie unter den entsprechenden Überschriften im Kapitel „Allgemeine Krankheitszustände".

Endoparasiten Frettchen haben nur selten Probleme mit Endoparasiten, gelegentlich kann es aber zu Durchfall kommen.

Es gibt sichere und wirksame schulmedizinische Wurmkuren zur Behandlung von Wurmbefall.

SALMONELLOSE

Die Behandlung durch einen Tierarzt ist erforderlich. Salmonellose ist in Abhängigkeit von der Tierart eine anzeige- bzw. meldepflichtige Tierkrankheit und muss vom behandelnden Tierarzt bei der zuständigen Behörde angezeigt bzw. gemeldet werden. Außerdem stellt sie eine Zoonose dar (eine auf den Menschen übertragbare Tierkrankheit).

Diese Erkrankung tritt beim Frettchen nur selten auf. Siehe im Kapitel „Allgemeine Krankheitszustände" unter „Enteritis".

STAUPE

Die Behandlung durch einen Tierarzt ist erforderlich. Frettchen sind sehr empfänglich für Hundestaupe. Die Erkrankung endet oft tödlich, daher ist es besser vorzubeugen.

➔ *Siehe im Kapitel „Hunde" unter „Staupe".*

TUBERKULOSE

Es muss ein Tierarzt hinzugezogen werden. Tuberkulose ist je nach Tierart eine anzeige- bzw. meldepflichtige Tierkrankheit und muss vom behandelnden Tierarzt bei der zuständigen Behörde angezeigt bzw. gemeldet werden.

Frettchen sind empfänglich für die Tuberkulose des Menschen sowie für Rinder- und Geflügeltuberkulose. Es kann Durchfall auftreten, aber oft wird die Erkrankung erst nach dem Tod festgestellt.

TUMOREN

Die Untersuchung durch einen Tierarzt ist angezeigt. Eventuell muss eine Operation durchgeführt werden.

➔ *Siehe im Kapitel „Allgemeine Krankheitszustände" unter „Tumoren".*

Tumoren können bei Frettchen spontan auftreten. Viele sind nicht behandelbar, einige können aber chirurgisch entfernt werden.

RENNMAUS (GERBIL)

SPEZIELLE ERKRANKUNGEN

Die meisten Erkrankungen, die bei Gerbils auftreten, finden Sie im Kapitel „Allgemeine Krankheitszustände". Hier sind daher nur einige spezielle Krankheiten aufgeführt, an denen Gerbils leiden können. Sie haben zum Teil eigene Bezeichnungen wie z. B. „Tyzzersche Krankheit" und „Nassschwanzkrankheit" und werden daher etwas ausführlicher beschrieben.

ALLGEMEINES

Körpergewicht des ausgewachsenen Tieres	30-60 g
Durchschnittliche tägliche Wasseraufnahme	5 ml
Durchschnittliche Lebenserwartung	2-2,25 Jahre
Körpertemperatur	38 °C
Herzfrequenz	450-500 pro Minute
Trächtigkeitsdauer	24-26 Tage
Durchschnittliche Wurfgröße	5
Geschlechtsreife	Männchen: 9-18 Wochen Weibchen: 9-12 Wochen

- Gerbils sind robuste kleine Tiere, die seltener krank werden als andere Haustiere. Sie sind freundlich und beißen nur selten.

HÄUFIGE ERKRANKUNGEN

ATEMWEGSERKRANKUNGEN

Spricht der Gerbil nicht auf die homöopathische Behandlung an, sollte ein Tierarzt aufgesucht werden.

➜ *Siehe im Kapitel „Allgemeine Krankheitszustände" unter „Bronchitis", „Erkältung", „Husten" und weiteren entsprechenden Symptomen.*

Entzündung der Augen, Nase und Maulhöhle

Diese tritt insbesondere dann auf, wenn Gerbils in Schulen gehalten werden und sich bei den Kindern mit Streptokokken anstecken können. Wundheit im Maulbereich mit Haarverlust kann die Folge vom Beknabbern der Käfigstangen sein. Siehe im Kapitel „Allgemeine Erkrankungen" unter „Augenerkrankungen", „Maulhöhle" bzw. „Entzündung".

➜ *Siehe im Kapitel „Allgemeine Krankheitszustände" unter „Augen"- und „Ohrenerkrankungen" sowie im Kapitel „Unfälle, Notfälle und Erste Hilfe" unter „Wunden".*

Entzündung der Ohren

Oft die Folge einer Atemwegsinfektion, manchmal auch das einzige Symptom einer solchen.

Im Rahmen einer Mittelohrentzündung zeigt das Tier Gleichgewichtsstörungen, Kreisbewegungen und einen Schiefhals. Außerdem kann es durch das permanente Kratzen auch zu einer Infektion des äußeren Ohres kommen.

BANDWÜRMER

Die Untersuchung und Behandlung durch einen Tierarzt ist erforderlich. Die schulmedizinische Behandlung von Bandwürmern ist sicher, preiswert und wirksam, weshalb ihr der Vorzug gegeben werden sollte.

Ein Bandwurmbefall kann zu Durchfall führen. Hygiene ist sehr wichtig, um Durchfallerkrankungen vorzubeugen, besonders wenn Kinder für die Versorgung der Gerbils zuständig sind.

HAUTERKRANKUNGEN

→ *Siehe im Kapitel „Allgemeine Krankheitszustände“ unter „Räude“.*

Die Untersuchung und Behandlung durch einen Tierarzt ist erforderlich.

Demodikose

Eine Räudeform, die zu Haarausfall, schuppiger Haut und trockenem, rauem Fell führt. Sie tritt v. a. in Stressphasen auf, z. B. während der Trächtigkeit, im höheren Lebensalter oder bei Tieren in schlechtem Allgemeinzustand.

→ *Siehe im Kapitel „Allgemeine Krankheitszustände“ unter „Hautpilz“.*

Hautpilz (Pilzflechte, Dermatomykose)

Tritt gelegentlich auf und zeigt sich als schütteres Fell mit stoppeligem Haarkleid.

→ *Siehe im Kapitel „Allgemeine Krankheitszustände“ unter „Darmentzündung“ und „Hauterkrankungen“.*

Nassschwanzkrankheit (Wet Tail, Proliferative Ileitis)

Tritt v. a. bei Jungtieren auf und wird durch Stress in Verbindung mit einer Infektion mit *E.-coli*-Bakterien hervorgerufen. Es kommt zu starkem Durchfall, der den Schwanzbereich reizt und zu einem akuten nässenden Ekzem führt. Unbehandelt kann die Erkrankung innerhalb weniger Tage zum Tod führen.

SALMONELLOSE

→ *Siehe im Kapitel „Allgemeine Krankheitszustände“ unter „Darmentzündung“.*

Die Behandlung durch einen Tierarzt ist erforderlich. Salmonellose ist eine meldepflichtige Tierkrankheit und muss vom behandelnden Tierarzt bei der zuständigen Behörde gemeldet werden. Außerdem stellt sie eine Zoonose dar (eine auf den Menschen übertragbare Tierkrankheit).

Diese Erkrankung kann durch Einstreu hervorgerufen werden, die von Mäusen kontaminiert wurde, und führt zu Durchfall. Sie spricht i. d. R. gut auf die tierärztliche Behandlung an, und „Trägertiere“ sind nach überstandener Infektion nicht wahrscheinlich.

TUMOREN

Die Untersuchung und Behandlung durch einen Tierarzt ist erforderlich. Evtl. ist eine Operation angezeigt.

Tumoren treten bei Gerbils im höheren Lebensalter häufiger spontan auf. Dabei handelt es sich oft um Eierstock- oder Gebärmuttertumoren, die zu einer Schwellung des Bauches führen. Hauttumoren treten ebenfalls auf.

Homöopathische Arzneien sind bei der Behandlung von Tumoren oftmals hilfreich; sie können unter Umständen zur Verlangsamung der Entwicklung der Tumoren führen. Siehe im Kapitel „Allgemeine Krankheitszustände" unter „Tumoren".

TYZZERSCHE KRANKHEIT

➜ *Siehe im Kapitel „Allgemeine Krankheitszustände" unter „Darmentzündung".*

Die Untersuchung und Behandlung durch einen Tierarzt ist erforderlich.

Bei dieser Krankheit handelt es sich um eine sehr schwere Erkrankung der Gerbils. Sie wird durch ein Bakterium verursacht, das sich in Einstreu und/oder Futterbestandteilen befindet, die von Mäusen kontaminiert wurden. Besonders betroffen sind Gerbils, die in Kolonien leben. Die Inkubationszeit beträgt etwa zehn Tage. Es kommt zu plötzlichen Todesfällen, oder die Tiere zeigen Inappetenz, leichten Durchfall, einen aufgekrümmten Rücken und schnellen Gewichtsverlust. Die Erkrankung endet sehr oft mit dem Tode.

Beide Arzneimittel stärken den Körper während einer Erkrankung oder bei Schwächezuständen.	***Phosphoricum acidum* C6** oder **C30,** oder ***China* C6** oder **C30**. Eine Gabe täglich über das Futter und Wasser, sieben bis zehn Tage bis zur Besserung.

ÜBERMÄSSIG LANGE ZÄHNE

Es sollte so schnell wie möglich ein Tierarzt aufgesucht werden.

Um einem Schock, Quetschungen etc. vorzubeugen.	***Arnica* C6** oder **C30.** Eine Gabe täglich über das Futter und Wasser, zwei bis drei Tage vor und nach der Zahnbehandlung.

HAMSTER

SPEZIELLE ERKRANKUNGEN

Die meisten Erkrankungen, die bei Hamstern auftreten, finden Sie im Kapitel „Allgemeine Krankheitszustände“. Hier sind daher nur einige spezielle Krankheiten aufgeführt, an denen Hamster leiden können. Sie haben z. T. eigene Bezeichnungen wie z. B. „Nassschwanzkrankheit“ und werden daher etwas ausführlicher beschrieben.

ALLGEMEINES

Körpergewicht des ausgewachsenen Tieres	Männchen: 85-130 g Weibchen: 95-130 g
Durchschnittliche tägliche Wasseraufnahme	10-25 ml
Durchschnittliche Lebenserwartung	1-3 Jahre (im Durchschnitt 1,5-2 Jahre)
Körpertemperatur	38 °C
Herzfrequenz	300-470 pro Minute
Trächtigkeitsdauer	15-18 Tage (Chinesischer Hamster 21 Tage)
Durchschnittliche Wurfgröße	4-7 (die Jungtiere sind bei der Geburt nackt)
Geschlechtsreife	6-8 Wochen (Chinesischer Hamster 14 Wochen)

HÄUFIGE ERKRANKUNGEN

ATEMWEGSERKRANKUNGEN

Es sollte ein Tierarzt aufgesucht werden.

Schnupfen und Grippeviren können vom Menschen auf den Hamster übergehen (v. a. bei Haltung von Hamstern in Schulen). Symptome sind Niesen, Schnüffeln und eine wunde, oftmals geschwollene Nase (durch das Reiben). In der Folge kann es zu einer Lungenentzündung kommen, an der das Tier sterben kann. Der kranke Hamster benötigt Wärme und gute Pflege. Zusätzlich können homöopathische Mittel hilfreich sein, um die Symptome unter Kontrolle zu bringen.

➜ *Siehe im Kapitel „Allgemeine Krankheitszustände" unter „Grippe" sowie in den Kapiteln „Pferde" und „Katzen".*

HAUTERKRANKUNGEN

Es sollte so schnell wie möglich ein Tierarzt aufgesucht werden.

- **Demodikose.** Eine Form von Räude, die zu Haarverlust, schuppiger Haut und kleinen Papeln (Bläschen) führt. Sie tritt meist dann auf, wenn sich die Tiere in einem schlechten Allgemeinzustand befinden, älter oder tragend sind. Männliche Tiere scheinen häufiger betroffen zu sein als Weibchen.
- **Hautpilz (Pilzflechte, Dermatomykose)** kann ebenfalls bei Hamstern auftreten. Typisch für die Erkrankung sind trockene und verdickte Hautstellen. Das Fell kann ausdünnen und/oder ausfallen. Auch die Ohrmuscheln können betroffen sein.
- **Räude.** Diese tritt seltener auf, ist aber hochgradig ansteckend. Es tritt massiver Juckreiz auf, der zu heftigem Kratzen und Beißen und in der Folge zu Selbstverstümmelung führt.

➜ *Siehe im Kapitel „Allgemeine Krankheitszustände" unter „Hautpilz".*

➜ *Siehe im Kapitel „Allgemeine Krankheitszustände" unter „Räude".*

→ *Siehe im Kapitel „Allgemeine Krankheitszustände" unter „Darmentzündung".*

NASSSCHWANZKRANKHEIT

(Wet tail, Proliferative Ileitis)

Die Untersuchung und Behandlung durch einen Tierarzt ist erforderlich.

Diese Erkrankung tritt bei Hamstern sehr häufig auf und zeigt i. d. R. einen schweren Verlauf. Es tritt starker Durchfall auf, der den Schwanzbereich reizt und zu einem akuten nässenden Ekzem führt. Die Krankheit tritt meist bei drei bis sechs Wochen alten Hamstern auf, die vor kurzem abgesetzt wurden. Sie wird vermutlich durch eine Kombination aus Stress und einer Infektion mit dem Bakterium *E. coli* verursacht. Sie endet meist mit dem Tode.

→ *Siehe im Kapitel „Allgemeine Krankheitszustände" unter „Würmer".*

PARASITEN

Die Untersuchung und Behandlung durch einen Tierarzt kann ratsam sein.

Bandwürmer treten bei Hamstern recht häufig auf. Der Befall verläuft entweder symptomlos oder führt zu Durchfall, Gewichtsverlust und Abmagerung. Die schulmedizinische Behandlung der Würmer ist sicher und wirksam.

→ *Siehe im Kapitel „Kaninchen".*

Pasteurellose. Pasteurellen sind Bakterien, die bei Hamstern sehr häufig vorkommen, aber nur zu einer Erkrankung führen, wenn das Tier übermäßigem Stress ausgesetzt ist oder vorher eine Virusinfektion durchgemacht hat.

→ *Siehe im Kapitel „Allgemeine Krankheitszustände" unter „Salmonellose".*

SALMONELLOSE

Die Behandlung durch einen Tierarzt ist erforderlich. Salmonellose ist eine meldepflichtige Tierkrankheit und muss vom behandelnden Tierarzt bei der zuständigen Behörde gemeldet werden. Außerdem stellt sie eine Zoonose dar.

Diese Erkrankung kann zu Durchfall und allmählicher Verschlechterung des Allgemeinbefindens führen.

„SCHLAFKRANKHEIT“

Bei einer Umgebungstemperatur von 10-5°C verfällt der Hamster in einen Pseudowinterschlaf, d. h. er wird steif und macht einen leblosen Eindruck. Wird er bewegt, pendelt sein Kopf hin und her und er zittert am ganzen Körper. Auch zu kurze Lichtperioden und Futtermangel können einen solchen Zustand auslösen. Durch Verbringen in einen wärmeren Raum sollte sich innerhalb kurzer Zeit wieder normales Verhalten einstellen.
Wenn Sie sich Sorgen machen, können Sie die Schockmittel einsetzen, die im Kapitel „Unfälle, Notfälle und Erste Hilfe“ aufgeführt sind. Geben Sie ein Kügelchen oder etwas Pulver von einer zerdrückten Tablette zwischen die Lippen des Tieres.

STÖRUNGEN DES NERVENSYSTEMS

Falls durch einen Sturz oder Schlag verursacht: Um einem Schock, Quetschungen etc. vorzubeugen.	***Arnica* C6** oder **C30.** Eine Gabe täglich über das Futter und Wasser, zwei bis drei Tage lang nach Bedarf. (Zerdrücken Sie die Arznei mit einem Löffel auf einem Blatt Papier und geben Sie jeweils die Hälfte ins Futter und Wasser.)

TUMOREN

Die Untersuchung durch einen Tierarzt ist angezeigt. Evtl. muss eine Operation durchgeführt werden.

Tumoren treten bei jüngeren Hamstern eher selten auf, aber 50 % aller Hamster, die älter als zwei Jahre sind, entwickeln Tumoren. Homöopathische Arzneien, die vor und nach einer Operation gegeben werden können, finden Sie im Kapitel „Allgemeine Krankheitszustände“ unter „Operationen“.

TYZZERSCHE KRANKHEIT

→ *Mittel bei Darmentzündung finden Sie im Kapitel „Allgemeine Krankheitszustände".*

Die Untersuchung und Behandlung durch einen Tierarzt ist erforderlich.

Die Krankheit wird durch eine Kombination aus Stress und einer bakteriellen Infektion verursacht und tritt meist bei Jungtieren auf, die vor kurzem abgesetzt wurden. Hauptsymptome sind Durchfall, Inappetenz und rasche Gewichtsabnahme.

Meist tritt innerhalb von 48 Stunden der Tod ein. Manchmal zeigt die Erkrankung auch das Bild einer chronisch-zehrenden Krankheit.

Beide Arzneimittel stärken den Körper während einer Erkrankung oder bei Schwächezuständen.	***Phosphoricum acidum* C6** oder **C30,** oder ***China* C6** oder **C30**. Eine Gabe täglich über das Futter und Wasser, sieben bis zehn Tage bis zur Besserung. (Zerdrücken Sie die Arznei mit einem Löffel auf einem Blatt Papier und geben Sie jeweils die Hälfte ins Futter und Wasser.)

ÜBERMÄSSIG LANGE ZÄHNE

Es sollte so schnell wie möglich ein Tierarzt aufgesucht werden.

Um einem Schock, Quetschungen etc. vorzubeugen.	***Arnica* C6** oder **C30.** Eine Gabe täglich über das Futter und Wasser, zwei bis drei Tage vor und nach der Zahnbehandlung.

HUNDE

SPEZIELLE ERKRANKUNGEN

Die meisten Erkrankungen, die bei Hunden auftreten können, finden Sie im Kapitel „Allgemeine Krankheitszustände". Hier sind daher nur einige Krankheiten aufgeführt, an denen speziell Hunde leiden können.

ALLGEMEINES

Hunde sind grundsätzlich sehr soziale Gewohnheitstiere. Sie gehen Beziehungen mit Menschen und anderen Tieren ein und verbringen ihren Tag damit, ihre Umgebung zu beobachten und Gerüche, Geräusche und optische Reize aufzunehmen.

Arbeitshunde können oft gut im Zwinger gehalten werden, sofern sie daran gewöhnt sind und eine trockene, bequeme und zugluftgeschützte Liegestätte sowie stets Zugang zu frischem, sauberem Wasser haben. Die meisten Hunde werden jedoch im Haus gehalten und gewöhnen sich gut an die Alltagsroutine ihrer Besitzer. Sie legen zwar keinen Wert auf ständige Veränderungen, sind aber sehr anpassungsfähig und möchten ihrem Herrchen oder Frauchen gefallen. Die meisten Hunde schätzen einen eigenen Schlafplatz, liegen aber auch gerne in unmittelbarer Nähe ihrer Besitzer. Hunden, die regelmäßige Futterzeiten haben und ausreichend Bewegung bekommen, scheint es gesundheitlich am besten zu gehen. Übermäßige Bewegung (mehr als 15-20 Minuten pro Spaziergang) sollte bei Hunden, die jünger als 10-12 Monate sind, vermieden werden. Es ist auch nicht unbedingt nötig, eine strikte tägliche Routine hinsichtlich der Spaziergänge zu befolgen. Die Dauer der Bewegung kann variieren und sollte sich nach den Möglichkeiten des Besitzers richten. Wildlebende Hunde bewegen sich nicht regelmäßig, sondern gehen nur auf Nahrungssuche, wenn sie hungrig sind. Gute Pflege und Zuwendung schätzen Hunde am meisten.

- **Trächtigkeitsdauer**: 63 Tage.

ADDISON-KRANKHEIT

(Hypoadrenokortizismus)

Diese Krankheit ist sehr kompliziert und der Tierarzt muss verschiedene Untersuchungen durchführen, um eine eindeutige Diagnose stellen und die entsprechende Behandlung einleiten zu können.

Hauptsymptome

Charakteristische Symptome sind Muskelschwäche, Erbrechen, Durchfall, vermehrter Durst, Zittern, Gewichtsverlust und Nierenversagen.

Homöopathische Arzneien können bei der Addison-Krankheit oft mit gutem Erfolg unterstützend eingesetzt werden. Das passende Mittel muss von einem homöopathisch erfahrenen-

Tierarzt verordnet werden.

ANALDRÜSEN

Es sollte ein Tierarzt konsultiert werden.

Diese beiden rudimentären Drüsen sitzen zu beiden Seiten des Enddarmes hinter dem Schließmuskel des Afters. Ihre Ausführungsgänge münden direkt neben dem Anus nach außen. Sie bereiten oft Probleme, v. a. bei bestimmten Rassen (z. B. Zwergpudeln, Spanieln und Pekinesen) und das Drüsensekret muss u. U. häufig bzw. regelmäßig manuell entleert werden. Normalerweise werden die Drüsen beim Kotabsatz entleert und das Sekret macht den Analring gleitfähig. Die Drüsen können sich entzünden und zu heftigen Beschwerden und Hautreizungen führen.

Sie ähneln den Drüsen des Stinktieres, und der stechende Geruch des Sekrets ist äußerst unangenehm. Es dient auch zur geruchlichen Markierung.

Hauptsymptome

Die Symptome von Problemen mit den Analdrüsen sind vielfältig und werden oft mit einem Wurmbefall verwechselt. Das Tier „fährt Schlitten", d. h. es rutscht mit dem Hinterteil über den Boden.

Hat der Tierarzt die entsprechende Diagnose gestellt, können homöopathische Arzneien hilfreich sein, um die Beschwerden zu lindern und die Entzündung unter Kontrolle zu bringen. Die Drüsen müssen dann in vielen Fällen nur noch sehr viel seltener manuell entleert werden.

Bei Entzündungen/Infektionen der Analdrüsen.	***Hepar sulphuris* C6** oder **C30.** Eine Gabe dreimal täglich, fünf bis sieben Tage lang. Wiederholung nur bei Bedarf nach ca. einer Woche. Die regelmäßige Gabe über drei bis fünf Tage pro Monat und mehrere Monate ist in manchen Fällen hilfreich.
Bei übermäßiger Sekretbildung mit den oben beschriebenen Beschwerden.	***Pulsatilla* C30.** Eine Gabe dreimal täglich, drei bis fünf Tage lang.
Hilfreich in chronischen Fällen mit hartnäckigen, wenn auch nur mäßigen Beschwerden.	***Silicea* C6.** Eine Gabe dreimal täglich, zehn Tage lang, anschließend falls nötig zweimal täglich über einen längeren Zeitraum, bis die Beschwerden abgeklungen sind.
Wenn ein Abszess vorliegt bzw. schon aufgeplatzt ist.	***Calcium sulphuricum* C30.** Eine Gabe dreimal täglich, sieben bis zehn Tage lang.

Äußerliche Behandlung

Nachdem ein Abszess aufgegangen ist oder sich eine Fistel gebildet hat.	**Hypericum-/Calendula-Lotion.** Geben Sie je 20 Tropfen *Calendula-* und *Hypericum-Urtinktur* in 200 ml abgekochtes und abgekühltes Wasser. Behandeln Sie die betroffene Stelle zwei- bis dreimal täglich.
Nachdem ein Abszess aufgegangen ist oder sich eine Fistel gebildet hat.	**Hypericum/Calendula-Creme** oder -**Salbe**. Behandeln Sie die betroffene Stelle zwei- bis dreimal täglich, bis diese vollständig abgeheilt ist.

BAUCHSPEICHELDRÜSENINSUFFIZIENZ, AKUTE ENTZÜNDUNG DER BAUCHSPEICHELDRÜSE

(Pankreasinsuffizienz, akute Pankreatitis)

Die Diagnose muss durch einen Tierarzt gestellt werden. Homöopathische Arzneien können bei dieser Erkrankung hilfreich sein.

Akute Pankreatitis

Hauptsymptome

Gestörtes Allgemeinbefinden, Fieber, Erbrechen, Durchfall, Flüssigkeit im Abdomen (das geschwollen oder vergrößert erscheinen kann), Bauchschmerzen, manchmal plötzlicher Tod.

Bei akutem Erbrechen und Durchfall.	***Arsenicum album* C30.** Eine Gabe drei- bis viermal täglich, fünf bis zehn Tage bis zur Besserung.
Bei anhaltendem Durchfall mit schleimigem blutstreifigem Kot und häufigem Blähungsabgang.	***Mercurius solubilis* C30.** Eine Gabe drei- bis viermal täglich, fünf bis zehn Tage bis zur Besserung.

Iris versicolor und ***Haronga*** sind zwei weitere nützliche Mittel zur Behandlung dieser Krankheiten. Ihre Anwendung sollte unter Anleitung eines homöopathisch erfahrenen Tierarztes erfolgen.

Pankreasinsuffizienz

Exzessiver Hunger, Gewichtsverlust, Abmagerung, Durchfall mit Fettstühlen, Koprophagie (Kotfressen), starke Blähungen und trockenes, raues Haarkleid.

BAUCHWASSERSUCHT

(Aszites)

Es muss sofort ein Tierarzt aufgesucht werden.

Aszites ist eine Flüssigkeitsansammlung in der Bauchhöhle. Die Ursache ist meist eine Störung im Herz-Kreislaufsystem oder eine Lebererkrankung bzw. -dysfunktion.

Hauptsymptome

Deutliche Schwellung des Abdomens, die u. U. Beschwerden verursacht. Homöopathische Arzneien für die Behandlung von Herz- und Lebererkrankungen finden Sie im Kapitel „Allgemeine Krankheitszustände".

CHRONISCHE DEGENERATIVE RADICULOMYELOPATHIE (CDRM)

Die Diagnose muss durch einen Tierarzt gestellt werden. Homöopathische Arzneien können sich bei dieser Erkrankung als sehr hilfreich erweisen.

CDRM tritt mit Abstand am häufigsten beim Deutschen Schäferhund auf, manchmal aber auch bei Corgis und anderen Hunden.

Hauptsymptome

Es kommt zu fortschreitenden Koordinationsstörungen mit allmählichen Verlust der Kontrolle der Funktion der Hinterbeine. Dies führt wiederum zu Problemen beim Aufstehen mit Verdrehen der Hinterbeine, Überköten (Aufsetzen der Pfoten nicht mit den Ballen, sondern mit der Vorderseite) und vermehrter Abnutzung der Krallen. Schließlich treten Lähmungserscheinungen auf, die v. a. bei älteren Tieren mit Harn- und Kotinkontinenz einhergehen können.

Diese Arznei scheint den Prozess oft zu verlangsamen bzw. die Symptome zu lindern.	***Conium* C6.** Eine Gabe dreimal täglich, zehn Tage lang. Wiederholung in monatlichen oder, falls möglich, selteneren Abständen, in Abhängigkeit davon, wie die Erkrankung fortschreitet bzw. auf die Behandlung anspricht.
Opium in homöopathischer Potenz kann als Alternative zu *Conium* versucht werden, wenn dieses keine Besserung bewirkt.	***Opium* C6.** Dosierung wie bei *Conium*.

▶ **Weitere Mittel finden Sie im Kapitel „Allgemeine Krankheitszustände" unter „Lähmungen".**

CUSHING-SYNDROM

(Hyperadrenokortizismus)

Die Diagnose muss durch einen Tierarzt gestellt werden. Homöopathische Arzneien können hilfreich sein.

Hauptsymptome

Übermäßiger Durst, gesteigerter Appetit und vermehrter Harnabsatz mit geschwollenem Hängebauch. Weitere mögliche Symptome sind Muskelschwund mit Schwäche, Lebervergrößerung und Veränderungen der Haut und des Fells, die oft symmetrisch sind.

Homöopathische Mittel können bei dieser Erkrankung sehr gut unterstützend gegeben werden. Es handelt sich um ein sehr komplexes Krankheitsbild und die passende Arznei muss durch einen homöopathisch erfahrenen Tierarzt verordnet werden.

DIABETES

Die Diagnosestellung und Behandlung durch einen Tierarzt ist zwingend erforderlich.

Diabetes insipidus

Diabetes insipidus tritt überwiegend bei älteren Tieren auf, die an einer Nierenschädigung bzw. Nierenversagen leiden, kann aber auch im Rahmen eines Tumorgeschehens entstehen.

Hauptsymptome

Unstillbarer Durst auf Wasser mit entsprechend gesteigertem Harnabsatz und allmählichem Gewichtsverlust bzw. allgemeiner Verschlechterung des Allgemeinbefindens. Homöopathische Arzneien können unterstützend gegeben werden. Die Verordnung des entsprechenden Konstitutionsmittels durch einen homöopathisch erfahrenen Tierarzt kann den Fall positiv beeinflussen.

Diabetes mellitus

Diabetes bei Tieren ist mit der Erkrankung beim Menschen gleichzusetzen. Sie ist daran zu erkennen, dass der Urin Zucker enthält und der Blutzuckerspiegel entgleist. In vielen Fällen muss eine tägliche Behandlung mit Insulinspritzen erfolgen. Die genaue Dosierung sowie eine entsprechende Fütterung und das allgemeine Behandlungsregime müssen in Absprache mit dem Tierarzt festgelegt werden.

Homöopathische Arzneien können evtl. den täglichen Insulinbedarf senken. Sie sollten allerdings nur unter Anleitung eines homöopathisch erfahrenen Tierarztes eingesetzt werden.

Hauptsymptome

Übermäßiger Appetit und Durst, oft in Verbindung mit Gewichtsverlust, Erbrechen, gedämpftem Verhalten und schneller Entwicklung von grauem Star (Linsentrübung). Aufgrund der gesteigerten Wasseraufnahme nimmt auch der Harnabsatz zu.

Das Mittel ***Syzygium jambolanum*** wird mit Erfolg in der Behandlung von Diabetes mellitus eingesetzt, meist in Kombination mit der schulmedizinischen Therapie und unter tierärztlicher Anleitung.

GRANNEN

Es sollte unbedingt ein Tierarzt aufgesucht werden, um die Diagnose zu stellen und den Fremdkörper unter Sedierung oder Allgemeinnarkose zu entfernen. Homöopathische Arzneien können anschließend sehr gut die Schmerzen lindern und die Heilung unterstützen. Sie können unbedenklich in Kombination mit allen vom Tierarzt verschriebenen Medikamenten gegeben werden.

Hauptsymptome

Grassamen, insbesondere gerstenähnliche Grannen mit spitzen pfeilförmigen Haaren, verfangen sich im Gehörgang oder dringen v. a. im Bereich der Pfoten in die Haut ein. Von dort aus wandern sie allmählich die Gliedmaße hinauf und führen häufig zu Abszessbildung. Manchmal erscheinen sie selbständig wieder an der Oberfläche, meist müssen sie aber gesucht und manuell entfernt werden.

Gliedmaßen

Anfangs tritt u. U. eine geringgradige Lahmheit auf. Im Verlauf weniger Tage bildet sich dann an der Stelle, wo die Granne sitzt, ein kleiner Abszess. Manchmal dauert es mehrere Wochen oder sogar Monate, bis die Beschwerden so groß sind, dass der Sache auf den Grund gegangen wird.

Alle oben aufgeführten Mittel können auch hier eingesetzt werden, sofern sie zu den bestehenden Symptomen passen.

Diese Arznei kann Grannen (oder einen anderen Fremdkörper) an die Oberfläche bringen. Die Behandlung zeigt sehr oft Erfolg, kann aber zwei bis vier Wochen in Anspruch nehmen.	***Silicea* C6** oder **C30.** Eine Gabe zweimal täglich, bei Bedarf einige Wochen lang, bis das Problem verschwunden ist.

Ohren

Plötzliche und heftige Reizung des betroffenen Ohres, mit unaufhörlichem Kratzen, Reiben und Kopfschiefhaltung. Das Ohr ist meist sehr berührungsempfindlich und das Tier jault vor Schmerzen, wenn es sich am Ohr kratzt.

Bei Schock, Schmerzen und/oder anormalem Verhalten zur sofortigen Gabe, während man auf die tierärztliche Untersuchung wartet.	***Aconitum* C30.** Eine Gabe alle 5-15 Minuten, vier- bis sechsmal bis zur Besserung.
Die geringste Berührung löst Schmerzen und Jaulen aus. Das Tier ist sehr unruhig.	***Chamomilla* C30.** Eine Gabe drei- bis viermal täglich, einige Tage bis zur Besserung.

Infektion mit oder ohne Absonderung.	***Hepar sulphuris* C6** oder **C30.** Eine Gabe alle vier Stunden, bis zu viermal, dann dreimal täglich, einige Tage bis zur Besserung.

Weitere Arzneien zur Behandlung der Ohren finden Sie im Kapitel „Allgemeine Krankheitszustände" unter „Ohrenerkrankungen".

HÜFTGELENKSDYSPLASIE (HD)

Die Diagnose muss durch einen Tierarzt gestellt werden. Homöopathische Arzneien können hilfreich sein.

Die Diagnose erfolgt anhand einer Röntgenuntersuchung, bei der das Hüftgelenk beurteilt wird. Normalerweise liegt der kugelförmige Gelenkkopf in einer gut ausgebildeten Gelenkpfanne. Bei einer Dysplasie ist die Gelenkpfanne flacher, als sie eigentlich sein sollte, was zu einer erhöhten Beweglichkeit des Gelenkkopfes und in der Folge zu Arthritis und Arthrose führt. Die Veranlagung zu dieser Erkrankung ist genetisch bedingt, deshalb ist es ratsam, Tiere, die zur Zucht eingesetzt werden sollen, vorher röntgen zu lassen.

Der wissenschaftliche Name für die Verlagerung eines Gelenks ist „Luxation". Bei der Hüftgelenksdysplasie handelt es sich um eine „Subluxation", d. h., es liegt ein mangelhaft ausgebildetes Gelenk mit eingeschränkter Funktion vor.

Hauptsymptome

Lahmheit in unterschiedlicher Ausprägung, bedingt durch die ungenügende Ausbildung des Gelenks, die langfristig zu Arthritis und Arthrose führt.

Bei Luxation von Gelenken. Lindert die Schmerzen oder sonstigen Beschwerden.	***Colocynthis* C30.** Eine Gabe dreimal täglich, einige Tage oder solange wie nötig, um eine Besserung zu erzielen.

Calcium carbonicum und ***Calcium phosphoricum*** sind Konstitutionsmittel und können bei dieser Erkrankung hilfreich ein. Sie sollten aber nur unter Anleitung eines homöopathisch erfahrenen Tierarztes gegeben werden.

Hüftröntgen im Stehen

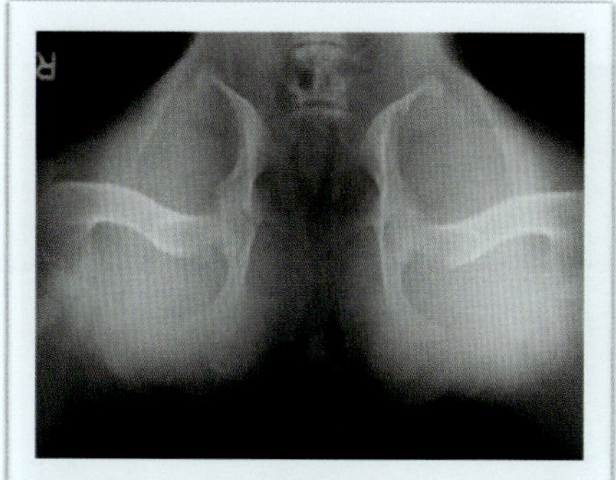

Tangential Röntgen

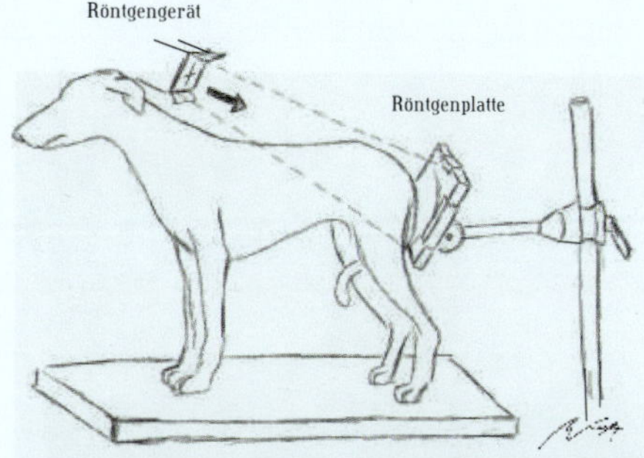

Röntgenplatte
Strahlengang
Ventro-dorsaler
Strahlengang
nach
Dr. vet.med.Patrick
Blättler Monnier
Röntgengerät

R

Vertebrae caudales
(Schwanzwirbel)
Beurteilung der
Überdachung
Acetabulum
(Beckenpfanne)
Trochanter major
(grosser Rollhügel)
emurkopf
)berschenkelkopf)
Os ischii
(Sitzbein)

Hüftröntgen gebeugt
(auf dem Rücken liegend)

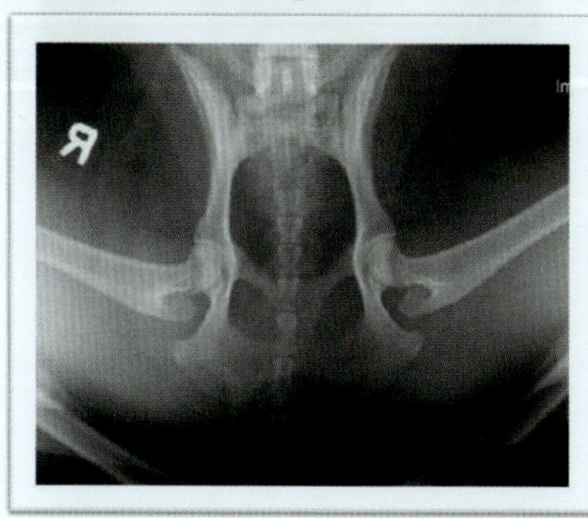

Hüftröntgen gestreckt
(auf dem Rücken liegend)

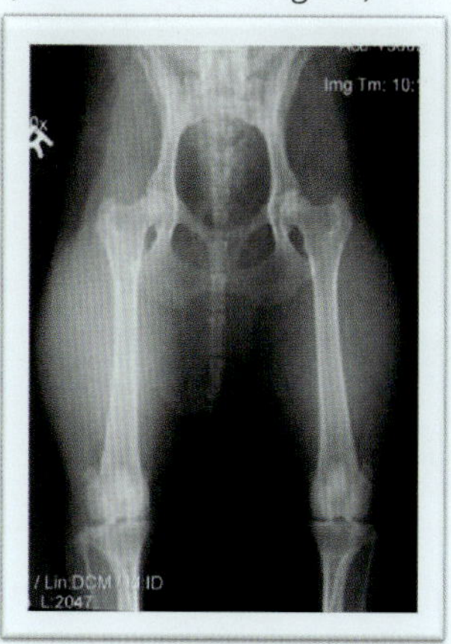

Krankhafte Hüften

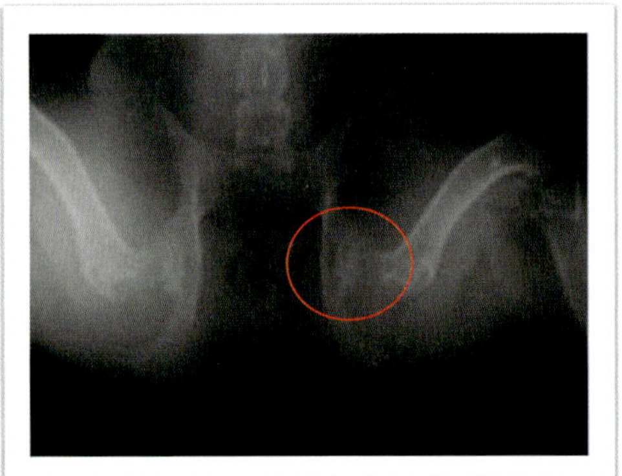

Hüftgelenksarthrose
(stehende Röntgenaufnahme)

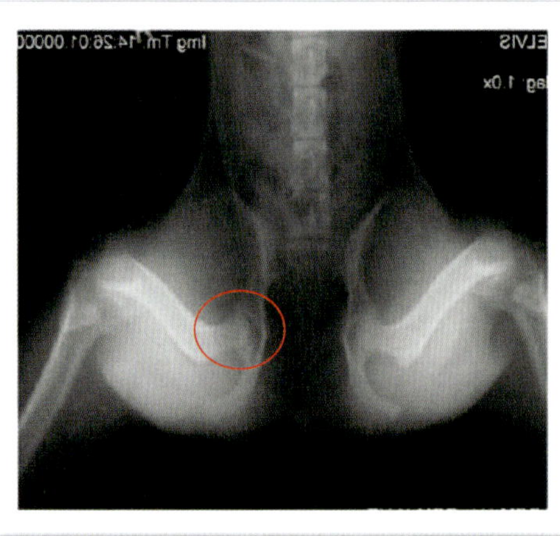

Schlechte Überdachung, schlecht ausgebildete Beckenpfanne (stehende Röntgenaufnahme)

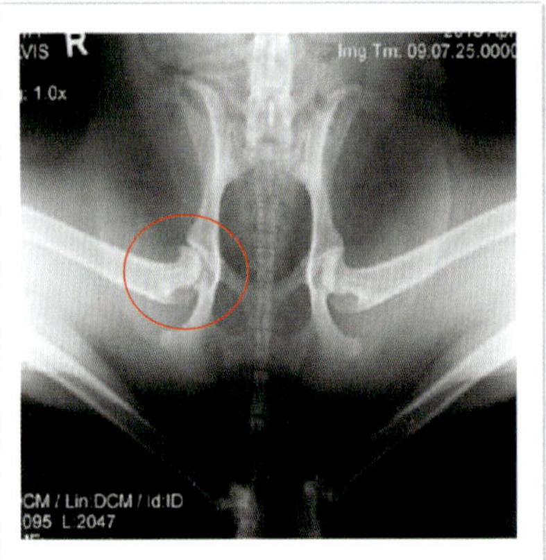

Schlechte Überdachung, schlecht
ausgebildete Beckenpfanne
(gebeugte Röntgenaufnahme)

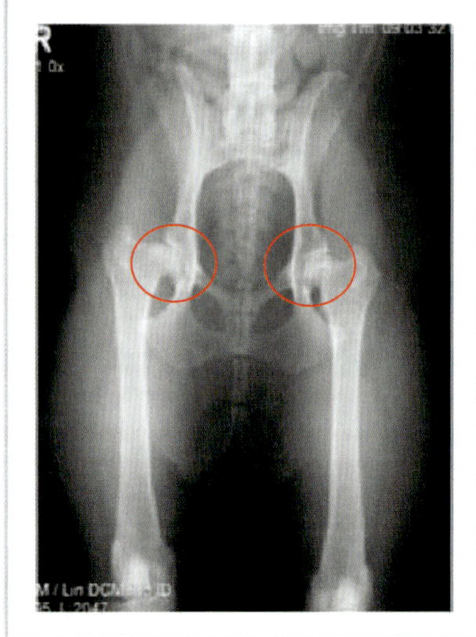

Schlechte Überdachung, schlecht
ausgebildete Beckenpfanne
(gestreckte Röntgenaufnahme)

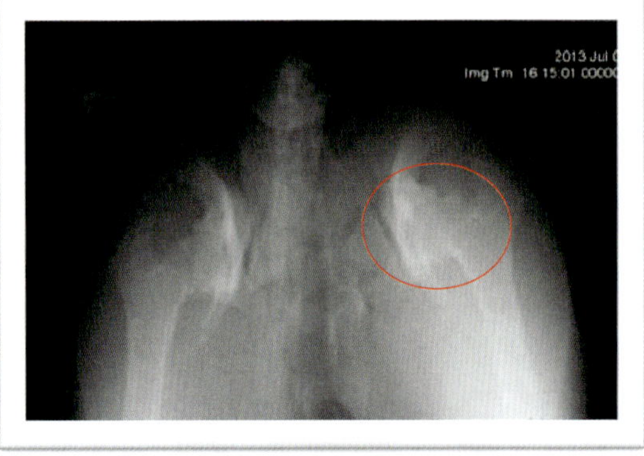

Hüftgelenksarthrose
(tangentiale Röntgenaufnahme)

CAMPYLOBAKTERIOSE

Es sollte umgehend ein Tierarzt konsultiert werden. Bei dieser Infektionskrankheit handelt es sich um eine Zoonose (sie kann auf den Menschen übertragen oder von diesem erworben werden).

Hauptsymptome

Charakteristisch ist starker, oft wässriger Durchfall, der sehr häufig abgesetzt wird. Homöopathische Arzneien zur Behandlung von Durchfall finden Sie im Kapitel „Allgemeine Krankheitszustände".

KUMMER UND TRAUER

Homöopathische Mittel können bei Kummer und Trauer sehr hilfreich sein. Manche Hunde ertragen es einfach nicht, von ihrem Besitzer getrennt zu sein.

Hauptsymptome

Die Hunde werden depressiv und winseln mitleiderregend, jaulen oder bellen unaufhörlich und zerstören Türen oder Fußbodenleisten aus Holz etc., oder sie ziehen sich einfach in sich zurück, verweigern die Nahrungsaufnahme und zeigen keinerlei Interesse an dem, was um sie herum vorgeht. Auch bei Kummer, z. B. durch den Verlust eines langjährigen Hundefreundes oder ihres Besitzers, zeigen Hunde oft die oben beschriebenen Symptome.

Für das trübsinnige, schlecht gelaunte Tier, das aus Kummer oder Sehnsucht leidet.	***Natrium muriaticum* C30.** Eine Gabe dreimal täglich, fünf bis sieben Tage bis zur Besserung. Wiederholung bei Bedarf.
Das Mittel der Wahl bei Kummer.	***Ignatia* C30.** Eine Gabe drei- bis viermal täglich, einige Tage, bis eine sichtbare Besserung des Verhaltens eintritt.
Für den normal aktiven Hund, der „voller Leben steckt".	***Phosphoricum acidum* C6** oder **C30.** Eine Gabe dreimal täglich, drei bis sieben Tage nach Bedarf.
Bei unaufhörlichem Bellen.	***Pulsatilla* C30.** Eine Gabe zwei- bis dreimal täglich, drei bis vier Tage lang. Wiederholung nur bei Bedarf nach einigen Tagen, und wenn eine bereits eingetretene Besserung nachlässt.

LEBERENTZÜNDUNG

(Hepatitis, Hepatitis contagiosa canis, HCC, Rubarthsche Krankheit)

→ *Siehe auch im Kapitel „Allgemeine Krankheitszustände" unter „Leberentzündung".*

Es muss umgehend ein Tierarzt konsultiert werden. Die Krankheit wird durch ein Virus verursacht und ist hochansteckend. In vielen Fällen endet sie tödlich.

Hauptsymptome

Inappetenz, allgemeines Unwohlsein. Fieber, Erbrechen, Durchfall, Bauchschmerzen, blasse Schleimhäute, die u. U. kleine rote Punkte aufweisen (Blutungen), manchmal Gelbsucht (wegen der Leberentzündung) und nervöse Symptome. Die Krankheit kann leicht bis perakut verlaufen. In der Genesungsphase kann es aufgrund eines Hornhautödems zu Blaufärbung der Augen kommen.

Es gibt **konventionelle Impfstoffe**, um dieser Krankheit vorzubeugen, sodass sie heutzutage nur noch relativ selten auftritt. Allerdings existiert sie immer noch, und so kommt es bei ungeimpften Straßenhunden und in Auffanglagern für Streunerhunde immer wieder zu Ausbrüchen. Die Impfung aller Welpen ist dringend anzuraten. In den letzten Jahren scheinen bei einigen Hunden allergische Reaktionen auf die Impfung aufgetreten zu sein, die zu einer irreversiblen Schädigung der Augen bzw. Hautveränderungen oder anderen Problemen geführt haben. Sprechen Sie mit Ihrem Tierarzt über das Thema Grundimmunisierung und jährliche Auffrischungsimpfungen.

Es gibt auch **homöopathische Nosoden**, um der HCC vorzubeugen. Ihre Anwendung und Dosierung sollte mit einem homöopathisch erfahrenen Tierarzt besprochen werden, bevor man die Entscheidung trifft, sie anstelle der herkömmlichen Impfstoffe einzusetzen.

Behandlung

Homöopathische Arzneien können zur Behandlung der sekundären Krankheitserscheinungen wie z. B. Erbrechen und Durchfall gegeben werden. Weitere Hinweise finden Sie im Kapitel „Allgemeine Krankheitszustände" unter den entsprechenden Überschriften.

LEPTOSPIROSE

Es muss sofort ein Tierarzt aufgesucht werden, um die Diagnose zu stellen und eine entsprechende Behandlung einzuleiten. Die Krankheit wird durch eine Spirochäte verursacht (ein spiralförmiges oder gebogenes Bakterium). Eines der Hauptsymptome ist Gelbsucht. Tier und Mensch können sich aber auch mit einer viralen Form der infektiösen Gelbsucht anstecken.

Viele Tierarten können an Leptospirose erkranken (z. B. Rinder, Schweine, Hunde), und es gibt eine ganze Reihe verschiedener Leptospiren, die als Erreger in Frage kommen. Bei Hunden führen meist Infektionen mit *L. canicola* und *L. icterohaemorrhagiae* zu Erkrankungen. *L. canicola* greift primär die Nieren an, während *L. icterohaemorrhagiae* vorrangig die Leber von Mensch und Tier schädigt.

L. canicola

L. canicola infiziert v. a. Hunde. Die dadurch hervorgerufene Erkrankung wird auch als „Straßenlaternen-Krankheit" bezeichnet, da ein häufiger Übertragungsmodus das Schnüffeln am infektiösen Urin anderer Hunde ist. Der Erreger verursacht eine Nephritis (Nierenentzündung), die akut oder subakut verlaufen kann und mit einer Vielzahl von Symptomen einhergehen kann.

Hauptsymptome

Inappetenz, Fieber, Abgeschlagenheit, u. U. extremer Durst, Bauchschmerzen, Erbrechen und plötzlicher Gewichtsverlust. Der Körper dünstet einen charakteristischen, ekelhaft süßlichen Geruch aus. Die Atemluft riecht ebenso, und aufgrund der Urämie (Selbstvergiftung des Körpers mit seinen eigenen Gift- und Abfallstoffen) kommt es zu Krämpfen und Zuckungen und schließlich zum Tod.

➜ *Siehe auch im Kapitel „Allgemeine Krankheitszustände" unter „Gelbsucht".*

Hinweise zur homöopathischen Behandlung einer Nephritis (akut oder chronisch) infolge einer Infektion mit Leptospiren finden Sie im Kapitel „Allgemeine Krankheitszustände" unter „Nierenerkrankungen".

L. icterohaemorrhagiae

Dieser Zoonose-Erreger ruft eine Form der infektiösen Gelbsucht hervor, die beim Menschen auch als Weilsche Krankheit bezeichnet wird. Aus diesem Grund sollte man bei der Behandlung von Hunden, die evtl. an dieser Erkrankung leiden, extreme Vorsicht walten lassen. Die Infektion wird durch Ratten übertragen. 40-60 % der Rattenpopulation sind Träger des Erregers und ihr Urin kann das Wasser und Nahrungs- bzw. Futtermittel, die für Mensch und Tier bestimmt sind, kontaminieren.

Hauptsymptome

Die Symptome ähneln jenen, die oben bei *L. canicola* beschrieben wurden. Zusätzlich kann es aufgrund der Leberbeteiligung zu Gelbsucht kommen. Weitere häufige Symptome sind Schleimhautblutungen und blutiger Durchfall.

Es gibt **konventionelle Impfstoffe**, die vor den verschiedenen Leptospiroseformen schützen sollen. Aus diesem Grund ist die Erkrankungshäufigkeit in den letzten Jahren auch deutlich zurückgegangen. Nichtsdestotrotz treten diese Erkrankungen nach wie vor bei ungeimpften und Streunerhunden auf. Alle Welpen sollten unbedingt geimpft werden. In den letzten Jahren scheinen bei einigen Hunden allergische Reaktionen auf die Impfung aufgetreten zu sein, die zu hartnäckigen Hautveränderungen oder anderen Problemen geführt haben. Sprechen Sie mit Ihrem Tierarzt über das Thema Grundimmunisierung und Auffrischungsimpfungen.

Es gibt auch **homöopathische Nosoden**, um der Leptospirose vorzubeugen. Ihre Anwendung und Dosierung sollte mit einem homöopathisch erfahrenen Tierarzt besprochen werden, bevor man die Entscheidung trifft, sie anstelle der herkömmlichen Impfstoffe einzusetzen.

MILCHFIEBER

(Eklampsie, Milchtetanie)

Es muss sofort ein Tierarzt aufgesucht werden.

Diese Erkrankung tritt bei säugenden Hündinnen auf und wird durch einen Abfall des Blutkalziumspiegels verursacht (Hypokalzämie). Sie kann sich zu jeder Zeit nach der Geburt der Welpen entwickeln, scheint aber am häufigsten in den ersten zwei bis drei Wochen nach der Geburt bzw. gegen Ende der Säugezeit aufzutreten, wenn es an der Zeit ist, die Welpen abzusetzen (sieben bis neun Wochen nach der Geburt).

Hauptsymptome

Plötzliches Hecheln, Unruhe, nervöse Überempfindlichkeit und Erregbarkeit, gefolgt von Steifheit, Muskelkrämpfen und -zuckungen. Unbehandelt kommt es schließlich zu Kollaps mit Todesfolge.

In vielen Fällen sind intravenöse Kalziuminjektionen durch einen Tierarzt notwendig, um das Leben der Hündin zu retten. Homöopathische Arzneien können unterstützend gegeben werden, um die Symptome unter Kontrolle zu bringen, aber auch, um der Krankheitsentstehung vorzubeugen.

Sobald die oben beschriebenen Symptome auftreten.	***Calcium phosphoricum* C30.** Eine Gabe dreimal täglich, fünf bis sieben Tage lang.
Bei Erregungszuständen mit schneller Atmung und Unruhe.	***Belladonna* C30.** Eine Gabe alle ein bis zwei Stunden, bis zu viermal, dann Wechsel zu *Calcium phosphoricum*.
In langdauernden Fällen mit Muskelzuckungen und schwankendem Gang.	***Stramonium* C30.** Eine Gabe zwei- bis dreimal täglich, drei bis sieben Tage bis zur Besserung.
Vorbeugung.	***Calcium phosphoricum* C30.** Nach der Geburt einmal täglich eine Gabe, fünf bis zehn Tage lang. Ist eine Vorgeschichte von Eklampsie bekannt, sollte *Calcium phosphoricum* im zweiten Trächtigkeitsmonat einmal wöchentlich gegeben werden.

OSTEOCHONDROSE

Die Diagnose muss durch einen Tierarzt gestellt werden. Homöopathische Arzneien können bei dieser Erkrankung hilfreich sein.

Eine Osteochondrose stellt eine Störung der normalen Knochenbildung dar. Sie betrifft v. a. größere Rassen im Alter zwischen sechs und achtzehn Monaten. Bei dieser Erkrankung ist das Wachstum sowohl der Knochen als auch die Knorpelbildung mancher Gelenke gestört und es kommt zur Verdickung der betroffenen Gelenke. Das Schultergelenk ist am häufigsten betroffen, aber auch die Ellbogen-, Knie- und Sprunggelenke können erkranken.

Möglicherweise wird die Erkrankung durch eine Überversorgung mit Kalzium und/oder Vitamin D über das Futter hervorgerufen. Daher ist es sehr wichtig, sich fachmännisch zum Thema Fütterung beraten zu lassen, wenn man einen Hund hat, der einer gefährdeten Rasse angehört.

Weiterhin ist es wichtig, Welpen nicht zu überanstrengen. Deshalb sollte man lange Spaziergänge (länger als 20-30 Minuten) vermeiden, bis der Hund mindestens ein Jahr alt ist.

Hauptsymptome

Lahmheiten unterschiedlicher Schweregrade und/oder Schmerzen im Bereich der betroffenen Gelenke. Durch Abtasten lässt sich ein verdicktes Gelenk auffinden. Außerdem wird u. U. eine ungewöhnliche Haltung eingenommen.

Zur Schmerzlinderung bei erkennbarer Lahmheit.	***Hypericum* C30.** Eine Gabe drei- bis viermal täglich bis zur Besserung.

Calcium carbonicum, Calcium phosphoricum und ***Calcium fluoratum*** können bei dieser Erkrankung hilfreich sein. Das am besten passende Mittel und die richtige Potenz müssen von einem homöopathisch erfahrenen Tierarzt verordnet werden.

OSTEOMYELITIS

Es sollte unbedingt sofort ein Tierarzt aufgesucht werden, der die entsprechende Diagnose stellen und eine adäquate Behandlung einleiten kann. Homöopathische Arzneien sind bei dieser schweren Erkrankung oft sehr wirksam. Sie wird durch eine bakterielle Infektion der Knochen verursacht. Die Diagnose kann durch Röntgenaufnahmen bestätigt werden.

Hauptsymptome

Anstieg der Körpertemperatur, örtliche Schwellung und teilweise erhebliche Schmerzen. Oft ist die Gabe von Antibiotika in hoher Dosierung unumgänglich, um eine Osteomyelitis zu behandeln.

Kann in langwierigen Fällen in Verbindung mit der Antibiotikatherapie oder auch im Anschluss daran gegeben werden. Es ist weiterhin hilfreich, wenn sich eine Fistel gebildet hat, die ständig Sekret absondert.	***Hepar sulphuris* C6** oder **C30.** Eine Gabe dreimal täglich, sieben bis zehn Tage lang. Wiederholung bei Bedarf.
Unterstützt die Knochenheilung und lindert die Schmerzen in dem betroffenen Bereich.	***Symphytum* C30.** Eine Gabe dreimal täglich, zehn Tage lang.

PARVOVIROSE

Es sollte sofort ein Tierarzt aufgesucht werden, um die entsprechende Diagnose zu stellen und eine Behandlung einzuleiten. Diese schwerwiegende Erkrankung wird durch ein Virus hervorgerufen (Parvovirus), das zum ersten Mal in den späten 1970er Jahren in verschiedenen Teilen der Welt auftauchte.

Besteht der Verdacht auf eine Parvovirus-Infektion, sollte sofort ein Tierarzt konsultiert werden, damit dieser so schnell wie möglich Flüssigkeit über einen intravenösen Zugang zuführen kann, um der rasch einsetzenden Austrocknung entgegenzuwirken. Leider sprechen viele Hunde nicht auf die Behandlung an, daher sollte Vorbeugung das oberste Ziel aller Hundebesitzer sein.

Hauptsymptome

Bei Welpen, die jünger als fünf Wochen sind, wird der Herzmuskel geschädigt, und es kommt zu Herzversagen, Schwäche, Kollaps und Tod. Weitere mögliche Symptome in diesem Stadium sind Atemprobleme, Bewegungsunlust, blaue Schleimhäute und ein geschwollener Bauch. Die Infektion kann nur einige Welpen des Wurfes betreffen, und manchmal kommt es zu plötzlichen Todesfällen mit wenig ausgeprägten oder gar keinen Symptomen. Die überlebenden Welpen behalten eine Herzschwäche zurück und sterben oft einige Wochen oder Monate später. Bei älteren Welpen und erwachsenen Hunden führt die Erkrankung zu Inappetenz, Erbrechen, oft blutigem Durchfall, Abgeschlagenheit, schneller Austrocknung und schließlich zum Tod. Gelegentlich treten die Symptome, die oben für junge Welpen beschrieben wurden, auch bei älteren Hunden auf.

Es gibt **konventionelle Impfstoffe**, die vor dieser tödlichen Erkrankung schützen. Sie sind meist sehr wirksam und haben dazu geführt, dass die Erkrankung weitgehend eingedämmt werden konnte. Alle Welpen sollten unbedingt geimpft werden. In den letzten Jahren scheinen bei einigen Hunden allergische Reaktionen auf die jährliche Wiederholungsimpfung aufgetreten zu sein, die zu hartnäckigen Hautveränderungen oder anderen Problemen geführt haben. Sprechen Sie mit Ihrem Tierarzt über das Thema Auffrischungsimpfungen.
Es gibt auch **homöopathische Nosoden** zur Vorbeugung der Parvovirose, die sich als sehr wirksam erwiesen haben. In Zuchten, in denen diese Erkrankung häufiger auftritt, können

sie bei Welpen eingesetzt werden, die noch zu jung für die Impfung sind. Die Anwendung und Dosierung der Nosoden sollte mit einem homöopathisch erfahrenen Tierarzt besprochen werden, bevor man die Entscheidung trifft, sie anstelle der herkömmlichen Impfstoffe einzusetzen.

Sollte sofort gegeben werden, wenn der Verdacht auf Parvovirose besteht (auch schon, bevor man beim Tierarzt ist).	***Aconitum* C30.** Eine Gabe alle 10-15 Minuten in der ersten Stunde, dann stündlich, vier- bis sechsmal.
Sehr wirksam zur Behandlung von Erbrechen, v. a. wenn das Erbrochene Blut enthält.	***Phosphorus* C30.** Eine Gabe stündlich, vier- bis sechsmal, dann viermal täglich, bis die Beschwerden abgeklungen sind.
Bei akutem Erbrechen und Durchfall kann dieses Mittel lebensrettend sein.	***Arsenicum album* C30.** Eine Gabe stündlich, viermal, dann viermal täglich, bis die Beschwerden abgeklungen sind.
Bei Blut im Kot, mit starkem Pressen und ausgeprägten Beschwerden.	***Mercurius corrosivus* C30.** Eine Gabe viermal täglich, bis die Beschwerden abgeklungen sind.
Vorbeugung	***Parvovirus-Nosode*.** Unter Anleitung eines homöopathisch erfahrenen Tierarztes.

PROSTATAPROBLEME

Die Diagnose muss durch einen Tierarzt gestellt werden. Homöopathische Arzneien eignen sich sehr gut zur Behandlung dieser Erkrankung.

Prostataprobleme können altersbedingt oder hormonellen Ursprungs sein. Daneben kann auch eine Infektion zu einer Prostatitis (Entzündung der Prostata) führen. Eine Vergrößerung der Prostata tritt meist bei älteren Hunden auf, kann sich aber in Einzelfällen auch schon bei jüngeren Tieren entwickeln.

Hauptsymptome

Verstopfung, manchmal mit bandförmigem Kot, Pressen beim Kotabsatz, Blutungen aus Penis oder Präputium und/oder Blut im Kot. Mögliche Symptome bei einer Prostatitis sind Fieber, Inappetenz, Erbrechen, Bauchschmerzen, aufgekrümmter Rücken und Schwierigkeiten beim Harnabsatz.

Sabal serrulata, Conium, Pulsatilla, Nux vomica, Thuja, Mercurius corrosivus und ***Cantharis*** sind Arzneien, die bei dieser Erkrankung eingesetzt werden können. Da es sehr wichtig ist, ein passendes Mittel zu finden, das mit der bestehenden Symptomatik möglichst gut übereinstimmt, sollte man einen homöopathisch erfahrenen Tierarzt hinzuziehen.

SALMONELLOSE

Es muss sofort ein Tierarzt aufgesucht werden. Bei dieser oft schwerwiegenden Infektionskrankheit handelt es sich um eine Zoonose.

Infektionen mit Salmonellen sind sehr häufig und alle Tierarten sowie der Mensch sind empfänglich. Es gibt eine ganze Reihe verschiedener Salmonellenstämme. Die häufigsten sind *S. typhimurium* und *S. dublin.*

Hauptsymptome

Die akute Form ist eine Art Septikämie. Sie beginnt manchmal sehr plötzlich mit hohem Fieber, Erbrechen, Durchfall, Bauchschmerzen und Schwäche und endet möglicherweise mit dem Tode. Bei der subakuten Form kommt es i. d. R. zu Durchfall, der blutig sein kann, und ausgeprägter Störung des Allgemeinbefindens. Die Erkrankung kann chronifizieren, und die Symptome halten über Wochen an. Tiere, die einmal an Salmonellose erkrankt waren, können einen gesunden Eindruck machen, bleiben aber Träger der Erkrankung und können diese über Urin und Kot auf andere Tiere übertragen.

Bei Septikämie. Dieses Mittel kann mit gutem Erfolg unterstützend zu allen vom Tierarzt verordneten Medikamenten gegeben werden.	***Pyrogenium* C30.** Eine Gabe dreimal täglich, fünf bis zehn Tage bis zur Besserung.
Wegen seiner deutlichen Wirkung auf den Magen-Darm-Trakt bei Salmonelleninfektionen angezeigt. Darüber hinaus auch ein Mittel bei chronischer Toxämie (Blutvergiftung).	***Baptisia* C6.** Eine Gabe vier- bis fünfmal täglich, fünf bis sieben Tage bis zur Besserung.

➜ *Weitere Arzneien zur Behandlung von Durchfall und Enteritis finden Sie im Kapitel „Allgemeine Krankheitszustände unter den entsprechenden Überschriften*

SCHEINTRÄCHTIGKEIT

Tritt dieses Krankheitsbild zum ersten Mal auf, sollte ein Tierarzt aufgesucht werden. Homöopathische Arzneien eignen sich gut zur Behandlung.

Eine Scheinträchtigkeit ist wahrscheinlich auf ein hormonelles Ungleichgewicht zurückzuführen. Sie tritt bei Hündinnen, die nicht gedeckt wurden, meist sechs bis neun Wochen, seltener schon drei bis vier Wochen nach der Läufigkeit auf.

Hauptsymptome

Die häufigsten Symptome sind Anbildung des Gesäuges und Milchbildung. Daneben kann es auch zu Unruhe, Winseln, Nervosität, Buddeln und Nestbauverhalten kommen, bei dem die Hündin kleine Gegenstände (Socken, Spielzeuge etc.) in ihr Körbchen trägt. Seltener entwickelt die Hündin eine Depression oder reagiert aggressiv. Die Gegenstände werden gehütet oder versorgt, als handele es sich um Welpen. Tritt die Scheinträchtigkeit kurz nach der Läufigkeit auf, kann es zu gesteigertem Appetit, Lustlosigkeit und deutlicher Schwellung des Abdomens kommen.

Ein sehr hilfreiches Mittel bei dieser Erkrankung.	***Pulsatilla* C30.** Eine Gabe dreimal täglich, fünf bis sieben Tage lang. Wiederholung nur bei Bedarf nach einer Woche.
Das Mittel der Wahl, wenn die Hündin Gleichgültigkeit, Depression, Nervosität oder Aggression zeigt.	***Sepia* C30.** Eine Gabe dreimal täglich, fünf bis sieben Tage lang. Wiederholung nur bei Bedarf nach einer Woche.

Asa foetida kann eine Alternative bei unruhigen, reizbaren oder nervösen Hündinnen sein. ***Urtica urens, Calcium carbonicum*** oder ***Bryonia*** können eingesetzt werden, um die Milchbildung zu hemmen. Diese Mittel sollten nur unter Anleitung eines homöopathisch erfahrenen Tierarztes gegeben werden.

SCHILDDRÜSENPROBLEME

Die Diagnosestellung durch einen Tierarzt ist erforderlich. Homöopathische Arzneien können sich bei der Behandlung als hilfreich erweisen.

Schilddrüsenüberfunktion, (Hyperthyreose, Thyreotoxikose)

Schwellung und Überaktivität der Schilddrüse. Die häufigste Ursache ist ein Schilddrüsentumor.

Hauptsymptome

Vermehrter Durst und Appetit, Unruhe, Durchfall, Muskelschwäche, erhöhte Herz- und Atemfrequenz sowie Gewichtsverlust.

Hypothyreose (Schilddrüsenunterfunktion)

Unterfunktion der Schilddrüse. Sie tritt meist bei älteren Tieren auf und entwickelt sich spontan oder infolge einer Entzündung der Drüse.

Hauptsymptome

Lethargie, niedrige Körpertemperatur, schütteres und raues Haarkleid, oft in Verbindung mit Haarausfall, erniedrigte Herzfrequenz und Gewichtszunahme.

Thyreoidinum, Iodum, Flor de Piedra, Spongia tosta und das passende Konstitutionsmittel können bei diesen Erkrankungen unter Anleitung eines homöopathisch erfahrenen Tierarztes eingesetzt werden.

SPEICHELZYSTE

Es sollte eine tierärztliche Diagnose eingeholt werden. Homöopathische Arzneien können hilfreich sein. Diese Erkrankung tritt bei Hunden gar nicht so selten auf.

Hauptsymptome

Eine plötzliche und evtl. schmerzhafte Schwellung auf einer Seite der Wange oder am Unterkiefer kann durch eine Speichelzyste oder eine Verlegung des Ausführungsganges der Speicheldrüse verursacht werden.

Verlegung des Ausführungsganges, v. a. der Submandibulardrüse (Unterkieferspeicheldrüse), mit trockenem Mund.	***Calcium carbonicum* C6** oder **C30.** Stündlich eine Gabe, vier- bis sechsmal, dann mit zunehmender Besserung einige Tage lang drei- bis viermal täglich.
Geschwollene und berührungsempfindliche Drüse mit starkem Speichelfluss.	***Iris versicolor* C6.** Eine Gabe viermal täglich, drei oder vier Tage lang, sofern eine Besserung sichtbar ist.

STAUPE

Es muss sofort ein Tierarzt konsultiert werden.

Diese Krankheit befällt außer Hunden auch Robben, Frettchen und Nerze. Sie war früher die häufigste Erkrankung der Hunde und endete meist tödlich oder führte zu einer dauerhaften Schädigung des Nervensystems mit Zuckungen (Chorea) oder Krampfanfällen. Es handelt sich um eine Viruserkrankung, bei der das Immunsystem massiv geschwächt wird, sodass es zu bakteriellen Sekundärinfektionen kommen kann, die wiederum für einen Großteil der bekannten Symptome verantwortlich sind.

Hauptsymptome

Pyrexie (erhöhte und schwankende Körpertemperatur); Inappetenz, Konjunktivitis; Bronchitis und Pneumonie; Durchfall und nervöse Symptome wie Krampfanfälle, Lähmungen oder Zuckungen. Bei einer Erscheinungsform dieser Krankheit ist eines der zuletzt auftretenden Symptome die Verhärtung der Ballen an den Pfoten, die sich allmählich ablösen, bevor schließlich der Tod eintritt. In manchen Fällen gesellt sich noch eine Tonsillitis (Mandelentzündung) mit einem charakteristischen, rauen Husten hinzu.

Es gibt **konventionelle** Impfstoffe, um dieser schrecklichen und lebensbedrohlichen Krankheit vorzubeugen. Die Impfung ist der Hauptgrund dafür, dass Staupe heutzutage relativ unbekannt ist. Allerdings tritt sie immer noch in Auffanglagern für Streunerhunde, großen Hundepensionen und Tierheimen und in Gegenden auf, wo viele Straßenhunde leben. Welpen sollten unbedingt geimpft werden. In den letzten Jahren scheinen bei einigen Hunden allergische Reaktionen auf die Wiederholungsimpfungen aufgetreten zu sein, die zu hartnäckigen Hautveränderungen oder anderen Problemen geführt haben. Sprechen Sie mit Ihrem Tierarzt über das Thema Grundimmunisierung und Auffrischungsimpfungen.

Es gibt auch **homöopathische Nosoden**, um der Staupe vorzubeugen. Ihre Anwendung und Dosierung sollte mit einem homöopathisch erfahrenen Tierarzt besprochen werden, bevor man die Entscheidung trifft, sie anstelle der herkömmlichen Impfstoffe einzusetzen.

Behandlung

Homöopathische Mittel können mit gutem Erfolg zur Behandlung der sekundären Krankheitssymptome wie Konjunktivitis, Enteritis, etc. eingesetzt werden. Näheres dazu finden Sie im Kapitel „Allgemeine Krankheitszustände" unter den entsprechenden Überschriften.

WELPENSTERBEN

(Fading Puppy Syndrome)

Es muss sofort ein Tierarzt konsultiert werden.

Diese komplexe Erkrankung tritt v. a. bei Welpen bis zu einem Alter von zwei Wochen auf. Der gesamte Wurf kommt normalerweise gesund und kräftig auf die Welt und saugt in den ersten 24 Stunden auch gut.

Die Ursache kann ein einzelner Faktor, aber auch eine Verkettung mehrerer Faktoren sein. Mögliche Ursachen sind bakterielle Infektionen (meist *E. coli* oder Streptokokken), Toxoplasmose, verschiedene Viren (einschließlich Parvovirose und Hundestaupe), massiver Wurmbefall, Unterkühlung, Geburtsfehler oder schlicht mangelnde Versorgung durch die Mutter. Damit die Welpen überhaupt eine Chance haben zu überleben, müssen sie mit der geeigneten Ersatzmilch zugefüttert und sehr warm gehalten werden.

Hauptsymptome

Plötzlicher Beginn. Einige Welpen (es muss nicht immer der ganze Wurf betroffen sein) werden unruhig, jammern viel, stellen das Saugen ein und verlieren sehr schnell an Gewicht. Sie werden schwach und kalt, bekommen Muskelkrämpfe und strecken den Rücken und die Beine. Der Urin kann blutig sein, es tritt Durchfall auf und die Welpen zeigen u. U. Krampfanfälle. Schließlich fallen sie ins Koma und sterben.

Zusätzlich zu der tierärztlichen Behandlung können homöopathische Arzneien oft mit gutem Erfolg unterstützend eingesetzt werden, um die Widerstandskraft der Welpen zu stärken. Selbst sehr kleinen bzw. jungen Welpen können die Mittel gefahrlos verabreicht werden.

Bei schwachen und dehydrierten Welpen.	***Phosphoricum acidum* C6** oder **C30.** In der ersten Stunde eine Gabe alle 10-15 Minuten, dann alle zwei Stunden, ein bis zwei Tage bis zur Besserung.
Mögliche Alternative zu *Phosphoricum acidum,* wenn die Schwäche sehr ausgeprägt ist.	***China* C3** oder **C6.** Dosierung wie bei Phosphoricum acidum.
Bei unruhigen, kalten und schwachen Welpen, die evtl. Durchfall haben.	***Arsenicum album* C6** oder **C30.** Dosierung wie bei Phosphoricum acidum.
Wenn die Welpen bereits kollabiert sind und so aussehen, als würden sie bald sterben.	***Carbo vegetabilis* C6** oder **C30.** Eine Gabe alle 5-15 Minuten, vier- bis sechsmal, anschließend mit zunehmender Besserung Wechsel zu einem Mittel, das den aktuellen Symptomen entspricht.
Vorbeugung.	**Nosoden.** Diese können der Hündin bei bekannter Ursache unter Anleitung eines homöopathisch erfahrenen Tierarztes vor zukünftigen Würfen gegeben werden.

ZWINGERHUSTEN

(Infektiöse Canine Tracheobronchitis)

→ *Siehe auch im Kapitel „Allgemeine Krankheitszustände" unter „Erkältungen".*

Die Konsultation eines Tierarztes ist ratsam. Homöopathische Arzneien sind bei dieser Erkrankung sehr wirkungsvoll.

Wie der Name schon vermuten lässt, ist Husten ein charakteristisches Merkmal dieser Krankheit. Sie tritt oft während oder nach einem Aufenthalt in einer Hundepension oder nach einer Hundeausstellung oder sonstigen Veranstaltung auf, bei der viele Hunde zusammenkommen. Der Erreger, der bei Zwingerhusten eine vorrangige Rolle spielt, ist das Bakterium *Bordetella bronchiseptica.* Allerdings gibt es noch eine ganze Reihe von Viren, die ebenfalls an der Entstehung dieser Erkrankung beteiligt sein können. Außerdem kann es sich um eine Mischinfektion handeln, die durch die Sekundärinfektion mit weiteren Bakterien verkompliziert wird.

Hauptsymptome

Hartnäckiger, quälender, trockener Kitzelhusten. Ein charakteristisches Merkmal von Zwingerhusten ist, dass der Hund im Ruhezustand kaum hustet, aber anfängt, sobald er sich bewegt. Ist die Erkrankung nur leicht, macht der Hund oft keinen sonderlich kranken Eindruck, sondern frisst und verhält sich normal, außer wenn er gerade von einem Hustenanfall geplagt wird. Mögliche Symptome der akuten Form des Zwingerhustens sind Inappetenz und deutliche Störung des Allgemeinbefindens mit Fieber und Nasen- und Augenausfluss.

In einem solchen Fall sollte ein Tierarzt aufgesucht werden. Dieser verschreibt dann evtl. ein Antibiotikum, um das Risiko einer Bronchitis oder Pneumonie zu verringern, besonders wenn es sich um ein älteres oder geschwächtes Tier handelt.

Das Mittel der Wahl bei leichtem Zwingerhusten, wenn der Husten durch jegliche Bewegung verstärkt wird.	***Bryonia* C6.** Eine Gabe drei- bis viermal täglich, fünf bis sieben Tage bis zur Besserung.
Bei trockenem und krampfartigem Husten, der mit Würgen einhergeht, besonders wenn *Bryonia* nach zwei oder drei Tagen nicht geholfen hat.	***Drosera* C6.** Eine Gabe drei- bis viermal täglich, fünf bis sieben Tage bis zur Besserung.
In schwerwiegenderen Fällen mit Atembeschwerden, Giemen und unaufhörlichem Husten. Auswürgen von Schleim. Schlimmer im Freien.	***Ipecacuanha* C6.** Eine Gabe drei- bis viermal täglich, fünf bis sieben Tage bis zur Besserung.

IGEL

SPEZIELLE ERKRANKUNGEN

Die meisten Erkrankungen, die bei Igeln auftreten, finden Sie im Kapitel „Allgemeine Krankheitszustände“. Hier sind daher nur einige spezielle Krankheiten aufgeführt, an denen Igel leiden können. Sie haben z. T. eigene Bezeichnungen und werden daher etwas ausführlicher beschrieben.

ALLGEMEINES

Körpergewicht des ausgewachsenen Tieres	800-1200g (1,5-2,5 Pfd.)
Durchschnittliche Lebenserwartung	3-4 Jahre in freier Wildbahn bis zu 10 Jahre in Gefangenschaft
Körpertemperatur	34°-37°C ca. 6°C im Winterschlaf
Trächtigkeitsdauer	ca. 5 Wochen
Durchschnittliche Wurfgröße	3-5
Säugezeit	5-6 Wochen

- Wasser sollte immer zur Verfügung stehen.

HÄUFIGE ERKRANKUNGEN

BAKTERIELLE INFEKTIONEN

Macht der Igel einen deutlich kranken Eindruck, sollte unbedingt ein Tierarzt hinzugezogen werden.

Verschiedene Bakterien, die zu Erkrankungen des Menschen führen können, können auch beim Igel auftreten, z. B. Salmonellen, Leptospiren und Pasteurellen. Sie kommen häufiger bei älteren Tieren vor, die Stress ausgesetzt sind, z. B. wenn sie in Gefangenschaft gehalten werden.
Hilfreiche homöopathische Arzneien, die bei Bedarf in Kombination mit schulmedizinischen Medikamenten gegeben werden können, finden Sie unter den verschiedenen Überschriften im Kapitel „Allgemeine Krankheitszustände".

ENTERITIS

Entsprechende Arzneien sind im Kapitel „Allgemeine Krankheitszustände" zu finden.

ERNÄHRUNGSSTÖRUNGEN

Die Untersuchung und Behandlung durch einen Tierarzt ist erforderlich. Es ist wichtig, dass ein Mangel schnellstmöglich erkannt und korrigiert wird.

Ernährungsstörungen treten gehäuft nach der Winterruhe auf und führen zu Schwäche, Inappetenz, manchmal auch zu Durchfall und/oder Lahmheiten.

Beide Arzneimittel stärken den Körper während einer Erkrankung oder bei Schwächezuständen.	***Phosphoricum acidum* C6** oder **C30,** oder ***China* C6** oder **C30**. Eine Gabe täglich über das Futter und Wasser, sieben bis zehn Tage bis zur Besserung. (Zerdrücken Sie die Arznei mit einem Löffel auf einem Blatt Papier und geben Sie jeweils die Hälfte ins Futter und Wasser.)

HAUTPILZ

(Pilzflechte, Dermatomykose)

→ *Siehe auch im Kapitel „Allgemeine Krankheitszustände" unter „Hautpilz".*

Ungefähr 25 % aller Igel sind Träger von Pilzinfektionen. Für den Igel stellen sie meist kein Problem dar, sie können aber auf den Menschen übertragen werden, wenn er den Igel anfasst.

MADENBEFALL
(Myiasis)

➜ *Siehe im Kapitel „Unfälle, Notfälle und Erste Hilfe" unter „Wunden".*

Ein Besuch beim Tierarzt wird so gut wie immer notwendig sein, um alle Maden zu entfernen.

Igel sind sehr empfänglich für Madenbefall. Sie kämpfen viel, können ihre Wunden aber nicht lecken und säubern. Solche Verletzungen ziehen Schmeißfliegen an, die ihre Eier dort ablegen. Dies wiederum führt zu Madenbefall. Er tritt am häufigsten bei alten und kränklichen Igeln sowie bei verlassenen Jungtieren auf. Es ist ganz wichtig, dass ausnahmslos alle Maden entfernt werden, wenn das Tier überhaupt eine Überlebenschance haben soll. Sie sind in der Nase, den Augen, Ohren, dem Maul, Anus, der Vulva und allen anderen Hautfalten und -öffnungen zu finden.

PARASITEN

Die Diagnosestellung und schulmedizinische Behandlung durch einen Tierarzt kann erforderlich sein.

- **Ektoparasiten.** Igel sind oft mit einer großen Zahl von Igelflöhen befallen, aber nur selten mit anderen Floharten wie dem Hunde- oder Katzenfloh. Zecken besiedeln den Igel auch sehr oft und zahlreich. Manche Igel leiden zeitweise auch an Räude (ausgelöst durch Räudemilben, die in den äußeren Hautschichten leben). Homöopathische Arzneien zur Behandlung von Flöhen, Zecken und Läusen finden Sie unter den entsprechenden Überschriften im Kapitel „Allgemeine Krankheitszustände".

- **Endoparasiten.** Die tierärztliche Diagnose und Behandlung kann notwendig sein. Igel können die verschiedensten Wurmarten beherbergen. Die wichtigsten Vertreter sind Lungenwürmer, die zu Husten und rauer, rasselnder Atmung und in der Folge rasch zu Lungenentzündung und zum Tod führen. Eine schulmedizinische Wurmkur ist unbedingt angezeigt. Homöopathische Arzneien zur Behandlung von Husten und Pneumonie finden Sie unter den entsprechenden Überschriften im Kapitel „Allgemeine Krankheitszustände".

VERGIFTUNGEN

Eine tierärztliche Diagnose und symptomatische Behandlung ist zwingend erforderlich.

Igel sind gegenüber den meisten natürlichen und synthetischen Giften recht unempfindlich, können aber Vergiftungen durch Schneckenkorn (Metaldehyd) erleiden. Zum Glück macht ihnen aber der Verzehr von Schnecken, die mit Schneckenkorn vergiftet wurden, meist nichts aus.

Beide Arzneimittel stärken den Körper während einer Erkrankung oder bei Schwächezuständen.	***Phosphoricum acidum* C6** oder **C30,** oder ***China* C6** oder **C30**. Dosierung siehe oben.

VIRALE ERKRANKUNGEN

Igel sind empfänglich für Maul- und Klauenseuche. Zu anderen Viren, an denen Igel erkranken oder deren Träger sie sein können, ist wenig bekannt.

KANINCHEN

SPEZIELLE ERKRANKUNGEN

Die meisten Erkrankungen, die bei Kaninchen auftreten, finden Sie im Kapitel „Allgemeine Krankheitszustände“. Hier sind daher nur einige spezielle Krankheiten aufgeführt, an denen Kaninchen leiden können. Sie haben z. T. eigene Bezeichnungen, wie z. B. Pasteurellose, und werden daher etwas ausführlicher beschrieben.

ALLGEMEINES

Körpergewicht des ausgewachsenen Tieres	1-8 kg (abhängig von Rasse und Geschlecht)
Durchschnittliche tägliche Wasseraufnahme	100 ml pro kg KGW
Durchschnittliche Lebenserwartung	6-8 Jahre
Körpertemperatur	38,3 °C
Herzfrequenz	220 pro Minute
Trächtigkeitsdauer	30-33 Tage
Durchschnittliche Wurfgröße	4-12 (im Durchschnitt 7)
Säugezeit	7-8 Wochen
Geschlechtsreife	16-18 Wochen

HÄUFIGE ERKRANKUNGEN

DARMENTZÜNDUNG/DURCHFALL

(Enteritis/Diarrhoe)

Diese Erkrankungen und deren Behandlung mit passenden homöopathischen Arzneien werden ausführlich unter den entsprechenden Überschriften im Kapitel „Allgemeine Krankheitszustände" erläutert.

GESÄUGEENTZÜNDUNG

(Mastitis)

Eine Mastitis kann auftreten, wenn die Jungen zu abrupt bereits mit drei bis vier Wochen statt der üblichen sieben bis acht Wochen abgesetzt werden.

Weitere Einzelheiten und passende Arzneien finden Sie im Kapitel „Allgemeine Krankheitszustände" unter „Mastitis".

HAUTERKRANKUNGEN

Die Untersuchung und Behandlung durch einen Tierarzt kann erforderlich sein.

Kaninchen können an Hautpilz, Milbenbefall, bakteriellen Wundinfektionen (bakterielle Dermatitis), Abszessen etc. erkranken.
Schlagen Sie die passenden homöopathischen Arzneien unter den entsprechenden Überschriften im Kapitel „Allgemeine Krankheitszustände" nach.

- **Nekrobazillose.** Diese schwere und oftmals tödliche Hautinfektion bei Kaninchen wird durch ein Bakterium verursacht (entweder *Sphaerophorus* oder *Fusiformis necrophorus).* Am ganzen Körper entwickeln sich Hautschwellungen. Wenn sie aufbrechen, wird dickes, weißes oder cremefarbenes Exsudat entleert. Mit Fortschreiten der Erkrankung baut das Tier immer weiter ab; es magert ab und stirbt schließlich.

Die homöopathische Arznei ***Hepar sulphuris*** kann bei der Behandlung dieser Krankheit wertvolle Dienste leisten. Siehe unter „Abszesse" im Kapitel „Allgemeine Krankheitszustände".

- **Wunde Läufe.** An der Rück- bzw. Unterseite der Hinterläufe unterhalb der Sprunggelenke kommt es zu Fellverlust und Geschwürbildung. Die Ursache liegt oft in der Haltung auf schlecht konzipierten Drahtgitterböden oder in feuchten bis nassen Haltungsbedingungen.

▶ Homöopathische Arzneien zur Behandlung von Ekzemen finden Sie im Kapitel „Allgemeine Krankheitszustände" unter „Hauterkrankungen".

HINTERHANDLÄHMUNG

 ***Es sollte unbedingt ein Tierarzt konsultiert werden.***

Strampelt das Tier sehr stark, wenn es festgehalten wird, oder auch nach einem Unfall oder sonstigen gewaltsamen Einwirkungen, kann es zu einer Schädigung des unteren Rückens kommen.
Homöopathische Arzneien zur Behandlung dieses Zustandes finden Sie im Kapitel „Allgemeine Krankheitszustände" unter „Lähmungen" und im Kapitel „Hunde" unter „CDRM".

MYXOMATOSE

 ***Es sollte unbedingt ein Tierarzt konsultiert werden.***

Diese tödliche Kaninchenkrankheit wird durch ein Virus verursacht, das in vielen Wildkaninchen vorkommt und über den Kaninchenfloh auf Hauskaninchen übertragen wird. Die Krankheit entwickelt sich innerhalb von zwei bis acht Tagen. Es kommt zu einer hochgradigen Schwellung der Augenlider und dickem, cremigem Augenausfluss. In der Folge schwellen auch der Kopf und Hals an, und 11-18 Tage nach Einsetzen der Symptome tritt der Tod ein.

Es gibt einen Impfstoff, der vor der Erkrankung schützen soll. Es steht auch eine homöopathische Nosode zur Verfügung, die der Krankheit ebenfalls vorbeugen soll. Diese sollte jedoch nur unter Anleitung eines homöopathisch arbeitenden Tierarztes eingesetzt werden.

OHREN

 ***Es sollte umgehend ein Tierarzt konsultiert werden.***

Ohrenerkrankungen bei Kaninchen können eine Komplikation einer Pasteurelleninfektion sein (siehe unten), oder auch infolge eines Befalls mit Ohrmilben auftreten.
Es können nur ein Ohr oder auch beide Ohren betroffen sein. Der Kopf wird zur Seite des betroffenen Ohres gehalten und es können Kreisbewegungen auftreten. Das Tier fühlt sich offensichtlich unwohl und reibt oder kratzt am Ohr. Unter Umständen kommt es zu Ausfluss aus dem betroffenen Ohr oder das Innere des Gehörganges ist voller Krusten.

Weitere Einzelheiten und passende Arzneien finden Sie im Kapitel „Allgemeine Krankheitszustände" unter „Ohrenerkrankungen".

PARASITEN

Endoparasiten treten bei Kaninchen eher selten auf, gelegentlich kann es aber zu einem Befall mit Spul- und/oder Bandwürmern kommen. Die schulmedizinische Behandlung der Würmer ist sicher und wirksam.

PASTEURELLOSE

Die Untersuchung und Behandlung durch einen Tierarzt ist erforderlich.

Diese Krankheit wird durch das Bakterium *Pasteurella multocida* verursacht und geht mit schweren Symptomen im Bereich der Atemwege einher.

Hauptsymptome

Die Krankheit entsteht v. a. bei Stress, sei es durch schlechte Haltung, feuchte und zugige Umgebung, Trächtigkeit, Säugezeit oder eine andere Erkrankung. Es tritt eitriger, dicker und cremiger Ausfluss aus Augen und Nase, der die Augen verklebt und die Nase verstopft. In der Folge kann es zu Bronchopneumonie mit plötzlicher Todesfolge kommen, oder die Krankheit wird chronisch mit Rezidiven bei Stressbelastungen.

Homöopathische Arzneien zur Behandlung von Nasenausfluss, Lungenentzündung etc. finden Sie unter den entsprechenden Überschriften im Kapitel „Allgemeine Krankheitszustände".

ÜBERMÄSSIG LANGE ZÄHNE

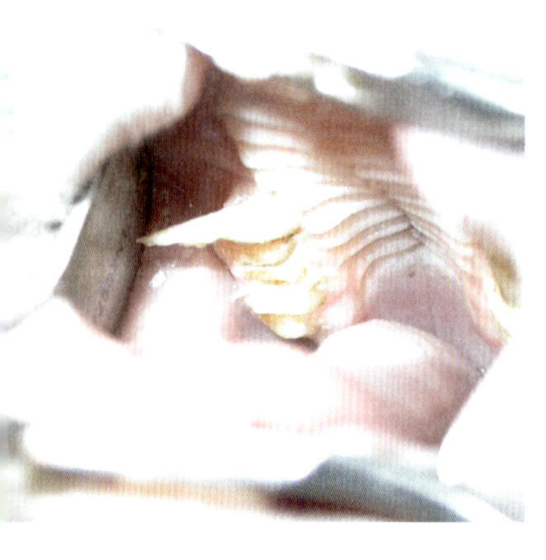

Es sollte so schnell wie möglich ein Tierarzt aufgesucht werden.

Kaninchen sind sehr nervöse Tiere. Homöopathische Arzneien können die Angst bei der Behandlung dämpfen. Zu lange Zähne (Schneidezähne) können zu Inappetenz und Gewichtsverlust führen und müssen von einem Tierarzt gekürzt werden.

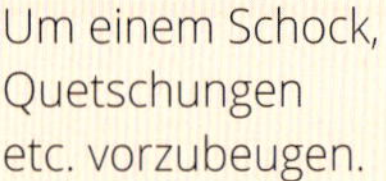 Um einem Schock, Quetschungen etc. vorzubeugen.	***Arnica* C6** oder **C30.** Eine Gabe täglich über das Futter und Wasser, zwei bis drei Tage lang nach Bedarf. (Zerdrücken Sie die Arznei mit einem Löffel auf einem Blatt Papier und geben Sie jeweils die Hälfte ins Futter und Wasser.)

KATZEN

SPEZIELLE ERKRANKUNGEN

Die meisten Erkrankungen, die bei Katzen auftreten können, finden Sie im Kapitel „Allgemeine Krankheitszustände". Hier sind daher nur einige Krankheiten aufgeführt, an denen speziell Katzen leiden können.

ALLGEMEINES

Katzen sind sehr unabhängige Tiere und oftmals Einzelgänger. Sie haben ihren eigenen Kopf und erwarten, dass ihr Besitzer oder Pfleger genau das tut, was sie möchten, und zwar sofort. Lebt eine Katze oder mehrere Katzen in einem Haushalt, hat man unweigerlich das Gefühl, dass das Haus der Katze gehört und der Besitzer nur dazu da ist, die Bedürfnisse der Katze zu erfüllen und nicht umgekehrt. Nichtsdestotrotz sind Katzen charakterstarke Individuen und wundervolle Haustiere und Begleiter. Mit einer Katze im Haus wird es nie langweilig.

Katzen können nicht vegetarisch ernährt werden. Sie müssen Fleisch oder Fisch bekommen, denn im Gegensatz zu den meisten anderen Tieren sind sie nicht in der Lage, die essentielle Aminosäure Taurin zu synthetisieren. Diese muss daher über das Futter zugeführt werden. Sie ist in Fleisch und Fisch enthalten, aber nicht in pflanzlichen Produkten. Falls möglich sollte man eine Katzenklappe installieren, um der Katze ein Maximum an Freiheit gewähren zu können – die meisten Katzen mögen es nicht, sich eingeschränkt zu fühlen. Ein Körbchen oder sonstiger feststehender Schlafbereich ist wünschenswert, aber nicht unbedingt notwendig, denn die Katze schläft sowieso dort, wo es ihr gerade passt.

- Es ist wichtig, dass immer frisches Wasser zur Verfügung steht, v. a. wenn die Katze ausschließlich Trockenfutter bekommt.
- **Anmerkung**: Fällt das „dritte Augenlid" (die Nickhaut) eines oder beider Augen vor, kann dies auf eine Erkrankung, v. a. eine chronische und zehrende Krankheit hinweisen (z. B. chronischen Katzenschnupfen), oder einfach auf eine allgemeine Schwäche und Störung des Allgemeinbefindens. Bleibt der Vorfall länger als ein paar Tage bestehen, sollte man der Sache auf den Grund gehen.
- **Trächtigkeitsdauer**: 63 Tage

ABSZESSE

Die Behandlung durch einen Tierarzt kann notwendig sein. Homöopathische Arzneien sind oft sehr wirksam, v. a. bei rezidivierenden oder chronischen Abszessen.

Abszesse treten bei Katzen sehr häufig auf. Sie sind meist die Folge von Beißereien mit einer anderen Katze. Die Eckzähne einer Katze sind sehr dünn und scharf und führen zu einer kleinen Stichwunde, die sich sehr schnell schließt. Dabei werden oft Bakterien in der Wunde eingeschlossen und im Laufe der folgenden Tage entwickelt sich ein Abszess.

Weitere Informationen zu diesem Thema finden Sie im Kapitel „Allgemeine Krankheitszustände“ unter „Abszesse“.

Hilfreich im Frühstadium mit starker Schwellung und Rötung im Bereich des Abszesses. Der Abszess selber sieht übel aus und die Haut darüber glänzt.	***Apis* C30.** Stündlich eine Gabe, bis zu viermal, dann dreimal täglich, bis der Abszess aufbricht oder kleiner wird.
Wird statt *Apis* im Frühstadium eingesetzt, wenn der Abszess mit Fieber einhergeht.	***Belladonna* C30.** Eine Gabe alle zwei bis vier Stunden, bis der Abszess aufbricht oder eine Besserung eintritt.
Versuchsweise, um die Abszessbildung zum Stillstand zu bringen.	***Hepar sulphuris* C30.** Eine Gabe alle vier Stunden (viermal täglich), einige Tage bis zur Besserung. Dieses Mittel hilft auch, wenn der Abszess lange bestehen bleibt oder häufig wiederkehrt. Eine Gabe dreimal täglich, bis zu eine Woche lang, bei Bedarf Wiederholung nach einigen Tagen.
In späteren Stadien, um die Abszessreifung und -eröffnung zu beschleunigen.	***Hepar sulphuris* C6.** Eine Gabe alle vier Stunden (viermal täglich), einige Tage bis zur Besserung.

BLASENENTZÜNDUNG

(Zystitis)

Es sollte ein Tierarzt aufgesucht werden.

Mit homöopathischen Arzneien können Blasenentzündungen sehr wirksam behandelt werden, v. a. in chronischen, immer wiederkehrenden Fällen. Diese Erkrankung tritt sehr häufig sowohl bei Katern als auch bei weiblichen Katzen auf. Da die meisten Katzen frühzeitig sterilisiert werden, tritt die Mehrzahl der Fälle mit zunehmendem Alter auf.

→ *Die Symptome und Behandlung der Blasenentzündung finden Sie im Kapitel „Allgemeine Krankheitszustände".*

FELINE CHLAMYDIENINFEKTION

Ein Tierarzt muss die Diagnose bestätigen. Die Erkrankung wird durch einen katzenspezifischen Stamm von Chlamydia psittaci verursacht.

→ *Siehe auch im Kapitel „Allgemeine Krankheitszustände" unter „Augenerkrankungen".*

Hauptsymptome

Akut. Akute Konjunktivitis mit wässrigem oder dickem und eitrigem Ausfluss. Bei Katzenwelpen kann die Erkrankung sehr schwer verlaufen. Sie geht auch oftmals mit Niesen und Nasenausfluss einher.

Chronisch. Im chronischen Fall sind die Augen sehr blutunterlaufen. Manchmal tritt auch Augenausfluss wie oben beschrieben auf.

Diagnose

Die Diagnose kann in einem Labor durch Isolation des Erregers und Untersuchung auf Antikörper bestätigt werden.

Die Konjunktiva (Bindehaut) ist stark gerötet und manchmal ist das dritte Augenlid geschwollen. Es tritt dicker, eitriger Augenausfluss auf. Dieses Mittel passt zu nervösen Tieren, die Angst vor der Untersuchung haben.	***Argentum nitricum* C30.** Eine Gabe ein- bis zweimal täglich, fünf bis zehn Tage lang.
Hilfreich, wenn beide Augen und die Nase betroffen sind. Die Absonderungen sind dick und gelb.	***Kalium bichromicum* C30.** Eine Gabe zwei- bis dreimal täglich, fünf bis zehn Tage lang.

Vorbeugung bei erhöhtem Infektionsdruck, vor allem bei Katzenwelpen.	***Chlamydien-Nosode* C30.** Sie kann in Kombination mit einer anderen angezeigten Arznei gegeben werden. Eine Gabe einmal täglich, sieben bis zehn Tage bis zur Besserung.

▶ **Anmerkung:** Nosoden sind sehr wirksam, sollten aber nur unter Anleitung eines homöopathisch erfahrenen Tierarztes angewendet werden.

FELINE DYSAUTONOMIE

(Key Gaskell Syndrom)

Die Konsultation eines Tierarztes ist zwingend erforderlich. Eine Flüssigkeitsersatztherapie zur Behandlung der Dehydratation ist ganz entscheidend und sollte von einem Tierarzt vorgenommen werden.

Die Ursache dieser Erkrankung ist noch nicht genau geklärt. Man vermutet eine Infektion oder eine Art Toxämie. Bei dieser Krankheit wird das autonome (unwillkürliche) Nervensystem angegriffen. Diese Nerven unterliegen nicht der bewussten Kontrolle.

Prognose. *Der Ausgang dieser Erkrankung ist mehr als ungewiss. In vielen Fällen muss das Tier aus Tierschutzgründen eingeschläfert werden.*

Hauptsymptome

Die Pupillen weiten sich und reagieren nicht mehr auf Lichtreize (normalerweise verengen sich die Pupillen bei hellem Licht und weiten sich bei Dunkelheit). Die Nickhaut fällt oft vor und bedeckt mitunter fast das gesamte Auge. Die Mundschleimhaut ist sehr trocken, und es treten erhebliche Schluckprobleme auf. Die Speiseröhre erweitert sich, das Futter bleibt darin liegen und wird anschließend wieder hochgewürgt. Weitere Symptome sind Inappetenz, Austrocknung, Verstopfung, u. U. Harnverhaltung oder Harninkontinenz und der Verlust der Darmkontrolle.

Als erstes Mittel, nachdem der Tierarzt die Diagnose gestellt hat.	***Belladonna* C30.** Eine Gabe drei- bis viermal täglich, zwei bis drei Tage lang, während man weitergehende Hilfe sucht.

Atropinum, Opium, Calcium carbonicum, Nux vomica und eine ganze Reihe anderer Mittel können entsprechend der vorliegenden Symptomatik in Frage kommen, sollten aber nur unter Anleitung eines homöopathisch erfahrenen Tierarztes gegeben werden.

FELINES IMMUNDEFIZIENZVIRUS
(FIV)

Bei Verdacht sollte sofort ein Tierarzt konsultiert werden, der die entsprechende Diagnose stellen kann.

Es liegen keine Anhaltspunkte dafür vor, dass das Feline Immundefizienzvirus (FIV) auf den Menschen oder andere Tiere übertragen werden kann, auch wenn es derselben Gruppe von Viren wie das HI-Virus des Menschen angehört.

FIV wird durch ein Retrovirus verursacht. Die Gene der Katze werden mit einer Kopie der viralen Gene überschrieben und sobald dies geschehen ist, bleibt die Infektion lebenslang bestehen. Das Virus ist sehr empfindlich und kann außerhalb des Körpers nicht lange überleben. Es wird im Rahmen von Beißereien unter Katzen über den Speichel übertragen. Aus diesem Grund sind besonders häufig verwilderte Katzen und erwachsene, unkastrierte Kater infiziert, die herumstreunen und dauernd in Kämpfe verwickelt sind. Daher sind auch Katzen mittleren Alters (5-12 Jahre) überdurchschnittlich oft infiziert.

Diagnose

Im Labor kann eine Routineuntersuchung auf FIV-Antikörper durchgeführt werden. Es kommt mitunter zu falsch positiven Ergebnissen, die dann eine Untersuchung auf das eigentliche Virus erforderlich machen.

Trägerstatus. *Infizierte Katzen sind lebenslang Virusträger, können aber selbst über Jahre gesund bleiben.*

Hauptsymptome

Die Symptomatik ist vielfältig, da das Virus das Immunsystem der Katze schwächt, sodass diese für alle möglichen Infektionen anfällig wird. Mögliche Symptome sind hohes Fieber und vergrößerte Lymphknoten (z. B. die Halslymphknoten), chronischer Durchfall und sehr oft eine Bindehautentzündung. Daneben kann es auch zu Gingivitis (Zahnfleischentzündung), Niesen (chronische Rhinitis), Stomatitis (Entzündung der Maulschleimhaut), Inappetenz, Gewichtsverlust, allgemeiner Abgeschlagenheit und Nierenversagen kommen.

Es gibt eine **homöopathische Nosode** zur Vorbeugung (und/oder Behandlung) gegen FIV. Ihre Anwendung und Dosierung sollte mit einem homöopathisch geschulten Tierarzt abgesprochen werden.

Impfung. *Es gibt keinen Impfstoff gegen FIV.*

Behandlung

Die Behandlung FIV-infizierter Katzen hängt von der Schwere der Symptome ab. Akute Fälle können entsprechend den Hauptsymptomen (z. B. Gingivitis, Konjunktivitis, Niesen etc.) behandelt werden. Die Arzneien können problemlos in Kombination mit allen vom Tierarzt verordneten Medikamenten gegeben werden. Chronische Fälle sprechen oft gut auf eine Konstitutionsbehandlung bei einem homöopathisch erfahrenen Tierarzt an.

Dieses Mittel sollte nach der tierärztlichen Diagnosestellung eingesetzt werden, um den Allgemeinzustand der Katze zu verbessern und das Immunsystem zu unterstützen.	***Baptisia* C3, C6** oder **C30.** Eine Gabe alle zwei Stunden, bis zu sechsmal am ersten Tag, dann drei- bis viermal täglich, bis der Appetit wiederkehrt und das Allgemeinbefinden sich bessert.
Unterstützt die Wirkung aller anderen angezeigten Arzneien.	***FIV-Nosode* C30.** Sie sollte unter Anleitung eines homöopathisch erfahrenen Tierarztes eingesetzt werden.

FELINE INFEKTIÖSE PERITONITIS

(FIP)

Es sollte sofort ein Tierarzt aufgesucht werden. Menschen und andere Tiere sind von dieser Krankheit nicht betroffen.

Der Felinen Infektiösen Peritonitis liegt eine komplexe Virusinfektion zugrunde. Viele Katzen infizieren sich mit dem Felinen Coronavirus (FCoV), aber nur ca. 10 % von ihnen entwickeln eine Feline Infektiöse Peritonitis (FIP). Einige Katzen leben noch Wochen oder Monate nach dem Ausbruch und der Diagnose der Erkrankung, diese endet aber leider immer tödlich. Das FCoV ist sehr ansteckend und wird sehr leicht über den Kot von einer Katze auf die andere übertragen. Auch eine Ansteckung über gemeinsame Futternäpfe (über den Speichel), durch Niesen oder gegenseitige Fellpflege wird diskutiert. Meist sind Einzelkatzen oder Katzengruppen unter einem Alter von drei Jahren betroffen.

Diagnose

Die Diagnose wird anhand der klinischen Zeichen und der Laboruntersuchung der Abdominalflüssigkeit gestellt. Im Labor können auch Untersuchungen auf Antikörper gegen das FCoV und das eigentliche Virus durchgeführt werden, ein positiver Befund bedeutet aber nicht zwangsläufig, dass die Katze auch an FIP erkranken wird.

Hauptsymptome

Bei der „nassen“ Form der Erkrankung kommt es zu Flüssigkeitsansammlung in der Bauchhöhle. Diese zeigt sich als Schwellung des Abdomens, wobei die Katze gleichzeitig deutlich an Gewicht verliert, sodass die Wirbelknochen und Rippen hervorstehen. Manche Tiere sind dabei immer noch bei gutem Allgemeinbefinden und fressen weiterhin, während andere sehr gedämpft sind und die Futteraufnahme einstellen. In manchen Fällen sammelt sich auch im Brustkorb Flüssigkeit, was zu Atembeschwerden v. a. in der Bewegung führt. Die Symptome der trockenen Form sind meist Fieber, Inappetenz, Gewichtsverlust und gedämpftes Verhalten. In den meisten Fällen entwickeln sich auch Augenveränderungen, wie z. B. Farbänderungen der Iris, wolkige Trübung oder Blutungen in die vordere Augenkammer. Weitere Symptome sind Gelbsucht, Atemnot, Erbrechen und/oder Durchfall.

Trägerstatus. *Einen solchen scheint es bei dieser Erkrankung nicht zu geben.*

Impfung. *Es gibt einen Impfstoff, der intranasal appliziert wird.*

Es gibt **homöopathische Nosoden** zur Vorbeugung gegen und/oder Behandlung von FIP. Ihre Anwendung und Dosierung sollte mit einem homöopathisch geschulten Tierarzt abgesprochen werden.

▶ *Anmerkung:* Eine Flüssigkeitsersatztherapie zur Behandlung der Dehydratation ist ganz entscheidend und sollte von einem Tierarzt vorgenommen werden. Homöopathische Arzneien können unterstützend gegeben werden und sehr hilfreich sein, um die individuellen Symptome wie Erbrechen oder Durchfall zu lindern. Weitere Informationen dazu finden Sie im Kapitel „Allgemeine Krankheitszustände“.

Diese Arznei unterstützt das Immunsystem und hilft, den Allgemeinzustand der Katze zu verbessern.	***Baptisia* C3, C6** oder **C30.** Eine Gabe drei- bis viermal täglich, einige Tage lang. Mit Eintreten einer Besserung wird die Dosis verringert oder das Mittel ganz abgesetzt. Wiederholung nach Bedarf.

Apis, Cantharis, Lycopodium, Tuberculinum bovinum und eine ganze Reihe anderer Mittel können entsprechend der vorliegenden Symptomatik in Frage kommen, sollten aber nur unter Anleitung eines homöopathisch erfahrenen Tierarztes gegeben werden.
Die ***FIP-Nosode*** **C30**, die aus der infektiösen Abdominalflüssigkeit hergestellt wird, kann empfängliche Tiere vor dieser Erkrankung schützen. Sie sollte unter Anleitung eines homöopathisch erfahrenen Tierarztes angewendet werden.

FELINE LEUKÄMIE

(FeLV, Feline Leukose)

Es sollte unbedingt ein Tierarzt aufgesucht werden, um die Diagnose zu bestätigen. Das Feline Leukämie-Virus (FeLV) infiziert weder den Menschen noch andere Tiere.

Durch die Infektion mit dem FeLV wird das Immunsystem unterdrückt, sodass andere Viren und Bakterien leichter in den Körper eindringen können. Das FeLV wird über den Speichel infizierter Tiere auf andere Katzen übertragen, z. B. bei der gegenseitigen Fellpflege. Unter vier Monate alte Katzenwelpen sind besonders empfänglich für eine Infektion mit dem FeLV. Danach entwickelt sich allmählich eine gewisse Resistenz, die aber durch eine massive Virusbelastung aufgehoben werden kann (beispielsweise wenn eine empfängliche Katze neu in einen Haushalt mit infizierten Katzen kommt). Das FeLV hat eine sehr lange Inkubationszeit, die mehrere Monate und in manchen Fällen sogar Jahre betragen kann. Wird eine junge Katze oder eine Katze mittleren Alters häufig krank und braucht sie lange Zeit, um sich wieder zu erholen, sollte man an Feline Leukämie denken.

Diagnose

Laboruntersuchungen können mit Blut, Speichel oder Tränenflüssigkeit durchgeführt werden. Die Interpretation der Ergebnisse muss von einer erfahrenen Person vorgenommen werden, da falsch negative und falsch positive Resultate vorkommen.

Trägerstatus. *Die Infektion kann sehr lange bestehen bleiben – manche Katzen, die genesen und irgendwann keine Viren mehr ausscheiden, reagieren im Antikörpertest immer noch positiv.*

Hauptsymptome

Fieber, Schwäche, Inappetenz, Gewichtsabnahme, Anämie (Blutarmut) und Krankheitsanfälligkeit, manchmal auch Erbrechen und/oder Durchfall. Krebserkrankungen werden auch mit der FeLV-Infektion in Zusammenhang gebracht, insbesondere Lymphosarkome. Diese entstehen vorzugsweise in den Lymphknoten (z. B. als Schwellungen unter dem Kinn), im Dünndarm und Colon oder in den Nieren. Auch im Nervensystem und in den Augen kann es zu Tumorbildung kommen. Trotz der Bezeichnung „Leukämie" tritt eine übermäßige Anzahl von wei-ßen Blutkörperchen nur sehr selten auf.

Impfung. *Es gibt Impfstoffe gegen diese Erkrankung.*

Es gibt **homöopathische Nosoden** zur Vorbeugung und/oder Behandlung der Felinen Leukämie. Ihre Anwendung und Dosierung sollte mit einem homöopathisch geschulten Tierarzt abgesprochen werden.

Diese Arznei unterstützt das Immunsystem und hilft, den Allgemeinzustand der Katze zu verbessern.	***Baptisia* C3, C6** oder **C30.** Eine Gabe alle zwei Stunden, bis zu sechsmal am ersten Tag, dann drei- bis viermal täglich, bis der Appetit wiederkehrt und das Allgemeinbefinden sich bessert.

Nachdem die Krankheit durch einen Tierarzt festgestellt wurde, können sich Arzneien wie ***Arsenicum album, Arsenicum iodatum, Iodum, Calcium fluoratum, Ceanothus*** und viele andere Mittel bei der Behandlung als hilfreich erweisen.
Die ***FeLV-Nosode* C30** unterstützt die Wirkung anderer angezeigter Arzneien. Sie sollte unter Anleitung eines homöopathisch erfahrenen Tierarztes angewendet werden.

FELINE PANLEUKOPENIE

(FPV, Feline Parvovirose, Feline Infektiöse Enteritis)

Es sollte unbedingt sofort ein Tierarzt aufgesucht werden. Die Feline Infektiöse Enteritis ist für Menschen und Hunde nicht ansteckend.

Das FIE-Virus ist ein sehr resistentes Virus und kann in der Umwelt bis zu ein Jahr lang überdauern (z. B. in einer Katzenpension oder Zuchtstätte). Es ist überaus schwierig, das Virus abzutöten, und man benötigt sehr starke Desinfektionsmittel, um mit dem Virus behaftete Orte und Gegenstände zu dekontaminieren. Katzenwelpen sind besonders empfänglich und stecken sich meist im Alter zwischen einem und drei Monaten an, je nachdem, wie groß der Schutz durch die in der Muttermilch enthaltenen Antikörper ist.

Trägerstatus. *Einen solchen gibt es bei FIE nicht, das Virus wird nur zwei bis drei Tage lang ausgeschieden. Wie oben erwähnt, kann es allerdings bis zu einem Jahr lang in der Umwelt überdauern. Auf diese Weise wird es auch meist übertragen.*

Diagnose

Erhöhte Anzahl von weißen Blutkörperchen, oder postmortal durch eine Sektion.

Hauptsymptome

Viele mit dem FIE-Virus infizierten Katzen zeigen niemals irgendwelche Anzeichen der Infektion. Manche infizierten Katzen und Katzenwelpen hingegen werden schwer krank und sterben auch oft. Die Erkrankung beginnt ganz plötzlich mit akutem Erbrechen, Depression, Austrocknung und Bauchschmerzen. Manchmal kommt Durchfall hinzu und Inappetenz bei gesteigertem Durst. Die Katze kauert vor dem Wasser- oder Futternapf und ist nicht in der Lage, etwas zu sich zu nehmen. Manchmal sind plötzliche Todesfälle das einzige sichtbare Symptom. Daneben kann es bei infizierten Mutterkatzen auch zu Aborten bzw. Resorption der Feten kommen. Infizierte Welpen werden mitunter mit Anomalien des Gehirns geboren.

Impfung. *Es gibt konventionelle Impfstoffe zum Schutz vor dieser Krankheit (meist in Kombination mit einem Impfstoff gegen Katzenschnupfen). Sie werden von vielen Züchtern und Auffangstationen für Katzen eingesetzt und haben offensichtlich nur wenige Nebenwirkungen.*

Es gibt auch **homöopathische Nosoden** zur Vorbeugung der Felinen Panleukopenie. Ihre Anwendung und Dosierung sollte mit einem homöopathisch geschulten Tierarzt abgesprochen werden.

Ein gutes Allgemeinmittel für diese Erkrankung. Die Symptome der FIE stimmen in vielen Fällen sehr gut mit dem Arzneimittelbild dieser Arznei überein.	***Arsenicum album* C30.** Stündlich eine Gabe, wobei die Potenz unerheblich ist (welche man auch immer zur Verfügung hat), vier- bis sechsmal. Dann Gabe der C30, drei- bis viermal täglich, vier bis sieben Tage bis zur Besserung.
Folgt gut auf *Arsenicum album*, wenn durch die ersten Gaben eine gewisse Besserung eingetreten ist, das Tier aber kurz nach der Aufnahme von ein wenig Wasser oder Futter erbricht.	***Phosphorus* C30.** Eine Gabe zwei- bis dreimal täglich, mehrere Tage bis zur Besserung.
Bei langsamer Genesung, wenn andere Mittel nicht ausreichend gewirkt haben und das Tier immer noch Durchfall hat.	***Baptisia* C6** oder **C30.** Eine Gabe zwei- bis dreimal täglich, mehrere Tage bis zur Besserung.
Hilfreich bei Austrocknung und Schwäche, nachdem man schon andere Mittel eingesetzt hat. Es kann auch mit gutem Erfolg zusammen mit anderen Arzneien gegeben werden.	***China* C6** oder **C30.** Eine Gabe vier- bis sechsmal täglich, zwei bis vier Tage lang.

Die ***FIE-Nosode* C30** bietet Schutz vor dieser Krankheit. Sie sollte unter Anleitung eines homöopathisch geschulten Tierarztes eingesetzt werden.

GEBURT

Siehe im Kapitel „Fortpflanzung".

HAARAUSFALL

(Alopezie)

Es ist ratsam, einen Tierarzt aufzusuchen. Homöopathische Arzneien können bei der Behandlung von Haarausfall sehr wirksam sein.

Hauptsymptome

Nach der Kastration/Sterilisation kann bei Katzen beiderlei Geschlechts Haarausfall auftreten, wobei der zeitliche Abstand zur Operation sehr unterschiedlich ist. Der Haarverlust kann mit Hautveränderungen einhergehen. In manchen Fällen tritt ein sogenanntes „miliares Ekzem" auf, das dazu führt, dass die Katzen sich an den betroffenen Stellen belecken und kratzen. Auf der Haut erscheinen sehr kleine Pickel und Krusten, v. a.

im Halsbereich, am Rücken und Schwanzansatz, manchmal auch in den Leisten. Der Haarausfall tritt meist an denselben Stellen auf, aber auch in den Flanken und hinter den Ohren. Siehe auch in diesem Kapitel unter „Miliares Ekzem".

Alopezie kann auch hormonellen Ursprungs sein und z. B. im Rahmen einer Schilddrüsenfehlfunktion auftreten. Auch Hauterkrankungen aller Art, die zu Juckreiz und heftigem Lecken und Kratzen führen (z. B. bei Flohbefall), können mit Haarausfall einhergehen.

Ohne die Unterstützung eines homöopathisch erfahrenen Tierarztes kann es sehr schwierig sein, Haarausfall erfolgreich homöopathisch zu behandeln.

Ein gutes allgemeines Mittel, das in vielen Fällen hilft.	***Natrium muriaticum* C30.** Eine Gabe zweimal täglich, 7-15 Tage lang. Wiederholung nach 10-15 Tagen nur, wenn vorher eine Besserung stattgefunden hat und anzunehmen ist, dass die weitere Behandlung zur vollständigen Heilung führen wird.
All diese Arzneien können helfen, sollten aber nur unter Anleitung eines homöopathisch erfahrenen Tierarztes angewendet werden.	***Ovarium, Testosteronum, Thyreoidinum, Selenium, Ustilago.***

HAARBALLEN

Unter Umständen muss ein Tierarzt konsultiert werden.

Haarballen treten v. a. bei langhaarigen Katzen recht häufig auf. Sie entstehen v. a. dann, wenn die Katze sehr intensive Fellpflege betreibt (z. B. bei Flohbefall) bzw. starken Haarausfall hat. Die Haare werden verschluckt und verklumpen im Magen der Katze zu einer festen Masse. Die Haarballen werden dann von Zeit zu Zeit erbrochen, oder sie verbleiben so lange im Magen, bis es zu Verdauungsstörungen kommt. Anzeichen dafür, dass die Katze Haarballen hat, sind plötzliche Inappetenz, allgemeines Unwohlsein und Würgen bzw. der Versuch zu erbrechen.

Katzen sollten Zugang zu Gras haben, das sie bei Bedarf aufnehmen und wieder erbrechen, wobei auch die Haarballen mit herauskommen. Speiseöl bzw. Sardinenöl im Futter können helfen, wenn die Haarballen die Verdauungswege verstopfen und wenn sich immer wieder Haarballen bilden.

Die tägliche Gabe der Arznei zur Zeit des Fellwechsels, am besten morgens einige Tage bis zu zwei Wochen lang, kann der Bildung von Haarballen u. U. vorbeugen.	***Nux vomica* C6.** Eine Gabe drei- bis viermal täglich, ein oder zwei Tage lang, bis die Beschwerden abgeklungen sind.
Verkürzt die Phase des Fellwechsels.	***Sulphur* C30.** Eine Gabe ein- oder zweimal pro Woche, zwei bis vier Wochen lang während des Fellwechsels.

HARNMARKIEREN

Es handelt sich mehr um ein soziales Problem als um eine echte Krankheit. Die Konsultation eines homöopathisch erfahrenen Tierarztes kann in diesen Fällen sehr hilfreich sein.

Im Grunde handelt es sich um eine ganz normale Verhaltensweise von Katzen, v. a. von unkastrierten Katern, die ihr Revier markieren. Nicht sterilisierte weibliche Katzen und kastrierte/sterilisierte Katzen beiderlei Geschlechts markieren manchmal auch auf diese Weise ihr Territorium. Angst vor dem Menschen und Aufregung gleich aus welchem Grund (Umzug, Umstellen der Möbel etc.) kann ebenfalls zu Harnmarkieren führen. Ein weiterer Grund könnte der Einzug einer neuen Katze sein.

Hilfreich, wenn das Harnmarkieren durch Aufregung oder Angst ausgelöst wird bzw. wenn sich die Katze irgendwie bedroht fühlt.	***Stramonium* C30.** Eine Gabe täglich, eine bis sechs Wochen lang bis zur Besserung. Tritt ein Rückfall auf, Wiederholung über sieben bis zehn Tage.
Wenn die Katze nach dem Tod oder der Trennung von ihrem Besitzer oder einem Katzenfreund trauert.	***Ignatia* C30.** Eine Gabe zweimal täglich, fünf bis sieben Tage lang. Hält das Problem an, Wiederholung nach 10-14 Tagen, sofern das Mittel vorher geholfen hat.
Bei Ärger und Groll aller Art. So kann z. B. die Ankunft eines neuen Menschen oder Tieres Harnmarkieren auslösen.	***Staphysagria* C30.** Eine Gabe zweimal täglich, fünf bis sieben Tage lang. Hält das Problem an, Wiederholung nach 10-14 Tagen, sofern das Mittel vorher geholfen hat.

Hilfreich bei einer älteren Katze, die Anzeichen von Senilität zeigt und bei der es zu „Unfällen" und Unachtsamkeit beim Harnabsatz kommen kann.	***Barium carbonicum* C30.** Eine Gabe zweimal täglich, fünf bis zehn Tage lang. Stellt sich eine Besserung ein, wird das Mittel abgesetzt und nur bei Bedarf wiederholt.

Um dieses hartnäckige Problem erfolgreich behandeln zu können, bedarf es oft der konstitutionellen Behandlung durch einen homöopathisch erfahrenen Tierarzt. Dabei können in Abhängigkeit von den vorliegenden Symptomen auch Mittel wie ***Aurum, Platinum, Lachesis, Argentum nitricum*, *Pulsatilla*** oder ***Nux vomica*** in Frage kommen.

HARNSTEINE

(Feline Lower Urinary Tract Disease (FLUTD), Felines Urologisches Syndrom (FUS), Sediment, Harngrieß, Blasensteine)

Die Diagnosestellung und Behandlung durch einen Tierarzt ist unbedingt erforderlich.

Diese Krankheit tritt sehr häufig bei kastrierten Katern auf, es können aber auch weibliche Katzen erkranken. Die genaue Ursache ist unbekannt, man vermutet aber, dass Virusinfektionen und die ausschließliche Fütterung mit Trockenfutter dahinterstecken könnten. Manche Katzen, die nur Trockenfutter fressen, trinken nicht genügend Wasser, was zu einer verminderten Harnbildung und damit zu einer starken Konzentration des Urins und zur Entstehung von Harngrieß oder Sediment führt. In der Folge können sich daraus Blasensteine bilden.

Hauptsymptome

Die Katzen sitzen mit aufgekrümmten Rücken da und zeigen ein deutlich gestörtes Allgemeinbefinden. Der Urin wird nur tropfenweise unter starkem Pressen abgesetzt oder es kommt zu vollständiger Harnverhaltung. Dann kann manchmal nur noch eine Operation Hilfe bringen. Der Urin enthält oft Blut. Die Katze ist sehr niedergedrückt und gedämpft. Wird nicht sofort eine Behandlung eingeleitet, kann es zu Austrocknung, Toxämie und Tod kommen.

Lindert die Beschwerden und fördert den normalen Harnabsatz.	***Sabal serrulata* C6.** Stündlich eine Gabe, bzw. bis zu vier- bis sechsmal täglich, zwei bis drei Tage lang, sobald die Diagnose gestellt wurde.
Bei älteren Katzen. Dieses Mittel wirkt auf die Leber. Funktioniert die Leber nicht richtig, wird die Entstehung von Harngrieß oder Blasensteinen begünstigt.	***Lycopodium* C6** oder **C12.** Eine Gabe zweimal täglich, 14-21 Tage lang, bis die Symptome abgeklungen sind.
Ein sehr hilfreiches Mittel bei allen oben aufgeführten Symptomen.	***Berberis* C6** oder **C12.** Eine Gabe zweimal täglich, 14-21 Tage lang, bis die Symptome abgeklungen sind.
Viele Blasensteine bestehen aus Phosphaten. Wurde dies durch eine Steinanalyse bestätigt, kann dieses Mittel die Bildung solcher Steine vermindern.	***Calcium phosphoricum* C30.** Eine Gabe einmal wöchentlich, sechs bis acht Wochen lang oder länger, unter Anleitung eines homöopathisch erfahrenen Tierarztes.
Zur Behandlung von Sediment oder Harngrieß nach Diagnosestellung.	***Thlaspi bursa pastoris* C6.** Eine Gabe dreimal täglich, 10-14 Tage lang, bis die Symptome abgeklungen sind.
Vorbeugung.	***Calcium phosphoricum* C30.** Regelmäßig unter Anleitung eines homöopathisch erfahrenen Tierarztes gegeben (z. B. mehrere Tage im Monat), kann es der Entstehung dieser Erkrankung vorbeugen oder zumindest die Häufigkeit des Auftretens vermindern.

KATZENSCHNUPFEN

Es sollte unverzüglich ein Tierarzt aufgesucht werden.

Katzenschnupfen hat nichts mit der Grippe des Menschen zu tun und kann auch nicht auf den Menschen oder andere Tiere übertragen werden.

Es handelt sich um eine primär virale Erkrankung, die meist sekundär durch eine bakterielle Mischinfektion verkompliziert wird. Beteiligte Viren sind das Feline Calicivirus (FCV) und das Feline Tracheitis-Virus (FVR), auch bekannt als Felines Herpesvirus (FHV). Der Katzenschnupfen wird entweder durch eines der beiden Viren oder durch eine Kombination derselben verursacht. Das Feline Herpesvirus führt dabei zu schwerwiegenderen Erkrankungen.

Diagnose

Die Isolation des Virus ist möglich, aber kostspielig, und wird daher nicht oft durchgeführt.

Trägerstatus. *Das Virus wird über Speichel, Tränenflüssigkeit und Nasenausfluss ausgeschieden. Mit FCV infizierte Katzen verbreiten das Virus auch über den Urin und Kot. Die Virusausscheidung erfolgt kontinuierlich, allerdings können manche Tiere auch spontan genesen und scheiden dann kein Virus mehr aus.*

Impfung. *Es gibt Impfstoffe zum Schutz gegen diese Erkrankung. Sie werden von vielen Züchtern und Auffangstationen für Katzen eingesetzt und haben offensichtlich nur wenige Nebenwirkungen*

Hauptsymptome

Ähnlich der Grippe des Menschen, mit Niesen und Augen- und Nasenausfluss. Die Absonderungen sind anfangs oft erst klar und wässrig. Schreitet die Erkrankung aber weiter fort, werden sie dick und gelb. Weitere mögliche Symptome sind hohes Fieber, Inappetenz, Husten und Geschwüre im Maulbereich. Ist das Feline Herpesvirus beteiligt, kann es zu Todesfällen infolge Austrocknung und Bronchopneumonie kommen. Überlebende Tiere bleiben oft chronisch krank. Die Symptome bei einer Infektion mit dem FCV sind meist weniger gravierend, allerdings kann es zu Geschwürbildung der Zunge und des Gaumens sowie im Nasenbereich kommen. Das FHV wiederum kann zu Hornhautgeschwüren eines oder beider Augen führen.

Mit dem Felinen Herpesvirus infizierte Katzen sind nach überstandener Erkrankung lebenslang Träger, selbst wenn sie später geimpft werden. Sie scheiden das Virus nicht kontinuierlich, sondern intermittierend aus, wenn sie unter Stress stehen (z. B. wenn sie in einer Katzenpension untergebracht werden). Katzenwelpen können zu lebenslangen Trägern des FHV werden, ohne selbst jemals Krankheitssymptome zu entwickeln. Dies kann dann passieren, wenn die Milch der Muttertiere zum Zeitpunkt der Infektion nur einen geringen Gehalt an Antikörpern gegen das FHV aufweist.

Es gibt auch homöopathische Nosoden zur Vorbeugung (manchmal auch zur Behandlung) des Katzenschnupfens. Ihre Anwendung und Dosierung sollte mit einem homöopathisch geschulten Tierarzt abgesprochen werden.

Beim ersten Anzeichen von Schnupfen oder allgemeinem Unwohlsein.	***Aconitum* C30.** Eine Gabe alle ein bis drei Stunden, bis zu vier- bis sechsmal.
Folgt gut auf *Aconitum*, wenn sich Fieber entwickelt.	***Belladonna* C30.** Eine Gabe alle zwei bis vier Stunden (vier- bis sechsmal täglich) bis zur Besserung oder Wechsel zu einer besser passenden Arznei.

Weitere Arzneien: Es sollte ein Mittel gewählt werden, das am besten mit den bestehenden Symptomen übereinstimmt (z. B. tränende Augen, Niesen, Husten etc.).

Das Mittel der Wahl bei der Grippe des Menschen. Angezeigt, wenn die typischen Grippesymptome vorliegen.	***Gelsemium* C30.** Eine Gabe viermal täglich (alle vier Stunden), vier bis sieben Tage lang, bis die Symptome abklingen.
Grippesymptome sowie trockener rauer Husten, der durch die geringste Bewegung ausgelöst wird.	***Bryonia* C6.** Eine Gabe drei- bis viermal täglich, vier bis sieben Tage lang, bis zur Besserung.
Beschleunigte Atmung mit kurzen keuchenden Atemzügen. Unbehandelt kann sich daraus eine Lungenentzündung entwickeln. Quälender Kitzelhusten, schlimmer in kalter Luft.	***Phosphorus* C30.** Eine Gabe drei- bis viermal täglich, vier bis sieben Tage lang, bis zur Besserung.
Starker Tränenfluss, Fieber und Durst. Oft sind Hals und Rachen beteiligt.	***Allium cepa* C30.** Eine Gabe viermal täglich (alle vier Stunden), zwei bis fünf Tage lang, bis zur Besserung.
Schmerzende Gelenke, Steifheit, Unruhe; Linderung durch leichte Bewegung.	***Rhus toxicodendron* C6.** Eine Gabe alle zwei bis vier Stunden (vier- bis sechsmal täglich), einige Tage lang, bis die Symptome abklingen.

MILIARES EKZEM

(Eosinophiles Granulom)

Tritt die Erkrankung erstmalig auf, ist es ratsam, einen Tierarzt zu konsultieren. Homöopathische Arzneien können hilfreich sein.

Hauptsymptome

Das miliare Ekzem ist eine Form von Dermatitis (Hautentzündung). Es entwickeln sich kleine Pickel oder Krusten, die in Gruppen im Bereich des Halses und Rückens, am Schwanzansatz und manchmal auch in den Leisten auftreten. Sie gehen mit Juckreiz einher, sodass sich die Katze an den betroffenen Stellen mehr oder weniger heftig kratzt oder beleckt.

Die unten aufgeführten Mittel können nach Bedarf wiederholt werden, wenn die Besserung nicht vollständig ist. Hat keine Reaktion auf die Arznei stattgefunden, sollte diese nicht weiter gegeben werden. In einem solchen Fall müssen die Symptome neu aufgenommen und die Behandlung überdacht werden.

Feste Pickel, Blasen und Pusteln mit honigfarbenen Krusten.	***Antimonium crudum* C6.** Eine Gabe zweimal täglich, zehn Tage lang. Bei Bedarf Wiederholung nach zehn Tagen.
Hochgradiger Juckreiz mit Blasen und kleinen Geschwüren auf der Haut.	***Mezereum* C6** oder **C30.** Eine Gabe zweimal täglich, zehn Tage lang. Bei Bedarf Wiederholung nach zehn Tagen.
Chronische und eher nässende Hautveränderungen hinter den Ohren und in der Leistengegend. Die Absonderung ist honigfarben, klebrig und oft übelriechend.	***Graphites* C6.** Eine Gabe zweimal täglich, sieben bis zehn Tage lang. Bei Bedarf Wiederholung nach drei Wochen.
Trockenes Ekzem mit vielen kleinen Pickeln unter dem Fell. Diese können gelbe Krusten haben, sondern aber kein Sekret ab. Mäßiger Juckreiz.	***Calcium sulphuricum* C6.** Eine Gabe zwei- bis dreimal täglich, sieben bis zehn Tage lang. Bei Bedarf Wiederholung nach drei Wochen.
Hilfreich bei starkem Juckreiz am ganzen Körper und gleichzeitigem Flohbefall (kleine schwarze Krümel – der Flohkot – v. a. im Halsbereich und am Schwanzansatz).	***Pulex* C30.** (Dieses Mittel wird aus dem Floh hergestellt.) Eine Gabe zweimal täglich, sieben bis zehn Tage lang. Bei Bedarf Wiederholung nach 10-14 Tagen.

Bei dieser Erkrankung müssen evtl. auch andere Hautmittel wie z. B. ***Arsenicum album*** oder ***Sulphur*** eingesetzt werden, um einen Erfolg zu erzielen. Im Zweifelsfalle sollten Sie einen homöopathisch erfahrenen Tierarzt konsultieren.

NIERENERKRANKUNGEN
(Nephritis)

Es sollte ein Tierarzt aufgesucht werden, um die Diagnose zu stellen und eine entsprechende Behandlung einzuleiten. Homöopathische Arzneien können oft mit gutem Erfolg zur Behandlung einer Nephritis eingesetzt werden, insbesondere in chronischen und langdauernden Fällen.

Als obligatorische Fleischfresser leiden Katzen sehr oft an Nierenerkrankungen. Wie bereits erwähnt, ist die Katze auf die Aufnahme von Fleisch angewiesen, da sie die Aminosäure Taurin nicht selbst synthetisieren kann. Taurin ist essentiell für die Aufrechterhaltung der Gesundheit. Fleisch und Fisch enthalten sehr viel Eiweiß. Überschüssiges Eiweiß muss wiederum über die Nieren ausgeschieden werden. Im Laufe der Jahre werden die Nieren dadurch immer mehr belastet, und es entwickelt sich eine chronische Nephritis. Diese stellt vermutlich die häufigste Todesursache bei Katzen dar. Daneben erkranken Katzen auch häufig an Infektionen der Nieren, die zu einer Schädigung oder Zerstörung des gesunden Nierengewebes führen können.

Daher leiden Katzen oft an rezidivierenden Infektionen und Entzündungen der Nieren, die schließlich zu einer chronischen Nierenerkrankung und zum Tod führen.

Hauptsymptome und Behandlung

Die Symptome und Behandlung der akuten und chronischen Nephritis werden ausführlich im Kapitel „Allgemeine Krankheitszustände“ unter „Nierenerkrankungen“ abgehandelt.

SCHILDDRÜSENPROBLEME

Die Diagnose muss durch einen Tierarzt gestellt werden. Homöopathische Arzneien können oft mit gutem Erfolg eingesetzt werden.

Hyperthyreose (Schilddrüsenüberfunktion, Thyreotoxikose)

Schwellung und Überaktivität der Schilddrüse. Es kommt zu vermehrtem Appetit und Durst, Unruhe, Durchfall, Muskelschwäche, erhöhter Herz- und Atemfrequenz sowie Gewichtsverlust. Die häufigsten Ursachen sind Schilddrüsentumoren und Hyperplasie (Vergrößerung) der Schilddrüse (Kropfbildung).

Unterfunktion der Schilddrüse. Charakteristische Symptome sind Lethargie, niedrige Körpertemperatur, schütteres und raues Haarkleid, oft in Verbindung mit Haarausfall, erniedrigte Herzfrequenz und Gewichtszunahme.
Sie tritt meist bei älteren Tieren auf und entwickelt sich spontan oder infolge einer Entzündung der Drüse.

Thyreoidinum, Iodum, Flor de Piedra, Spongia tosta und das Konstitutionsmittel können bei diesen Erkrankungen unter Anleitung eines homöopathisch erfahrenen Tierarztes eingesetzt werden.

SCHWANZDRÜSENHYPERPLASIE

(Suprakaudale Hyperplasie)

Es sollte eine tierärztliche Diagnose eingeholt werden. Homöopathische Arzneien können oft hilfreich sein.

Diese Hauterkrankung tritt gewöhnlich bei unkastrierten Katern auf, gelegentlich aber auch bei weiblichen Katzen und kastrierten/sterilisierten Katzen beiderlei Geschlechts. Es kommt zu übermäßiger Sekretion der Talgdrüsen, die sich auf der Oberseite des Rückens am Schwanzansatz befinden.

Hauptsymptome

Am Schwanzansatz tritt eine klebrige, gelbe und ölige Absonderung auf. Diese verklebt das Haarkleid und führt zu Juckreiz und permanentem Belecken, Beknabbern oder Reiben der betroffenen Stelle. Dadurch kann es zu Infektionen und Haarausfall kommen.

Homöopathische Arzneien zur Behandlung von Ekzemen finden Sie im Kapitel „Allgemeine Krankheitszustände" unter „Hauterkrankungen".

Bei feuchtem Ekzem mit Hautrötung, Schwellung und heftigem Juckreiz.	***Mercurius solubilis* C6** oder **C30.** Eine Gabe zweimal täglich, fünf bis zehn Tage bis zur Besserung. Bei Bedarf Wiederholung nach sieben bis zehn Tagen.
Bei feuchtem Ekzem mit klebriger, honigartiger Absonderung. Die Erkrankung neigt zu Rezidiven und Infektionen und es dauert sehr lange bis zur Abheilung.	***Graphites* C6.** Eine Gabe zwei- bis dreimal täglich, fünf bis sieben Tage lang. Bei Bedarf Wiederholung nach sieben bis zehn Tagen.
Bei Infektionen der betroffenen Stelle mit üblem Geruch und starkem Juckreiz.	***Hepar sulphuris* C6** oder **C30.** Eine Gabe zwei- bis dreimal täglich, fünf bis sieben Tage lang. Bei Bedarf Wiederholung nach sieben bis zehn Tagen.
In chronischen Fällen ohne Heilungstendenz.	***Silicea* C6** oder **C30.** Eine Gabe zweimal täglich, zwei bis vier Wochen bis zur Besserung.

STERBENDE KÄTZCHEN

(Fading Kitten Syndrome)

Sofortiges tierärztliches Eingreifen ist unbedingt erforderlich. Wenn die Katzenbabys nicht mehr richtig saugen, kommt es sehr schnell zur Austrocknung, die dringend behandelt werden muss.

Für diese Erkrankung gibt es eine ganze Reihe möglicher Ursachen, angefangen von Unterkühlung über bakterielle Infektionen, die mit der Milch aufgenommen werden oder über die Nabelschnur eindringen, Milchmangel oder Probleme mit der Milchfreisetzung beim Muttertier, Schwierigkeiten der Kätzchen beim Saugen bis hin zu zahlreichen Viruserkrankungen.

Hauptsymptome

Die Kätzchen jammern unablässig, kriechen vom Muttertier weg und können nicht mehr saugen. Die Körpertemperatur fällt ab, und sehr rasch kommt es zu Austrocknung und Tod.

Unterstützend zu der tierärztlichen Behandlung können homöopathische Arzneien gegeben werden, um die Abwehrkräfte der Kätzchen zu steigern. Die Mittel können gefahrlos auch bei sehr jungen Kätzchen angewendet werden.

Hilfreich bei schwachen und ausgetrockneten Kätzchen.	***Phosphoricum acidum* C6** oder **C30.** In der ersten Stunde eine Gabe alle 10-15 Minuten, dann alle zwei bis vier Stunden, ein bis zwei Tage bis zur Besserung.
Als Alternative zu oder mögliches Folgemittel von *Phosphoricum acidum.*	***China* C3** oder **C6.** Dosierung wie oben.
Bei unruhigen, ausgekühlten und schwachen Kätzchen, die u. U. auch noch Durchfall haben.	***Arsenicum album* C6** oder **C30.** Dosierung wie bei *Phosphoricum acidum.*
Wenn die Kätzchen bereits kollabiert sind und der Tod kurz bevorzustehen scheint.	***Carbo vegetabilis* C6** oder **C30.** Eine Gabe alle 5-15 Minuten, vier- bis sechsmal, dann mit zunehmender Besserung Wechsel zu einer besser passenden Arznei entsprechend den vorliegenden Symptomen.

MEERSCHWEINCHEN

SPEZIELLE ERKRANKUNGEN

Die meisten Erkrankungen, die bei Meerschweinchen auftreten, finden Sie im Kapitel „Allgemeine Krankheitszustände". Hier sind daher nur einige spezielle Krankheiten aufgeführt, an denen Meerschweinchen leiden können. Sie haben z. T. eigene Bezeichnungen und werden etwas ausführlicher beschrieben.

ALLGEMEINES

Körpergewicht des ausgewachsenen Tieres	750-1000 g
Durchschnittliche tägliche Wasseraufnahme	10 ml pro 100 g KGW
Durchschnittliche Lebenserwartung	4-8 Jahre
Körpertemperatur	38,6 °C
Herzfrequenz	130-190 pro Minute
Trächtigkeitsdauer	59-72 Tage (abhängig von der Wurfgröße)
Durchschnittliche Wurfgröße	1-6 (im Durchschnitt 3-4)
Säugezeit	21 Tage
Geschlechtsreife	Männchen: 9-10 Wochen Weibchen: 4-6 Wochen

HÄUFIGE ERKRANKUNGEN

ABSZESSE/HAUTVERLETZUNGEN

Es sollte ein Tierarzt aufgesucht werden, falls der Abszess gespalten werden muss.

Bei Meerschweinchen, die in Gruppen gehalten werden, kommt es häufig zu Verletzungen und Abszessbildung. Homöopathische Arzneien zur Behandlung von Abszessen finden Sie im Kapitel „Allgemeine Krankheitszustände“ und solche für Wunden im Kapitel „Unfälle, Notfälle und Erste Hilfe“.

ATEMWEGSERKRANKUNGEN

Die Untersuchung und Behandlung durch einen Tierarzt ist erforderlich.

Atemwegserkrankungen treten bei Meerschweinchen häufig auf. Sie werden durch eine ganze Reihe verschiedener Erreger verursacht. Charakteristische Krankheitserscheinungen sind Kurzatmigkeit, geräuschvolle Atmung, Inappetenz, Niesen, Nasenausfluss, Gewichtsverlust und gedämpftes Allgemeinbefinden bis hin zum Tod.

Atemwegserkrankungen und passende homöopathische Arzneien werden ausführlich im Kapitel „Allgemeine Krankheitszustände“ erläutert.

BINDEHAUTENTZÜNDUNG

(Konjunktivitis)

Diese Erkrankung tritt bei Meerschweinchen recht häufig auf, sei es durch ein Trauma bzw. eine Reizung durch schlechte Einstreu oder Haltung, oder als Folge einer Atemwegsinfektion.

➜ *Siehe im Kapitel „Allgemeine Krankheitszustände“ unter „Augenerkrankungen“.*

➔ *Siehe im Kapitel „Allgemeine Krankheitszustände" unter „Darmentzündung".*

DARMENTZÜNDUNG

(Enteritis)

Bei anhaltendem Durchfall (länger als zwei oder drei Tage) sollte ein Tierarzt aufgesucht werden.

Meerschweinchen leiden recht häufig an Verdauungsstörungen, wobei es oft nicht einfach ist, die Ursache herauszufinden. Es gibt eine Reihe möglicher Auslöser:

1.) Stress gleich welcher Art, oder Futterumstellung.
2.) Die übermäßige Anwendung von bestimmten Antibiotika, die wegen einer anderen Erkrankung eingesetzt werden, kann zu Durchfall führen.
3.) Infektion mit Salmonellen oder anderen Bakterien, oder Kokzidiose.
4.) Pseudotuberkulose. Diese Erkrankung ist keine „echte" Tuberkulose und wird durch ein anderes Bakterium verursacht. Sie führt zu Gewichtsverlust, Durchfall, Schwäche und Tod nach drei bis vier Wochen. Das Tier kann aber auch innerhalb von ein bis zwei Tagen an einer akuten Septikämie sterben. Man nimmt an, dass die Infektion durch Grünfutter, das von Nagern oder Wildvögeln kontaminiert wurde, auf Meerschweinchen übertragen wird.

➔ *Siehe im Kapitel „Allgemeine Krankheitszustände" unter „Euterentzündung".*

GESÄUGEENTZÜNDUNG

(Mastitis)

Eine Mastitis kann sich entwickeln, wenn die Haltung mangelhaft ist (feuchte und ungeeignete Einstreu) oder der Käfig nicht regelmäßig gereinigt wird.

➔ *Siehe im Kapitel „Unfälle, Notfälle und Erste Hilfe" unter „Wunden-Infizierte".*

HAUTERKRANKUNGEN

Die Untersuchung durch einen Tierarzt ist ratsam.

Meerschweinchen können an Räude (durch Milbenbefall), Läusebefall oder Hautpilz erkranken. All diese Erkrankungen finden Sie im Kapitel „Allgemeine Krankheitszustände" unter „Hauterkrankungen".

- **Ballenentzündung (Pododermatitis).** Diese Erkrankung ist eine bakterielle Infektion der Füße, die zu Schwellung und evtl. Geschwürbildung der Ballen führt. Schmutzige und nasse Einstreu und ein rauer Käfigboden wirken begünstigend auf die Entstehung der Krankheit. Sie sollte unbedingt behandelt werden.

- **Fellbeißen.** Ausreißen der Haare und Haarverlust ohne Juckreiz kann selbst zugefügt oder durch andere Meerschweinchen bedingt sein. Die Ursache ist oft unbekannt. Arzneien zur Behandlung von Haarausfall finden Sie im Kapitel „Allgemeine Krankheitszustände" unter „Hauterkrankungen".

TRÄCHTIGKEITSTOXÄMIE

Die Untersuchung und Behandlung durch einen Tierarzt ist erforderlich, wenn das Tier offensichtlich tragend ist, einen gedämpften und kranken Eindruck macht und die Futteraufnahme verweigert. Evtl. hat es auch Durchfall.

→ *Siehe im Kapitel „Schafe" unter „Trächtigkeitstoxämie".*

Eine Trächtigkeitstoxämie kann in den letzten ein bis zwei Wochen der Trächtigkeit und drei bis vier Tage nach der Geburt auftreten.

ÜBERMÄSSIG LANGE ZÄHNE

Es sollte umgehend ein Tierarzt konsultiert werden.

Meerschweinchen sind sehr nervöse und schreckhafte Tiere. Homöopathische Arzneien können die Angst bei der Behandlung dämpfen. Geeignete Arzneien zur Vorbeugung und Behandlung von Angst und Schock finden Sie im Kapitel „Unfälle, Notfälle und Erste Hilfe", beispielsweise ***Arnica* C6** oder **C30**. Eine Gabe täglich über das Futter und Wasser, zwei bis drei Tage vor und nach der Zahnbehandlung.

VITAMIN-C-MANGEL

(Skorbut)

Die Untersuchung und Behandlung durch einen Tierarzt ist erforderlich.

Diese Erkrankung kann im Rahmen einer Futterumstellung auftreten. Charakteristische Zeichen sind geschwollene und schmerzhafte Gelenke, Bewegungsunlust, allgemeiner Abbau und Tod. Die Behandlung mit Vitamin C ist zwingend notwendig, evtl. muss auch die Fütterung umgestellt werden.

Beide Arzneimittel stärken den Körper während einer Erkrankung oder bei Schwächezuständen.	***Phosphoricum acidum* C6** oder **C30,** oder ***China* C6** oder **C30**. Eine Gabe täglich über das Futter und Wasser, sieben bis zehn Tage bis zur Besserung.

ZERVIKALE LYMPHADENITIS

Die Untersuchung und Behandlung durch einen Tierarzt ist erforderlich.

Diese bakterielle Infektion wird durch Streptokokken hervorgerufen. Das Tier macht einen kranken Eindruck und frisst nicht mehr. Die Drüsen unter dem Kinn werden größer und können aufbrechen, wobei sich gelbweißer Eiter entleert.

Homöopathische Arzneien zur Behandlung von Abszessen finden Sie im Kapitel „Allgemeine Krankheitszustände“ und solche für Wunden im Kapitel „Unfälle, Notfälle und Erste Hilfe“.

PFERDE, PONYS UND ESEL

SPEZIELLE ERKRANKUNGEN

Erkrankungen, die in diesem Kapitel nicht aufgeführt sind, finden Sie im Kapitel „Allgemeine Krankheitszustände".

ALLGEMEINES

Bei Pferden, die im Stall gehalten werden, muss unbedingt für ausreichende Belüftung und Frischluftzufuhr gesorgt sein, wobei die Tiere keiner Zugluft ausgesetzt sein dürfen. Die Einstreu sollte stets sauber und trocken sein und frisches und sauberes Wasser sollte immer in ausreichender Menge zur freien Verfügung stehen. Im Freien gehaltene Pferde benötigen einen Wind- und Witterungsschutz, und sei es auch nur eine dichte Hecke. Ein Teil der Weide sollte trocken sein, sodass die Tiere, falls erforderlich, auch über einen längeren Zeitraum bequem stehen können. Auch hier sollte ausreichend frisches und sauberes Wasser zur Verfügung stehen. Es ist wichtig, Giftpflanzen wie z. B. Jakobskraut und Adlerfarn zur entsprechenden Jahreszeit zu entfernen (möglichst vor der Blüte).

▶ **Trächtigkeitsdauer**: 340 Tage

BÄNDER UND SEHNEN

 *Die Diagnosestellung durch einen Tierarzt ist erforderlich.*

Sehnen bilden den fibrösen, d. h. Faseranteil an den Enden der Muskelbäuche Mit ihrer Hilfe setzen die Muskeln im Bereich der Gelenke an. In der Bewegung dehnt sich ein Muskel aus bzw. zieht er sich zusammen; die Sehnen kontrollieren dabei das Ausmaß der

Bewegung. Sie stehen daher beständig unter Stress und Anspannung, sodass es kaum verwunderlich ist, wenn sie mitunter Verletzungen erleiden.

Bänder bestehen ebenfalls aus Fasergewebe. Sie unterstützen verschiedene Strukturen im Körper. Viele befinden sich im Inneren des Körpers und dienen der Aufhängung der verschiedenen Organe wie z. B. der Leber und des Darmes. Die Bänder, um die es in diesem Abschnitt geht, unterstützen die Gelenke. In einem Gelenk treffen zwei Knochenenden aufeinander und gleiten in der Bewegung übereinander hinweg. Bänder werden ebenso wie Sehnen häufig übermäßig belastet und neigen dann zu Entzündungen oder können sogar an ihrer Ansatzstelle abreißen.

Hauptsymptome

Bänder- und Sehnenverletzungen führen zu Lahmheiten unterschiedlicher Schwere mit entsprechenden Beschwerden und/oder Schmerzen.

Das erste Mittel der Wahl bei Verletzungen jedweder Art. Bei leichten Verletzungen benötigt man vielleicht nur diese Arznei, aber wenn sich keine deutliche Besserung einstellt oder die Verletzung doch schwerwiegender ist, braucht man noch andere Mittel, die entsprechend der vorliegenden Symptome gewählt werden.	***Arnica* C30.** Eine Gabe dreimal täglich, fünf bis zehn Tage lang.
Heiße und schmerzhafte Gelenkschwellung. Wird nach drei bis vier Gaben *Arnica* eingesetzt, die dem Trauma und Schock entgegenwirken sollen.	***Apis* C30**. Eine Gabe alle zwei bis vier Stunden, bis zu sechsmal am ersten Tag, dann noch einige Tage lang dreimal täglich.
Nach einer Verletzung oder einem Unfall mit Quetschung oder Zerreißung der Knochenhaut (des Periosts). Besserung durch Bewegung des betroffenen Gelenks und Wärme.	***Ruta* C6.** Eine Gabe dreimal täglich, fünf bis zehn Tage lang.
Das Hauptmittel bei Sehnenverletzungen, v. a. wenn es nach der ersten Bewegung zu einer leichten Besserung kommt.	***Rhus toxicodendron* C30.** Eine Gabe dreimal täglich, bis zu sieben Tage lang.

▶ **Anmerkung**: Die 1M Potenz (C1.000) ist in solchen Fällen oft am wirksamsten. Es ist aber wichtig, solche hohen Potenzen nur unter Anleitung eines homöopathisch erfahrenen Tierarztes einzusetzen.

Bei chronischen und ständig wiederkehrenden Bänder- und Sehnenverletzungen.	***Silicea* C200.** Eine Gabe einmal täglich, zehn Tage lang. Wiederholung nach Bedarf.

Alternativ in langdauernden Fällen, v. a. bei älteren Tieren.	***Silicea* C6.** Eine Gabe ein- oder zweimal täglich, vier bis sechs Wochen lang, ist oftmals hilfreich.

DERMATITIS, FESSELEKZEM UND MAUKE

Bei anhaltenden Symptomen sollte ein Tierarzt hinzugezogen werden.

Das Wort „Dermatitis" bedeutet Hautentzündung (sowohl der äußeren Schicht, der Epidermis, als auch der inneren Schicht, der Dermis). In diesem Abschnitt geht es um Dermatitiden im unteren Bereich der Gliedmaßen.

Mauke

Diese Erkrankung ähnelt der oben beschriebenen seborrhoeischen Dermatitis, nimmt aber mehr die Form eines Ekzems an. Sie tritt in der Fesselbeuge auf und führt zu hochgradiger Wundheit und heftigen Schmerzen, sodass sich viele Pferde in diesem Bereich überhaupt nicht anfassen lassen.

Hauptsymptome

Der betroffene Bereich ist feucht und die Absonderung ist eher klebrig als fettig.

Sehr nützlich im Frühstadium, wenn die betroffene Stelle noch relativ trocken ist.	***Arsenicum album* C30.** Eine Gabe einmal täglich, sieben bis zehn Tage lang.
Die Haut sieht oft trocken und rau aus, sondert aber eine honigfarbene und klebrige Flüssigkeit ab.	***Graphites* C6.** Eine Gabe dreimal täglich, fünf bis zehn Tage lang.
Bei Vorliegen einer Infektion, die meist einen üblen Geruch verströmt.	***Hepar sulphuris* C30.** Eine Gabe zweimal täglich, bis zu eine Woche lang.
Folgt in hartnäckigen Fällen gut auf *Hepar sulphuris.*	***Silicea* C6** oder **C30.** Eine Gabe zweimal täglich, sieben bis vierzehn Tage lang.
Wenn die Erkrankung nicht auf andere Arzneien anspricht.	***Thuja* C30.** Eine Gabe einmal täglich, zehn bis vierzehn Tage lang.

Äußerliche Behandlung

Calendula (evtl. in Kombination mit *Hypericum*) als Creme oder Lotion (siehe Seite 34) kann zwei- bis dreimal täglich auf die betroffenen Stellen aufgetragen werden, bis diese abgeheilt sind.

Seborrhoeische Dermatitis der Fesselgelenke

Übermäßige Produktion des körpereigenen Hautfettes. Diese Erscheinung tritt bevorzugt an den Hinterbeinen auf. Die Ursache kann darin liegen, dass das Tier in einem nassen und schmutzigen Stall steht, der nicht oft genug ausgemistet wird, was das Eindringen von Infektionen in kleinen Hautabschürfungen begünstigt.

Hauptsymptome

Die Haut in dem betroffenen Bereich wird dick und es bilden sich Pusteln, die zu Unbehagen, Schmerzen und möglicherweise auch Lahmheit führen. Das Pferd reibt und leckt sich an der Stelle und stampft mit dem Huf auf.

DURCHFALL UND DARMENTZÜNDUNG

(Diarrhoe und Enteritis)

Bei anhaltenden Symptomen bzw. wenn das Tier einen eindeutig kranken Eindruck macht, sollte unbedingt ein Tierarzt gerufen werden. Durchfall kann bei Pferden eine gefährliche, mitunter sogar lebensbedrohliche Erkrankung darstellen.

Zum Glück tritt Durchfall bei Pferden nicht allzu häufig auf und spricht auch oft gut auf eine homöopathische Behandlung an. Es gibt eine beträchtliche Anzahl von Arzneien, die zur Behandlung von Durchfall in Frage kommen. Wie es in der Homöopathie immer der Fall ist, wird man um so größeren Erfolg haben, je besser das gewählte Mittel mit den Krankheitssymptomen übereinstimmt.
Es gibt eine ganze Reihe von möglichen Ursachen für Durchfallerkrankungen bei Pferden.

Chronische Lebererkrankung

Geht oft mit Durchfall einher, der dann meist hell oder gelb ist. Häufig liegen auch Anzeichen für eine Gelbsucht vor (gelbe Schleimhäute und Skleren [„Augenweiß“]).

Dickdarmentzündung (Colitis)

Plötzlicher Beginn, erhöhte Puls- und Atemfrequenz, Apathie und Bauchschmerzen. Heftiger, wässriger, manchmal blutiger Durchfall. Fieber und Schwitzen.

Fohlen

Fohlen können außer an fütterungsbedingten und parasitären Durchfällen auch an Durchfällen erkranken, die durch Viren und/oder Bakterien verursacht werden (z. B. E. coli oder Salmonellen). Die oben für ausgewachsene Pferde angegebenen Arzneien können unbesorgt auch Fohlen verabreicht werden.

Fütterungsbedingter Durchfall

Falsches Futter oder die übermäßige Aufnahme des gewohnten Futters können zu Durchfall und u. U. auch zu Kolik führen.

Hochgradiger Wurmbefall

Neben dem Einsatz von homöopathischen Arzneien zur Behandlung des Durchfalls ist eine Bekämpfung der Parasiten mit entsprechenden schulmedizinischen Entwurmungsmitteln unabdingbar. Die häufigsten Symptome sind allmählicher und fortschreitender Verlust der Leistungsfähigkeit und Vitalität sowie Gewichtsabnahme bei erhaltenem Appetit.

Langdauernde Anwendung von Kortikosteroiden und anderen Entzündungshemmern

Diese Medikamente setzen die natürlichen Abwehrkräfte des Körpers herab, sodass es bei längerer Anwendung zu langdauernden und erschöpfenden Durchfällen kommen kann.

Übermäßiger Gebrauch von Antibiotika

Kann die normale Darmflora durcheinander bringen und dadurch zu manchmal schwerem Durchfall führen.

Verschiedene Gifte

Giftige Pflanzen sind z. B. Adlerfarn oder Ackerschachtelhalm (an Flussufern zu finden), Rhododendron und solaninhaltige Pflanzen (grüne Kartoffeln, Bittersüßer und Schwarzer Nachtschatten). Eine weitere gefährliche Pflanze ist das Jakobskreuzkraut *(Senecio jacobaea)*. Es sollte immer herausgezogen und von den Weiden entfernt werden. Im frischen Zustand ist es nicht sonderlich schmackhaft, aber wenn es verwelkt bzw. getrocknet und beispielsweise Bestandteil des Heus ist, wird es bereitwillig aufgenommen, verliert aber seine Giftwirkung nicht. Die Hauptsymptome sind starker Durchfall und hochgradige Störung des Allgemeinbefindens mit Teilnahmslosigkeit, Inappetenz und Toxämie. Erfolgt nicht umgehend eine wirksame Behandlung, endet die Vergiftung mit dem Tod.

Fieber, schneller Puls, erweiterte Pupillen, erhöhte Atemfrequenz, Schwitzen.	***Aconitum* C6** oder **C30.** Stündlich eine Gabe, drei- bis viermal.
Hellbrauner, faulig riechender, schmerzloser Durchfall, meist durch Überfressen oder verdorbenes Futter. Durst auf kleine Mengen, Unruhe, evtl. Blut im wässrigen Kot.	***Arsenicum album* C30.** Eine Gabe alle drei bis vier Stunden, bis zu viermal täglich.
Schleimiger Durchfall mit Kolikerscheinungen.	***Colocynthis* C30.** Eine Gabe alle halbe Stunde, bis zu sechsmal, dann viermal täglich, zwei bis drei Tage lang.
Starker wässriger Durchfall, der wie aus dem Spundloch geschossen kommt, schlimmer durch Wasseraufnahme.	***Croton tiglium* C30.** Eine Gabe drei- bis viermal täglich, zwei bis vier Tage lang.

Durst und Speichelfluss, Frieren und kalter Schweiß, blutiger Durchfall. Grundsätzlich ein gutes Mittel bei Blut im Stuhl.	***Mercurius corrosivus* C30.** Eine Gabe viermal täglich, bei Bedarf drei bis vier Tage lang.
Durchfall infolge einer Verdauungsstörung mit evtl. Leberbeteiligung.	***Nux vomica* C6.** Eine Gabe drei- bis viermal täglich, drei bis vier Tage bis zur Besserung.
Chronische Fälle. Übelriechender Durchfall, reichlich und geräuschvoll.	***Podophyllum* C6.** Eine Gabe drei- bis viermal täglich, einige Tage bis zur Besserung.

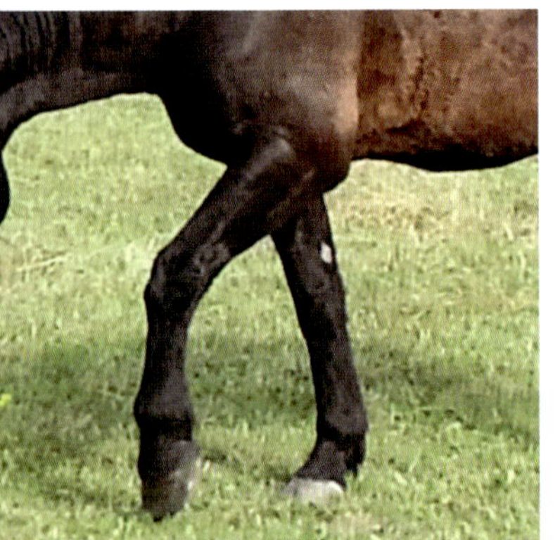

GELENKERKRANKUNGEN

Bei allen Erkrankungen im Bereich der Gliedmaßen, die zu einer Lahmheit führen, ist es ratsam, einen Tierarzt zwecks Untersuchung und Behandlung hinzuzuziehen.

Für alle Equiden (Pferde, Ponys und Esel) spielt die Gesundheit der Gliedmaßen aufgrund der ihnen übertragenen Aufgaben und Arbeit eine entscheidende Rolle.

Arthritis

Arthritiden stellen bei Mensch und Tier die häufigsten Gelenkerkrankungen dar. Es handelt sich dabei um eine Entzündung der gelenkseitigen Oberflächen eines Gelenks (die Gelenkanteile, die sich in der Bewegung gegeneinander bewegen).

Hauptsymptome

Im Frühstadium ist das Gelenk geschwollen und schmerzhaft. Schreitet der Prozess fort, kommt es zu Veränderungen der knöchernen Strukturen, die zu einer Einschränkung der Gelenkfunktion, vermehrten Schmerzen und Lahmheit führen (Osteoarthritis).

Gonitis

Entzündung und arthritische Veränderungen des Kniegelenks.

Hauptsymptome

Lahmheit unterschiedlicher Schwere, Bewegungseinschränkung und/oder Schmerzen.

Hygrom

Flüssigkeitsansammlung an der Vorderseite des Karpalgelenks, i. d. R. verletzungsbedingt.

Hauptsymptome

Schwellung und möglicherweise Schmerzen und Lahmheit.

Bei jeder Verletzung das erste Mittel der Wahl.	***Arnica* C30.** Eine Gabe drei- bis viermal täglich, nach Bedarf vier bis sieben Tage lang.
Hilfreich bei massiven Flüssigkeitsansammlungen mit Schwellung und Schmerzen.	***Apis* C30.** Eine Gabe alle zwei bis vier Stunden, vier- bis sechsmal.
Ein ausgezeichnetes Arthritismittel, wenn sich der Zustand durch Bewegung bessert, und sei es auch nur leicht.	***Rhus toxicodendron* C30.** Eine Gabe drei- bis viermal täglich, einige Tage oder auch länger, wenn der Zustand chronisch wird.
Wenn das Gelenk fest und straff erscheint und die Lahmheit durch Bewegung verschlimmert wird.	***Bryonia* C6.** Dosierung wie bei *Rhus toxicodendron.*

▶ **Anmerkung**: Hat Bewegung keinen Einfluss auf die Lahmheit, weder zum Besseren noch zum Schlechteren, erzielt man oft gute Erfolge mit der abwechselnden Gabe von *Rhus toxicodendron* und *Bryonia* in der Potenz C6; beide Arzneien werden ein- oder zweimal täglich verabreicht.

In chronischen und hartnäckigen Fällen. Die Potenz C30 oder sogar C200 kann in sehr schweren Fällen zweimal täglich über zehn Tage versucht werden.	***Silicea* C6** oder **C30.** Zeigt die Potenz C6 eine gute Wirkung, kann sie zweimal täglich über mehrere Wochen gegeben werden.
In chronischen Fällen mit knöchernen Veränderungen, um das Gelenk ruhig zu stellen.	***Calcium fluoratum* C30.** Geben Sie dieses Mittel nur ein- bis zweimal pro Woche, bei Bedarf sechs bis acht Wochen lang.

Karpitis

Entzündung des Vorderfußwurzelgelenks, die entweder durch eine Verletzung oder durch Überanstrengung verursacht wird.

Hauptsymptome

Lahmheit, deren Schweregrad vom Ausmaß der Gelenkschädigung abhängt. Eine Karpitis kann chronifizieren, woraus unweigerlich eine Osteoarthritis resultiert.

Spat

Entzündung und Arthritis des Sprunggelenks.

Hauptsymptome

Lahmheit mit knöchernen Veränderungen, die zu einer erheblichen Bewegungseinschränkung führen können.

HAUTERKRANKUNGEN

Die Diagnose durch einen Tierarzt kann evtl. notwendig sein.

Akne

Eine Infektion der Haarfollikel, die der Akne des Menschen ähnelt. Ursächliche Erreger sind oft Staphylokokken (Bakterien).

Hauptsymptome

Auf der Haut erscheinen kleine Knötchen. Besonders betroffen sind stark schwitzende Bereiche, auf die zusätzlich Druck ausgeübt wird, wie z. B. in der Sattellage. Die Knötchen infizieren sich leicht und es bilden sich Pusteln oder kleine Eiterbeulen.

Ist ohne den Rat eines homöopathisch erfahrenen Tierarztes oft nur schwierig zu behandeln.	***Hepar sulphuris* C30.** Eine Gabe dreimal täglich, fünf bis sieben Tage lang. Bei Bedarf Wiederholung nach sieben Tagen.

Nässeekzem

Eine Erkrankung, ähnlich der Mauke, der Fesselgelenke (siehe dort). Das Nässeekzem tritt allerdings im Bereich des Rückens auf, wenn das Pferd durch anhaltenden Regen permanent durchnässt ist.

Hauptsymptome

Das Fell ist in dem betroffenen Bereich verfilzt und sieht schmutzig aus. Die Haut löst sich in Fetzen ab und es bleiben rote, nässende, ekzematöse Flecken zurück.
Behandlung wie unter „Dermatitis, Fesselekzem und Mauke“

Äußerliche Behandlung

Calendula-Lotion oder **-Creme** kann bis zur Abheilung zwei- bis dreimal täglich auf die betroffenen Stellen aufgetragen werden.

Sommerekzem

Diese Sonderform eines Ekzems betrifft vor allem den Mähnenbereich, die Rückenlinie und die Schweifregion. Es handelt sich um eine allergische Erkrankung, die durch den Stich einer Mücke aus der Familie der Gnitzen (*Culicoides*) verursacht wird. Manche Tiere reagieren besonders empfindlich auf die Stiche. Ein Sommerekzem kann allerdings auch durch allergische Reaktionen auf Pollen oder bestimmte Hautpflegemittel hervorgerufen werden. Die Erkrankung tritt am häufigsten bei Ponys auf.

Hauptsymptome

Hochgradiger Juckreiz an den betroffenen Stellen, der zu heftigem Reiben und Beknabbern führt. Das Tier ist insbesondere abends außerordentlich unruhig. Es wird ein klebriges, nasses Exsudat ausgeschwitzt, das die Mähne und Schweifrübe verklebt. Die Erkrankung tritt meist saisonal von April bis Oktober auf.

- **Allgemeine Vorsichtsmaßnahmen**: Halten Sie betroffene Tiere vor 10 Uhr vormittags und nach 16 Uhr im Stall. Lassen Sie Ponys nicht in baumreichen oder nassen bzw. sumpfigen Gegenden weiden.

Bei allen hier aufgeführten Hauterkrankungen, besonders aber bei Sommerekzem.	***Arsenicum album* C30.** Eine Gabe zweimal täglich, sieben bis zehn Tage lang. Bei höheren Potenzen genügt eine einmal tägliche Gabe.
Wenn sich die Erkrankung sehr lange hinzieht und viel klebriges, honigartiges Exsudat abgesondert wird und keine Reaktion auf die Gabe von *Arsenicum album* stattgefunden hat.	***Graphites* C6.** Eine Gabe dreimal täglich, sieben bis zehn Tage lang. Bei Bedarf Wiederholung nach sieben bis zehn Tagen.
Wenn die Haut unangenehm riecht und einen fettigen Eindruck macht.	***Sulphur* C6.** Eine Gabe dreimal täglich, zehn bis vierzehn Tage lang.

Urtikaria (Nesselsucht)

Auch diese Erkrankung ist eine allergische Reaktion, allerdings auf Allergene, die in Futtermitteln oder Medikamenten enthalten sind.

Hauptsymptome

Erhabene ödematöse (schwammige) Hautstellen, die ganz plötzlich auftreten. Sie können überall am Körper erscheinen, betreffen aber überwiegend den Hals und Rumpf. In schweren Fällen kommt es außerdem zu Abgeschlagenheit und/oder Durchfall.

Das erste Mittel der Wahl.	***Urtica urens* C6.** Eine Gabe alle 15-20 Minuten, vier- bis sechsmal, mit zunehmender Besserung Verlängerung der Intervalle auf drei- bis viermal täglich, ein bis drei Tage lang nach Bedarf.
Hochgradige Schwellung und Ödem. Sehr empfindliche Haut, schlimmer durch Wärme und Druck. Schwellung der Lippen und Augenlider.	***Apis* C30**. Eine Gabe alle 15-20 Minuten, vier- bis sechsmal, mit zunehmender Besserung Verlängerung der Intervalle auf drei- bis viermal täglich, zwei bis vier Tage lang nach Bedarf.

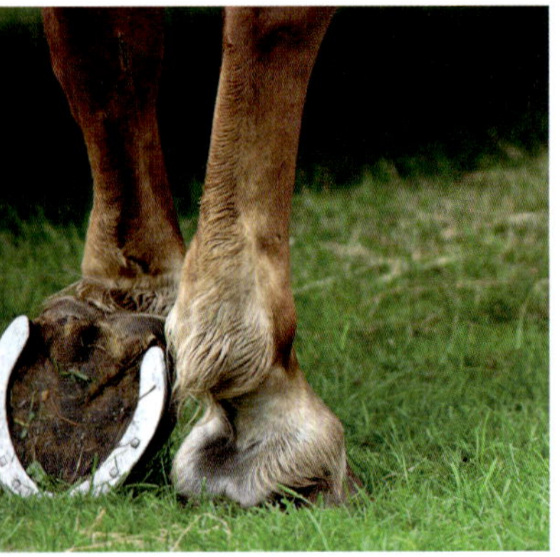

HUFE

Bei allen Erkrankungen im Bereich der Hufe, die zu einer Lahmheit führen, ist es ratsam, einen Tierarzt zwecks Untersuchung und Behandlung hinzuzuziehen.

Hohle Wand

Eine hohle Wand kann im Rahmen einer chronischen Hufrehe entstehen, wenn in den Hohlraum zwischen der Hufwand und dem darunter liegenden empfindlichen Gewebe eine Infektion eindringt.

Hauptsymptome

Eiterbildung mit Absonderung im Bereich der weißen Linie. Evtl. mit Lahmheit verbunden.

Ein sehr nützliches Mittel, das in chronischen Fällen die Regeneration von geschädigtem oder nekrotischem Gewebe unterstützt.	***Calcium fluoratum* C30.** Eine Gabe ein- oder zweimal täglich, oder ein- bis zweimal wöchentlich über vier bis sechs Wochen.

Hornkluft, Hornspalte

Risse in der Hufwand können entweder im Bereich des Tragrandes oder am Kronsaum auftreten. Bei Rissen am Tragrand kann es zur Absplitterung von Teilen des Hufes kommen, wodurch die Arbeit des Hufschmieds erschwert wird. Tritt der Riss am Kronsaum auf, bleibt er meist über lange Zeit bestehen, und das neue Hufhorn wächst mit dem Riss nach.

Hauptsymptome

Risse in der Hufwand können eine Eintrittspforte für Schmutz und Infektionen sein, und in dem betroffenen Bereich kommt es zu Eiterbildung. Behandlung siehe unter „Strahlfäule".

Sohlenhämatom

Sohlenhämatome treten bevorzugt an den Vorderhufen am inneren Winkel der Hufwand auf. Sie entstehen, wenn auf diesen Teil des Hufes zu starker Druck ausgeübt wird. Mangelhafter Kontakt des Strahls mit dem Boden kann die Erkrankung begünstigen.

Hauptsymptome

Sohlenhämatome erscheinen als rote Flecken im Horngewebe der Sohle und sehen aus wie „Blutblasen". Sie können mit einer Lahmheit verbunden sein. Behandlung siehe unter „Strahlfäule". Nägel, spitze Steine etc. können in die Sohle eindringen und damit eine Eintrittspforte für eine Infektion bilden.

Stichwunden

Nägel, spitze Steine etc. können in die Sohle eindringen und damit eine Eintrittspforte für eine Infektion bilden

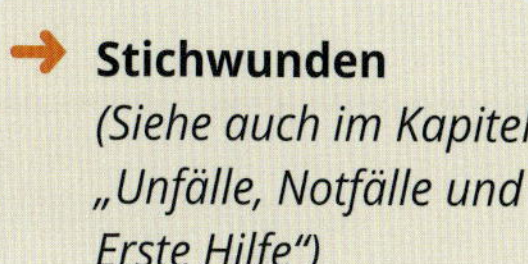

→ **Stichwunden**
(Siehe auch im Kapitel „Unfälle, Notfälle und Erste Hilfe")

Warnung: Stellen Sie sicher, dass das Tier einen ausreichenden Impfschutz gegen Tetanus hat. Der Einsatz von Nosoden als Alternative zur herkömmlichen Impfung sollte nur nach Absprache mit einem homöopathisch erfahrenen Tierarzt erfolgen.

Hauptsymptome

Eine Infektion kann zu Eiterbildung unter der Hufoberfläche führen. Diese ist extrem schmerzhaft. Die Einstichstelle muss erneut eröffnet werden, um eine Abflussmöglichkeit zu schaffen.

Strahlfäule

Das Strahlgewebe löst sich auf, evtl. durch mangelnden Druck bedingt. Nasse und schmutzige Bodenverhältnisse können die Entstehung begünstigen.

Hauptsymptome

Das Strahlgewebe ist schwarz und nekrotisch (zersetzt). Die Erkrankung geht so gut wie immer mit einer Lahmheit einher.

Bei Quetschungen der Sohle und Sohlenhämatomen.	***Arnica* C30.** Eine Gabe drei- bis viermal täglich, einige Tage nach Bedarf.
Bei tiefen und schmerzhaften Stichwunden.	***Ledum* C30.** Eine Gabe drei- bis viermal täglich bis zur Besserung.
Wenn eine Infektion vorliegt.	***Hepar sulphuris* C6** oder **C30.** Eine Gabe drei- bis viermal täglich, einige Tage lang.
Akute und hartnäckige Infektionen mit faulig riechenden Absonderungen.	***Echinacea* C6.** Eine Gabe dreimal täglich, fünf bis sieben Tage lang.
In chronischen Fällen.	***Silicea* C30.** Eine Gabe zweimal täglich, eine Woche oder länger.

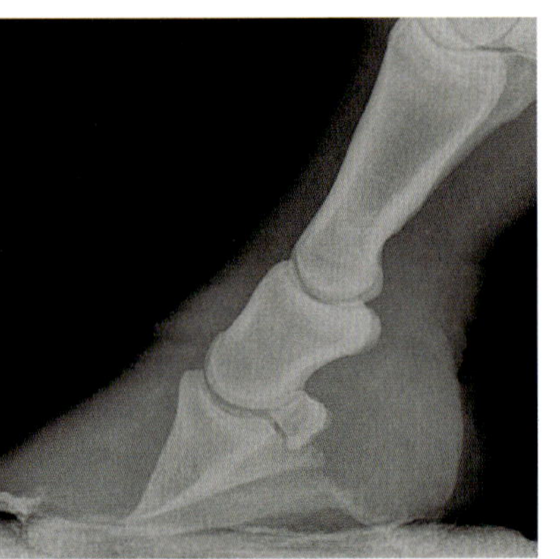

HUFREHE

(Laminitis)

Da diese Erkrankung mit erheblichen Schmerzen verbunden ist, sollte unbedingt ein Tierarzt zur Untersuchung und Behandlung hinzugezogen werden.

Hufrehe ist eine Entzündung der empfindlichen Strukturen des Hufes. Man kann sie mit dem Zustand vergleichen, wenn ein Mensch Schuhe trägt, die ihm zwei oder drei Nummern zu klein sind und dadurch starke Schmerzen verursachen. Das Hufhorn entspricht hier dem Schuh, gibt aber im Gegensatz zu diesem überhaupt nicht nach. Das empfindliche Lamellengewebe liegt zwischen der inneren Hufwand und dem Hufbein, dem am weitesten distal gelegenen Knochen im Pferdehuf. Dieses Gewebe entzündet sich und füllt sich mit Blut, was zu den typischen Hufrehesymptomen führt.

Akute Form

Diese Form tritt hauptsächlich in den Vorderhufen auf, kann aber auch die Hinterhufe oder sogar alle vier Gliedmaßen gleichzeitig betreffen. Charakteristisch ist eine extreme Abneigung gegen Bewegung. Das Tier verlagert sein Gewicht nach hinten und kann oft kaum dazu gebracht werden, sich auch nur einen Schritt vorwärtszubewegen. Der Kronsaum ist warm bis heiß. Das Pferd hat meist starke Schmerzen, die es durch Schwitzen, beschleunigte Atmung und einen ängstlichen Gesichtsausdruck zeigt.

Bei dem geringsten Verdacht auf einen Reheschub.	***Aconitum* C30.** Eine Gabe alle 15-30 Minuten, bis zu vier- bis sechsmal.
Folgt gut auf *Aconitum*, wenn das Pferd Fieber, einen klopfenden Puls, Unruhe und erweiterte Pupillen zeigt.	***Belladonna* C30.** Stündlich eine Gabe, vier- bis sechsmal. Anschließend mit zunehmender Besserung drei- bis viermal täglich über drei bis fünf Tage. ▶ Anmerkung: Die 1M-Potenz kann bei Hufrehe sehr wirksam sein, sollte aber nur unter Anleitung eines homöopathisch erfahrenen Tierarztes eingesetzt werden.

Chronische Form

Dieser Zustand entwickelt sich in der Regel nach mehreren akuten Anfällen, manchmal erst mehrere Jahre nach dem ersten Reheschub. Dabei kommt es zur Verformung der inneren Strukturen des Hufes und Rotation des Hufbeins. An der Hufwand bilden sich konzentrische Ringe, und die Zehe wölbt sich nach oben.

Wenn Bewegung nach längerem Stehen zu einer leichten Besserung führt.	***Rhus toxicodendron* C6.** Eine Gabe zwei- bis dreimal täglich, bis sich eine deutliche Besserung einstellt. Dies kann mehrere Wochen oder sogar ein bis zwei Monate dauern.
Unterstützt in chronischen Fällen die Regeneration des geschädigten Gewebes im Huf.	***Calcium fluoratum* C30.** Je eine Gabe morgens und abends an ein bis zwei Tagen in der Woche (z. B. Montag und Donnerstag), bei Bedarf bis zu vier bis sechs Wochen lang.

▶ **Anmerkung**: Die Hufeisen sollten umgehend abgenommen werden, das sie nur zusätzlich die Schmerzen verstärken. Sie müssen später evtl. durch orthopädische Hufschuhe ersetzt werden. Steht das Tier auf einer üppigen Weide, muss es sofort heruntergeholt werden, da reichliches Futter die Erkrankung erheblich verschlimmert. Um zukünftigen Schüben vorzubeugen, ist es ratsam, Pferden und Ponys keinen Zugang zu sehr saftigen Weiden zu gewähren. Der Weidegang sollte stattdessen auf bestimmte Bereiche beschränkt werden. In jedem Falle sollte den Empfehlungen des Tierarztes Folge geleistet werden.

Nachfolgende Anfälle

Geben Sie erst die oben genannten Arzneien. Danach kann ein anderes Mittel angezeigt sein, das besser mit den gezeigten Symptomen übereinstimmt.

Folgt gut auf die oben genannten Mittel und unterstützt die Leber bei der Ausscheidung von Giftstoffen.	***Nux vomica* C6.** Eine Gabe zwei- bis dreimal täglich, fünf bis sieben Tage bis zur Besserung.

➜ *Siehe auch im Kapitel „Allgemeine Krankheitszustände" unter „Erkältungen" und „Husten".*

HUSTEN UND ERKÄLTUNGEN

Bei länger anhaltenden Symptomen sollte ein Tierarzt hinzugezogen werden.

Husten tritt bei Pferden sehr häufig auf. Mögliche Ursachen sind virale oder bakterielle Infektionen oder allergische Reaktionen auf Stoffe in der Umwelt; manchmal liegt dem Husten auch eine Kombination aus diesen Faktoren zugrunde. Jeder Husten kann sich zu einer ernstzunehmenden Erkrankung entwickeln.

Bronchitis

Eine Bronchitis ist eine Entzündung der Innenauskleidung der luftführenden Bronchien und kleineren Bronchiolen. Sie kann eigenständig oder als Folgeerscheinung einer grippalen oder langdauernden katarrhalischen Erkrankung auftreten. Der Husten ist anfangs meist trocken und tritt in kurzen Intervallen auf, später ist er weniger rau und feuchter.

COLE (COPD)

Chronisch-obstruktive Lungenerkrankung (Dämpfigkeit). COLE tritt bevorzugt bei älteren Arbeitspferden auf, die im Laufe ihres Lebens schon etliche Atemwegsinfektionen und langdauernde Hustenepisoden durchgemacht haben. Dadurch nimmt die natürliche Elastizität der Lunge allmählich ab. Schreitet die Erkrankung fort, muss das Zwerchfell (die Muskelwand, die den Brustraum von der Bauchhöhle trennt), zur Unterstützung der Atmung eingesetzt werden. COLE spricht gut auf das passende Konstitutionsmittel an. Um dieses zu bestimmen, ist es nötig, einen homöopathisch erfahrenen Tierarzt hinzuzuziehen.

Einfacher katarrhalischer Husten

Diese Hustenform tritt von Zeit zu Zeit auf und belastet das Tier meist nur wenig. Der Husten ist krampfartig und i. d. R. feucht.

Pleuritis (Rippenfellentzündung)

Eine Pleuritis ist eine Entzündung des Rippenfells. Sie entsteht im Rahmen einer Lungenentzündung oder infolge einer Verletzung der Brustwand. In schweren Fällen verklebt das Rippenfell mit der Brustwand, was zu erheblichen Schmerzen führt. Eine Pleuritis kann auch einseitig auftreten und verursacht vor allem bei der Einatmung Beschwerden. Der Husten ist trocken, kurz, und tritt in schneller Folge auf. Er ist mit deutlichen Beschwerden und/oder Schmerzen verbunden. Die Atmung ist sichtlich erschwert. Die Atembewegungen sind insbesondere bei der Ausatmung in den Flanken zu erkennen. Der Husten ist typischerweise rau, trocken und endet mit einem charakteristischen Würgen. Er geht mit eindeutigen Beschwerden und/oder Schmerzen einher.

Pneumonie (Lungenentzündung)

Eine Lungenentzündung stellt eine sehr schwere Erkrankung dar. Es handelt sich um eine Entzündung des eigentlichen Lungengewebes und tritt oft als Komplikation einer Bronchitis oder Grippe auf. Die Hustenanfälle erfolgen meist pausenlos und es wird viel zähes und manchmal blutstreifiges Exsudat (Sputum) ausgeworfen.

Das erste Mittel der Wahl.	***Aconitum* C30.** Stündlich eine Gabe, vier-bis sechsmal, dann Wechsel zu einer anderen angezeigten Arznei.
Bei Fieber, Schweiß, Erregung und vollem Puls, oft mit erweiterten Pupillen.	***Belladonna* C30.** Eine Gabe viermal täglich, vier bis sieben Tage bis zur Besserung.
Ein gutes Mittel bei quälendem Husten, der durch jede Bewegung verschlimmert wird.	***Bryonia* C6.** Eine Gabe drei- bis viermal täglich, fünf bis zehn Tage lang nach Bedarf.
Bei krampfartigem, trockenem, chronischem Husten („Krupp").	***Drosera* C6** oder **C12.** Eine Gabe drei- bis viermal täglich, einige Tage bis zur Besserung.
Wenn der Husten nach einer Bronchitis oder Pneumonie anhält.	***Arsenicum iodatum* C6.** Eine Gabe drei- bis viermal täglich, fünf bis zehn Tage lang nach Bedarf.
Der Husten scheint nachts schlimmer und durch Trinken besser zu werden. Bei der Einatmung kann man ein giemendes Geräusch hören.	***Spongia* C6.** Eine Gabe morgens und abends, fünf bis zehn Tage oder bei Bedarf auch länger.
Bei hartem, trockenem, hartnäckigem und offensichtlich schmerzhaftem Kitzelhusten.	***Phosphorus* C6.** Eine Gabe viermal täglich bis zur Besserung. Bei einer Lungenentzündung ist oft eine C200 (oder höhere Potenz) hilfreich, sie sollte aber nur unter Anleitung eines homöopathisch erfahrenen Tierarztes eingesetzt werden.

KNÖCHERNE VERÄNDERUNGEN UND ZUBILDUNGEN

Die Untersuchung durch einen Tierarzt ist unbedingt erforderlich. Diese Erkrankungen sind oftmals schwierig zu diagnostizieren.

Alle Equiden, v. a. diejenigen, die geritten oder gefahren werden oder springen müssen, sind anfällig für Verletzungen, Zerrungen oder Verrenkungen. Mit zunehmendem Alter kann es dann zu knöchernen Veränderungen der Gliedmaßen kommen.

Hauptsymptome

Das Hauptsymptom bei allen hier beschriebenen Erkrankungen ist eine Lahmheit unterschiedlicher Schwere. In vielen, aber nicht in allen Fällen, besteht am Sitz der Lahmheit auch Schmerzhaftigkeit oder Berührungsempfindlichkeit.

Hinterhand

Knochenspat. Periostitis (Entzündung der Knochenhaut) mit knöchernen Zubildungen und Verschmelzung von Knochen des Sprunggelenks. Die Schwellung ist an der Innenseite im unteren Bereich des Gelenks sichtbar.

Vorderhand

Hufrollenentzündung (Podotrochlose). Diese Erkrankung entsteht an der Ansatzstelle der tiefen Beugesehne am Sesambein im Huf. Sie betrifft nur die Vorderhand. Die dabei entstehende Entzündung kann zu einer dauerhaften Schädigung des Knochens und damit zu einer chronischen Lahmheit führen.

Schale. Das distale Ende des Hufes besteht aus drei Knochen, die jenen des menschlichen Fingers entsprechen. Genau betrachtet läuft das Pferd lediglich auf dem Mittelfinger. Hohe Schale bezeichnet knöcherne Veränderungen mit Bildung neuen Knochengewebes zwischen dem ersten und zweiten Knochen, tiefe Schale denselben Prozess zwischen dem zweiten und dritten Knochen.

Hufknorpelverknöcherung. Bei dieser Erkrankung nimmt Knochengewebe den Platz des Knopelgewebes seitlich am Huf ein und ist direkt oberhalb des Hufes sichtbar. Diese Erkrankung kann mit Berührungsempfindlichkeit einhergehen und zu Lahmheit führen. Sie betrifft meist nur die Vorderhufe.

Metakarpales Überbein. Eine Erkrankung vor allem junger Pferde, meist im Alter von zwei Jahren. Der Metakarpalknochen hat an beiden Seiten ein rudimentäres, sogenanntes Griffelbein. Es besteht eine knöcherne Verbindung zwischen diesen Anteilen, und bei Überanstrengung kann sich das innere Griffelbein vergrößern und eine sichtbare Vorwölbung bilden. Diese ist schmerzhaft und kann eine Lahmheit auslösen. Das Pferd muss über einen längeren Zeitraum ruhiggestellt werden, denn wenn die Schwellung nicht abklingt, kann es zu überschießender Knochenbildung kommen, in deren Folge eine irreversible, unansehnliche und manchmal schmerzhafte Zubildung entsteht.

Sofort, wenn eine Lahmheit festgestellt wird.	***Arnica* C30.** Eine Gabe alle vier Stunden, viermal, unabhängig davon, ob ein Tierarzt gerufen wurde oder nicht. Anschließend viermal täglich bis zur Besserung, oder Wechsel zu einer besser passenden Arznei.
Lahmheiten, bei denen Bänder und Sehnen betroffen sind, v. a. in akuten Fällen, die nach Ruhe schlimmer zu sein scheinen.	***Ruta* C6.** Eine Gabe drei- bis viermal täglich, einige Tage (fünf bis zehn) bis zur Besserung.
Hilfreich in chronischen Fällen. Vermindert die Bildung von Narbengewebe.	***Silicea* C30.** Täglich eine Gabe, zehn bis vierzehn Tage lang, falls nötig u. U. auch bis zu drei Monate.
Wenn es bereits zu chronischen Knochenveränderungen gekommen ist.	***Calcium fluoratum* C30.** Eine Gabe zweimal wöchentlich, vier bis sechs Wochen lang. Danach einmal pro Woche, bei Bedarf bis zu drei Monate lang.

KOLIK

Es sollte sofort ein Tierarzt gerufen werden! Jede Kolik kann lebensbedrohlich sein!

Jeder, der etwas mit Pferden zu tun hat, fürchtet allein den Gedanken an eine Kolik. Eine Kolik ist ein Schmerzzustand im Bauchraum, insbesondere des Darmes. Beim Pferd begünstigt die Lage des Dickdarmes innerhalb des Abdomens das Auftreten einer Kolik. Das Colon ist sehr lang und in zwei Richtungen gefaltet, ähnlich einer zusammengefalteten Decke. Es gibt eine ganze Reihe verschiedener Kolikformen.

Einfache Kolik. Geringgradige Beschwerden im Magenbereich aus unbekannter Ursache (Symptome siehe unten).

Krampfkolik. Die Ursache kann in einer Hyperaktivität bzw. einem Krampf im Darmbereich liegen (ähnlich einem Muskelkrampf in einer Gliedmaße handelt es sich hier um einen Krampf der Darmmuskulatur). Charakteristisch sind ein plötzlicher Beginn und anfallsartige Schmerzen in unterschiedlicher Intensität, die mit Phasen abwechseln, in denen das Tier einen beinahe normalen Eindruck macht. Diese Kolikform kann durch Aufregung ausgelöst werden, v. a. bei vollblütigen oder nervösen Tieren.

Blähungskolik. Ursache ist eine vermehrte Gasbildung in den Gedärmen, beispielsweise nach der Aufnahme vergorener oder leicht gärender Futtermittel wie Rasenschnitt, üppiges Gras, Äpfel etc. Im Bauchraum sind kollernde und gurgelnde Geräusche zu hören.

Anschoppungskolik. Die normale Darmfunktion, die normalerweise pausenlos stattfindet und den Darminhalt in wellenförmigen Bewegungen in Richtung Enddarm schiebt, wird verlangsamt oder kommt mehr oder weniger ganz zum Stillstand. Die damit verbundenen Schmerzen sind meist leicht bis mittelschwer und können mehrere Tage anhalten, wobei nur wenige harte Kotballen ausgeschieden werden.

Darmverschluss. Ein Darmverschluss kann im Anschluss an eine Anschoppungskolik entstehen. Hier kommt es zu einem völligen Erliegen der Darmmotorik und damit verbunden zu hochgradigen Schmerzen, die durch keine Behandlung zu lindern sind. In einem solchen Fall stellt eine Operation die einzige Hoffnung dar, allerdings besteht ein sehr hohes Risiko, dass das Pferd infolge eines Schocks und der Ansammlung von Toxinen während oder nach dem Eingriff stirbt.

Hauptsymptome

Im Frühstadium kommt es zu Inappetenz und Unruhe. Das Pferd macht den Eindruck, dass irgendetwas nicht stimmt. Schon bald treten Schmerzen auf, die leicht, mittelschwer oder hochgradig sein können. Das Tier stampft mit der Hinterhand auf, tritt sich gegen den Bauch, schaut zu den Flanken und stöhnt. Schreitet die Erkrankung fort, legt sich das Pferd häufig hin, steht aber bald wieder auf, rollt sich herum und schwitzt. Weitere Anzeichen sind Blässe der Bindehaut, Erweiterung der Pupillen, beschleunigter Puls und verstärkte Atmung.

Wirkt gegen Schock, Angst und Panik.	***Aconitum* C30.** Geben Sie sofort beim Auftreten der ersten Symptome drei bis vier Gaben im Abstand von 10-15 Minuten.
Im Frühstadium mit schnellem, klopfendem Puls, Schwitzen, erweitertem Puls und Erregung. *Belladonna* folgt gut auf einige Gaben *Aconitum*.	***Belladonna* C30.** Eine Gabe alle zwei Stunden, bei Bedarf bis zu vier- bis sechsmal.
Akute Schmerzen und Unwohlsein, Schwitzen, Treten gegen den Bauch, Hinlegen, Herumrollen und Aufstehen in schneller Folge. Eines der wirksamsten Mittel bei der Kolik des Pferdes.	***Colocynthis* C30.** Bei starken Schmerzen eine Gabe alle 15-60 Minuten, bis zu sechs- bis achtmal. Anschließend bei Bedarf noch ein bis zwei Tage lang vier- bis sechsmal täglich eine Gabe.
Bei Verdacht auf eine Verdauungsstörung mit möglicher Leberbeteiligung. Das Tier liegt oft auf der Seite, dreht den Kopf auf eine Seite und macht einen kranken Eindruck.	***Nux vomica* C6** oder **C30.** Eine Gabe alle zwei bis vier Stunden, danach bei Bedarf noch einige Tage lang drei- bis viermal täglich.

KREUZVERSCHLAG

(Lumbago, Myositis, Azoturie)

Die Untersuchung und Behandlung durch einen Tierarzt ist zwingend erforderlich.

Diese Erkrankung gibt auch heute immer noch Rätsel auf und wird oft mit einer fehlerhaften Fütterung und Haltung bzw. einer Veränderung in diesem Bereich in Zusammenhang gebracht. Sie tritt meist während der Arbeit nach einer längeren Ruhephase auf (z. B. nach dem Wochenende), in der das Tier genauso intensiv gefüttert wurde wie in der Arbeitszeit. Es kommt zu einer Schädigung der Muskulatur und in der Folge zu Myoglobinurie (Erscheinen des roten Muskelfarbstoffes Myoglobin im Urin).

Hauptsymptome

Meist ist zuerst die Muskulatur im Lendenbereich und der Hinterviertel (Glutealmuskeln) betroffen. Sie wird bretthart und berührungsempfindlich. Das Pferd beginnt zu schwitzen und will sich nicht mehr bewegen. Wird es dazu gezwungen, geht es sehr steif und legt sich so bald wie möglich hin. Dabei ist es aber sehr unruhig und hat offensichtlich sehr große Schmerzen. Der Urin ist oft dunkelbraun bzw. hat eine Farbe wie Starkbier.

Zur sofortigen Gabe, während man auf den Tierarzt wartet.	***Aconitum* C6.** Eine Gabe alle 15 Minuten, bis zu vier- bis sechsmal.
Im Anschluss an *Aconitum*, wenn das Pferd Fieber, einen klopfenden Puls und erweiterte Pupillen hat und nervös ist.	***Belladonna* C30.** Stündlich eine Gabe, vier- bis sechsmal.
Nach der Erstbehandlung oft das Mittel der Wahl. In weniger schweren Fällen kann es gleich zu Beginn gegeben werden und dann weiter, bis die Beschwerden nachlassen.	***Arnica* C30.** Eine Gabe alle drei bis vier Stunden, bis zu viermal täglich, bei Bedarf fünf bis sieben Tage lang. Führt *Arnica* zu keiner Besserung, ziehe man eines der nachstehenden Mittel in Betracht.
Wenn der Rückenbereich hinter den letzten Rippen empfindlich, steif und schmerzhaft ist.	***Berberis vulgaris* C30.** Eine Gabe drei- bis viermal täglich, drei bis fünf Tage lang.
Ein weiteres hilfreiches Mittel bei dieser Erkrankung, wenn das Pferd sehr steif und der Urin sehr dunkel ist.	***Bellis perennis* C30.** Eine Gabe dreimal täglich, drei bis fünf Tage lang, bei einsetzender Besserung aber Absetzen des Mittels.

LEBERERKRANKUNGEN

Es sollte unbedingt ein Tierarzt hinzugezogen werden. Lebererkrankungen sind schwer zu diagnostizieren. Oft kann erst durch eine Blutuntersuchung festgestellt werden, ob eine Leberfunktionsstörung oder ein Leberschaden vorliegt.

Die Leber ist eines der wichtigsten Organe des Körpers. Sie ist für den Abbau der Stoffwechselabbauprodukte und deren Ausscheidung über den Kot und Urin zuständig. Eine Entzündung der Leber (Hepatitis) kann als primäre Erkrankung auftreten und mit Gelbsucht einhergehen. Meist handelt es sich aber um eine sekundäre Erkrankung infolge einer Krankheit in einem anderen Teil des Körpers.

Hauptsymptome

Akut. Symptome wie allgemeine Lethargie, gedämpftes Verhalten, Inappetenz, Gähnen, Verstopfung gefolgt von Durchfall und evtl. Muskelschwäche wecken den Verdacht auf eine Lebererkrankung.

Chronisch. Gelbsucht mit Gelbfärbung der Schleimhäute von Augen, Mund und Nase, gefolgt von Flüssigkeitsansammlung in den Gliedmaßen (Ödem).

Ein gutes allgemeines Lebermittel bei akuten und chronischen Erkrankungen.	***Chelidonium* C30.** Eine Gabe dreimal täglich, drei bis sieben Tage lang oder mit zunehmender Besserung auch länger (10-14 Tage).
Wenn dem Leberproblem eine Verdauungsstörung zugrunde liegt.	***Nux vomica* C6.** Eine Gabe dreimal täglich, fünf bis sieben Tage lang.
Empfindlichkeit im Lendenbereich und stark riechender, leuchtendgelber Urin, der nur in kleinen Mengen gebildet wird.	***Berberis* C30.** Eine Gabe dreimal täglich, fünf bis sieben Tage lang.
Bei extremer Schwäche, kurz vor dem Kollaps, starker Gasbildung und allgemeiner Lethargie. Der Kot ist übelriechend und schleimbedeckt oder durchfällig.	***Carbo vegetabilis* C6.** Eine Gabe viermal täglich, drei bis fünf Tage lang.

▶ **Anmerkung**: ***Lycopodium*** ist ein hochwirksames Mittel (v. a. wenn es als Konstitutionsmittel eingesetzt wird), und in einer hohen Potenz wirkt es tiefgreifend auf alle Körpersysteme, besonders aber die Leber und Nieren. Wie bei jedem anderen Konstitutionsmittel sollte die Gabe einer Hochpotenz aber immer mit einem homöopathisch erfahrenen Tierarzt abgestimmt werden.

MONTAGMORGENKRANKHEIT

(Sporadische Lymphangitis)

Ein Tierarzt sollte immer hinzugezogen werden, um die Diagnose zu stellen und das Tier auch entsprechend zu behandeln, wenn es unter offensichtlichen Schmerzen leidet.

Diese Erkrankung tritt bevorzugt bei Kaltblutpferden bzw. Pferden schwerer Rassen auf. In früheren Zeiten, als noch Zugpferde eingesetzt wurden, war es üblich, die Tiere fünf oder sechs Tage lang in der Woche schwer arbeiten und am siebten Tag (Sonntag) stehen zu lassen. An diesem Tag erhielt es oft dieselbe Futterration wie an den Arbeitstagen, was die Entstehung der Krankheit begünstigte. So entstand der Name Montagmorgenkrankheit.

Hauptsymptome

Ödematöse Schwellung eines oder beider Hinterbeine (Flüssigkeitsansammlung). Diese werden heiß und schmerzhaft, und durch Fingerdruck in diesem Bereich entstehen Dellen. Das Lymphsystem staut sich mit Flüssigkeit und die Lymphdrüsen vergrößern sich. Eine oberflächliche Hautverletzung, die sich infiziert, kann zu sehr ähnlichen Symptomen führen.

Starke Schwellung und Beschwerden.	***Apis* C6** oder **C30.** Eine Gabe alle zwei bis drei Stunden, insgesamt viermal, dann drei- bis viermal täglich, drei bis fünf Tage bis zur Besserung.
Bei einer oberflächlichen Hautentzündung mit starker Entzündung.	***Rhus toxicodendron* C30.** Eine Gabe dreimal täglich, vier bis sieben Tage lang.
Dieses Mittel kann bei einer Neigung zu Hautgeschwüren hilfreich sein.	***Hamamelis* C6.** Eine Gabe dreimal täglich, fünf bis zehn Tage bis zur Besserung.
Wenn die Erkrankung lange besteht und chronisch zu werden droht.	***Calcium fluoratum* C30.** Eine Gabe dreimal täglich, fünf bis zehn Tage bis zur Besserung. Wiederholung bei Bedarf.

Äußerliche Behandlung

Reiben Sie *Arnica-Lotion* ein, solange die Haut nicht geschädigt ist. Ansonsten tragen Sie zwei- bis dreimal täglich **Hamamelis-** oder **Hypericum-/Calendula-Lotion** auf.

NASENBLUTEN

Bei starkem oder anhaltendem Nasenbluten sollte unbedingt ein Tierarzt gerufen werden. Das Gleiche gilt, wenn das Nasenbluten das erste Mal auftritt, um eine genaue Diagnose stellen zu lassen.

Nasenbluten kann nach einer Verletzung auftreten oder wenn das Pferd überanstrengt wurde. Die Stärke der Blutung hängt von der Größe des betroffenen Blutgefäßes ab. Dunkles Blut weist auf eine venöse Blutung hin. Diese geht oftmals mit Husten einher.

Hauptsymptome

Hellrotes Blut, das stoßweise herauskommt, ist ein Anzeichen für eine Blutung, die direkt aus dem Nasenbereich kommt. Dunkelrotes Blut hingegen, das oft nur langsam aus der Nase fließt, bedeutet in der Regel, dass die Blutung aus den tieferen Atemwegen kommt, möglicherweise sogar aus der Lunge.

Bei Schock.	***Aconitum* C30.** Geben Sie sofort und dann alle 15-30 Minuten eine Gabe, bis zu viermal.
Bei verletzungsbedingten Blutungen und wenn die Blutung frisch aufgetreten und nur leicht ist.	***Arnica* C30.** Eine Gabe alle vier Stunden (viermal täglich), ein bis drei Tage nach Bedarf. In die Nase kann auch Watte gestopft werden, die in *Arnica-Tinktur* getränkt wurde. Diese sollte sofort entfernt werden, sobald die Blutung zum Stillstand gekommen ist.
Dunkle und anhaltende, aber nur mäßig starke Blutungen, bei denen das Blut nicht gerinnt.	***Hamamelis* C6** oder **C30.** Eine Gabe dreimal täglich, drei bis fünf Tage lang.
Wenn das Tier nach starkem Blutverlust geschwächt ist.	***China* C30.** Eine Gabe alle vier Stunden (viermal täglich), ein bis vier Tage lang.
Hellrote Blutung nach einer Verletzung.	***Phosphorus* C6.** Eine Gabe alle 15-20 Minuten, vier bis sechsmal, bis die Blutung unter Kontrolle ist.

PFERDEGRIPPE

→ *Siehe auch im Kapitel „Allgemeine Krankheitszustände“ unter „Grippe“ und „Husten“.*

(Equine Influenza)

Es sollte eine tierärztliche Diagnose eingeholt werden. Für diese Erkrankung steht ein Impfstoff zur Verfügung. Der Einsatz homöopathischer Nosoden sollte mit einem homöopathisch erfahrenen Tierarzt abgesprochen werden.

Die Pferdegrippe ist eine Viruserkrankung, die durch zwei Myxoviren verursacht wird: *Influenza A-Equi* 1 und *A-Equi 2.* Sie ist hochansteckend und wird durch Tröpfcheninfektion übertragen. Sie tritt gehäuft bei jüngeren Pferden auf, die im Training stehen. Auf Turnieren, Reiterfesten etc. kommt es ebenfalls häufig zur Verbreitung.

Hauptsymptome

Die Erkrankung beginnt ganz plötzlich und das Tier wirkt anfangs erst nur etwas kränklich. Dann entwickelt es aber sehr schnell Fieber, und Augen und Nase beginnen zu laufen. Die Pulsfrequenz ist oft erhöht. Zu diesen Anzeichen für eine Virusinfektion gesellen sich häufig Symptome einer bakteriellen Sekundärinfektion, wie z. B. eitriger Nasenausfluss, völlige Inappetenz, trockener Husten und beschleunigte Atmung. Zu diesem Zeitpunkt macht das Tier einen sehr kranken Eindruck. Dann ist es oftmals notwendig, neben der homöopathischen Behandlung eine antibiotische Therapie einzuleiten.

Als erstes Mittel bei Verdacht auf Grippe. Danach Wechsel zu einem Mittel, das die bestehenden Symptome abdeckt.	***Aconitum* C30.** Vier Gaben in stündlichen Abständen.
In akuten fieberhaften Fällen.	***Belladonna* C30.** Vier Gaben in stündlichen Abständen, mit zunehmender Besserung alle vier Stunden (viermal täglich), weitere drei bis fünf Tage lang.
Hauptmittel für die Grippe beim Menschen. Wenn die typischen Symptome vorliegen, auch bei der Pferdegrippe angezeigt.	***Gelsemium* C30.** Eine Gabe alle vier Stunden (viermal täglich), drei bis fünf Tage lang, bis die Symptome abklingen.
Grippesymptome und rauer Husten, der durch jede Bewegung ausgelöst wird.	***Bryonia* C6.** Eine Gabe drei- bis viermal täglich, drei bis sieben Tage bis zur Besserung.

Beschleunigte Atmung, Kurzatmigkeit und Keuchen. Drohende Lungenentzündung. Quälender Kitzelhusten, schlimmer in kalter Luft.	***Phosphorus* C30.** Eine Gabe drei- bis viermal täglich, drei bis sieben Tage nach Bedarf.

RHEUMATISMUS

➜ *Siehe auch in diesem Kapitel unter „Knöcherne Veränderungen und Zubildungen“, „Gelenkerkrankungen“, „Hufrehe“ und „Bänder und Sehnen“.*

Zu Beginn der Erkrankung sollte ein Tierarzt hinzugezogen werden, um eine entsprechende Diagnose zu stellen. Homöopathische Arzneien sind bei dieser Erkrankung sehr wirksam, v. a. wenn sie chronisch wird.

Es gibt keine präzise Definition von Rheumatismus, aber eine recht gute Umschreibung ist „eine Erkrankung, die durch Muskel- oder Gelenkschmerzen gekennzeichnet und in der Regel wiederkehrend ist und häufig durch temperatur- oder wetterbedingte Einflüsse ausgelöst wird“. Die Bezeichnung „Muskelrheumatismus“ bezeichnet Schmerzen sowohl in den Muskeln als auch in den angrenzenden fibrösen Strukturen (dem Fasergewebe), was beim Menschen auch mit dem Begriff „Fibrositis“ umschrieben wird.

Hauptsymptome

Lahmheit und Steifheit unterschiedlichen Schweregrades, die oft mit Schmerzen u. a. Beschwerden verbunden sind.

Hilfreich bei hohem Fieber mit Zittern und Muskelschmerzen.	***Aconitum* C6** oder **C30.** Sofort eine Gabe und dann alle ein bis zwei Stunden, maximal vier- bis sechsmal.
Besonders wirksam, wenn die Schmerzen verletzungsbedingt sind.	***Arnica* C6** oder **C30.** Eine Gabe drei- bis viermal täglich, vier bis sieben Tage lang. Hält der Zustand an, ist es oft ratsam, zu einer besser passenden Arznei zu wechseln.
Die Schmerzen werden durch jegliche Bewegung, Berührung und Druck sowie heißes Wetter verschlimmert und durch Ruhe offensichtlich gebessert.	***Bryonia* C6.** Eine Gabe drei- bis viermal täglich bis zur Besserung.

Rheumatische Schmerzen, die durch nasskaltes Wetter und feuchtkalte Bedingungen verschlimmert werden. Die Schmerzepisoden gehen oft mit Hautproblemen einher.	***Dulcamara* C6** oder **C30.** Eine Gabe drei- bis viermal täglich, bis zu zehn bis vierzehn Tage lang.
Steife Erscheinung. Schlimmer in feuchtkaltem Wetter, nach Regen und durch Ruhe. Die Steifheit wird durch Bewegung geringfügig gelindert.	***Rhus toxicodendron* C6** oder **C30.** Eine Gabe drei- bis viermal täglich bis zur Besserung.

▶ **Anmerkung**: Liegen keine klaren Symptome vor, können ***Bryonia*** und ***Rhus toxicodendron*** im Wechsel gegeben werden. Dies hat oft eine gute Wirkung. Geben Sie beide Mittel ein- oder zweimal täglich nach Bedarf.

SARKOIDE UND WARZEN

Es sollte eine tierärztliche Diagnose eingeholt werden. Eine chirurgische Entfernung als erste Maßnahme zeigt oft gute Resultate. Die Diagnose kann durch eine Biopsie und histologische Untersuchung bestätigt werden.

Sarkoide

Es wird vermutet, dass diese nicht-kanzerösen Hauttumoren durch Viren verursacht werden. Sie entwickeln sich aus kleinen fibrösen Knötchen und wachsen nur langsam, können aber eine Größe von mehreren Zentimetern im Durchmesser erreichen. Man findet sie gewöhnlich am Kopf, Hals, im Schulterbereich, am Bauch oder an den Gliedmaßen. Sie können solitär oder auch in kleinen Gruppen auftreten, die sich allmählich ausbreiten. Werden sie erstmalig festgestellt, erfolgt häufig die chirurgische Entfernung. Treten sie dann erneut auf, oder werden sie bereits festgestellt, wenn sie noch sehr klein sind, sprechen sie oft gut auf eine homöopathische Behandlung an.

Warzen (Papillome)

Auch diese Zubildungen sind vermutlich viralen Ursprungs. Sie treten überwiegend bei jungen Pferden bis zu einem Alter von zwei Jahren auf. Sie können flach oder gestielt sein und erscheinen bevorzugt im Maulbereich, an den Lippen und der Nase.

Hauptsymptome

Plötzliches oder allmähliches Erscheinen eines „Knötchens" an irgendeiner Stelle am Körper. Die Farbe kann von weiß bis dunkelbraun oder sogar schwarz reichen. Auch die Größe ist sehr variabel und erstreckt sich von Erbsen- bis mehr als Walnussgröße. Einige Warzen bluten sehr leicht, wenn an ihnen gerieben oder gekratzt wird.

Das Mittel der Wahl bei den meisten Warzen und Sarkoiden, v. a. wenn diese leicht bluten.	***Thuja* C30.** Einmal täglich eine Gabe, sieben bis zehn Tage lang, dann ein- oder zweimal pro Woche, nach Bedarf vier bis sechs Wochen lang.
Bei großen, zerklüfteten Warzen, wie sie häufig bei alten Tieren auftreten.	***Causticum* C30.** Eine Gabe dreimal täglich, zehn bis vierzehn Tage lang. Bei Bedarf Wiederholung nach weiteren zehn bis vierzehn Tagen.
Bei hartnäckigen Warzen.	***Nitricum acidum* C6.** Eine Gabe zwei- bis dreimal täglich, sieben Tage lang, dann zweimal pro Woche, nach Bedarf vier bis sechs Wochen lang.

Sarkoid-Nosode. Dieses Mittel zeigt oft eine sehr gute Wirkung, wenn es unter Anleitung eines homöopathisch erfahrenen Tierarztes eingesetzt wird.

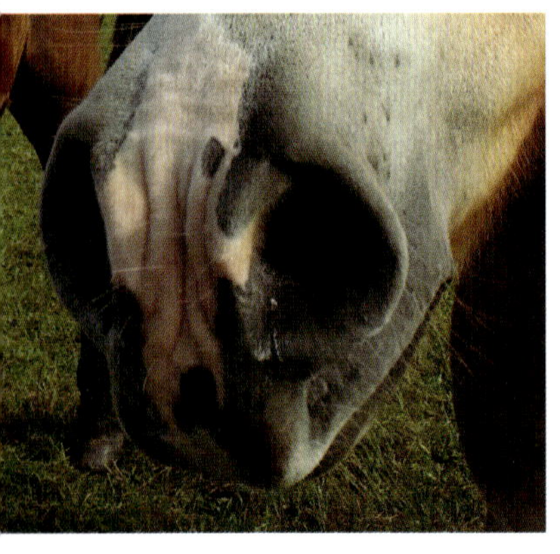

SCHLEIMHAUT- UND NASENNEBENHÖHLENENTZÜNDUNG

(Katarrh und Sinusitis)

Ein Tierarzt sollte unbedingt hinzugezogen werden. Homöopathische Arzneien können sich hier als überaus hilfreich erweisen, v. a. in chronischen Fällen.

➜ *Siehe auch im Kapitel „Allgemeine Krankheitszustände“ unter „Katarrh“ und „Nasennebenhöhlenentzündung“.*

Pferde erkranken recht häufig an Katarrh und Sinusitis. Die Symptome ähneln denen bei Menschen, die an denselben Problemen leiden.

Katarrh. Ein Katarrh ist eine Entzündung einer Schleimhaut mit reichlicher Absonderung. Er kann auch in anderen Teilen des Körpers auftreten, der Begriff wird aber meist nur in Zusammenhang mit der Nase und den angrenzenden Atemwegen verwendet.

Sinusitis. Eine Sinusitis ist eine Entzündung der verschiedenen Nasennebenhöhlen des Schädels, die alle in die Nase münden. Bei einer Infektion der Nebenhöhlen verändert sich die Beschaffenheit der Absonderung von wässrig und klar zu dick und gefärbt. Die Art und Farbe des Sekrets hilft bei der Bestimmung der am besten passenden Arznei.

Hauptsymptome

Nasenausfluss in unterschiedlicher Menge, der wässrig und klar, aber auch zäh und trüb, manchmal sogar blutstreifig sein kann.

Scharfe Absonderung, die die Nüstern sehr wund macht.	***Arsenicum album* C30.** Einmal täglich, fünf bis sieben Tage lang.
Wenn eine Infektion vorliegt. Der Nasenausfluss ist meist gelb und der Nasenbereich ist sehr druck- und berührungsempfindlich.	***Hepar sulphuris* C30.** Eine Gabe zweimal täglich, sieben bis zehn Tage lang.
Nützlich in hartnäckigen Fällen mit dicker, fadenziehender Absonderung.	***Kalium bichromicum* C30.** Eine Gabe zweimal täglich, fünf Tage lang, bei Bedarf Wiederholung nach einer Woche.
In chronischen, langwierigen Fällen mit weißlichem, eiterähnlichem Nasenausfluss.	***Silicea* C30.** Eine Gabe zweimal täglich, fünf bis zehn Tage lang.

TETANUS

Besteht der Verdacht auf Tetanus, muss sofort ein Tierarzt gerufen werden!

Die herkömmlichen Impfstoffe zur Vorbeugung sind sicher und bieten einen wirksamen Schutz. Sie sollten in jedem Fall eingesetzt werden, um diese schreckliche und tödliche Krankheit zu verhindern. Der frühzeitige Einsatz von Antibiotika wie z. B. Penicillin und/oder Antitoxin kann lebensrettend sein.

Tetanus wird durch das Bakterium *Clostridium tetani* verursacht. Dieses bildet ein Toxin, das über die Blutbahn ins Gewebe transportiert wird und sich dort allmählich anreichert. Eine bis mehrere Wochen nach der ursprünglichen Verletzung treten dann die ersten Symptome auf. Die häufigste Ursache für Tetanus ist eine tiefe Wunde im Hufbereich, z. B. durch das Eintreten eines schmutzigen oder rostigen Nagels. Allerdings gibt es auch Fälle, in denen keine äußerliche Verletzung festzustellen ist, und es wird vermutet, dass die Infektion hier über den Darmtrakt eingetreten ist.

Hauptsymptome

Allgemeine und fortschreitende Steifheit mit Muskelzittern. Die Ohren sind aufgestellt, der Schweif wird abgestreckt, und die Nickhaut (das dritte Augenlid im inneren Augenwinkel) fällt vor. Es entwickelt sich allmählich eine Kiefersperre, die das Öffnen des Maules und die Futteraufnahme unmöglich macht. Das Pferd zeigt einen alarmierten Gesichtsausdruck mit erweiterten Nüstern und es reagiert übersteigert auf Berührung und alle anderen äußeren Reize. Oft besteht Verstopfung und Harnverhaltung, was zu der generalisierten Toxämie beiträgt. Es kommt zu Schwitzen und hohem Fieber. Die Lähmung der Atemmuskulatur führt schließlich zum Tode.

Im Frühstadium. Lindert das Trauma und den Schock.	***Arnica* C30.** Sobald wie möglich eine Gabe in vierstündlichen Abständen, drei- bis viermal.
Sofort nach Feststellung einer Stichwunde.	***Ledum* C6** oder **C30.** Eine Gabe alle zwei bis drei Stunden, maximal sechs Gaben.
Wirkt auf verletzte Nervenendigungen und lindert die Schmerzen.	***Hypericum* C30.** Eine Gabe viermal täglich, vier bis fünf Tage lang, sofern es zu helfen scheint. *Hypericum* kann am ersten Tag in Kombination mit *Ledum* gegeben werden. Verabreichen Sie die beiden Mittel im Wechsel im Abstand von zwei Stunden, d. h. von beiden Arzneien insgesamt je drei Gaben.

VERSTOPFUNG

Bei anhaltenden Symptomen sollte ein Tierarzt hinzugezogen werden.

Eine Verstopfung kann durch die Aufnahme von falschem oder zu viel trockenem Futter verursacht werden, was zu einer Verdauungsstörung führt. Sie kann auch eine Begleiterscheinung fieberhafter oder anderer Erkrankungen sein. Es ist wichtig, dass das Tier stets genügend frisches Trinkwasser zur Verfügung hat, denn Wassermangel begünstigt das Auftreten einer Verstopfung.

Hauptsymptome

Absatz von kleinen, harten oder schleimüberzogenen Kotäpfeln. Manchmal sind diese auch blutstreifig, was daher rührt, dass der harte Kot die empfindliche Darmschleimhaut verletzt.

▶ **Anmerkung**: Fügen Sie dem Futter Speise- oder Paraffinöl hinzu oder rufen Sie den Tierarzt, wenn das Pferd nicht fressen will bzw. der Zustand länger anhält.

Ein gutes grundlegendes Mittel, v. a. bei Verdacht auf eine Verdauungsstörung.	***Nux vomica* C6.** Eine Gabe alle zwei Stunden, drei- bis viermal, dann dreimal täglich, ein oder zwei Tage lang, bis die Beschwerden abklingen.
Hilfreich, wenn die Magenregion empfindlich ist oder leichte Kolikerscheinungen auftreten, v. a. nach dem Trinken.	***Sulphur* C6.** Dosierung wie oben oder im Zweifelsfall im Wechsel mit *Nux vomica*.
Verstopfung mit starkem, vergeblichen Pressen. Viel Windabgang mit offensichtlichem Unbehagen.	***Aloe* C6.** Eine Gabe viermal täglich bis zur Besserung.
Harter kleinknolliger und trockener Kot, der nur selten abgesetzt wird und mit Wundheit von Rektum und Anus und Blutabgang einhergeht. Der Harnabsatz kann ebenfalls erschwert sein.	***Alumina* C30.** Eine Gabe dreimal täglich, bis zu drei Tage lang.

RATTEN UND MÄUSE

SPEZIELLE ERKRANKUNGEN

Die meisten Erkrankungen, die bei Ratten und Mäusen auftreten, finden Sie im Kapitel „Allgemeine Krankheitszustände". Hier sind daher nur einige spezielle Krankheiten aufgeführt, an denen Ratten und Mäuse leiden können. Sie haben z. T. eigene Bezeichnungen wie z. B. „Tyzzersche Krankheit" und werden daher etwas ausführlicher beschrieben.

ALLGEMEINES

	Ratten	Mäuse
Körpergewicht des ausgewachsenen Tieres	400-800 g	20-40 g
Durchschnittliche tägliche Wasseraufnahme	10 ml pro 100g KGW	15ml pro 100 g KGW
Durchschnittliche Lebenserwartung	3-4 Jahre	2-3 Jahre
Körpertemperatur	38 °C	37,5 °C
Herzfrequenz	260-450 pro Minute	500-600 pro Minute
Trächtigkeitsdauer	20-22 Tage	19-21 Tage
Durchschnittliche Wurfgröße	6-16 (im Durchschnitt 10)	8-12 (im Durchschnitt 10)
Säugezeit	18-21 Tage	--
Geschlechtsreife	8-10 Wochen	6-7 Wochen

HÄUFIGE ERKRANKUNGEN

ABSZESSE, HAUTVERLETZUNGEN

Mäuse neigen mehr zu Kämpfen als Ratten, und männliche Mäuse werden am besten einzeln gehalten. Kampfwunden können sich zu Abszessen entwickeln. Noch häufiger allerdings kommt es zu großflächigem Fellverlust und der Bildung von großen Hautgeschwüren.

Ratten kämpfen seltener und entwickeln nur gelegentlich Hautgeschwüre. Ein Befall mit Milben (eine Räudeform) kann zu juckenden Hautveränderungen mit Krustenbildung führen. Der Tierarzt kann einen solchen Befall feststellen.

Homöopathische Arzneien zur Behandlung von Abszessen, Räude und Hauterkrankungen finden sich unter den verschiedenen Überschriften im Kapitel „Allgemeine Krankheitszustände" und solche für Wunden und Verletzungen im Kapitel „Unfälle, Notfälle und Erste Hilfe".

ATEMWEGSERKRANKUNGEN

Bei anhaltenden Symptomen sollte ein Tierarzt aufgesucht werden.

Infektionen der Atemwege treten sowohl bei Ratten als auch bei Mäusen häufig auf. Hauptsymptome sind Atemnot, Inappetenz und Gewichtsverlust sowie Nasenausfluss. Bei Verschlechterung des Zustandes macht das Tier einen zusammengekrümmten Eindruck. Die Ursache liegt meist in schlechten Haltungsbedingungen begründet, mit Überbelegung und schmutzigen Käfigen. Dies führt zu Stress und Krankheit.

Zusätzlich zur Verbesserung der Haltung, Fütterung und Pflege können geeignete homöopathische Arzneien zur Behandlung von Erkältungen und Atemwegsinfektionen gegeben werden. Diese finden Sie im Kapitel „Allgemeine Krankheitszustände".

DARMENTZÜNDUNG, DURCHFALL *(Enteritis, Diarrhoe)*

Bei anhaltendem Durchfall sollte ein Tierarzt aufgesucht werden.

→ *Siehe unter „Darmentzündung".*

Durchfall ist ein häufiges Symptom bei Ratten und Mäusen. Es gibt eine ganze Reihe möglicher Auslöser, wie z. B. Infektionen, Parasiten (siehe unten) und Stress aufgrund schlechter Haltung oder mangelhafter Fütterung.

→ *Siehe im Kapitel „Allgemeine Krankheitszustände“ unter „Hautpilz“.*

HAUTPILZ

(Pilzflechte, Dermatomykose)

Die Untersuchung durch einen Tierarzt ist erforderlich. Pilzflechte kann auf die Personen, welche die Ratten und Mäuse versorgen, übertragen werden.

Hautpilz tritt gelegentlich bei Ratten und Mäusen auf und führt zu schuppigen Hautarealen mit Haarverlust oder geröteten Hautstellen mit Juckreiz.

→ *Siehe im Kapitel „Allgemeine Krankheitszustände“ unter „Euterentzündung“.*

GESÄUGEENTZÜNDUNG

(Mastitis)

Die Untersuchung durch einen Tierarzt ist ratsam.

Mastitis tritt bei Ratten und Mäusen eher selten auf. Es ist aber wichtig, sie von Tumoren zu differenzieren, die wiederum recht häufig auftreten.

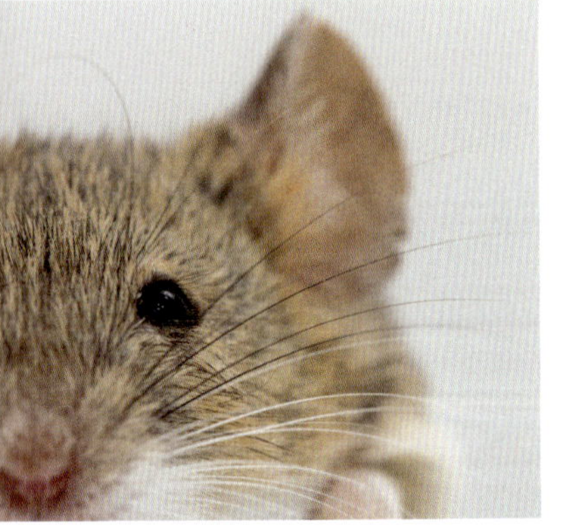

OHREN

Ratten leiden häufiger an Erkrankungen des Mittel- und Innenohres, Mäuse seltener.

Es sollte umgehend ein Tierarzt konsultiert werden.

Es kann nur ein Ohr, aber auch beide Ohren betroffen sein. Der Kopf wird in Richtung des erkrankten Ohres schief gehalten und es können Kreisbewegungen und Gleichgewichtsstörungen auftreten. Das Tier fühlt sich meist sichtlich unwohl und kratzt bzw. reibt das Ohr. Evtl. tritt eine Absonderung aus dem betroffenen Ohr auf. Eine Mittelohrentzündung wird meist durch eine bakterielle Infektion verursacht.

→ *Siehe im Kapitel „Allgemeine Krankheitszustände“ unter „Ohrenerkrankungen“.*

PARASITEN

Die Untersuchung und Behandlung durch einen Tierarzt ist erforderlich, wenn sich das Allgemeinbefinden verschlechtert und/oder Durchfall auftritt.

➜ *Siehe im Kapitel „Allgemeine Krankheitszustände" unter „Darmentzündung".*

Endoparasiten. Ratten und Mäusen können sowohl mit Spul- als auch mit Bandwürmern befallen sein. Der Befall kann zu einer Verschlechterung des Allgemeinbefindens und Durchfall führen. Die schulmedizinische Behandlung von Würmern ist sicher und wirksam.

STÖRUNGEN DES NERVENSYSTEMS

(Lymphozytäre Choriomeningitis, LCM)

Die Untersuchung durch einen Tierarzt ist erforderlich. LCM ist eine Zoonose (eine auf den Menschen übertragbare Tierkrankheit) und somit eine Gefahr für die öffentliche Gesundheit. Der Tierarzt ist verpflichtet, die Erkrankung bei der zuständigen Behörde zu melden.

Lähmungserscheinungen treten bei Mäusen nur selten auf, können aber durch verschiedene Viren verursacht werden. Die Symptome sind abnormes Verhalten und Lähmung der Hinterhand.

TUMOREN

Die Untersuchung durch einen Tierarzt ist angezeigt. Evtl. muss eine Operation durchgeführt werden.

Gesäugetumoren treten bei Ratten und Mäusen auf. Bei Ratten sind sie meist gutartig, aber sie können sehr groß werden und sind dann schlecht zu entfernen. Tumoren bei Mäusen sind in der Regel bösartig, und die Prognose ist entsprechend schlecht. All diese Tumoren sollten, wenn möglich, chirurgisch entfernt werden.

Homöopathische Arzneien zur Kontrolle und/oder Behandlung von Tumoren finden Sie im Kapitel „Allgemeine Krankheitszustände".

TYZZERSCHE KRANKHEIT

Die Untersuchung und Behandlung durch einen Tierarzt ist erforderlich.

Diese Erkrankung wird durch eine Kombination aus Stress und bakterieller Infektion hervorgerufen. Hauptsymptome sind Durchfall, Inappetenz und rasche Gewichtsabnahme. Meist tritt innerhalb weniger Tage der Tod ein. Manchmal zeigt die Erkrankung auch das Bild einer chronisch-zehrenden Krankheit.

Beide Arzneimittel stärken den Körper während einer Erkrankung oder bei Schwächezuständen.	***Phosphoricum acidum* C6** oder **C30,** oder ***China* C6** oder **C30**. Eine Gabe täglich über das Futter und Wasser, sieben bis zehn Tage bis zur Besserung. (Zerdrücken Sie die Arznei mit einem Löffel auf einem Blatt Papier und geben Sie jeweils die Hälfte ins Futter und Wasser.)

▶ Siehe im Kapitel „Allgemeine Krankheitszustände" unter „Durchfall".

ÜBERMÄSSIG LANGE ZÄHNE

Es sollte umgehend ein Tierarzt aufgesucht werden.

Übermäßig lange Schneidezähne führen zu Inappetenz und Gewichtsverlust und müssen vom Tierarzt gekürzt werden. Dieser Zustand neigt zu Rezidiven.

Um einem Schock und Quetschungen vorzubeugen.	***Arnica* C6** oder **C30.** Eine Gabe täglich über das Futter und Wasser, zwei bis drei Tage vor und nach der Zahnbehandlung.

RINDER

SPEZIELLE ERKRANKUNGEN

Erkrankungen, die in diesem Kapitel nicht aufgeführt sind, finden Sie im Kapitel „Allgemeine Krankheitszustände".

ALLGEMEINES

Bei Rindern, die im Stall gehalten werden, muss unbedingt für ausreichende Belüftung und Frischluftzufuhr gesorgt sein, wobei die Tiere keiner Zugluft ausgesetzt sein dürfen. Die Einstreu sollte stets sauber und trocken sein und frisches und sauberes Wasser sollte immer zur freien Verfügung stehen. Rinder sind i. d. R. recht robuste Tiere und halten sich gern im Freien auf, schätzen allerdings einen Wind- und Wetterschutz, und sei es auch nur eine dichte Hecke. Ein Teil der Weide sollte trocken sein, sodass die Tiere, falls erforderlich, auch über einen längeren Zeitraum bequem stehen können. Auch hier sollte ausreichend frisches und sauberes Wasser zur Verfügung stehen. Es ist wichtig, Giftpflanzen wie z. B. Jakobskraut und Adlerfarn zur entsprechenden Jahreszeit zu entfernen (möglichst vor der Blüte).

- **Trächtigkeitsdauer**: 270-280 Tage

➜ Siehe im Kapitel „Fortpflanzung" unter „Geburt".

ABORT

Es sollte unbedingt ein Tierarzt hinzugezogen werden, um die Abortursache zu ermitteln und die erforderliche Behandlung einzuleiten. Außerdem muss in einigen Fällen die zuständige Behörde (das Veterinäramt) informiert werden.

Neben Aborten, die auf physiologische Faktoren wie z. B. Haltung und Ernährung zurückzuführen sind, gibt es auch eine Reihe spezifischer Erkrankungen, die beim Rind einen Abort auslösen können.

Abort aufgrund einer Pilzinfektion

Durch die Aufnahme von verschimmeltem Heu (z. B. wenn das Heu bei feuchtem Wetter eingebracht wurde) kann es zu einer Pilzinfektion kommen.

Hauptsymptome

Der Abort ereignet sich gewöhnlich zwischen dem dritten und siebten Trächtigkeitsmonat. Die Nachgeburt macht einen lederartigen Eindruck, und die Kotyledonen (die kleinen pilzförmigen „Knöpfe", mit denen die fetale Plazenta an der Gebärmutterwand befestigt ist) sind gelb und nekrotisch (in Auflösung begriffen).

Infektion mit *Brucella Abortus* (Bruzellose)

Der Abort wird durch eine Infektion mit dem Bakterium *Brucella abortus* verursacht. Aufgrund der behördlich angeordneten Bekämpfungs- und Überwachungsmaßnahmen tritt diese Form heute nur noch selten auf.

Bei dieser Erkrankung handelt es sich um eine Zoonose (eine auf den Menschen übertragbare Krankheit). Sie muss daher vom Tierarzt bei der zuständigen Behörde angezeigt werden. Der Mensch kann v. a. durch den Konsum von Rohmilch und Rohmilchprodukten wie z. B. roher Schlagsahne erkranken.

Hauptsymptome

Der Abort findet meist im fünften bis sechsten Trächtigkeitsmonat statt. Nachfolgende Trächtigkeiten sind i. d. R. nicht betroffen. Nach dem Abort kommt es oft zur Nachgeburtsverhaltung mit nachfolgender Metritis (Gebärmutterentzündung). In einigen Fällen entwickelt das betroffene Tier nach dem Abort auch Arthritis der Knie- und Sprunggelenke.

Beim Bullen kann die Infektion zu einer Orchitis (Hodenentzündung) führen.

Infektion des Fetus mit Campylobacter

Hauptsymptome

Unfruchtbarkeit und Aborte im fünften bis sechsten Trächtigkeitsmonat. Der Bulle zeigt keine Anzeichen der Infektion, kann die Erkrankung aber durch den Deckakt von einer Kuh auf die nächste übertragen.

Infektion mit Leptospira hardjo

Hauptsymptome

Die ersten Symptome sind meist ein Absinken der Milchleistung, das mit Fieber einhergehen kann. Die Genesung nimmt i. d. R. sieben bis zehn Tage in Anspruch. In manchen Fällen kommt es in der zweiten Hälfte der Trächtigkeit zu Aborten.

Infektion mit Mykoplasmen

Mykoplasmen verursachen bei Rinden gewöhnlich Mastitiden, können aber gelegentlich auch zu Aborten führen.

Infektion mit Neospora caninum

Dieser Erreger löst manchmal Aborte in einer ganzen Gruppe von Kühen oder Färsen (Erstkalbinnen) aus.

Salmonellose

Diese Erkrankung betrifft oftmals die ganze Herde. Es handelt sich um eine Zoonose (siehe oben), und der Mensch kann sich sehr leicht anstecken, wenn im Umgang mit infizierten Tieren nicht strengste Hygienevorschriften eingehalten werden.

Hauptsymptome

Faulig riechender, evtl. blutiger Durchfall, Apathie, Inappetenz und Bauchschmerzen. Bei eher chronischem Verlauf kommt es ungefähr im siebten Trächtigkeitsmonat zu Aborten, wobei abgesehen von hartnäckigem Durchfall meist wenig andere Symptome auftreten.
Auch andere Infektionen wie z. B. die Infektiöse Bovine Rhinotracheitis (IBR) oder Trichomoniasis sowie jede andere Erkrankung, die mit hohem Fieber einhergeht, können Aborte auslösen.

Zur Krankheitsvorbeugung können bei jeder der oben genannten Krankheiten spezifische Nosoden eingesetzt werden.

Weitere Arzneien zur Vorbeugung bzw. Behandlung nach stattgefundenem Abort finden Sie im Kapitel „Fortpflanzung“.

➜ *Siehe auch im Kapitel „Allgemeine Krankheitszustände" unter „Abszesse" und unter „Ohrenerkrankungen".*

ABSZESSE UND HÄMATOME

Es sollte ein Tierarzt hinzugezogen werden, der eine entsprechende Diagnose stellt und, falls notwendig, eine Behandlung durchführt bzw. den Abszess spaltet.

Abszesse können bei Rindern manchmal sehr große Ausmaße annehmen (bis zur Größe einer Melone), ohne dass das Tier einen kranken Eindruck macht oder das Futter verweigert. Abszesse müssen von Hämatomen unterschieden werden. Ein Hämatom ist ein Bluterguss bzw. eine große „Blutblase" und kann nach einem harten Schlag oder Tritt entstehen. Die Haut von Rindern ist sehr dick und fest und stärker als die darunter liegenden Blutgefäße. Kommt es also zu einer Verletzung, kann es sein, dass keine offene Wunde entsteht, sondern das Blut sich unter der Haut ansammelt. Hämatome sind normalerweise steril und sollten nicht eröffnet werden, um keine Eintrittspforte für eine Infektion zu schaffen. Abszesse brechen nicht immer selbständig auf und müssen dann evtl. gespalten werden. Im Zweifelsfalle sollte immer ein Tierarzt konsultiert werden. Sowohl Abszesse als auch Hämatome können sich auf natürliche Weise zurückbilden. Oft bleiben kaum sichtbare Zeichen zurück, manchmal kann aber auch eine derbe, oft zerklüftete Narbe bleiben, die meist keine weiterreichenden Auswirkungen hat.

Hauptsymptome

An irgendeinem Körperteil erscheint eine Schwellung unterschiedlicher Größe. Ein Abszess ist anfangs fest, heiß und berührungsempfindlich. Er reift dann im Laufe weniger Tage, manchmal auch innerhalb von ein bis zwei Wochen heran und wird an einer Stelle weicher, um dort schließlich aufzubrechen bzw. gespalten zu werden.

➜ *Siehe auch im Kapitel „Allgemeine Krankheitszustände" unter „Bronchitis", „Lungenentzündung" und „Brustfellentzündung".*

ATEMWEGSPROBLEME

Es kann ratsam sein, einen Tierarzt zwecks Diagnose und Behandlung hinzuzuziehen, wenn das betroffene Tier offensichtliche Beschwerden hat bzw. eindeutig einen kranken Eindruck macht.

Kälberpneumonie

Diese Erkrankung ist meist viral bedingt und tritt v. a. in Absetzergruppen auf, die auf zu engem Raum in feuchten und schlecht belüfteten Ställen gehalten werden.

➜ *Siehe auch im Kapitel „Allgemeine Krankheitszustände" unter „Lungenentzündung".*

Hauptsymptome

Das erste Anzeichen ist meist ein trockener und quälender Husten, der sich innerhalb sehr kurzer Zeit in der gesamten Gruppe ausbreitet. Die erkrankten Tiere entwickeln sehr schnell hohes Fieber. Die homöopathische Behandlung ist zu diesem Zeitpunkt meist sehr wirksam. Einige Tiere entwickeln eine bakterielle Lungenentzündung mit schwerer Atemnot und deutlich erhöhter Atemfrequenz. In diesen Fällen bedarf es zusätzlich einer Behandlung mit Antibiotika.

Vorbeugend kann die entsprechende Nosode gegeben werden, möglichst zu einem Zeitpunkt, wenn der Ausbruch der Krankheit zu befürchten ist. Die Nosode kann aber auch zur Behandlung eingesetzt werden.

AZETONÄMIE

(Ketose)

Die Untersuchung und Behandlung durch einen Tierarzt ist erforderlich. Die Erkrankung tritt bevorzugt bei Hochleistungskühen in Stallhaltung auf, die erst vor kurzem abgekalbt haben und überwiegend Kraftfutter erhalten. Aufgrund unzureichender Energiezufuhr besteht eine negative Energiebilanz, die wiederum zu einer Hypoglykämie (einem zu niedrigem Blutzuckerspiegel) führt. Daneben kann ganz allgemein ein Nährstoffmangel die Ursache für eine Ketose sein. Bei einer Zwillingsträchtigkeit kann es im Rahmen einer Trächtigkeitstoxämie ebenfalls zu einer Azetonämie kommen.

Hauptsymptome

Gastrointestinale Form. Plötzlicher starker Abfall der Milchleistung mit Inappetenz in Bezug auf Kraftfutter und raschem körperlichem Verfall. Schleimbedeckte, wie glasierte, harte und trockene Kotballen, Apathie und Schwäche. In manchen Fällen weist die Atemluft einen süßsäuerlichen Geruch auf (wie Obst).

Nervöse Form. Plötzlicher Beginn mit extremer Nervosität und häufig auch Erregbarkeit. Zittern, exzessives Belecken der Haut und der Einfriedungen (Bretter oder Metallstangen). Weitere mögliche Symptome sind Speichelfluss, Kreisbewegungen, Pressen des Kopfes gegen die Wand, augenscheinliche Blindheit und Koordinationsstörungen.

▶ **Anmerkung**: Eine intravenöse Zufuhr von Glukoselösungen kann notwendig sein, um die Genesung zu beschleunigen.

Hauptmittel für die gastrointestinale Form der Ketose, da es einen ausgeprägten Bezug zur Leber hat.	***Lycopodium* C30.** Eine Gabe einmal täglich, bis zu zehn Tage lang.
Folgt gut auf *Lycopodium* und unterstützt die Leberfunktion.	***Nux vomica* C30.** Eine Gabe einmal täglich, fünf bis sieben Tage lang.
Im Frühstadium der nervösen Form.	***Aconitum* C6** oder **C30.** Stündlich eine Gabe, bis zu vier- bis sechsmal.
Für die nervöse Form.	***Cicuta virosa* C6.** Eine Gabe alle ein bis zwei Stunden, bis zu viermal, mit zunehmender Besserung dann dreimal täglich, bis zu drei Tage lang.

BLÄHSUCHT, METEORISMUS

(Tympanie)

Es muss in jedem Fall sofort ein Tierarzt hinzugezogen werden.

Blähsucht jeglicher Art, v. a. aber die akute Form, ist eine schwerwiegende und potenziell lebensbedrohliche Erkrankung. In sehr schweren Fällen kann es erforderlich sein, einen Trokar oder eine Kanüle direkt in den Pansen auf der linken Körperseite einzuführen, um das Gas abzulassen.

Primäre Tympanie. Plötzliche und übermäßige Gasbildung im Pansen führt zu Aufblähung. Die Erkrankung tritt v. a. dann auf, wenn die Tiere im Frühjahr auf eine üppige Weide kommen und zu lange grasen dürfen. Eine schaumige Gärung (eine Mischung aus Schaum und Gas) entsteht, wenn ein Tier zu viel Kraftfutter aufnimmt oder ein Futterwechsel stattfindet, auf den sich der Pansen nicht so schnell einstellen kann. Der Pansen ist ein großes Hohlorgan, das bis zu 180 Liter fermentierenden, halbflüssigen Futterbrei und Bakterien enthält und ein bis zwei Wochen braucht, um sich an einen drastischen Futterwechsel zu gewöhnen.

Eine schaumige Gärung tritt auch dann auf, wenn beim Kalb die Milch oder der Milchaustauscher nicht in den Labmagen, sondern in den Pansen rinnt und dort fermentiert.

Sekundäre Tympanie. Bei dieser Form bildet sich normalerweise zu viel Gas. Sie kann zum einen entstehen, wenn der Schlund beispielsweise durch eine Kartoffel, einen Apfel, ein Stück Mangold oder etwas anderes verstopft wird, oder wenn die Pansenmotorik aufgrund einer Erkrankung oder wegen Festliegens vermindert ist.

Hauptsymptome

In Bereich der linken Flanke hinter der letzten Rippe tritt eine Schwellung unterschiedlichen Ausmaßes auf. Sie entwickelt sich meist innerhalb sehr kurzer Zeit und ist besonders gut zu sehen, wenn man hinter dem Tier steht. In schweren Fällen drückt der gasgefüllte Pansen die Eingeweide auf die rechte Seite, sodass auf beiden Seiten eine Schwellung entsteht. Begleitend zeigt das Tier deutliches Unbehagen und/oder Schmerzen mit Keuchen, Schnaufen oder Stöhnen. Es steht dauernd auf und legt sich wieder hin, wie bei einer Kolik (Blick zu den und Treten gegen die Flanken). Häufig setzt es unter Pressen kleine Mengen Kot ab und rülpst gleichzeitig.

In akuten Fällen.	***Colchicum autumnale* C30.** Eine Gabe alle 15-30 Minuten, vier- bis sechsmal.
Schaumige Gärung, v. a. wenn diese kurz nach der Futteraufnahme auftritt.	***Antimonium crudum* C6.** Eine Gabe stündlich, vier- bis sechsmal, dann viermal täglich, einen oder zwei Tage bis zur Besserung.
In weniger akuten Fällen und wenn Anzeichen für eine Toxämie vorliegen. Auch bei Kollaps ein sehr wertvolles Mittel.	***Carbo vegetabilis* C6.** Eine Gabe stündlich, vier- bis sechsmal, dann drei- bis viermal täglich, bis zur Besserung.
Bei eher chronischer Aufgasung, meist infolge einer Verdauungsstörung.	***Nux vomica* C6** oder **C30.** Eine Gabe viermal täglich, drei bis sieben Tage bis zur Besserung.

BLUTMELKEN

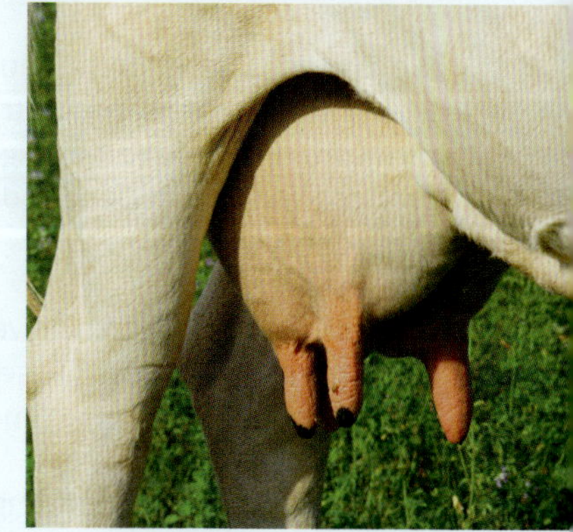

Ein Tierarzt sollte hinzugezogen werden, wenn die Symptome länger andauern oder Anzeichen für eine Mastitis vorliegen und das Tier einen kranken Eindruck macht.

Nach einem Schlag oder einer Verletzung des Euters kann es zu Blutbeimengungen in der Milch kommen. Im Rahmen der Abkalbung kann es ebenfalls zu Blutmelken kommen, wenn der Druck im gestauten Euter zu einer Schädigung der kleinen Blutgefäße und Kapillaren führt. Manchmal platzt dabei auch ein größeres Blutgefäß. Ein Gemisch aus Milch und Blut bietet einen idealen Nährboden für Bakterien, sodass sich ohne Behandlung oft eine Mastitis entwickelt.

Hauptsymptome

Die Milch ist rosafarben oder rot und blutstreifig und enthält manchmal dunkelrote Blutklumpen. Kommt reines Blut aus der Zitze und/oder hat die Milch einen unangenehmen Geruch, liegt so gut wie immer eine Mastitis vor. Das Euter ist evtl. geschwollen und berührungsempfindlich bzw. schmerzhaft.

Bei Quetschungen und kleineren Blutungen nach einer Verletzung.	***Arnica* C30.** Eine Gabe drei- bis viermal täglich, einige Tage bis zur Besserung.
Ein ausgezeichnetes Mittel, um das Einbluten in die Milch zu vermindern.	***Ipecacuanha* C30.** Eine Gabe drei- bis viermal täglich, drei bis fünf Tage bis zur Besserung.
Hilfreich, wenn das Euter sehr gestaut ist.	***Bufo* C6.** Eine Gabe dreimal täglich, vier bis sieben Tage bis zur Besserung.

BORKENFLECHTE

(Pilzflechte, Dermatomykose, Trichophytie)

Es ist ratsam, eine tierärztliche Diagnose einzuholen. Homöopathische Arzneien sind bei der Behandlung der Borkenflechte oft sehr wirksam. Die Borkenflechte ist eine Zoonose und kann sehr schnell auf den Menschen übertragen werden, wenn er nicht besondere Vorsicht im Umgang mit erkrankten Tieren walten lässt und für gute hygienische Bedingungen sorgt.

Die Erkrankung tritt sehr häufig bei Kälbern und Jungrindern in Stallhaltung auf, kann aber Rinder aller Altersstufen betreffen. Der Erreger ist in aller Regel der Hautpilz *Trychophyton verrucosum.* Er führt zu heftigem Juckreiz und dadurch zu Kratzen und Reiben, was die Ausbreitung von einem Tier auf das andere begünstigt.

Hauptsymptome

Die betroffenen Stellen sind verdickt und rund, mit einer grau-weißen Kruste, die sich über die Hautoberfläche erhebt. Diese Veränderungen treten insbesondere am Kopf, im Bereich der Augen, am Hals und manchmal auch im Bereich des Schwanzansatzes auf.

▶ **Arzneien zur Behandlung der Borkenflechte finden Sie im Kapitel „Allgemeine Krankheitszustände" unter „Hautpilz".**

DURCHFALL, DIARRHOE, ENTERITIS

In den meisten Fällen ist es ratsam, einen Tierarzt hinzuzuziehen, insbesondere, wenn das Tier eindeutig einen kranken Eindruck macht oder bereits kollabiert ist.
Durchfall führt v. a. bei Kälbern sehr schnell zu Dehydratation (Austrocknung), und die möglichst rasche Flüssigkeitszufuhr kann entscheidend für das Überleben des Tieres sein.

→ *Siehe im Kapitel „Allgemeine Krankheitszustände" unter „Darmentzündung".*

Bakterielle Infektion

Wird ein fütterungsbedingter Durchfall nicht rasch und erfolgreich behandelt, kommt oft eine bakterielle Infektion hinzu. Austrocknung ist eine weitere häufige Begleiterscheinung, die sofort behandelt werden sollte. Sowohl *E. coli* als auch Salmonellen sind häufige Erreger bei Kälberdurchfall.

Hauptsymptome

Durchfall mit weichem bis dünnflüssigem Kot, der in schweren Fällen auch Blut enthalten kann. Weitere mögliche Symptome sind Inappetenz und Zähneknirschen aufgrund der Bauchschmerzen. Die Körpertemperatur kann normal, erhöht oder bei schwerkranken, dehydrierten oder kollabierten Tieren auch subnormal sein. Die Farbe des Kotes kann unterschiedlich sein, der Geruch ist oft unangenehm. Der Kotabsatz geht oft mit starkem Blähungsabgang einher.

Durchfall bei erwachsenen Rindern

Durchfall bei erwachsenen Rindern kann ebenfalls diätetischen Ursprungs sein oder durch eine bakterielle oder virale (sogenannte Rindergrippe) Infektion ausgelöst werden, die sich rasch innerhalb einer Herde ausbreiten kann.

Kälberdurchfall

Diese Erkrankung ist meist fütterungsbedingt. Sie kann sowohl bei Fütterung von Vollmilch als auch von Milchaustauscher auftreten. Die Kälber nehmen entweder zuviel Milch auf, oder die Mutterkuh hat selbst ein gesundheitliches Problem (Verdauungsstörung, Mastitis), das sich negativ auf die Milchqualität auswirkt. Der Milchaustauscher ist vielleicht falsch temperiert oder im falschen Verhältnis zubereitet. Auch eine plötzliche Veränderung in der Fütterungsroutine kann zu Durchfall führen.

Kokzidiose

Kokzidiose wird durch einen einzelligen Parasiten verursacht und tritt oft auf, wenn die Tiere auf zu engem Raum gehalten werden oder das Futter bzw. Wasser kontaminiert ist.

Hauptsymptome

Der Kot ist meist blutig und riecht faulig. Das Kalb verliert schnell den Appetit, baut rasch ab und hat einen dicken Bauch.

Parasitär bedingte Enteritis

Eine parasitär bedingte Enteritis wird durch den Befall mit Würmern verursacht. Sie tritt sehr häufig bei Jungtieren auf, die zum ersten Mal auf die Weide kommen.

Hauptsymptome

Die Symptome sind in Abhängigkeit von der Schwere des Wurmbefalls unterschiedlich. Es tritt Durchfall auf, der weichbreiig bis hin zu sehr wässrig und in akuten Fällen auch blutig sein kann. Eine Behandlung mit konventionellen Entwurmungsmitteln ist unumgänglich und sollte so schnell wie möglich erfolgen. Daneben sollte natürlich auch der Durchfall behandelt und der Austrocknung entgegengewirkt werden.

Salmonellose

➜ *Siehe im Kapitel „Allgemeine Krankheitszustände" unter „Salmonellose".*

Winterdurchfall

Der sogenannte Winterdurchfall wird durch den bakteriellen Erreger *Campylobacter* ausgelöst. Da dieser auch beim Menschen zu einer Darmgrippe führen kann, ist beim Umgang mit erkrankten Tieren entsprechende Vorsicht geboten.

Hauptsymptome

Die Körpertemperatur kann leicht ansteigen. Der Durchfall ist weichbreiig bis sehr wässrig und evtl. blutstreifig. Die Erkrankung breitet sich sehr schnell von Tier zu Tier aus.

EUTERENTZÜNDUNG

(Mastitis)

Es sollte unbedingt ein Tierarzt hinzugezogen werden, v. a. wenn das Tier einen kranken Eindruck macht bzw. offensichtlich Schmerzen hat, oder wenn sich die Infektion im Bestand ausbreitet. Eine schulmedizinische Behandlung ist dann oftmals notwendig.

Um eine Mastitis erfolgreich schulmedizinisch und/oder homöopathisch behandeln zu können, ist es oft wichtig, den ursächlichen Erreger zu kennen. Dies hilft nicht nur bei der Behandlung von Einzelfällen, sondern ist von entscheidender Bedeutung, wenn eine Nosode zur Vorbeugung oder Behandlung hergestellt werden soll.

Die Zellzahl in frischen Milchproben gibt Aufschluss über den Grad der klinischen (besonders aber auch der subklinischen) Erkrankung innerhalb einer Herde von Milchkühen.

Das Wort Mastitis bedeutet Euterentzündung. Mastitiden sind die häufigste Erkrankungsursache bei Milchvieh. Bei Mastrindern treten sie sehr viel seltener auf. Es gibt zahlreiche Erreger, die eine Mastitis verursachen können, aber die vier häufigsten sind Streptokokken, Staphylokokken, Actinomyces pyogenes — früher Corynebacterium (Sommer-Mastitis) und Colibakterien.

Hauptsymptome

Schwellung der betroffenen Euterviertel sowie vermehrte Wärme, Rötung und Verhärtung unterschiedlichen Ausmaßes. Diese Symptome gehen immer mit Veränderungen in der Farbe und Konsistenz der Milch einher. Sie ist meist verfärbt, wässrig und enthält Klumpen oder Flocken. Aus der Milchbeschaffenheit lässt sich i. d. R. nicht ableiten, um welche Mastitisform oder welchen Erreger es sich handelt. Dies kann nur durch die bakteriologische Untersuchung von Milchproben geschehen, wobei innerhalb der letzten beiden Wochen keine antibiotische Behandlung stattgefunden haben darf.

Perakute Mastitis. Diese tritt sehr plötzlich auf, oft zwischen zwei Melkzeiten. Dem Tier geht es eindeutig sehr schlecht, es hat hohes Fieber und das betroffene Euterviertel ist heiß, hart und schmerzhaft. Unbehandelt entwickelt sich sehr schnell eine Toxämie, die zu einem dramatischen Abfall der Körpertemperatur unterhalb des Normalbereiches führt. Das Tier kann sich nicht mehr auf den Beinen halten, liegt sehr rasch fest und stirbt in den meisten Fällen.

Akute Mastitis. Eine akute Infektion entwickelt sich häufig im Rahmen der Abkalbung, kann aber zu jedem Zeitpunkt der Laktation auftreten. Es kommt meist zu einem Anstieg der Körpertemperatur, der allerdings nur leicht sein kann. Das betroffene Euterviertel, manchmal auch mehrere Viertel, sind geschwollen, die Milch ist wässrig und enthält oft Flocken.

Chronische Mastitis. Die Entzündung tritt schubweise in unterschiedlicher Schwere auf. Die Beschaffenheit der Milch ändert sich entsprechend verschiedenartig. Gleichzeitig kann es zu einem leichten Anstieg der Körpertemperatur kommen.

Streptokokken-Mastitis. Diese kann in drei Formen unterteilt werden:

Streptococcus agalactiae. Dieses Bakterium lebt im Euter und kann in das Drüsengewebe eindringen. Daher ist es bei der Milchuntersuchung nicht immer nachzuweisen. Wie andere im Euter lebenden Erreger ist er ein opportunistischer Keim (fakultativ pathogen), und wenn die Melkhygiene nicht einwandfrei ist, kann er sich schnell über das Melkzeug bzw. die Melkanlage verbreiten.
Streptococcus dysgalactiae. Eine Infektion mit diesem Erreger tritt oft im Anschluss an eine Zitzenverletzung auf.
Streptococcus uberis. Dieser Erreger wird als Umweltkeim angesehen (was bedeutet, dass er so gut wie überall überleben kann) und breitet sich daher rasch über schmutzige Einstreu sowie die Melkanlage aus.

Staphylokokken-Mastitis. Diese Mastitisform tritt in vielen Herden auf. Häufig liegt eine latente subklinische Infektion vor, die bei jeder Belastung wie z. B. Wetterwechsel oder Veränderung der Haltungsbedingungen in eine klinisch manifeste Erkrankung übergehen kann. Viele chronische Mastitiden sind auf eine Infektion mit Staphylokokken zurückzuführen.

Koliforme Mastitis. Diese Mastitisform ist meist den Haltungsbedingungen zuzuschreiben und tritt v. a. im Winter auf. Die Milch erscheint mit bloßem Augen oft kaum verändert und auch das Euter ist nur wenig geschwollen, aber das Tier macht einen schwerkranken Eindruck. Wird nicht sofort eine Behandlung eingeleitet, endet die Erkrankung in vielen Fällen mit dem Tode.

Sommer-Mastitis. Eine perakute Erkrankung von trockenstehenden Kühen, manchmal auch Färsen, die während der Sommermonate durch Fliegen übertragen wird. In dem betroffenen Euterviertel entwickelt sich ein Abszess, und die Absonderung hat einen charakteristischen unangenehmen Geruch. In den meisten Fällen ist das Viertel unrettbar verloren und die Behandlung zielt v. a. darauf ab, das Leben des erkrankten Tieres zu retten.

Hilfreich bei Schock in perakuten und akuten Fällen.	***Belladonna* C30.** Stündlich eine Gabe, viermal, dann Wechsel zu einer Arznei, die die vorliegenden Symptome weitestgehend abdeckt.
Bei allen akuten Infektionen. Dieses Mittel kann, falls nötig, begleitend zu einer antibiotischen Therapie, aber auch allein eingesetzt werden. Hilfreich bei Sommer-Mastitis.	***Hepar sulphuris* C6** oder **C30.** Eine Gabe drei- bis viermal täglich, wenn nötig fünf bis zehn Tage bis zur Besserung.

Eine der unten aufgeführten Arzneien kann zur Folgebehandlung angezeigt sein:

Bei harten und dauerhaften Schwellungen.	***Bryonia* C30.** Eine Gabe alle drei bis vier Stunden (viermal täglich), einige Tage bis zur Besserung. Chronische Fälle sprechen oft gut auf eine regelmäßige Behandlung zwei- bis dreimal pro Woche über vier bis sechs Wochen an.
In akuten und chronischen Fällen, v. a. in der Mitte der Laktation. Das betroffene Euterviertel ist hart und schmerzhaft. Die Zitzen können außerdem rissig oder verletzt sein.	***Phytolacca* C30.** Eine Gabe dreimal täglich, fünf bis zehn Tage bis zur Besserung.
In chronischen Fällen mit hartnäckiger Infektion. Es können sich Geschwüre und Fisteln (Absonderung durch einen Röhrengang in der Haut) entwickeln.	***Silicea* C30.** Eine Gabe zweimal täglich, vier bis fünf Tage, dann, falls nötig, zweimal wöchentlich über drei bis sechs Wochen.
Eine Kombination aus den Mitteln *Sulphur*, *Silicea* und *Carbo vegetabilis*. Hilfreich bei Ausbrüchen von akuter oder chronischer Mastitis in einem Bestand.	***SSC* C30.** Eine Gabe dreimal täglich, drei bis fünf Tage lang. Wiederholung bei Bedarf.

GEBÄRMUTTERENTZÜNDUNG

(Metritis, Endometritis)

➔ *Siehe im Kapitel „Fortpflanzung".*

Macht das Tier einen kranken Eindruck oder halten die Symptome über einen längeren Zeitraum an, sollte unbedingt ein Tierarzt hinzugezogen werden.

Eine Metritis ist eine Entzündung der Gebärmutter, der meist eine Infektion zugrunde liegt. Sie tritt i. d. R. nach der Abkalbung auf und kann sich nachhaltig auf die zukünftige Fruchtbarkeit auswirken, v. a. wenn sie nicht rechtzeitig behandelt wird.

Hauptsymptome

Im Akutfall hat das betroffene Tier oft Fieber und macht einen kranken Eindruck. Unbehandelt kann sich daraus eine Septikämie entwickeln. Die Absonderung ist oft reichlich und riecht unangenehm. Daneben kann es auch zur Nachgeburtsverhaltung kommen bzw. zum Abreißen der Nachgeburt und Zurückbleiben eines Restes in der Gebärmutter.

Eine chronische Metritis kann ebenfalls infolge einer Nachgeburtsverhaltung oder nach einer Schwergeburt entstehen. Der Ausfluss kann weißlich bis gelb, rosafarben oder rot und blutig sein. Er ist oft übelriechend und wird zum Zeitpunkt der Brunst vermehrt gebildet.

Bei Fieber oder Septikämie.	***Belladonna* C30.** Eine Gabe alle ein bis zwei Stunden, vier- bis fünfmal, dann drei- bis viermal täglich, bei anhaltendem Fieber drei bis fünf Tage lang.
Bei Nachgeburtsverhaltung und mildem Ausfluss.	***Pulsatilla* C30.** Eine Gabe dreimal täglich, drei bis sieben Tage lang.
Bei reichlichem, rötlich-schokoladenfarbenem und meist übelriechendem Ausfluss.	***Caulophyllum* C30.** Eine Gabe dreimal täglich, fünf bis sieben Tage lang.
Blutigrote Absonderung mit fauligem Geruch.	***Secale cornutum* C30.** Eine Gabe dreimal täglich, vier bis sieben Tage lang.
Nachgeburtsverhaltung mit Absonderung von Blut, oder grau-rosafarbenem und übelriechendem Ausfluss.	***Sabina* C6.** Eine Gabe zwei- bis dreimal täglich, zwei bis vier Tage lang.
Ein nützliches Universalmittel bei allen Erkrankungen des weiblichen Geschlechtsapparates. In chronischen Fällen.	***Sepia* C30.** Eine Gabe zweimal täglich, sieben bis zehn Tage lang.

Chronische Fälle mit grau-weißem, übelriechendem Ausfluss.	***Pyrogenium* C30.** Eine Gabe zweimal täglich, sieben bis vierzehn Tage lang.

INFEKTIÖSE BOVINE KERATOKONJUNKTIVITIS

Die Diagnosestellung durch einen Tierarzt kann erforderlich sein. Die Erkrankung betrifft hauptsächlich Rinder, die auf der Weide gehalten werden, kann aber das ganze Jahr über sowohl bei Stall- als auch bei Weidehaltung auftreten.

➜ *Siehe auch im Kapitel „Allgemeine Krankheitszustände" unter „Augenerkrankungen".*

Hauptsymptome

Das erkrankte Auge zeigt reichlichen Tränenfluss. Manchmal sind auch beide Augen gleichzeitig betroffen. Aus der anfänglichen Konjunktivitis entwickelt sich rasch eine weiße Hornhauttrübung mit hochgradiger Rötung und Entzündung der gesamten Augenumgebung. Unbehandelt kann daraus ein Hornhautgeschwür entstehen.

Diese Erkrankung verbreitet sich sehr schnell innerhalb einer Tiergruppe, entweder durch direkten Kontakt (z. B. bei der Fütterung) oder indirekt über Fliegen.

Äußerliche Behandlung

In akuten Fällen.	**Euphrasia-Augentropfen.** Anwendung mithilfe einer Tropfflasche oder als feiner Sprühnebel. Dosierung: Ein- oder zweimal täglich bis zur Besserung.
In chronischen Fällen.	**Cineraria-Augentropfen.** Anwendung wie oben.

Lichtempfindlichkeit, ständiges Zwinkern oder Zusammenkneifen des Auges über einen längeren Zeitraum, Berührungsempfindlichkeit, weißer Belag auf der Hornhaut. Starker Tränenfluss.	***Mercurius corrosivus* C30.** Eine Gabe dreimal täglich, fünf bis sieben Tage bis zur Besserung.
Hilfreich in chronischen Fällen mit Hornhauttrübung.	***Silicea* C30.** Eine Gabe ein- oder zweimal täglich, sieben bis vierzehn Tage bis zur Besserung.

Vorbeugung. Die Nosode kann eingesetzt werden, um das Auftreten der Erkrankung in empfänglichen Tiergruppen zu verhindern. Im Frühstadium der Erkrankung kann sie auch therapeutisch hilfreich sein.	***NFE-Nosode* C30.** Eine Gabe ein- oder zweimal täglich, drei bis vier Tage lang, dann monatlich zur Vorbeugung, unter tierärztlicher Anleitung.

KLAUENFÄULE

(Pododermatitis infectiosa)

Klauenfäule tritt bei Rindern aller Altersstufen sehr häufig auf. Feuchte, schlammige Bodenverhältnisse (z. B. im Bereich der Wasserstellen oder an Durchgängen) begünstigen die Entstehung der Erkrankung. Sie geht sehr leicht von einem Tier auf das andere über. Unbehandelt kann die Infektion das Gelenk angreifen und zu einer septischen Arthritis führen. In sehr schwerwiegenden Fällen kann dies die Amputation der betroffenen Klaue erforderlich machen. Eine Kombination aus antibiotischer und homöopathischer Behandlung kann diese drastische Maßnahme in vielen Fällen verhüten. Die Erkrankung wird durch das Bakterium *Fusiformis necrophorus* verursacht.

Es sollte so bald wie möglich ein Tierarzt hinzugezogen werden.

Hauptsymptome

Plötzliche Lahmheit auf einer Vorder- oder Hintergliedmaße. Zwischen den beiden Klauen und am oberen Saum des Zwischenklauenspaltes entwickelt sich eine deutliche Schwellung, die einen üblen Geruch verströmt. Unbehandelt bildet sich ein Abszess, der irgendwann aufbricht und infektiösen Eiter absondert.

Zu Beginn der Behandlung. Ein nützliches Universalmittel.	***Hepar sulphuris* C6** oder **C30.** Eine Gabe zwei- bis dreimal täglich, zwei bis fünf Tage bis zur Besserung.
Bei Sepsis mit eitrigem Geruch. Übelriechende Absonderung.	***Kreosotum* C6** oder **C30.** Eine Gabe dreimal täglich, fünf bis sieben Tage bis zur Besserung.
In chronischen Fällen, die nicht richtig auf die Behandlung ansprechen.	***Silicea* C6.** Eine Gabe ein- oder zweimal täglich, zwei bis drei Wochen lang, sofern eine stetige Besserung zu beobachten ist.
Vorbeugung.	**Pyrogenium C30.** *Pyrogenium* kann einen Ausbruch der Erkrankung verhindern oder zur Behandlung eingesetzt werden. Es sollte nur unter tierärztlicher Aufsicht gegeben werden (siehe auch das Kapitel „Primäre Materia Medica").

→ *Siehe auch in diesem Kapitel unter „Klauenfäule" und „Mortellaro´sche Krankheit" und im Kapitel „Pferde" unter „Bänder und Sehnen", „Gelenkerkrankungen", „Hufe", „Hufrehe" und „Rheumatismus".*

LAHMHEIT/HINKEN

Die Ursache der Lahmheit sollte möglichst durch einen Tierarzt abgeklärt werden.

Nach den Mastitiden stellen Lahmheiten die zweithäufigste Erkrankung bei Rindern, insbesondere bei Milchvieh dar. Den meisten, wenn auch nicht allen Lahmheiten liegt eine Verletzung im Klauenbereich zugrunde. Der Fuß sollte immer gründlich untersucht werden, und nur wenn der Sitz der Lahmheit nicht dort zu liegen scheint, ist eine Untersuchung der restlichen Gliedmaße notwendig.

▶ **Anmerkung**: Bei der Untersuchung von Rindern im Allgemeinen, speziell aber bei der Untersuchung der Gliedmaßen ist eine sichere Fixierung des Tieres unabdingbar. Ein Zwangsstand wird hier dringend empfohlen. Anderenfalls kann es nur allzu leicht zu Verletzungen der behandelnden Person und/oder des Tieres kommen.

Hauptsymptome

Lahmheit unterschiedlicher Schwere und/oder Schmerzen in einer oder mehreren Gliedmaßen.

Sollte unabhängig von der Ursache sofort eingesetzt werden, wenn eine Lahmheit oder andere Beschwerden im Bereich der Gliedmaßen beobachtet werden.	***Arnica* C30.** Eine Gabe alle zwei bis vier Stunden, vier- bis sechsmal, während man überlegt, ob eine andere Arznei besser passen könnte. Ansonsten gibt man anschließend drei- bis viermal täglich eine Gabe, einige Tage bis zur Besserung.
Bei einer Infektion oder einem Abszess im Bereich der Gliedmaßen.	***Hepar sulphuris* C6** oder **C30.** Eine Gabe dreimal täglich, drei bis sieben Tage bis zur Besserung.

▶ Weitere Arzneien siehe auch im Kapitel „Pferde" unter „Bänder und Sehnen", „Gelenkerkrankungen", „Hufe", „Hufrehe" und „Rheumatismus".

LEPTOSPIROSE
Infektion mit Leptospira interrogans var hardjo

Es sollte unbedingt ein Tierarzt hinzugezogen werden. Diese Krankheit ist auf den Menschen übertragbar. Bei Verdacht auf Leptospirose ist sofort der Tierarzt zu rufen. Die Diagnose wird anhand von zwei Blutproben gestellt, die im Abstand von zwei Wochen genommen werden. Ein Impfstoff steht zur Verfügung.

Hauptsymptome

Die Körpertemperatur kann erhöht sein, aber i. d. R. frisst und trinkt das betroffene Tier weiterhin wie gewohnt. Die Milchleistung fällt plötzlich ab, das Euter wird schlaff und das Sekret ist dick und enthält häufig Blutbeimengungen. Die Erkrankung ist normalerweise nach zehn bis vierzehn Tagen überstanden. Einige Tiere abortieren in der zweiten Trächtigkeitshälfte, was nicht zwingend mit dem typischen Abfall der Milchleistung einhergehen muss.

Bei erhöhter Körpertemperatur bzw. Fieber.	***Belladonna* C30.** Eine Gabe alle ein bis zwei Stunden, vier- bis sechsmal, dann mit zunehmender Besserung viermal täglich, zwei bis drei Tage lang, bis die Temperatur wieder normal ist.

▶ Bei Abort siehe im Kapitel „Fortpflanzung". Es gibt eine Nosode, die unter tierärztlicher Anleitung zur Vorbeugung und Behandlung eingesetzt werden kann.

LICHTEMPFINDLICHKEIT

(Photosensibilität)

Unter Umständen sollte ein Tierarzt hinzugezogen werden.

Gewöhnlich sind die unpigmentierten weißen Bereiche des Fells betroffen. Die darunter liegende Haut reagiert überempfindlich auf Sonnenlicht und es entwickelt sich eine Dermatitis (Hautentzündung). Die Krankheit wird durch die Aufnahme verschiedener Pflanzen wie z. B. Johanniskraut begünstigt, welche die Leber schädigen und in manchen Fällen zu Gelbsucht mit Fieber und Durchfall führen.

Hauptsymptome

Entwicklung geröteter, geschwollener und erhabener Hautstellen, die nekrotisieren (absterben) und häufig abschilfern. Die Erkrankung kann mit heftigem Juckreiz und Selbstverletzung aufgrund des Reibens und Beknabberns einhergehen.

Ein nützliches Hautmittel zur Unterstützung des Wachstums neuer Haare.	***Arsenicum album* C30.** Eine Gabe ein- oder zweimal täglich, sieben bis zehn Tage lang.
Bei heftigem Juckreiz und nässenden wunden Stellen.	***Cantharis* C6.** Eine Gabe zwei- bis dreimal täglich, fünf bis sieben Tage bis zur Besserung.
Im akuten Stadium mit roten, nässenden und schmerzhaften Stellen.	***Rhus toxicodendron* C30.** Eine Gabe drei- bis viermal täglich, fünf bis sieben Tage bis zur Besserung.
Besonders angezeigt, wenn die Aufnahme von Johanniskraut die Ursache der Erkrankung und der Zustand schmerzhaft ist.	***Hypericum* C30.** Eine Gabe zweimal täglich, fünf bis sieben Tage lang.

MILCHFIEBER

(Hypokalzämie)

Es muss umgehend ein Tierarzt gerufen werden.

Die konventionelle Behandlung mit Kalziuminjektionen, die subkutan (unter die Haut) verabreicht werden, kann von erfahrenen Landwirten versucht werden. In akuten und schweren Fällen bedarf es jedoch der intravenösen Applikation durch einen Tierarzt. Die homöopathische Behandlung kann unterstützend zur schulmedizinischen Therapie eingesetzt werden. Es sollte möglichst versucht werden, der Erkrankung im Vorfeld vorzubeugen und Rückfälle zu verhindern.

Das betroffene Tier sollte schnellstmöglich in Brustlage mit erhöht gelagertem Kopf gebracht werden, um eine Aufblähung und das Einatmen von regurgitiertem Futterbrei zu verhindern.

Milchfieber entsteht aufgrund eines erniedrigten Blutkalziumspiegels, der dazu führt, dass auch der Kalziumgehalt im Gewebe unter den Normalwert sinkt. Die Erkrankung tritt v. a. bei Kühen auf, die älter als vier bis fünf Jahre sind, und bevorzugt im Zeitraum von zwei bis drei Tagen vor der Abkalbung bis zehn bis vierzehn Tage danach.

Hauptsymptome

Die Erkrankung beginnt mit einer kurzen Phase gesteigerter Erregbarkeit mit Muskelzittern, Kopfschütteln und Zähneknirschen, die leicht übersehen wird. Kurz danach treten die klassischen Symptome auf. Das Tier beginnt zu schwanken, kann bald nicht mehr stehen und kommt zum Festliegen. Der Hals ist oft zur Seite und nach hinten geknickt, das Tier hat Untertemperatur, einen trockenen Nasenspiegel und die Ohren und Füße fühlen sich kalt an. Der Kotabsatz sistiert, und selbst wenn noch Kot abgesetzt wird, ist dieser trocken und hart. Unbehandelt liegt das Tier schließlich auf der Seite, es kann sich nicht mehr aufrichten, die Beine sind steif und ausgestreckt, der Puls ist schwach und beschleunigt. Die Atmung ist oft stöhnend. Letztendlich kommt es zu Koma und Tod.

Milchfieber und Weidetetanie (Hypomagnesämie) können zusammen auftreten. Die festliegende Kuh hat dann starkes Muskelzittern und ist oft so berührungsempfindlich, dass sie bei der leisesten Berührung heftig zusammenfährt. Die Herzfrequenz ist stark erhöht und ohne Behandlung kommt es zu Krämpfen und unweigerlich zum Tod.

Zur Unterstützung der schulmedizinischen Behandlung

Bei Erregbarkeit und hervortretenden Augen mit starrem Blick.	***Belladonna* C30.** Eine Gabe alle 30-60 Minuten, bis zu drei- bis viermal.
Unterstützend, um ein Rezidiv zu verhindern.	***Calcium carbonicum* C30.** Eine Gabe drei- bis viermal täglich, zwei bis drei Tage lang.

Vorbeugung. Bei Tieren, die für ihre Anfälligkeit für Milchfieber bekannt sind.	***Calcium phosphoricum* C30** und ***Magnesium phosphoricum* C30**, in Kombination. Eine Gabe ein- bis zweimal wöchentlich, beginnend sechs bis acht Wochen vor der Abkalbung.

MORTELLAROSCHE KRANKHEIT

(Erdbeerkrankheit, Digitale Dermatitis)

Es sollte so bald wie möglich ein Tierarzt hinzugezogen werden.

Diese Erkrankung ist erst seit einigen Jahren bekannt. Sie ist ansteckend und kann unbehandelt zu akuter Lahmheit und ernsthaften Schäden an den Klauen führen. Ihr Erscheinungsbild ähnelt oft einer sehr schweren Form der Klauenfäule.

Hauptsymptome

Hochgradige Lahmheit und Abfall der Milchleistung. Zur homöopathischen Behandlung siehe unter „Klauenfäule".

NABELENTZÜNDUNG

(Omphalitis)

Es sollte ein Tierarzt hinzugezogen werden, um die Diagnose zu bestätigen und die optimale Behandlung zu bestimmen und einzuleiten.

Eine Nabelentzündung entsteht aufgrund einer Infektion der Nabelschnur zum Zeitpunkt oder kurz nach der Geburt. Es können verschiedene Bakterien beteiligt sein. Das Ausmaß der Erkrankung kann von leicht bis schwerwiegend variieren. Unbehandelt kann sie sich manchmal zu einem lebensbedrohlichen Zustand entwickeln.

Hauptsymptome

Schmerzhafter, geschwollener Nabel, der verdickt erscheint und aus dem eine Absonderung austreten kann. Die Infektion geht rasch von einem Kalb auf das andere über. Es müssen strikte Hygienevorkehrungen getroffen werden, und der Nabelbereich sollte mit einer Jodlösung oder einem antibiotischen Spray behandelt werden. Die Infektion kann auf die Gelenke übergreifen, meist sind die Karpal- (Vorderfußwurzel-), Knie- oder Sprunggelenke betroffen.

Bei chronischer Entzündung und Infektion. Als Folgemittel von ***Hepar sulphuris***, wenn es nach 10-14 Tagen zu keiner Besserung gekommen ist.	***Silicea* C6.** Eine Gabe zweimal täglich, sieben bis vierzehn Tage lang.
Wenn die Gelenke beteiligt und heiß und geschwollen sind. Jede Bewegung bereitet Schmerzen.	***Bryonia* C6** oder **C30.** Stündlich eine Gabe, drei- bis viermal, dann drei- bis viermal täglich, fünf bis zehn Tage bis zur Besserung.

▶ Bei Gelenkbeteiligung siehe auch im Kapitel „Allgemeine Krankheitszustände" unter „Gelenkentzündung".

Bei Eiterbildung fördert diese Potenz die Absonderung.	***Hepar sulphuris* C6.** Eine Gabe dreimal täglich, drei bis sieben Tage bis zur Besserung.
Der Nabel ist heiß, geschwollen und berührungsempfindlich.	***Hepar sulphuris* C30.** Eine Gabe dreimal täglich, fünf bis sieben Tage bis zur Besserung.

NACHGEBURTSVERHALTUNG

(Retentio secundinarum)

Ein Tierarzt sollte hinzugezogen werden.

Manchmal geht die Nachgeburt nicht von alleine ab. Sie sollte dann vier bis sieben Tage nach der Abkalbung manuell von einem Tierarzt entfernt werden. Wird die Ablösung nicht richtig durchgeführt, kann die Gebärmutterschleimhaut beschädigt werden, was sich wiederum nachteilig auf den zukünftigen Zuchteinsatz auswirken kann.

Folgende Faktoren begünstigen eine Nachgeburtsverhaltung: Abort, Früh- oder Schwergeburt, Zwillingsträchtigkeit (oder auch Drillingsträchtigkeit) sowie jede andere Stressbelastung (z. B. Milchfieber).

Hauptsymptome

Ein Teil der Nachgeburt hängt aus der Vagina heraus. Dabei kann es sich um einen dünnen Strang oder auch um ein recht voluminöses Gebilde handeln. Nach einem oder zwei Tagen löst sich die Nachgeburt vielleicht von selbst und fällt zu Boden. Dabei ist entscheidend, dass die gesamte Nachgeburt abgeht. Ist dies nicht der Fall, kann es sein, dass sich der Muttermund schließt und ein Teil der Membranen in der Gebärmutter eingeschlossen wird. Dies kann eine Metritis (Entzündung und Infektion der Gebärmutter) zur Folge haben. Das erkrankte Tier zeigt dann u. U. hohes Fieber, Inappetenz, Apathie und ein Absinken der Milchleistung. Begleitend kann ein rötlicher oder rötlich-brauner und übelriechender Ausfluss auftreten.

Nach einem Abort oder einer Schwergeburt, v. a. wenn es dabei zu Gebärmutterblutungen kommt.	***Caulophyllum* C30.** Eine Gabe dreimal täglich, drei bis sieben Tage lang nach der Abkalbung.
Ein nützliches allgemeines Mittel bei Nachgeburtsverhaltung.	***Pulsatilla* C30.** Eine Gabe zweimal täglich, zwei bis maximal drei Tage lang, dann abwarten.
Bei Nachgeburtsverhaltung mit Abgang von hellrotem Blut, aber ohne Anzeichen einer Infektion (Fieber, Inappetenz, Apathie, übler Geruch aus der Vagina).	***Sabina* C12.** Eine Gabe dreimal täglich, zwei bis vier Tage lang.
Wenn eine Infektion vorliegt und das Tier offensichtlich krank ist, mit Fieber, Inappetenz und Apathie. Meist besteht ein übler Geruch aus der Vagina.	***Pyrogenium* C30.** Eine Gabe zweimal täglich, vier bis sieben Tage lang.

WARZEN, PAPILLOMATOSE

Die Diagnose sollte evtl. durch einen Tierarzt gestellt werden. Homöopathische Arzneien können bei der Behandlung von Warzen sehr nützlich und wirksam sein.

Beim Rind gibt es zwei Warzenarten, die sehr häufig sind und beide durch Viren verursacht werden.

Papillome. Unansehnliche Warzen von der Größe einer Erbse bis hin zu Golfballgröße oder sogar noch größer. Sie sind gestielt und bluten leicht durch einen Stoß oder Reiben. Auf diese Weise können sie sich leicht auf dem Tier ausbreiten oder auf andere Tiere übertragen werden.

Zitzenwarzen. Diese treten v. a. bei Färsen auf. Sie können spontan verschwinden, aber auch persistieren und beim Melken zu Problemen führen.

▶ Siehe im Kapitel „Allgemeine Krankheitszustände“ unter „Warzen“.

WEIDETETANIE

(Hypomagnesämie)

Es sollte umgehend ein Tierarzt gerufen werden, da es sich um eine schwerwiegende und lebensbedrohliche Erkrankung handelt. Besonders in akuten Fällen ist sofortiges tierärztliches Eingreifen erforderlich. In leichteren Fällen genügt u. U. auch die subkutane Injektion von flüssigen Magnesiumzubereitungen.

Weidetetanie stellt eine saisonale Erkrankung dar. Sie tritt gehäuft im Frühjahr auf, wenn die Rinder zum ersten Mal wieder auf die Weide kommen. Bei magnesiumarmer Fütterung kann sie sich aber natürlich jederzeit entwickeln.

Eine Hypomagnesämie lässt sich durch eine Blutuntersuchung feststellen. Dazu wird Blut von erkrankten Tieren untersucht, aber auch von anderen Tieren der Herde, da diese subklinisch betroffen sein können.

Weidetetanie kann gleichzeitig mit Milchfieber auftreten (siehe dort).

Hauptsymptome

Überempfindlichkeit, Zusammenzucken bei Berührung oder anderen Reizen. Muskelzittern, unsicherer Gang, übermäßige Erregbarkeit. Erkrankte Tiere fallen um und zeigen Ruderbewegungen der Beine. Weitere mögliche Symptome sind gespitzte Ohren, Schaum vor dem Maul, Harnabsatz, Durchfall und ein verstärkter Lidschlagreflex. Zwischen den Krampfanfällen kann es Ruhephasen geben, aber jeder Reiz führt zu erneuten Anfällen.

Akutfall mit den oben beschriebenen Symptomen.	***Belladonna* C30.** Eine Gabe alle 15-30 Minuten, bis zu vier- bis sechsmal. ***Magnesium phosphoricum* C30.** Diese Arznei kann im Anfangsstadium im Wechsel mit *Belladonna* gegeben werden, alle 15-30 Minuten, drei bis viermal, dann drei- bis viermal täglich, einen oder zwei Tage bis zur Besserung.

Vorbeugung

Anreicherung des Futters mit Magnesium oder bei Weidegang Zufuhr eines Magnesiumpräparates in Melasse.

Zur Vorbeugung ein- oder zweimal wöchentlich in Zeiten, in denen ein erhöhtes Risiko für die Erkrankung besteht (z. B. Frühjahr und Herbst).	***Magnesium phosphoricum* C30.**

Können in Kombination gegeben werden, um sowohl der Entstehung als auch Rezidiven von Weidetetanie und Milchfieber vorzubeugen.	***Calcium phosphoricum*** und ***Magnesium phosphoricum* C30.** Eine Gabe zweimal wöchentlich zur Vorbeugung bzw. zwei- bis dreimal täglich, einen oder zwei Tage lang, wenn ein Rückfall droht.

WIEDERBELEBUNGSMASSNAHMEN

Das Hinzuziehen eines Tierarztes wird dringend angeraten.

→ *Siehe auch im Kapitel „Unfälle, Notfälle und Erste Hilfe" unter „Schock".*

Ist ein Kalb nach einer schweren oder vorzeitigen Geburt schwächlich oder gar kollabiert, können die folgenden homöopathischen Arzneien u. U. helfen. Dieselben Mittel können auch bei älteren erschöpften oder kollabierten Tieren eingesetzt werden.

Hauptsymptome

Das Tier liegt fest und kann nicht mehr alleine aufstehen. Es fühlt sich kalt und/oder feucht an (durch kalten Schweiß) und hat u. U. einen Schock. Die Atmung ist erschwert oder keuchend, und die Zunge hängt aus dem Maul. Dass Tier zittert oft unkontrollierbar.

▶ **Anmerkung**: Es ist überaus wichtig, das Tier warm zu halten, v. a. wenn es sich um ein Kalb handelt, daher sollte man es gut in Decken und Stroh einpacken, um die Körpertemperatur aufrecht zu erhalten.

Schock.	**Rescue Remedy.** Geben Sie einige Tropfen direkt auf die Zunge. Wiederholen Sie dies nach fünf bis fünfzehn Minuten, bei Bedarf zwei- oder dreimal bis zur Besserung.
Der „Leichenerwecker".	***Carbo vegetabilis* C6.** Geben Sie sofort eine Dosis und dann alle 10-15 Minuten, sechs- bis achtmal bis zur Besserung.
Bei Kreislaufproblemen mit blauem Zahnfleisch, keuchender Atmung und kalten Gliedmaßen.	***Laurocerasus* C6.** Mehrere Gaben im Abstand von 10-15 Minuten bis zur Besserung.

ZITZENVERLETZUNGEN

Bei ernsthafteren Verletzungen, die genäht werden müssen, muss ein Tierarzt hinzugezogen werden. Die Art der Verletzung kann sehr unterschiedlich sein; häufige Ursachen sind Stacheldraht oder ein Tritt auf die Zitze.

▶ Weitere Behandlungsmöglichkeiten bei Verletzungen finden Sie im Kapitel „Unfälle, Notfälle und Erste Hilfe".

Erosion der Zitzenspitze

Die Ursache ist unbekannt, es wird aber ein Zusammenhang mit der Melkanlage vermutet. Die Spitze der Zitze ist hart und verhornt und bekommt Risse, die sich allmählich vergrößern und das Gewebe zerklüften.

Schwarzfleckenkrankheit

Infektion der Zitzenspitze mit Bakterien, i. d. R. der Gattung *Staphylococcus* oder *Fusiformis.* Bleibt die Schwarzfleckenkrankheit über einen längeren Zeitraum unbehandelt, entwickelt sich daraus sehr oft eine Mastitis.

Äußerlich ist *Calendula* ist sehr wirksam bei Rissen und Verletzungen aller Art. Sind diese schmerzhaft, ist der Zusatz von *Hypericum* oft sehr hilfreich.	**Calendula-Creme** oder **-Salbe**, allein oder in Verbindung mit **Hypericum-Salbe**
Ein einfacher Zitzen-Dip kann hergestellt werden, indem man *Hypericum-* und *Calendula-*Urtinktur im Verhältnis 1:10 mit reinem oder abgekochtem Wasser verdünnt.	**Zitzen-Dip.** Zweimal täglich nach dem Melken.

Bei nässenden Wunden, die eine honigfarbene Flüssigkeit absondern.	***Graphites* C6.** Eine Gabe zwei- bis dreimal täglich, einige Tage bis zur Abheilung.
Bei geschwürigen Zitzenveränderungen.	***Mercurius corrosivus* C6** oder **C30.** Eine Gabe zwei- bis dreimal täglich, fünf bis zehn Tage bis zur Besserung.
Bei chronischen Verletzungen, Rissen und Wunden	***Silicea* C6.** Eine Gabe zweimal täglich, sieben bis zehn Tage lang.

SCHAFE

SPEZIELLE ERKRANKUNGEN

Erkrankungen, die in diesem Abschnitt nicht aufgeführt sind, finden Sie im Kapitel „Allgemeine Krankheitszustände". Um unnötige Wiederholungen zu vermeiden, wird bei einigen Erkrankungen auf die relevanten Abschnitte im Kapitel „Rinder" verwiesen.

ALLGEMEINES

Schafe sind in der Regel robuste Tiere und leben im Winter wie im Sommer gerne im Freien. Sie schätzen dabei allerdings auch einen abgeschirmten Bereich, selbst wenn es sich nur um eine Hecke handelt, die Schutz vor Wind bietet. Ein Teil des Weidelandes, sollte wenn möglich, trocken sein, ob es sich nun um Moorgebiet oder Hochland handelt. Schafe sind sehr anfällig für Klauenfäule, daher müssen ihre Klauen regelmäßig untersucht, beschnitten und mit Klauenbädern behandelt werden. Manchmal ist dabei auch eine Einzeltierbehandlung notwendig. Schafe trinken nicht sonderlich viel Wasser, außer in der Trächtigkeit, denn sie nehmen beim Weiden genügend Feuchtigkeit auf. Trotzdem sollte immer frisches Wasser zur Verfügung stehen. In der Ablammsaison werden die Mutterschafe oft für einige Tage in den Stall geholt, um sie unter Beobachtung zu haben. Seit ein paar Jahren werden Schafe manchmal auch das ganze Jahr über im Stall gehalten. Dann muss für Einstreu und Schutz vor Wind und Zugluft gesorgt sein. Schafe sind auch sehr anfällig für Lungenentzündungen, die oft perakut verlaufen und zu plötzlichen Todesfällen führen. Diese sind dann das einzige Anzeichen dafür, dass etwas nicht in Ordnung ist. Daher sind gute Haltung und Pflege von entscheidender Bedeutung.

- **Trächtigkeitsdauer**: 144-150 Tage

ABLAMMEN

Die Untersuchung und Behandlung durch einen Tierarzt ist erforderlich, wenn die Geburt schwierig zu verlaufen scheint bzw. wenn das Muttertier offensichtliche Beschwerden oder Schmerzen hat und vergeblich presst.

Ablammprobleme können bei Mutterschafen aller Altersstufen auftreten, v. a. aber, wenn sie zum ersten Mal ablammen.

Hauptsymptome

Liegt nur ein Lamm vor, kann es zu groß sein und muss dann sehr behutsam und mit viel Geschick entbunden werden. Bei Zwillings- oder Drillingslämmern kann es vorkommen, dass sich diese im Mutterleib ineinander verstricken.

Hilfreiche Arzneien zur Unterstützung der Geburt finden Sie im Kapitel „Fortpflanzung".

ABORT

→ *Siehe im Kapitel „Fortpflanzung" und im Kapitel „Rinder" unter „Abort".*

Bei Aborten ist die Untersuchung und Diagnosestellung durch einen Tierarzt erforderlich, v. a. wenn diese plötzlich in einer Herde auftreten.

Neben Aborten, die auf physiologische Faktoren zurückzuführen sind, wie z. B. Haltung, Ernährung und Trächtigkeitstoxämie, gibt es auch einige spezifische Erkrankungen, die beim Schaf einen Abort auslösen können.

Enzootischer Abort

Diese Abortform wird durch eine Infektion mit Chlamydien hervorgerufen und stellt eine der häufigsten Abortursachen beim Schaf dar. Erfolgt die Infektion nach dem 120. Trächtigkeitstag (die normale Trächtigkeitsdauer beträgt beim Schaf ca. 150 Tage), bleibt sie latent im Organismus bis zur nächsten Trächtigkeit, in der es dann zum Abort kommt. Mutterschafe, die zum zweiten Mal ablammen, sind besonders empfänglich für die Infektion. Der Abort findet am häufigsten in den letzten beiden Trächtigkeitswochen statt. Die Plazenta, die Feten und alle austretenden Flüssigkeiten sind dabei Infektionsquellen.

Hauptsymptome

Charakteristisch sind nekrotische bzw. zersetzte Kotyledonen (die kleinen pilzförmigen „Knöpfe", mit denen die Nachgeburt an der Gebärmutterwand anhaftet) und verdickte Membranen, die mit gelbem Material bedeckt sind.

Listeriose

Diese Abortform wird durch den Erreger *Listeria monocytogenes* hervorgerufen. Die meisten Fälle treten bei Jungschafen auf und es kann dabei innerhalb kürzester Zeit zu geradezu seuchenartigen und massenhaften Aborten kommen. Besonders gehäuft treten die Aborte in den Monaten Februar und März auf und im Stall gehaltene Schafe sind häufiger betroffen als Schafe in Freilandhaltung.

Hauptsymptome

Es werden lebensschwache Lämmer geboren. Der seuchenhafte Abort dauert ca. zwei Monate an.

Salmonellen, Mykoplasmen

➔ *Siehe im Kapitel „Rinder" unter „Abort".*

Es gibt **Nosoden** zur Vorbeugung und Behandlung dieser fünf Aborterreger, die unter tierärztlicher Aufsicht eingesetzt werden sollten.

Toxoplasmose

Diese Abortform wird durch eine Infektion mit *Toxoplasma gondii* verursacht. Die Infektion im Frühstadium der Trächtigkeit führt zum Absterben und zur Resorption der Leibesfrucht, sodass es den Anschein hat, als sei das Mutterschaf leer geblieben. Bei einer Infektion zwischen dem 40. und 110. Trächtigkeitstag stirbt der Fetus ab und wird entweder abortiert oder kommt mumifiziert zum Geburtstermin zur Welt. Bei einer Infektion im letzten Trächtigkeitsstadium sind die Lämmer lebensschwach und überleben oft nur wenige Tage oder Wochen.

Hauptsymptome

Diese Erkrankung ist erkennbar an weißlichen oder grauen Stellen in den Kotyledonen, die verkalken können und sich dann körnig anfühlen bzw. beim Anschneiden wie grober Sand erscheinen.

BLÄHSUCHT
(Tympanie, Meteorismus)

Es sollte ein Tierarzt hinzugezogen werden.

Diese Erkrankung tritt recht häufig bei Lämmern auf, die mit der Flasche aufgezogen werden und sehr gierig saugen, v. a. im Alter von fünf bis acht Wochen. Die zu schnell getrunkene Milch läuft nicht über die Schlundrinne in den Labmagen (den vierten Magen), sondern in den sich erst entwickelnden Pansen, wo sie anfängt zu gären und zu Aufblähung führt. Dieser Zustand kann lebensbedrohliche Ausmaße annehmen. Kommt es nach jeder Fütterung zu Aufblähung, ist es ratsam, das Lamm zu entwöhnen, sobald man beobachtet, dass es anfängt wiederzukäuen.

▶ Siehe im Kapitel „Rinder“ unter „Blähsucht“.

EUTERENTZÜNDUNG
(Mastitis)

Die Diagnose und Behandlung durch einen Tierarzt ist meist erforderlich.

Im Kapitel „Rinder“ finden Sie weitere Einzelheiten zum Thema Mastitis. Bei Mutterschafen tritt eine Mastitis sehr viel seltener auf als bei Milchkühen, kommt aber hin und wieder nach dem Ablammen oder nach dem Absetzen der Lämmer vor.

Eine Mastitis kann durch viele Erreger verursacht werden. Sie tritt gehäuft im späten Frühjahr und Frühsommer auf. Es gibt viele Faktoren, die die Entstehung einer Mastitis begünstigen, wie z. B. Haltung von zu vielen Tieren auf zu engem Raum, Nässe und Zugluft. Die Infektion kann sich ausbreiten, wenn Lämmer bei verschiedenen Mutterschafen saugen. Unter den entsprechenden Bedingungen kann eine ganze Herde an Mastitis erkranken.

Hauptsymptome
Die betroffene Euterhälfte ist deutlich geschwollen und verhärtet. Die Milch kann verfärbt, wässrig, flockig oder klumpig und blutstreifig sein.
Geeignete homöopathische Arzneien zur Behandlung der Mastitis finden Sie im Kapitel „Rinder“.

KLAUENFÄULE

(Fußfäule)

Die Untersuchung und Behandlung durch einen Tierarzt ist erforderlich, wenn die Symptome länger bestehen.

Klauenfäule wird durch eine Infektion mit den beiden Erregern *Bacteroides nodosus* und *Fusiformis necrophorus* hervorgerufen. Sie stellt ein weit verbreitetes Krankheitsbild dar und tritt gehäuft im Frühling und Herbst auf, v. a. wenn eine große Anzahl von Schafen auf kleinem Raum oder einer nassen Weide gehalten wird. Sie kann aber genausogut im Stall gehaltene Schafe betreffen.

Hauptsymptome

Zu Beginn tritt lediglich eine geringgradige Lahmheit auf und es entwickelt sich eine Schwellung im Bereich zwischen den beiden Klauen. Breitet sich die Infektion unterhalb des Klauenhorns aus, kommt es zu Nekrose (Absterben des Gewebes) und das Klauenhorn beginnt zu faulen. In diesem Stadium ist die Lahmheit deutlich sichtbar und sehr schmerzhaft. Es kann ein fauliger Geruch auftreten. Unbehandelt kann die Krankheit chronifizieren und zu Missbildungen des Klauenhorns führen.

▶ **Anmerkung**: Es ist überaus wichtig, dass die Klauen betroffener Tiere regelmäßig ausgeschnitten und anschließend mit einem medizinischen Fußbad behandelt werden.

In frischen, akuten und schmerzhaften Fällen. Das ideale Mittel, wenn gleichzeitig mit der Infektion Schmerzen auftreten. Oft besteht dabei auch ein fauliger Geruch.	***Hepar sulphuris* C30.** Eine Gabe zweimal täglich, fünf bis sieben Tage lang.
Ein gutes grundlegendes Mittel mit einer Affinität zu dem erkrankten Gewebe und dem Klauenhorn.	***Kreosotum* C30.** Eine Gabe zweimal täglich, fünf bis sieben Tage lang, dann zweimal pro Woche über drei bis vier Wochen, sofern der Zustand anhält.
Hilfreich in chronischen Fällen. Unterstützt den Organismus dabei, mit einer langdauernden Infektion fertig zu werden und fördert die Bildung von neuem, gesundem Horn.	***Silicea* C30.** Eine Gabe zweimal wöchentlich, vier bis sechs Wochen lang.

Klauenfäule-Nosode. Diese Nosode kann oft mit gutem Erfolg zusammen mit einer der oben angeführten Arzneien unter Anleitung eines homöopathisch arbeitenden Tierarztes eingesetzt werden.

Vorbeugung

***Klauenfäule-Nosode* C30.** Diese Nosode kann vorbeugend im Frühjahr und Herbst unter Anleitung eines homöopathisch erfahrenen Tierarztes eingesetzt werden, um diese belastende und schmerzhafte Erkrankung zu bekämpfen.

KOKZIDIOSE-BEFALL

(Kokzidiose)

Die Diagnose und Behandlung durch einen Tierarzt kann erforderlich sein. Die Diagnose wird durch das Vorhandensein zahlreicher Oozysten im Kot bestätigt (mehr als 5.000 pro Gramm sind signifikant).

Der einzellige Organismus (Protozoon) *Eimeria species* infiziert v. a. sehr junge Lämmer. Die Infektion wird durch Haltung zu vieler Tiere auf zu engem Raum, sei es im Stall oder auf der Weide, sowie durch kontaminiertes Futter begünstigt. Ein gering- bis mittelgradiger Befall mit Kokzidien wird oft toleriert, aber ein hochgradiger Befall kann zu Durchfall, Gewichtsverlust und unbehandelt auch zum Tode führen.

Hauptsymptome

Enteritis, evtl. mit Blutbeimengungen, Inappetenz, gestörtes Allgemeinbefinden, Gedeihstörung, Apathie und Schwäche.

Es gibt sehr wirksame schulmedizinische Präparate zur Behandlung der Kokzidiose. Unterstützend – oder in leichten Fällen auch allein – können homöopathische Arzneien gegeben werden, die sich oftmals als hilfreich erweisen.

Blutstreifiger, dünner und schleimiger Kot, der unter Pressen abgesetzt wird.	***Mercurius corrosivus* C30.** Eine Gabe dreimal täglich, fünf bis sieben Tage lang.
Sehr wirksam bei Kokzidiose, bringt Blutungen zum Stillstand.	***Ipecacuanha* C30.** Eine Gabe dreimal täglich, fünf bis sieben Tage lang.
Bei geschwächten Lämmern, die ausgetrocknet sind und nach einer Enteritis nicht mehr gedeihen. Ein gutes Tonikum.	***China* C6.** Eine Gabe dreimal täglich, fünf bis sieben Tage lang.

➔ *Siehe im Kapitel „Allgemeine Krankheitszustände“ unter „Darmentzündung“ und im Kapitel „Unfälle, Notfälle und Erste Hilfe“ unter „Kollaps“.*

KOLIBAZILLOSE

Die Diagnose und Behandlung durch einen Tierarzt ist erforderlich.

Diese Erkrankung wird durch das Bakterium *Escherichia coli* verursacht und tritt v. a. bei sehr jungen Lämmern auf, insbesondere wenn diese nach der Geburt nicht ausreichend Kolostrum erhalten haben (die erste Milch des Mutterschafes, die besondere Nährstoffe und Antikörper enthält). Lämmer, die erst wenige Tage alt sind, zeigen Speichelfluss und einen flüssigkeitsgefüllten Bauch, während es bei etwas älteren Lämmern zu Enteritis und Septikämie kommt.

Hauptsymptome

Das Lamm ist apathisch, schwach und u. U. bereits kollabiert. Das Abdomen ist stark aufgetrieben und die Gedärme und Bauchhöhle sind hochgradig mit Flüssigkeit gefüllt. Das Tier zeigt starken Speichelfluss mit nassen Lippen und Unterkiefer. Zu Beginn der Infektion kann die Körpertemperatur ansteigen, aber mit Fortschreiten der Erkrankung sinkt sie unter den Normalbereich. Der Kot ist anfangs noch halbfest und grau, später wird er wässrig und verschmutzt den Schwanz und das Hinterteil des Tieres. Setzt die Behandlung nicht rechtzeitig ein, kommt es zu rasch fortschreitender Schwäche und Septikämie mit Todesfolge.

Bei schwachen Lämmern mit Durchfall, Zittern und Apathie.	***Arsenicum album* C30.** Eine Gabe einmal täglich, vier bis fünf Tage lang.
Grauer, gelber oder grünlicher, halbfester, evtl. blutstreifiger Kot, der unter starkem Pressen abgesetzt wird.	***Mercurius corrosivus* C30.** Eine Gabe zwei- bis dreimal täglich, fünf bis sieben Tage lang.
Um die Ausbreitung der Infektion innerhalb einer Gruppe von Lämmern zu verhindern oder zusätzlich zu einer der anderen aufgeführten Arzneien zur Behandlung.	***E.-coli-Nosode*** Unter Anleitung eines homöopathisch arbeitenden Tierarztes.

LIPPENGRIND

(Ecthyma contagiosum)

Die Diagnose und Behandlung durch einen Tierarzt ist notwendig. Lippengrind wird durch eine Infektion mit einem Paravaccinia-Virus hervorgerufen und kann außer Schafen auch Ziegen, Rinder (selten) und Menschen befallen. Da es sich um eine Zoonose handelt, sollte man im Umgang mit infizierten Tieren entsprechende Vorsicht walten lassen.

Nach durchgemachter Infektion ist das Tier für zwei bis drei Jahre immun. Allerdings wird die Immunität nicht mit dem Kolostrum auf das Lamm übertragen. Die Ausbreitung erfolgt oft sehr rasch, v. a. bei Schafen, die im Stall gehalten werden. In vielen Fällen kommt es zudem zu bakteriellen Sekundärinfektionen.

Hauptsymptome

Die Hautveränderungen durchlaufen vier charakteristische, meist schnell aufeinanderfolgende Stadien: Papel, Blase, Pustel und Schorf. Die Erkrankung beginnt beim Lamm meist in den Mundwinkeln und breitet sich dann über den gesamten Maulbereich, die Nase und Augenlider aus. Die betroffenen Lämmer haben Probleme, Futter aufzunehmen, und verlieren schnell an Gewicht. Die Infektion kann vom Lamm auf das Euter des Muttertieres übergehen. Die schmerzhaften Hautveränderungen am Euter führen u. U. dazu, dass das Mutterschaf das Lamm nicht mehr saugen lässt. Dies wiederum kann eine Mastitis auslösen. Beim männlichen Tier können das Skrotum und Präputium betroffen sein.

Bei allen Hautveränderungen angezeigt, die am Übergang von der Haut zur Schleimhaut auftreten (z. B. in den Mundwinkeln).	***Nitricum acidum* C30.** Eine Gabe einmal täglich, fünf bis zehn Tage lang.
Meist das wirksamste Mittel zu Beginn der Behandlung.	***Thuja* C30.** Eine Gabe zweimal täglich, sieben bis zehn Tage bis zur Besserung.

Lippengrind-Nosode. Ein sehr hilfreiches Mittel, das in Kombination mit anderen Arzneien gegeben werden kann. Sollte nur unter Anleitung eines homöopathisch versierten Tierarztes eingesetzt werden.

Vorbeugung

Lippengrind-Nosode. Diese Nosode kann bei Bedarf unter Anleitung eines homöopathisch arbeitenden Tierarztes ein bis zwei Wochen alten Lämmern gegeben werden.

LUNGENENTZÜNDUNG

(Pneumonie, Pasteurellose)

→ *Siehe auch unter „Allgemeine Krankheitszustände".*

Wenn der Besitzer nicht mit dem Krankheitsbild vertraut ist, sollte auf jeden Fall ein Tierarzt für die Diagnose und Behandlung hinzugezogen werden.

Diese spezielle Form der akuten und oft tödlich endenden Lungenentzündung tritt häufig bei jungen Lämmern auf. Man unterscheidet dabei zwei Haupttypen.

Biotyp A

Eine akute Pneumonie, die v. a. im Frühjahr und Sommer auftritt und oft durch Stress ausgelöst wird (z. B. Stall- oder Weidewechsel, Umtrieb bei sehr warmem Wetter, Tauchbäder oder Klauenbehandlungen etc.). Insbesondere Lämmer, die jünger als sechs bis sieben Wochen sind, werden häufig tot aufgefunden. In diesen Fällen ist eine Sektion notwendig, um die Diagnose zu bestätigen.

Hauptsymptome

Hohes Fieber mit verstärkter und erschwerter Atmung, Muskelzuckungen und Tod innerhalb von drei bis vier Tagen.

Biotyp T

Diese Form der Pasteurellose befällt ältere Lämmer meist am Jahresende.

Hauptsymptome

Hohes Fieber, Inappetenz, schnelle Atmung und Apathie. Auch hier werden die Tiere manchmal einfach tot aufgefunden, ohne dass vorher irgendwelche Krankheitsanzeichen erkennbar gewesen wären.

Fieber und Symptome einer Atemwegsinfektion.	***Ferrum phosphoricum* C30**. Stündlich eine Gabe, drei- bis viermal, dann dreimal täglich, zwei bis drei Tage lang, oder nach der initialen Gabe Wechsel zu einem besser passenden Mittel entsprechend den vorliegenden Symptomen.
Fieber und Symptome einer akuten Pneumonie, oft mit trockenem Husten und dunklem, blutstreifigem Auswurf.	***Phosphorus* C30**. Eine Gabe dreimal täglich, drei bis fünf Tage lang.

***Pasteurella-Nosode* C30.** Diese Nosode kann sowohl vorbeugend als auch zur Behandlung eingesetzt werden, in Kombination mit anderen Arzneien und unter Anleitung eines homöopathisch arbeitenden Tierarztes.

MILCHFLUSS, ANREGUNG UND UNTERDRÜCKUNG

Homöopathische Arzneien eignen sich in diesen Fällen sehr gut zur Behandlung.

Anregung des Milchflusses

Wenn das Euter vergrößert und offensichtlich prall mit Milch gefüllt ist, die Milch aber aus irgendwelchen Gründen zurückgehalten wird, kann man die untenstehende Behandlung probieren.

Ein sehr hilfreiches Mittel in diesem Zusammenhang.	***Urtica urens.*** In Hochpotenz, unter Anleitung eines homöopathisch arbeitenden Tierarztes.

Unterdrückung des Milchflusses

Bei übermäßiger Milchbildung, z. B. zum Zeitpunkt des Absetzens (Trockenstellens), um einer Mastitis vorzubeugen.

Ein sehr hilfreiches Mittel in diesem Zusammenhang. *Urtica* unterstützt das Versiegen der Milch am Ende der Laktation.	***Urtica urens.*** In Tiefpotenz, unter Anleitung eines homöopathisch arbeitenden Tierarztes.

NABELENTZÜNDUNG

(Omphalitis)

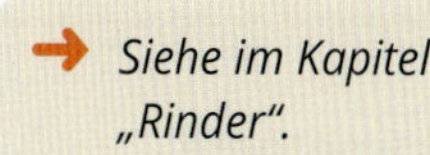

Siehe im Kapitel „Rinder".

NACHGEBURTSVERHALTUNG

(Retentio secundinarum)

Macht das Mutterschaf eindeutig einen kranken Eindruck, sollte unbedingt ein Tierarzt hinzugezogen werden.

Die Nachgeburt kann aus einer ganzen Reihe von Gründen nicht abgehen, z. B. nach einer Schwergeburt, bei Atonie der Gebärmutter, nach einem Abort oder aufgrund einer Infektion. Liegt eine Infektion vor und geht es dem Muttertier schlecht, kann es nötig sein, antibiotisch zu behandeln, um das Leben des Tieres zu retten. In den meisten Fällen wird die homöopathische Behandlung jedoch sehr wirksam sein.

Hauptsymptome

Ein Teil der fetalen Membranen hängt aus der Vagina heraus. Entweder handelt es sich dabei nur um einen dünnen Strang oder um ein recht kompaktes Gebilde. Die Membranen lösen sich manchmal nach ein bis zwei Tagen und fallen dann auf den Boden. Es ist nicht ratsam, zu fest an den heraushängenden Teilen zu ziehen, denn dadurch könnte ein Stück abreißen und die Zervix (der Muttermund) sich schließen, sodass der verbliebene Teil der Membranen in der Gebärmutter eingeschlossen ist und es zu einer Infektion und Metritis (Gebärmutterentzündung) kommt. Das Tier wird dann meist schwer krank mit Fieber, Inappetenz, Apathie und üblem Geruch aus der Vagina. Grundsätzlich sollte die Nachgeburt innerhalb von zwei bis zehn Tagen abgehen.

Ein gutes Mittel bei dieser Erkrankung bei Schafen, v. a. wenn bereits eine Infektion vorliegt.	***Secale cornutum* C6** oder **C12.** Eine Gabe zweimal täglich, drei bis fünf Tage lang nach Bedarf.

▶ Weitere hilfreiche Arzneien zur Behandlung der Nachgeburtsverhaltung finden Sie im Kapitel „Rinder“ unter „Nachgeburtsverhaltung“.

PARASITEN

(Wurmbefall)

Die Diagnose und Behandlung durch einen Tierarzt ist notwendig.

Parasitäre Bronchitis

Diese Erkrankung wird durch Lungenwürmer hervorgerufen, insbesondere *Dictyocaulus filaria.* Sie kann unbehandelt zu Lungenentzündung und zum Tod führen.

Hauptsymptome

Husten, kurze und schnelle Atmung, Keuchen, Inappetenz und Gewichtsverlust. Manchmal streckt das Tier den Hals vor und die Zunge heraus, um besser Luft zu bekommen. Dabei besteht oft starker schaumiger Speichelfluss.

Es gibt wirksame und sichere schulmedizinische Anthelminthika, die strikt nach den Anweisungen des Herstellers eingesetzt werden sollten, um diese potenziell gefährliche Erkrankung zu behandeln. Homöopathische Arzneien können begleitend zur Behandlung der Bronchitis und/oder Pneumonie angewendet werden, um die Symptome zu lindern.

Feuchter Husten mit viel schaumigem Schleim und starkem Speichelfluss spricht oft gut auf dieses Mittel an.	***Antimonium tartaricum* C30.** Eine Gabe zwei- bis dreimal täglich, fünf bis sieben Tage lang.
Lungenentzündung, v. a. bei feuchtem und kaltem Wetter.	***Ammonium carbonicum* C30.** Eine Gabe zwei- bis dreimal täglich, fünf bis sieben Tage lang.

▶ Weitere Arzneien zur Behandlung von Bronchitis und Pneumonie finden Sie im Kapitel „Allgemeine Krankheitszustände“, und auf den folgenden Seiten unter „Lungenentzündung“.

Parasitäre Gastroenteritis

Lämmer und Jungschafe haben sehr oft Würmer, es können aber Schafe aller Altersstufen betroffen sein. Ein Wurmbefall wird durch schlechte Haltung, insbesondere von zu vielen Schafen auf zu kleiner Fläche, und das Grasen auf kontaminierten Weiden begünstigt.

Hauptsymptome

Durchfall, mangelhafte Gewichtszunahme und blasse Schleimhäute.

Es gibt sehr wirksame und sichere schulmedizinische Anthelminthika, die auch in jedem Falle eingesetzt werden sollten, um eine parasitär bedingte Gastroenteritis zu behandeln. Die Anwendung sollte strikt nach den Anweisungen des Herstellers und nicht häufiger als nötig erfolgen.

Die unterstützende Behandlung der Enteritis mit homöopathischen Arzneien kann sehr hilfreich sein. Durchfallmittel finden Sie im Kapitel „Allgemeine Krankheitszustände“ unter „Enteritis“.

SCHEIDENVORFALL

(Vaginalprolaps)

Die Behandlung durch einen Tierarzt ist meist notwendig, v. a. wenn das Krankheitsbild nicht bekannt ist.

Ein Scheidenvorfall tritt meist bei Einzeltieren auf, kann aber auch mehrere Tiere einer Herde gleichzeitig betreffen, v. a. wenn sie zu fett sind und/oder Zwillings- oder Drillingslämmer tragen. Es gibt diverse Möglichkeiten, um nach der Reposition der Scheide einen erneuten Vorfall zu verhindern. Der Erfolg all dieser Methoden und Vorrichtungen scheint davon abzuhängen, wie genau die Behandlungsanweisungen befolgt werden.

Hilfreich bei älteren Mutterschafen. *Sepia* hat grundsätzlich eine wohltuende Wirkung auf die gesamten weiblichen Geschlechtsorgane und kräftigt die Bänder und Muskulatur.	***Sepia* C30.** Eine Gabe ein- oder zweimal täglich, fünf bis sieben Tage lang.
Ein weiteres Mittel für diese Erkrankung, insbesondere bei schwachen und erschöpften Tieren.	***Stannum* C30.** Eine Gabe zweimal täglich, fünf bis sieben Tage lang.

STOFFWECHSELSTÖRUNGEN

(Hypokalzämie, Hypomagnesämie)

Die Diagnose und Behandlung durch einen Tierarzt ist erforderlich.

Diese Erkrankungen treten bei Schafen sehr viel seltener auf als bei Rindern. Weitere Einzelheiten erfahren Sie im Kapitel „Rinder" unter „Milchfieber" und „Weidetetanie".

Hypokalzämie (Milchfieber)

Die meisten Fälle treten kurz vor dem Ablammen auf, der mögliche Zeitraum erstreckt sich allerdings von sechs Wochen vor der Geburt bis acht oder sogar zehn Wochen danach. Die Erkrankung kann durch jegliche Form von Stress ausgelöst werden, z. B. durch Futter- oder Weidewechsel, was dazu führt, dass die Schafe einige Tage lang weniger Appetit haben.

Hauptsymptome

Die betroffenen Schafe zeigen einen steifen, schwankenden Gang und Muskelzittern. Später liegen sie fest, wobei sie auf der Brust liegen und die Beine entweder untergeschlagen oder nach hinten ausgestreckt haben. Der Kopf liegt oft auf dem Boden, und grünlicher Pansensaft läuft aus der Nase. Unbehandelt führt die Erkrankung meist innerhalb von sechs bis zwölf Stunden zum Tod.

Hypomagnesämie (Weidetetanie)

Diese Erkrankung tritt sehr oft auf und kann sogar Sauglämmer betreffen. Am häufigsten erkranken allerdings Mutterschafe kurz nach dem Ablammen, v. a. wenn sie sehr viel Milch geben. Stress begünstigt die Erkrankung, beispielsweise schlechtes Wetter, mangelhafter Schutz oder plötzlicher Zugang zu saftigem Weidegrund.

Hauptsymptome

In perakuten Fällen werden die Schafe tot in Seitenlage aufgefunden. Unter Umständen gibt es Hinweise darauf, dass die Tiere vor ihrem Tod stark gestrampelt und mit den Beinen gerudert haben. Der Kopf ist oft zurückgeworfen. Diese Anzeichen findet man auch bei noch lebenden Tieren, in Verbindung mit erhöhter Berührungsempfindlichkeit, Muskeltremor, torkelndem Gang, Schaum vor dem Maul, Kiefersperre und erhöhter Körpertemperatur.

TRÄCHTIGKEITSTOXÄMIE

Die Diagnose und Behandlung durch einen Tierarzt ist meist erforderlich.

Diese Erkrankung tritt sehr häufig bei Mutterschafen gegen Ende der Trächtigkeit auf, v. a. bei Zwillings- oder Drillingsträchtigkeiten, da diese eine größere Stoffwechselbelastung für das Muttertier darstellen. Die Verdauung der Kohlenhydrate ist gestört, und es kommt zur Bildung von sogenannten Ketonen. Diese gelangen in die Blutbahn und führen zu entsprechenden Symptomen. Stressfaktoren wie schlechtes Wetter oder fehlender Schutz können die Erkrankung auslösen, v. a. bei Tieren, die entweder zu fett oder viel zu dünn sind.

Hauptsymptome

Das betroffene Tier sondert sich von der Herde ab und steht meist wie alarmiert mit hoch erhobenem Kopf da. Es zeigt Bewegungsunlust, erscheint blind und hat vermehrten Durst, weshalb es oft lange Zeit am Wassertrog steht. Wird die Erkrankung nicht behandelt, schreitet sie weiter fort und es können die folgenden Symptome auftreten: Zähneknirschen, Kiefersperre, Speichelfluss, Muskelzittern von Lippen, Kopf und Hals. Das Tier macht einen apathischen Eindruck, es können aber auch Anzeichen nervöser Erregung auftreten, die sich in manchen Fällen bis hin zu Krampfanfällen steigern können.

Diese Erkrankung ist oftmals schwer zu behandeln, daher sollte sich das Augenmerk v. a. auf die Vorbeugung richten. Entscheidend ist die ausreichende Zufuhr von Kohlenhydraten in Verbindung mit Bewegung, ausreichendem Schutz und so wenig Stress wie möglich.

Im Frühstadium angezeigt, v. a. wenn eine Beteiligung des Nervensystems vorliegt.	***Aconitum* C30.** Eine Gabe stündlich, vier- bis fünfmal.
Ebenfalls angezeigt, wenn das Nervensystem beteiligt ist.	***Magnesium phosphoricum* C30.** Eine Gabe zwei- bis dreimal täglich, bei Bedarf bis zu zehn Tage lang.
Ein weiteres Mittel für die zentralnervöse Form der Erkrankung, v. a. wenn der Kopf hochgehalten und nach hinten gestreckt wird.	***Cicuta virosa* C6.** Eine Gabe alle ein bis zwei Stunden, bis zu viermal, dann dreimal täglich, drei bis fünf Tage lang, sofern sich eine Besserung einstellt.
Aufgrund seines Bezuges zur Leber und Verdauung ein Hauptmittel für diese Erkrankung.	***Lycopodium* C30.** Eine Gabe einmal täglich, bis zu zehn Tage lang.
Folgt gut auf *Lycopodium* und unterstützt die Wiederherstellung der normalen Leber- und Verdauungsfunktion.	***Nux vomica* C30.** Eine Gabe einmal täglich, fünf bis sieben Tage lang.

UNVOLLSTÄNDIGE ÖFFNUNG DES ZERVIX

(Zervikale Achalasie, Rigidität des Muttermundes)

Ein Tierarzt sollte hinzugezogen werden, um den Muttermund medikamentös oder manuell zu erweitern.

Diese Erkrankung tritt im Rahmen der Geburt auf, wenn sich der Muttermund nicht genügend öffnet, um eine natürliche Geburt des Lammes oder der Lämmer zu ermöglichen. Die Ursache ist unbekannt, ein hormonelles Ungleichgewicht scheint aber zur Entstehung beizutragen.

Hauptsymptome

Das Mutterschaf wird zu Beginn der Geburt sehr unruhig und presst, ohne dass Fruchtwasser abgeht oder ein Lamm erscheint. Bei einer Untersuchung der Scheide ist der vollständige oder teilweise Verschluss des Zervix festzustellen. Homöopathische Arzneien können hier sehr hilfreich sein.

Dieses Mittel sollte so schnell wie möglich gegeben werden, sobald die Erkrankung festgestellt wurde.	***Caulophyllum* C30.** Eine Gabe jede halbe bis ganze Stunde, bei Bedarf bis zu vier- bis sechsmal.
Ein weiteres hilfreiches Mittel, das zum Zeitpunkt der Geburt gegeben werden sollte, um die Austreibung des Lammes durch den Geburtskanal zu unterstützen.	***Pulsatilla* C30.** Stündlich eine Gabe, bei Bedarf bis zu vier- bis sechsmal, bis die Geburt stattgefunden hat.
Eine wichtige Arznei, die im Rahmen jeder Geburt verabreicht werden sollte, unabhängig davon, ob sie normal abläuft oder problematisch ist, um Verletzungen, Blutungen und Schock zu vermindern.	***Arnica* C30.** Eine Gabe alle ein bis vier Stunden, sofern ein Problem besteht, ansonsten drei- bis viermal täglich, drei bis fünf Tage lang vor und nach der Geburt.
Vorbeugung. Wenn die Erkrankung in einer Herde gehäuft auftritt.	***Caulophyllum C30*** im letzten Trächtigkeitsmonat ein- bis dreimal wöchentlich gegeben werden. Dadurch werden die Beckenbänder allmählich gelockert, sodass der Geburtsvorgang einfacher vonstatten gehen kann.

LAND- UND WASSERSCHILDKRÖTEN

HÄUFIGE ERKRANKUNGEN

Schildkröten können unter den folgenden Krankheiten leiden:

Abszesse; bakterielle Infektionen; Blindheit, Katarakt und Fremdkörper im Auge; Ernährungsstörungen; Kolik; Legenot; Madenbefall; Nierenerkrankungen (Nephritis); Panzerverbrennungen; Paraphimose (Unfähigkeit der männlichen Schildkröte, den Penis zurückzuziehen); Pneumonie (Lungenentzündung); Rhinitis (Entzündung in der Nase); Schnabelmissbildungen; Sinusitis (Nasennebenhöhlenentzündung); Stomatitis (Entzündung der Mundschleimhaut); Vitamin-A-Mangel; Wunden; Wurmbefall.

ABSZESSE

Die Behandlung durch einen Tierarzt ist oftmals erforderlich.

Abszesse treten häufig als Schwellungen im Kopf- und Halsbereich sowie an den Gelenken und Gliedmaßenenden auf. Sie müssen u. U. gespalten werden.

➜ *Siehe im Kapitel „Allgemeine Krankheitszustände" unter „Abszesse".*

➜ *Siehe im Kapitel „Allgemeine Krankheitszustände" unter „Augenerkrankungen".*

AUGENERKRANKUNGEN UND ERBLINDUNG

Die Behandlung durch einen Tierarzt ist oftmals erforderlich.

Fällt die Temperatur während der Winterruhe zu stark ab, kann es zu Erblindung kommen. Dabei ist keine offensichtliche Schädigung des Auges erkennbar. Es kann sich auch ein Katarakt (Linsentrübung, sog. „Grauer Star") auf einem oder beiden Augen entwickeln. Ist das Tier erblindet, findet es sein Futter nicht mehr und muss per Hand gefüttert werden. Fremdkörper (kleine Pflanzenstücke oder Samen) können in das Auge eindringen, wenn die Schildkröte große Pflanzenstücke mit den Vorderzähnen abreißt.

➜ *Siehe im Kapitel „Allgemeine Krankheitszustände" unter „Blutvergiftung".*

BAKTERIELLE INFEKTIONEN

Die Behandlung durch einen Tierarzt ist erforderlich, v. a. wenn die Symptome anhalten.

Bakterielle Infektionen treten bei Schildkröten häufig auf. Unter dem Panzer kommt es zu Blutungen und Entzündungen, und manchmal tritt bei Druck auf den Panzer Flüssigkeit aus. Das Tier macht meist einen kränklichen Eindruck

ERNÄHRUNGSSTÖRUNGEN

Die Behandlung durch einen Tierarzt ist ratsam.

Schnell wachsende Jungtiere können Ernährungsstörungen entwickeln. Eine ausgewogene Zufuhr von Kalzium ist für eine gesunde Entwicklung von Knochen und Panzer unabdingbar. Wasserschildkröten können weiche Panzer entwickeln, während die Panzerschilde bei Landschildkröten zu klein und hochgestellt sein können, sodass die Gliedmaßen nicht vollständig eingezogen werden können. Die angezeigten homöopathischen Arzneien können in Kombination mit den vom Tierarzt verordneten Präparaten verabreicht werden.

Unterstützt die korrekte Bildung des Panzers. (Zerdrücken Sie die Arznei mit einem Löffel auf einem Blatt Papier und geben Sie jeweils die Hälfte ins Futter und Wasser.)	***Silicea* C6**. Eine Gabe täglich, vier bis sechs Wochen lang nach Bedarf.

KOLIK

Die Behandlung durch einen Tierarzt ist oftmals erforderlich, v. a. wenn die Symptome anhalten.

Die Schildkröte verweigert ihr Futter und fühlt sich offensichtlich nicht wohl. Eine Kolik kann nach Handfütterung mit Futter auftreten, das im Darm gärt. Es kann auch Durchfall auftreten.

➜ *Siehe im Kapitel „Allgemeine Krankheitszustände" unter „Kolik" und „Darmentzündung".*

LEGENOT

Die Behandlung durch einen Tierarzt ist unbedingt erforderlich.

Der weiblichen Schildkröte geht es offensichtlich schlecht und sie zeigt evtl. Pressen.

Bei Verdacht auf oder festgestellter Legenot. (Zerdrücken Sie die Arznei mit einem Löffel auf einem Blatt Papier und geben Sie jeweils die Hälfte ins Futter und Wasser.)	***Arnica* C30**. Eine Gabe ein- oder zweimal täglich, einige Tage nach Bedarf.

LUNGENENTZÜNDUNG

(Pneumonie)

➜ *Siehe im Kapitel „Allgemeine Krankheitszustände" unter „Lungenentzündung".*

Die Behandlung durch einen Tierarzt ist erforderlich.

Das Atemwegssystem von Wasser- und Landschildkröten und anderen Reptilien ist einfach aufgebaut. Es gibt kein Zwerchfell, welches das Herz und die Lunge von der Leber und den anderen Bauchorganen trennt. Im Rahmen einer Sinusitis oder anderer bakterieller Infektionen kann es schnell zu einer Lungenentzündung kommen.

MADENBEFALL

(Myiasis)

➜ *Siehe im Kapitel „Unfälle, Notfälle und Erste Hilfe" unter „Wunden".*

Die Behandlung durch einen Tierarzt ist oftmals erforderlich, um sicherzugehen, dass alle Maden entfernt wurden.

Im Sommer legen Fliegen oft ihre Eier am Hinterteil der Schildkröte ab, v. a. wenn diese an Durchfall leidet. Die Maden finden sich insbesondere im Bereich der Kloakenöffnung und der Schwanzfalte.

MUNDFÄULE

(Stomatitis)

➜ *Siehe im Kapitel „Allgemeine Krankheitszustände" unter „Mundhöhle".*

Die Behandlung durch einen Tierarzt ist oftmals erforderlich.

Diese Erkrankung tritt bei Schildkröten oft im Anschluss an die Winterruhe auf. Sie beginnt mit einem Geschwür auf der Zunge, worauf sich die Infektion auf die ganze Schnabelhöhle und die umgebenden Knochen und Gewebe ausbreitet. In unbehandelten Fällen entwickelt sich eine Lungenentzündung.

NIERENERKRANKUNGEN

(Nephritis)

Die Behandlung durch einen Tierarzt ist oftmals erforderlich.

➜ *Siehe im Kapitel „Allgemeine Krankheitszustände" unter „Nierenerkrankungen".*

Diese Erkrankung ist oft nur schwer zu erkennen. Die Schildkröte gedeiht nicht und verliert im Laufe von mehreren Wochen oder gar Monaten an Gewicht. Durch Ansammlung von Flüssigkeit kann es zu Schwellung der Hinterbeine kommen.

PANZERVERBRENNUNGEN

Die Behandlung durch einen Tierarzt ist oftmals erforderlich, um den Panzer zu verschließen.

➜ *Siehe im Kapitel „Unfälle, Notfälle und Erste Hilfe" unter „Verbrennungen und Verbrühungen".*

Der Schildkrötenpanzer kann z. B. durch Lagerfeuer etc. Verbrennungen erleiden.

PHIMOSE

(Vorhautverengung)

Die Behandlung durch einen Tierarzt ist unbedingt erforderlich, da u. U. eine Operation notwendig ist.

➜ *Siehe unter „Operationen" zur prä- und postoperativen homöopathischen Behandlung und unter „Wunden" im Kapitel „Unfälle, Notfälle und Erste Hilfe".*

Dieser Zustand kann infolge einer Verletzung entstehen.

SCHNABELMISSBILDUNGEN

Die Behandlung durch einen Tierarzt ist erforderlich.

Unterstützt die korrekte Bildung des Schnabels. (Zerdrücken Sie die Arznei mit einem Löffel auf einem Blatt Papier und geben Sie jeweils die Hälfte ins Futter und Wasser.)	***Silicea* C6.** Eine Gabe täglich über das Futter und Wasser, vier bis sechs Wochen lang.

SCHNUPFEN, NASENNEBENHÖHLENENTZÜNDUNG

(Rhinitis, Sinusitis)

➔ *Siehe im Kapitel „Allgemeine Krankheitszustände" unter „Nasennebenhöhlenentzündung".*

Diese Erkrankungen können zu einer Lungenentzündung führen und sind durch Absonderungen aus einem oder beiden Nasenlöchern gekennzeichnet.

VITAMIN-A-MANGEL

➔ *Siehe im Kapitel „Allgemeine Krankheitszustände" unter „Augenerkrankungen".*

Die Behandlung durch einen Tierarzt ist erforderlich.

Diese Erkrankung tritt v. a. bei jungen Wasserschildkröten auf, die falsch ernährt werden (siehe auch unter „Ernährungsstörungen"). Die Augenlider schwellen stark an, und es tritt starker Augenausfluss auf. Dieser beeinträchtigt das Sehvermögen derart, dass das Tier sein Futter nicht mehr erkennt und in der Folge Inappetenz entwickelt und an Gewicht verliert.

WUNDEN

➔ *Siehe im Kapitel „Unfälle, Notfälle und Erste Hilfe" unter „Wunden".*

Die Behandlung durch einen Tierarzt ist oftmals erforderlich, je nach Schwere der Verletzung.

Es gibt immer wieder Fälle, in denen Ratten über überwinternde Schildkröten herfallen. Daher ist es sehr wichtig, dass die Schildkröte in einem schädlingsgesicherten Behältnis überwintert. Andere Wunden und Verletzungen können durch Rasenmäher, Fahrzeuge, Sturz von Steingärten etc. entstehen.

WURMBEFALL

➔ *Siehe im Kapitel „Allgemeine Krankheitszustände" unter „Würmer".*

Die Behandlung durch einen Tierarzt ist erforderlich.

Schildkröten haben sehr oft Spulwürmer. Herkömmliche Wurmpräparate sind bei korrekter Anwendung sicher und wirksam.

SCHWEINE

SPEZIELLE ERKRANKUNGEN

Erkrankungen, die in diesem Kapitel nicht aufgeführt sind, finden Sie im Kapitel „Allgemeine Krankheitszustände".

ALLGEMEINES

Bei Tieren, die im Stall gehalten werden, ist immer für ausreichende, aber zugluftfreie Belüftung und Frischluftzufuhr sowie saubere und trockene Einstreu zu sorgen. Außerdem sollte stets frisches und sauberes Wasser zur Verfügung stehen. Tiere, die auch Zugang ins Freie haben, benötigen eine Art Windschutz, selbst wenn es sich dabei nur um eine dichte Hecke handelt. Ein Teil der Weide sollte trocken sein, sodass die Tiere, falls erforderlich, auch über einen längeren Zeitraum bequem stehen können. Auch hier sollte ausreichend frisches und sauberes Wasser zur Verfügung stehen. Es ist wichtig, Giftpflanzen wie z. B. Jakobskraut, Tollkirsche etc. zur entsprechenden Jahreszeit zu entfernen (möglichst vor der Blüte).

- **Trächtigkeitsdauer**: 116-120 Tage

ABFERKELN

Die Untersuchung und Behandlung durch einen Tierarzt ist erforderlich, wenn die Geburt schwierig zu verlaufen scheint bzw. wenn das Muttertier offensichtliche Beschwerden oder Schmerzen hat.

Verglichen mit manchen anderen Tierarten treten bei Schweinen i. d. R. relativ wenig Probleme bei der Geburt auf. Die durchschnittliche Wurfgröße reicht von sechs bis zu zwölf Ferkeln. Im Verhältnis zur Größe des Geburtskanals sind die Ferkel dementsprechend meist recht klein und können diesen ohne Probleme passieren.

→ *Siehe auch im Kapitel „Fortpflanzung" unter „Geburt".*

Hauptsymptome

Bei einem großen Wurf kommt es häufiger zu Atonie der Gebärmutter (Wehenschwäche und damit Verzögerung der Austreibung der Ferkel), da diese überdehnt wird und damit ihre Elastizität und Kontraktionsfähigkeit verliert.

Bei einer Vorgeschichte von Geburtsproblemen oder starken Quetschungen im Rahmen der Geburt.	***Arnica* C30.** Eine Gabe dreimal täglich, einige Tage vor und nach der Geburt.
Zur Schmerzlinderung während der Geburt und bei Wehenschwäche anstelle von Injektionen des Hormons Pituitrin.	***Caulophyllum* C30.** Eine Gabe alle 30-60 Minuten, bei Bedarf sechs- bis achtmal, bis der Geburtsvorgang abgeschlossen ist.

ABSZESSE

Die Untersuchung und Behandlung durch einen Tierarzt ist u. U. erforderlich.

Infizierte Wunden und Abszesse treten bei Schweinen recht häufig auf. Schweine leben in Gruppen und oftmals unter sehr beengten Verhältnissen, was oft dazu führt, dass sie sich gegenseitig beknabbern, beißen und miteinander kämpfen. Selbst unter Ferkeln kommt es häufig zu Schwanzbeißen.

Hauptsymptome

Schwellung der betroffenen Stelle mit Rötung, Berührungsempfindlichkeit und evtl. Schmerzen. Hilfreiche Arzneien zur Behandlung von Abszessen finden Sie im Kapitel „Allgemeine Krankheitszustände".

ATEMWEGSINFEKTIONEN

Die Diagnose und Behandlung durch einen Tierarzt kann erforderlich sein.

Schweine in Freiland- oder Offenstallhaltung sind sehr viel weniger anfällig für Atemwegserkrankungen als Schweine, die ihr gesamtes Leben im Stall verbringen. Durch die meist sehr beengten Verhältnisse im Stall können Bakterien und Viren rasch via Tröpfcheninfektion von einem Schwein auf das andere übertragen werden.

Bronchitis und Lungenentzündung

Beide Erkrankungen treten recht häufig bei Schweinen aller Altersstufen auf, v. a. aber bei Jungtieren, die in beengten und schlecht belüfteten Ställen gehalten werden. Durch die ungenügende Frischluftzufuhr und Zirkulation können sich Krankheiten leicht ausbreiten.

→ *Siehe im Kapitel „Allgemeine Krankheitszustände" unter „Bronchitis" und „Lungenentzündung".*

Lungenwürmer

Diese Erkrankung betrifft v. a. Jungtiere in Freilandhaltung. Sie wird durch den Parasiten *Metastrongylus apri* verursacht, der die Bronchien und Lunge befällt.
Steht die Diagnose fest, sollte eine konventionelle Wurmkur durchgeführt werden.

Hauptsymptome

Die betroffenen Schweine zeigen einen trockenen, bellenden Husten. Bei massivem Befall kommt es zu Gewichtsverlust und Gedeihstörungen.

Rhinitis atrophicans

Diese Erkrankung tritt vermehrt bei Ferkeln in Stallhaltung im Alter von drei bis zehn Wochen auf. Sie greift die Nasenknochen an und wird ursächlich mit den Erregern *Pasteurella* und *Bordetella* in Zusammenhang gebracht. Schlechte Haltungsbedingungen und unzureichende Belüftung wirken sich begünstigend auf die Entstehung der Krankheit aus.

Hauptsymptome

Akut: Niesen, Schnüffeln, Reiben der Nase, Nasenbluten, Augenausfluss und Atemnot.

Chronisch: Deformation der Schnauze und verzögertes Wachstum.

Schnüffeln und Niesen, Nasenausfluss, der eitrig wird.	***Kalium bichromicum* C30.** Eine Gabe ein- oder zweimal täglich, sieben bis zehn Tage lang.
Nasenbluten, wenn die Nasenknochen in Mitleidenschaft gezogen werden.	***Phosphorus* C30.** Eine Gabe zwei- bis dreimal täglich bis zur Besserung. Es kann eine Behandlungsdauer von drei bis vier Wochen notwendig sein, bevor sich eine Besserung zeigt.
Hilfreich im Frühstadium von Knochenveränderungen.	***Aurum metallicum* C30.** Eine Gabe einmal täglich, drei bis vier Wochen lang.

Schweinegrippe

Plötzlicher Krankheitsbeginn bei allen Schweinen einer Gruppe.

Hauptsymptome

Typische Grippesymptome – Inappetenz, Apathie, Fieber, Niesen, Husten, Bewegungsunlust und allgemeine Erschöpfung. Wird nicht rechtzeitig behandelt, kann es zu Atemwegsproblemen bis hin zu Lungenentzündung kommen.

Bei den ersten Krankheitsanzeichen.	***Aconitum* C30.** Eine Gabe alle ein bis zwei Stunden, bis zu viermal, sobald die ersten Symptome auftreten.
Husten und Beschwerden bei der geringsten Bewegung.	***Bryonia* C6** oder **C30.** Eine Gabe dreimal täglich, fünf bis sieben Tage lang.
Hilfreich bei allen grippeähnlichen Symptomen, v. a. Lustlosigkeit und Erschöpfung.	***Gelsemium* C30.** Eine Gabe dreimal täglich, drei bis fünf Tage lang.
Wenn sich die Symptome nach einer Reihe von warmen Tagen und kalten Nächten bei Jungtieren entwickeln, die entweder im Freien oder in einem feuchten Stall gehalten werden.	***Dulcamara* C30.** Eine Gabe zweimal täglich, fünf bis sieben Tage lang.

BLUTARMUT

(ANÄMIE)

Die Diagnosestellung, Beratung und Behandlung durch einen Tierarzt kann notwendig sein.

Anämie bei erwachsenen Schweinen

Diese entsteht meist sekundär infolge einer Infektion oder Leberschädigung.
In belasteten Beständen besteht die beste vorbeugende Maßnahme in Eiseninjektionen, die kurz nach der Geburt vorgenommen werden.

Hilfreich bei schwachen und anämischen Tieren aller Altersstufen.	***Ferrum metallicum* C3** oder **C30.** Eine Gabe ein- bis zweimal täglich, 14-21 Tage lang bzw. bis zur Besserung.
Ein gutes unterstützendes Mittel in allen Fällen von Schwäche und Erschöpfung.	***Argentum nitricum* C6** oder **C30.** Eine Gabe zweimal täglich, sieben bis zehn Tage lang; bei Bedarf Wiederholung nach 10-14 Tagen.
Anämie mit Schwäche und Erbrechen und/oder Durchfall.	***Arsenicum album* C30.** Eine Gabe zwei- bis dreimal täglich, fünf bis zehn Tage lang. Nur bei Bedarf Wiederholung nach sieben bis zehn Tagen.

Ferkelanämie

Ferkel im Alter von ca. drei Wochen erkranken häufig an Anämie, wenn ein Eisenmangel im Körper besteht.

Hauptsymptome

Mangelhaftes Wachstum, Inappetenz, gedämpftes Verhalten und Lethargie, häufig Durchfall, blasse, haarige Haut und blasse Schleimhäute. Kurzatmigkeit beim Auftreiben. An schwerer Anämie (Blutarmut) können die Ferkel sterben.

DURCHFALL, DIARRHOE, ENTERITIS

Die Diagnose und Behandlung durch einen Tierarzt kann notwendig sein.

→ *Siehe auch im Kapitel „Allgemeine Krankheitszustände" unter „Darmentzündung".*

Eine Enteritis kann bei allen Tierarten viele verschiedene Ursachen haben, und auch das Schwein stellt hier keine Ausnahme dar. Die zwei Hauptursachen sind infektiöser und diätetischer Natur.

Infektion. Die häufigste Infektion ist die Coli-Enteritis. Das Bakterium *Escherichia coli* ist der verursachende Erreger. Bei seiner Vermehrung im Darm bildet es ein Toxin, das Durchfall auslöst. Dieser kann unbehandelt manchmal sogar zum Tod führen. Eine Coli-Infektion tritt v. a. zu drei Zeitpunkten auf: Kurz nach der Geburt (ein bis vier Tage post partum infolge Mangel an Kolostrum), im Alter von ca. drei Wochen und nach dem Absetzen. Eine Campylobacter-Infektion ist eine weitere Ursache für massiven Durchfall bei Schweinen. Auch dieser tritt gehäuft im Alter von drei Wochen auf. Manche Viren lösen ebenfalls Durchfall aus, beispielsweise bei TGE – Transmissibler Gastroenteritis, einer Erkrankung, die meist bei Ferkeln auftritt, die jünger als zwei Wochen sind und bei denen sie unweigerlich zum Tode führt.

Ernährungsbedingt. Alle Schweine lieben es, zu wühlen und ihre Umgebung mit der Nase zu erforschen. Bei im Stall gehaltenen Schweinen besteht ein geringeres Risiko, falsches Futter aufzunehmen, es sei denn, es gibt ein Problem mit einer Charge des kommerziellen Futters, was manchmal passiert. Schweine in Freilandhaltung, die in Wald und Wiese herumstrolchen können, sind sehr viel gefährdeter, Stoffe aufzunehmen, die den Magen-Darm-Trakt schädigen und Durchfall hervorrufen können.

Hauptsymptome

Durchfall, dessen Konsistenz von geringfügig weich bis wässrig und evtl. blutstreifig reichen kann.

Immer wenn der Durchfall mit Fieber einhergeht.	***Aconitum* C30.** Eine Gabe stündlich, bis zu drei- bis viermal.
Das wichtigste Allgemeinmittel, v. a. wenn die Enteritis mit Erbrechen einhergeht. Der Kot ist hellbraun und riecht faulig. Wässriger Kot u. U. mit Blutbeimengungen. Durst auf kleine Mengen, Unruhe.	***Arsenicum album* C30.** Eine Gabe zweimal täglich, fünf bis sieben Tage lang.
Durst, Kälte und Schweiß, blutiger Kot.	***Mercurius corrosivus* C30.** Eine Gabe drei- bis viermal täglich, vier bis sieben Tage lang nach Bedarf.

Chronische Enteritis. Wässriger Kot, reichlich, fauliger Geruch, geräuschvoller Absatz.	***Podophyllum* C6.** Eine Gabe drei- bis viermal täglich, fünf bis zehn Tage lang nach Bedarf.
Durchfall mit Schwäche, Erschöpfung und Austrocknung.	***China* C6.** Eine Gabe dreimal täglich, vier bis sieben Tage lang.
Vorbeugung und Behandlung.	***E.-coli-Nosode C30.*** Entsprechend tierärztlicher Anweisung.

GESÄUGEENTZÜNDUNG

(Mastitis)

➜ Siehe im Kapitel „Allgemeine Krankheitszustände" unter „Euterentzündung".

Es sollte ein Tierarzt zur Diagnosestellung und Behandlung hinzugezogen werden.

Bei Sauen entwickelt sich eine Mastitis v. a. zum Zeitpunkt des Abferkelns oder kurz danach.

Hauptsymptome

Meist sind alle Gesäugekomplexe betroffen. Sie werden oft als „hart wie ein Brett" beschrieben, so ausgeprägt ist die Entzündung. Das Drüsengewebe ist geschwollen und mit Flüssigkeit gefüllt, nicht mit Milch. Der ganze Bereich ist heiß, rot und schmerzhaft. Die Sau lässt die Ferkel nicht saugen, und die Kleinen sind entsprechend unruhig und jammern. Neugeborene Ferkel sind ziemlich schwächlich, sodass es erforderlich sein kann, sie per Hand zu füttern, damit sie eine Chance haben zu überleben. Die Mastitis führt meist zu einem Temperaturanstieg und geht oft mit einer Gebärmutterentzündung (Metritis) und blassrosafarbenem oder milchigem Ausfluss aus der Vulva einher. Wenn es der Sau sehr schlecht geht, kann eine Behandlung mit Antibiotika unumgänglich sein.

HARNWEGSERKRANKUNGEN

Bei länger bestehenden Symptomen sollte unbedingt ein Tierarzt hinzugezogen werden.

➜ *Siehe auch im Kapitel „Allgemeine Krankheitszustände" unter „Blasenentzündung" und „Nierenerkrankungen".*

Blasenentzündung (Zystitis)

Im Bereich der Harnwegserkrankungen ist die Blasenentzündung die bei weitem häufigste Erkrankungsform. Beim Schwein gibt es zwei Hauptformen, die beide durch eine Infektion mit Bakterien hervorgerufen werden.

Aufsteigende Zystitis. Diese Form tritt v. a. in Beständen auf, die unter schlechten hygienischen Bedingungen gehalten werden. Betroffen sind meist trockenstehende Sauen. Auslöser ist i. d. R. eine Infektion mit *Escherichia coli.* Die Infektion kann weiter aufsteigen und auch die Nieren in Mitleidenschaft ziehen.

Hauptsymptome

Inappetenz, aufgekrümmter Rücken und sichtbar schmerzhafter Harnabsatz, der häufig und unter starkem Pressen erfolgt. Der Urin kann Blut und Eiter enthalten.

Zystitis und Nierenbeckenentzündung (Pyelonephritis) infolge einer Infektion mit Corynebakterien. Diese Erkrankung tritt bevorzugt bei Sauen drei bis vier Wochen nach der Bedeckung auf und betrifft sowohl die Harnblase als auch die Nieren. Die akute Infektion führt oft innerhalb weniger Stunden zum Tod. Daneben gibt es auch eine subakute Erkrankungsform.

Hauptsymptome

Temperaturanstieg, aufgekrümmter Rücken, Absatz von blutigem, wolkigem Urin unter Pressen.

Chronische Erkrankungsform der Infektion mit Corynebakterien

Diese Form geht mit allmählichem allgemeinem Konditionsverlust und blutigem Urin einher. Der Eber kann latenter Träger der Infektion sein und diese beim Deckakt auf die Sau übertragen. Der Eber zeigt dabei oft gar keine oder nur leichte der oben beschriebenen Symptome.

Eber können, v. a. wenn sie jung und unerfahren sind, Verletzungen des Penis während des Deckakts davontragen, die zu Harnabsatzstörungen führen können und häufig eine Infektion nach sich ziehen.

Als Anfangsmittel, wenn eine Infektion vorliegt.	***Hepar sulphuris* C30.** Eine Gabe dreimal täglich, fünf bis sieben Tage lang, dann bei Bedarf Wechsel zu einer Arznei, die den vorliegenden Symptomen mehr entspricht.
Bei länger andauernder Infektion. Folgt bei Bedarf gut auf *Hepar sulphuris.*	***Echinacea* C30.** Eine Gabe dreimal täglich, bei Bedarf fünf bis sieben Tage lang.

Wenn eine Infektion der Nieren besteht.	***Mercurius solubilis* C30.** Eine Gabe drei- bis viermal täglich, fünf bis sieben Tage lang. Wiederholung nur bei Bedarf nach sieben bis zehn Tagen.
Wechselhafte Symptome, wie z. B. Durst im Wechsel mit fehlendem Durst oder reichlicher Harnabsatz im Wechsel mit spärlichem oder fehlendem Urinieren. Der Urin enthält oft Schleim und ist rötlich gefärbt.	***Berberis* C6.** Eine Gabe dreimal täglich, sieben bis zehn Tage bis zur Besserung.

▶ **Anmerkung**: Ist der gesamte Bestand oder die ganze Gruppe von einer Infektion betroffen, kann es hilfreich sein, alle Tiere mit einer spezifischen Nosode zu behandeln, die aus dem ursächlichen Erreger hergestellt wird. Die Behandlung sollte unter Anleitung eines homöopathisch arbeitenden Tierarztes erfolgen.

HAUTERKRANKUNGEN

Bei allen unten aufgeführten Hauterkrankungen kann es ratsam sein, einen Tierarzt zwecks Diagnose, Beratung und Behandlung hinzuzuziehen, wenn die Symptome anhalten bzw. wenn die betroffenen Tiere offensichtliche Beschwerden oder Schmerzen haben.

Hitzschlag

Diese Erkrankung kann entstehen, wenn zu viele Schweine auf zu engem Raum gehalten werden, und es zu einer Hyperthermie kommt. Sie kann aber auch bei Schweinen in Freilandhaltung auftreten, die bei heißem Wetter nicht genügend Schatten und/oder Wasser zur Verfügung haben.

Hauptsymptome

Temperaturanstieg durch Steigerung des Grundumsatzes. Atemprobleme und Blaufärbung von Schleimhäuten und Zunge mit hochgradiger Unruhe, die in der Folge zu Übererregung und schließlich zum Tode führen kann.

Wichtig ist es, das Tier sofort in den Schatten zu bringen, oder, wenn der Hitzschlag im Stall auftritt, mit einem feuchten Tuch zu kühlen.	***Belladonna C30.*** Sofort eine Gabe alle 30-60 Minuten, bis zu vier- bis sechsmal, dann drei- bis viermal täglich, drei bis fünf Tage lang.

Läusebefall (Pedikulose)

Schweine werden von der blutsaugenden Laus *Haematopinus suis* befallen.

Hauptsymptome

Die Läuse und ihre Nissen sind mit dem bloßen Auge auf der Haut zu sehen. Der Befall führt zu heftigem Juckreiz mit beständigem Kratzen und Reiben an Pfosten und Mauern oder Zäunen.

Eine **topische Behandlung** mit entsprechenden schulmedizinischen Produkten ist unabdingbar.

Ein hilfreiches grundlegendes Hautmittel.	***Sulphur* C30.** Bei Hautentzündungen oder -schädigungen zwei- bis dreimal pro Woche, drei bis vier Wochen lang.

Pityriasis rosacea

Diese Erkrankung tritt sehr selten bei Jungtieren im Alter von zwei bis zu vierzehn Wochen auf. Die Ursache ist unbekannt, die Erkrankung wird aber offenbar nicht von Schwein zu Schwein übertragen.

Hauptsymptome

Gerötete, erhabene Knötchen, die sich ausdehnen und manchmal zusammenfließen, wobei in der Mitte normale Hautareale zurückbleiben.

Diese Darmnosode ist ein sicheres Mittel zur Entgiftung und Reinigung.	***Morgan Co.* C30.** Vor oder zusammen mit ***Sulphur* C30.** Von beiden Mitteln zweimal täglich eine Gabe, sieben bis zehn Tage bis zur Besserung.

Räude

Räude wird durch einen Befall mit der Milbe *Sarcoptes scabiei* var. *suis* hervorgerufen.

Hauptsymptome

Hochgradiger Juckreiz am ganzen Körper, an der Schnauze, im Augenbereich, an den Haxen und in den Achseln. Die betroffenen Stellen sind gerötet und mit Pusteln bedeckt, die später Krusten bilden. Werden diese abgescheuert, kann es leicht zu Infektionen kommen.

Eine **topische Behandlung** mit entsprechenden schulmedizinischen Produkten ist unabdingbar.

Ein hilfreiches grundlegendes Hautmittel.	***Sulphur* C30.** Bei Hautentzündungen oder -schädigungen zwei- bis dreimal pro Woche, drei bis vier Wochen lang.
Um die Ausbreitung von roten Flecken einzudämmen und etwaige Narbenbildung zu verhindern.	***Petroleum* C30.** Eine Gabe zweimal täglich, sieben bis zehn Tage lang.

Ringflechte

Ringflechte ist eine Pilzinfektion der Haut, die von *Trychophyton mentagrophytes* oder *T. verrucosum* oder auch von *Microsporum*-Arten verursacht wird. Es können Schweine aller Altersstufen betroffen sein, am häufigsten findet man die Erkrankung jedoch bei Mastschweinen und adulten Schweinen.

Hauptsymptome

Kreisförmige, meist nicht juckende Entzündungsherde, die rosafarben sind und sich allmählich nach außen ausbreiten, wobei das Zentrum braun, schuppig und oft haarlos ist.

Um die Ausbreitung von roten Flecken einzudämmen und eine etwaige Narbenbildung zu verhindern.	***Petroleum* C30.** Eine Gabe zweimal täglich, sieben bis zehn Tage lang.

Sonnenbrand

Hellhäutige Schweine sind anfällig für Sonnenbrand, v. a. wenn sie plötzlich über mehrere Stunden der prallen Sonne ausgesetzt sind und keinen Schatten zur Verfügung haben.

→ *Siehe im Kapitel „Unfälle, Notfälle und Erste Hilfe“ unter „Verbrennungen und Verbrühungen“.*

Hauptsymptome

Ein akuter Zustand, der durch rote und ödematöse Schwellungen gekennzeichnet ist, die sich zu rasch platzenden und dann äußerst schmerzhaften Blasen entwickeln können. Die Ohren sind meist besonders schwer betroffen.

Im Frühstadium zur Linderung der Hyperthermie und der übermäßig heißen und brennenden Haut.	***Belladonna* C30.** Eine Gabe alle 30-60 Minuten, bis zu vier- bis sechsmal, dann Wechsel zu einem anderen passenden Mittel.
Zur Verminderung von Ödemen (Gewebeschwellung durch übermäßige Ansammlung von Flüssigkeit).	***Apis* C30.** Eine Gabe drei- bis viermal täglich bis zur Besserung.

LAHMHEIT/HINKEN

➜ *Siehe Kapitel „Allgemeine Krankheitszustände" unter „Lahmheit/Hinken".*

Es kann ratsam sein, einen Tierarzt hinzuzuziehen, zum einen, um den Sitz der Lahmheit festzustellen, und zum anderen, um eine entsprechende Behandlung einzuleiten.

Ein häufiger Grund für Lahmheiten bei Schweinen ist die Haltung vieler Tiere auf engem Raum und nassen Betonböden. Das Aufweichen der Sohlen und Läsionen im Bereich der Klauen begünstigen das Eindringen von Infektionen. Eine Verbesserung kann langfristig nur durch Änderungen in der Haltung erzielt werden.

Störungen des Muskel- und Skelettsystems

➜ *Siehe im Kapitel „Allgemeine Krankheitszustände" unter „Gelenkentzündung" und „Rheumatismus".*

Arthritis und rheumatische Erkrankungen können im Anschluss an Infektionen wie Rotlauf auftreten oder wenn Schweine unter feuchten und suboptimalen Bedingungen gehalten werden.

Hauptsymptome

Lahmheit unterschiedlicher Ausprägung, oft mit Beschwerden und Schmerzen in einer oder mehreren Gliedmaßen.

LEPTOSPIROSE

➜ *Siehe im Kapitel „Allgemeine Krankheitszustände“.*

MAGENSCHLEIMHAUTENTZÜNDUNG

(Gastritis)

Die Untersuchung und Behandlung durch einen Tierarzt kann ratsam sein.

Diese Erkrankung tritt vor allem bei Schweinen in Freilandhaltung auf, die viel Zeit mit Wühlen verbringen und dabei evtl. raue oder harte Objekte aufnehmen, welche die Magenschleimhaut verletzen können.

Hauptsymptome

Bei Erbrechen finden Sie weitere Einzelheiten und Arzneien im Kapitel „Allgemeine Krankheitszustände“ unter „Gastritis“ und „Erbrechen“, oder, wenn gleichzeitig Erbrechen und Durchfall auftreten, unter „Enteritis“.

METRITIS UND NACHGEBURTSVERHALTUNG

➜ *Siehe auch im Kapitel „Fortpflanzung“.*

Die Untersuchung und Behandlung durch einen Tierarzt ist oftmals erforderlich.

Bei Sauen, die gerade erst abgeferkelt haben, treten häufig gleichzeitig eine Mastitis und Metritis auf. Ist noch ein Teil der Nachgeburt sichtbar, kann versucht werden, sie unter sanftem Zug zu entfernen. Wird die Entfernung zu forciert vorgenommen, kann die Nachgeburt abreißen, sodass ein Rest in der Gebärmutter zurückbleibt und nach dem Schließen des Muttermundes darin eingeschlossen ist.

Hauptsymptome

Milchig-weißer, rötlicher bis rosafarbener oder brauner Ausfluss aus der Vulva, der unangenehm riechen kann. Die Sau hat oftmals Fieber und macht einen kranken Eindruck. In solchen Fällen ist oft eine antibiotische Behandlung angezeigt.

ÖDEMKRANKHEIT

Es sollte unbedingt ein Tierarzt hinzugezogen werden.

Die Ödemkrankheit (eine plötzlich Ansammlung von Flüssigkeit in verschiedenen Körperteilen) stellt nach gängiger Meinung eine Enterotoxämie dar, die durch das Bakterium *E. coli* verursacht wird, welches sich massiv im Darm vermehrt. Die Erkrankung tritt meist sporadisch auf, kann in manchen Betrieben aber ein echtes Problem darstellen. Es wird vermutet, dass in solchen Fällen Stress eine entscheidende Rolle spielt. Mögliche Ursachen sind Veränderungen in der Fütterung und Haltung, das Zusammenbringen von Schweinen aus verschiedenen Gruppen oder auch die Kastration. Besonders anfällig scheinen Ferkel kurz nach dem Absetzen zu sein.

Hauptsymptome

Die Ödemkrankheit befällt die besser entwickelten Schweine in einer Gruppe. Die häufigsten Symptome sind Inappetenz, Erbrechen, Gleichgewichtsstörungen, mangelhafte Koordination der Hinterhand, Muskelzuckungen und augenscheinliche Blindheit. Die Augenlider, der Nasenbereich und die Ohren können ödematös geschwollen sein. Die Stimme wird erst sehr hoch und geht dann ganz verloren. Anschließend kommt es zu Festliegen mit rudernden Bewegungen und Tod innerhalb von 6-36 Stunden.

Ödematöse Schwellung der Augenlider bzw. der Gedärme (was erst durch eine Sektion festgestellt werden kann).	***Apis* C30.** Eine Gabe dreimal täglich, fünf bis sieben Tage lang.
Erbrechen und blutstreifiger Durchfall, deutlich gestörtes Allgemeinbefinden.	***Arsenicum album* C30.** Eine Gabe dreimal täglich, fünf bis sieben Tage lang.
Erbrechen, Zuckungen, sehr nervös und erregbar.	***Phosphorus* C30.** Eine Gabe zweimal täglich, fünf bis sieben Tage lang.
Taumeln, Gleichgewichtsstörungen.	***Agaricus* C30.** Eine Gabe dreimal täglich, fünf bis sieben Tage lang.

Die ***E.-coli-Nosode*** kann ebenfalls entsprechend den Anweisungen eines homöopathisch arbeitenden Tierarztes zur Vorbeugung und Behandlung eingesetzt werden. Antibiotika sollten sofort zu Beginn der Behandlung gegeben und mit der homöopathischen Behandlung kombiniert werden.

PRRS

(Porzines Reproduktives und Respiratorisches Syndrom)

Ein Tierarzt ist unbedingt hinzuzuziehen. In manchen Ländern wie Deutschland und Großbritannien handelt es sich um eine anzeigepflichtige Erkrankung, sodass die zuständige Behörde informiert werden muss.

PRRS trat in Deutschland 1990, in Großbritannien erstmals 1991 auf. Es wird vermutlich durch ein Virus hervorgerufen.

Hauptsymptome

Ähnliche Symptome wie bei der Schweinegrippe. Frühgeburten, Aborte, Milchmangel und Unfruchtbarkeit können in Zuchtbetrieben auftreten, ebenso wie Durchfall bei neugeborenen Ferkeln. In Aufzucht- und Mastbetrieben herrschen Atemwegssymptome vor.

Im Frühstadium.	***Aconitum* C30.** Stündlich eine Gabe, bis zu vier- bis sechsmal.
Bei Konjunktivitis.	***Argentum nitricum* C30.** Eine Gabe dreimal täglich, fünf bis sieben Tage lang.
Husten und Bewegungsunlust.	***Bryonia* C6** oder **C30.** Eine Gabe dreimal täglich, fünf bis sieben Tage lang.
Pneumonie. Atemnot.	***Phosphorus* 1M** oder **10 M.** Alle ein bis zwei Stunden eine Gabe, vier- bis sechsmal, dann ein- bis zweimal täglich, drei bis fünf Tage lang. Setzen Sie diese Potenzen nur unter Aufsicht eines homöopathisch arbeitenden Tierarztes ein.
Zur Verminderung von Totgeburten, Aborten und lebensschwachen Ferkeln.	***Caulophyllum* C30.** In den letzten fünf bis sechs Trächtigkeitswochen, einmal wöchentlich eine Gabe.

ROTLAUF

(Erysipel)

Die Untersuchung und Behandlung durch einen Tierarzt ist unbedingt zu empfehlen.

Diese Erkrankung wird durch das Bakterium *Erysipelothrix insidiosa* (auch bekannt als *E. rhusiopathiae)* verursacht. Es können Schweine aller Altersstufen erkranken, am häufigsten sind aber ältere Mastschweine betroffen. Rotlauf tritt in drei Verlaufsformen auf: perakut, akut und chronisch.

Akuter Verlauf

Häufiger bei Schweinen gegen Ende der Mast. Hohes Fieber, in der Regel mit erhabenen, geröteten und rautenförmigen Hautflecken. Inappetenz und Apathie. Bei trächtigen Sauen kann es zu Abort kommen.

Chronischer Verlauf

Arthritische Veränderungen in den Ellbogen-, Knie-, Hüft- und Sprunggelenken, die zu Lahmheiten führen.
Endokarditis, die zu plötzlichen Todesfällen führt. Eine Endokarditis ist eine Entzündung der inneren Auskleidung des Herzmuskels. Sie führt bei dieser Erkrankung zu blumenkohlartigen Zubildungen auf den Herzklappen, die den Blutfluss von einer Herzkammer zur anderen beeinträchtigen. In manchen Fällen gehen dem Tod Bewegungsunlust, Kurzatmigkeit und Blaufärbung der Haut und Schleimhäute voraus.

▶ **Es sollte unbedingt eine antibiotische Behandlung durchgeführt werden.**

Bei Schock im akuten oder perakuten Fall.	***Belladonna* C30.** Eine Gabe alle ein bis vier Stunden, bis zu viermal, dann dreimal täglich, drei bis vier Tage lang.
In akuten Fällen.	***Echinacea* C6.** Eine Gabe dreimal täglich, vier bis fünf Tage lang.
Bei Lahmheiten, die sich durch Bewegung geringfügig bessern.	***Rhus toxicodendron* C30.** Eine Gabe dreimal täglich bis zur Besserung (10-14 Tage oder länger falls notwendig).
Bei Lahmheiten, die sich selbst durch leichte Bewegung verschlechtern.	***Bryonia* C6.** Eine Gabe dreimal täglich bis zur Besserung (10-14 Tage oder länger falls notwendig).
Vorbeugung.	***Rotlauf-Nosode C30*** zur Bestandsbehandlung unter Anleitung eines homöopathisch arbeitenden Tierarztes.

- **Anmerkung**: Es gibt sehr sichere und effektive Impfstoffe zum Schutz gegen diese Krankheit.

Perakuter Verlauf

Tritt gewöhnlich bei Jungtieren im Alter von zwei bis drei Monaten auf. Hohes Fieber, Durst, Inappetenz und Schwäche, endet oftmals mit dem Tod. Die Haut am Unterbauch und im Bereich des Gesichts ist dunkelrot verfärbt.

VERSTOPFUNG

Es kann unter Umständen notwendig sein, einen Tierarzt hinzuzuziehen.

➜ *Siehe im Kapitel „Allgemeine Krankheitszustände".*

Verstopfung tritt bei Schweinen gar nicht so selten auf. Geht sie mit Inappetenz einher, sollte man unbedingt die Körpertemperatur messen, denn das Tier könnte Fieber und eine Infektion haben. Werden die Tiere im Stall bzw. in einem kleinen Koben gehalten, kann es zu Verstopfung kommen, wenn sie sehr viel trockene Einstreu (Stroh etc.) oder anderes stopfendes Futter bzw. eine Kombination aus beidem aufnehmen. Aber auch in Freilandhaltung können die Schweine irgendetwas aufnehmen, was zu Verstopfung führt. (So ruft beispielsweise das Rattengift Warfarin dunklen, teerartigen Kot hervor, der fest oder durchfällig sein kann.) Auch Wassermangel kann die Ursache für eine Salzvergiftung und Verstopfung sein.

Hauptsymptome

Fester bis harter Kot oder völliges Sistieren des Kotabsatzes.

WÜRMER, PARASITEN

Ektoparasiten

➜ Siehe unter „Hauterkrankungen" in diesem Kapitel.

Endoparasiten, Würmer

Die Diagnosestellung, Beratung und Behandlung durch einen Tierarzt ist oftmals anzuraten.

Es gibt verschiedene Spul- und Bandwurmarten, die das Schwein befallen können. Sie sollten mit den entsprechenden schulmedizinischen Präparaten, die sowohl sicher als auch wirksam sind, behandelt werden. Schweine aller Altersstufen können betroffen sein, aber wie bei anderen Tierarten auch, sind Jungtiere am empfänglichsten.

Hauptsymptome

Mangelhafte Gewichtszunahme, Enteritis (Durchfall), verminderter Appetit gefolgt von Gewichtsverlust. Manchmal sieht man Pica (die Aufnahme oder das Herumkauen auf unverdaulichen Dingen – z. B. Erde, Sand, Steine, Abfall).

Es stehen herkömmliche Wurmkuren zur Verfügung, die sicher und wirksam sind und dringend empfohlen werden.

Diese Arznei kann bei leichtem Wurmbefall hilfreich sein und auch zur Vorbeugung gegen einen erneuten Befall eingesetzt werden.	***Chenopodium* C30.** Man löst eine Pulverdosis in Wasser auf und fügt sie dem Trinkwasser hinzu, zwei- bis dreimal pro Woche, vier bis sechs Wochen lang.
Bei Bandwurmbefall.	***Kamala* C30.** Dosierung wie bei *Chenopodium*.

VÖGEL UND GEFLÜGEL

SPEZIELLE ERKRANKUNGEN

Die meisten Erkrankungen, die bei Vögeln auftreten, finden Sie im Kapitel „Allgemeine Krankheitszustände". Hier sind daher nur einige spezielle Krankheiten der Vögel aufgeführt, die bei anderen Tierarten seltener oder gar nicht auftreten. Sie haben z. T. eigene Bezeichnungen, wie z. B. „Ballengeschwür", und werden etwas ausführlicher beschrieben.

ALLGEMEINES

Vögel sind generell sehr anfällig für Erkrankungen der Atemwege und des Verdauungstraktes. Sie sind außerdem sehr empfindlich gegen Zugluft und plötzliche Temperaturschwankungen.

Nutz- und Ziergeflügel, ebenso wie Vögel, die in Gehegen leben oder als Haustiere gehalten werden, sind es normalerweise nicht gewöhnt, festgehalten und untersucht zu werden. Für viele Tiere stellt dies eine überaus beängstigende, belastende und manchmal sogar lebensbedrohliche Erfahrung dar. Daher sollte man bei Einzelvögeln nur so wenig Zwangsmaßnahmen wie möglich durchführen. Die Behandlung kann, außer in Notfällen, sehr gut durch die Verabreichung von Tropfen oder Pulver bzw. Globuli über das Futter oder Wasser durchgeführt werden.

AUSTROCKNUNG

(Dehydratation)

Macht das Tier einen geschwächten und kranken Eindruck, sollte unbedingt ein Tierarzt aufgesucht werden. Eine Flüssigkeitsersatztherapie ist dann die Behandlungsmethode der Wahl.

Nach einem Unfall mit Blutverlust, bei länger anhaltendem Durchfall oder jeder anderen Erkrankung, bei der der Vogel nicht genügend Wasser aufnimmt, kann es zu Austrocknung kommen. Kleine Vögel trocknen oft besonders schnell aus.

Hauptsymptome

Verlust von Körperflüssigkeiten, z. B. aufgrund von Durchfall oder Blutungen, oder auch mangelnde Wasseraufnahme durch eine Krankheit oder Infektion. Das Tier macht einen kranken, geschwächten und gedämpften Eindruck und sitzt aufgeplustert da.

Es kann u. U. hilfreich sein, dem Vogel etwas Wasser mit einer Tropfpipette vorsichtig direkt in den Schnabel zu geben. Dabei ist dafür Sorge zu tragen, dass das Tier sich nicht verschluckt.

Geben Sie diese Arznei so schnell wie möglich, wenn der Vogel bereits kollabiert ist und vielleicht schwer atmet.	***Carbo vegetabilis* C30.** Geben Sie ein paar Tropfen oder zerriebene Globuli direkt in den Schnabel. Wiederholen Sie dies alle 10-15 Minuten bis zu maximal vier Gaben, sofern erste Anzeichen einer Besserung erkennbar sind. Anschließend zweimal täglich, einige Tage lang in der Genesungsphase.
Ein hilfreiches Mittel zur Unterstützung der Genesung bei Anzeichen von Schwäche und Erschöpfung.	***Phosphoricum acidum* C6.** Eine Gabe zweimal täglich über das Wasser oder Futter, einige Tage lang, bis eine Besserung sichtbar ist.

BALLENGESCHWÜR

(Ballenabszess)

Diese Erkrankung kann gut mit homöopathischen Mitteln behandelt werden.

Infolge von Schnittverletzungen oder Quetschungen kommt es zu Infektionen mit sichtbaren Schwellungen im Bereich der Fuß- und Zehenballen.

▶ **Anmerkung**: Allgemeine Arzneien zur Behandlung von Infektionen finden Sie im Kapitel „Allgemeine Krankheitszustände".

Bei allen Verletzungen einschließlich Schnittwunden und Quetschungen.	***Arnica* C30.** Ein Globuli (evtl. in ein wenig Wasser aufgelöst) dreimal täglich, drei bis fünf Tage lang.
Bei sichtbarer Infektion.	***Hepar sulphuris* C6** oder **C30.** Eine Gabe dreimal täglich (Tropfen oder Globuli), fünf bis sieben Tage lang.

Äußerliche Behandlung

Calendula-Lotion oder **-Creme.** Tragen Sie diese zur Förderung der Wundheilung und Schmerzlinderung auf die betroffenen Stellen auf.

BRUSTINFEKTIONEN

Es sollte ein Tierarzt aufgesucht werden. Homöopathische Arzneien sind bei diesen Erkrankungen ebenfalls sehr wirkungsvoll.

Alle Vogelarten sind sehr anfällig für Bronchitis und Lungenentzündung. Diese können nach einer Erkältung oder Unterkühlung auftreten, sofern diese nicht sofort behandelt wird. Weitere Informationen zu diesen Erkrankungen finden Sie im Kapitel „Allgemeine Krankheitszustände".

Hauptsymptome

Die Symptome sind sehr ähnlich jenen, die im Kapitel „Allgemeine Krankheitszustände" unter den Überschriften „Erkältungen", „Bronchitis" und „Pneumonie" aufgeführt sind. Die Atmung ist allerdings meist noch erschwerter als bei anderen Tierarten. Der Brustkorb hebt und senkt sich stark, und es treten unterschiedliche Ausprägungen von „Giemen" (pfeifender Atmung) auf. Es kann zu raschem Kollaps und Tod kommen, daher sollte sofort mit der Behandlung begonnen werden.

Sofort bei Verdacht auf Bronchitis oder Pneumonie.	***Aconitum* C6** oder **C30.** Eine Gabe alle 30-60 Minuten, vier- bis sechsmal, um den Schock bzw. dessen frühe Anzeichen zu behandeln, bevor man zu einem Mittel wechselt, das die vorliegenden Symptome gut abdeckt.
Wenn der Vogel den Eindruck macht, als würde er sich in einem Schockzustand befinden.	**Rescue Remedy.** Geben Sie zwei bis drei Tropfen in den Schnabel und drei bis fünf Tropfen in das Trinkwasser, einige Tage bis zur Besserung.

DURCHFALL

(Diarrhoe)

Diese Erkrankung kann mit homöopathischen Arzneien sehr gut behandelt werden. Zeigt der Vogel aber Anzeichen von Schwäche und Austrocknung, dauert die Erkrankung länger an oder ist Blut in den Ausscheidungen sichtbar, sollte umgehend ein Tierarzt aufgesucht werden.

Arzneien zur Behandlung von Durchfall und Dysenterie (blutiger Durchfall) finden Sie unter den entsprechenden Überschriften sowie unter „Enteritis" im Kapitel „Allgemeine Krankheitszustände".

ERKÄLTUNGEN, SCHNUPFEN, HÜHNERSCHNUPFEN

(Coryza)

(Coryza bedeutet akuter Nasenkatarrh oder Erkältung des Kopfes.)

Diese Erkrankung kann gut mit homöopathischen Mitteln behandelt werden.

Erkältungen entstehen meist durch Unterkühlung und/oder Durchnässung oder durch den Aufenthalt in einer zugigen Umgebung.

Hauptsymptome

Aufgeplustertes Federkleid, der Kopf ist eingezogen oder unter den Flügel gesteckt. Es kann Augenausfluss auftreten, die Augen sind getrübt mit fast geschlossenen Augenlidern und der Blick ist beinahe leblos.

- Allgemeine Arzneien für die Behandlung von Erkältungen finden Sie im Kapitel „Allgemeine Krankheitszustände".

Wenn die Erkrankung durch Durchnässung, Feuchtigkeit oder Zugluft ausgelöst wurde.	***Dulcamara* C30.** Eine Gabe zweimal täglich oral, über das Wasser oder Futter, drei bis fünf Tage bis zur Besserung.
Bei Augen- oder Nasenausfluss.	***Euphrasia* C30.** Dosierung wie oben.

Äußerliche Behandlung

Sehr hilfreich bei Augenausfluss.	***Euphrasia*** Augentropfen.

FEDERPICKEN

Homöopathische Arzneien können hilfreich sein, allerdings ist diese Erkrankung oft sehr schwer zu behandeln. Ist die Erkrankung auf Parasiten zurückzuführen (z. B. Milben), müssen diese ebenfalls behandelt werden.

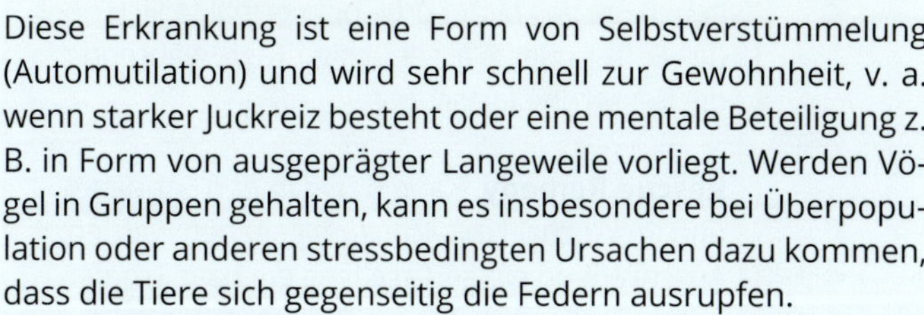

Diese Erkrankung ist eine Form von Selbstverstümmelung (Automutilation) und wird sehr schnell zur Gewohnheit, v. a. wenn starker Juckreiz besteht oder eine mentale Beteiligung z. B. in Form von ausgeprägter Langeweile vorliegt. Werden Vögel in Gruppen gehalten, kann es insbesondere bei Überpopulation oder anderen stressbedingten Ursachen dazu kommen, dass die Tiere sich gegenseitig die Federn ausrupfen.

Hauptsymptome

Allmähliches, manchmal auch rasches Ausrupfen der Federn am ganzen Körper, v. a. im Brust-, Rücken- und Bürzelbereich.

Erstes Mittel der Wahl, das sich oft als hilfreich erweist.	***Sepia* C6** oder **C30.** Eine Gabe einmal täglich über das Trinkwasser oder Futter, zwei bis vier Wochen lang, bis die Federn wieder sprießen und der Juckreiz nachlässt.
Ein gutes allgemeines Hautmittel.	***Sulphur* C3** oder **C6.** Dosierung wie oben.
Wenn die Erkrankung stressbedingt ist. *Thuja* stärkt hier die körpereigenen Abwehrmechanismen.	***Thuja* C6** oder **C30.** Dosierung wie oben.

➜ *Siehe auch im Kapitel „Unfälle, Notfälle und Erste Hilfe".*

GEHIRNERSCHÜTTERUNG

Ein Tierarzt sollte unbedingt aufgesucht werden.

Der sofortige Einsatz von Arzneien ist wichtig und kann lebensrettend sein. Diese Art von Verletzung tritt häufig bei Wildvögeln auf, die im Flug oft gegen für sie unsichtbare Fensterscheiben prallen.

Hauptsymptome

Benommenheit, mangelndes oder fehlendes Stehvermögen, offensichtlicher Schockzustand, evtl. Bewusstlosigkeit. Manchmal Prellungen mit blauschwarzen Stellen am Federansatz.

Der Vogel ist schlaff und mehr oder weniger bewusstlos und kann ohne Probleme aufgenommen werden.	***Aconitum* C6** oder **C30.** Zur sofortigen Gabe. Geben Sie ein Globuli (evtl. zerdrückt und in etwas Wasser) in den Schnabel. Wiederholung bei Bedarf nach fünf bis zehn Minuten, bis zu viermal.
Folgt gut auf *Aconitum*.	***Arnica* C6** oder **C30.** Dosierung wie oben oder geben Sie das Mittel drei- bis viermal täglich über das Futter oder Wasser, einige Tage, während die Besserung fortschreitet.
Bei Schock.	**Rescue Remedy.** Kann direkt in den Schnabel und im Wechsel mit *Aconitum* gegeben werden. Anschließend einige Tage lang ein paar Tropfen in das Trinkwasser bis zur Besserung.

➜ *Siehe auch oben unter „Federpicken".*

HAUTERKRANKUNGEN

Verschlechtert sich der Zustand allmählich oder hat das Tier offensichtlich Beschwerden und zeigt es heftiges Kratzen und Picken mit Wundheit, sollte ein Tierarzt zu Rate gezogen werden.

Homöopathische Arzneien zur Behandlung der verschiedensten Hauterkrankungen finden Sie im Kapitel „Allgemeine Krankheitszustände".

KNOCHENBRÜCHE

(Frakturen)

Gebrochene Beine und Flügel treten bei Vögeln sehr häufig im Rahmen von Unfällen und Verletzungen aller Art auf. Sie können oft durch einfache Schienen und Verbände fixiert wer den. Homöopathische Arzneien sind in solchen Fällen überaus hilfreich.

➜ *Siehe im Kapitel „Unfälle, Notfälle und Erste Hilfe".*

KOKZIDIOSE

Die tierärztliche Untersuchung und Behandlung ist erforderlich. Homöopathische Mittel eignen sich gut zur Unterstützung.

Diese Protozoen (Einzeller) befallen meist Jungtiere und treten v. a. bei Überpopulation und schlechten bzw. feuchten Haltungsbedingungen auf.

Hauptsymptome

Hochgradige Enteritis (akuter Durchfall), oft mit blutigem Kot (Dysenterie), Inappetenz, Gewichtsverlust, Schwäche und gedämpftem Verhalten. Die betroffenen Tiere kuscheln sich aufgeplustert aneinander und lassen die Flügel hängen. Es geht ihnen eindeutig sehr schlecht. Die Eiablage ist stark vermindert. Die Tiere trocknen sehr schnell aus und die Sterblichkeitsrate ist außerordentlich hoch.

Es gibt wirksame schulmedizinische Präparate zur Kontrolle, Behandlung und Vorbeugung von Kokzidiose. Homöopathische Arzneien können aber sehr gut ergänzend oder in leichten Fällen auch allein gegeben werden.

Blutig-schleimiger Durchfall, oft mit Pressen beim Absatz.	***Mercurius corrosivus* C6** oder **C30.** Eine Gabe zwei- bis dreimal täglich in das Wasser und Futter, fünf bis sieben Tage lang.
In leichten Fällen zur Vorbeugung und Behandlung der oben beschriebenen Symptome.	***Mercurius solubilis* C30.** Eine Gabe zwei- bis dreimal täglich in das Wasser und Futter, fünf bis zehn Tage lang.
Bei geschwächten und ausgetrockneten Vögeln, die sich nach einer Enteritis nicht mehr erholen. Diese Arznei wirkt als Tonikum (Aufbaumittel) und verbessert den Appetit und das Allgemeinbefinden.	***China* C6.** Eine Gabe zwei- bis dreimal täglich, fünf bis sieben Tage lang.

PARASITEN

Es sollte unbedingt ein Tierarzt aufgesucht werden, um die Diagnose zu bestätigen und Sie über die geeignetsten Behandlungsmöglichkeiten aufzuklären bzw. diese zu veranlassen.

➜ *Homöopathische Arzneien können zur Behandlung von Endoparasiten eingesetzt werden und sollen auch wirksam sein. Siehe auch im Kapitel „Allgemeine Krankheitszustände" unter „Würmer".*

Es gibt heutzutage sehr sichere und wirksame schulmedizinische Präparate zur Behandlung von Endo- und Ektoparasiten. Natürlich müssen diese in der richtigen Dosierung und gemäß einem entsprechenden Behandlungsregime angewendet werden. Sollten Sie im Zweifel sein, welches Produkt und wie es einzusetzen ist, sollten Sie unbedingt tierärztlichen Rat einholen.

SALMONELLOSE

Gehen Sie sofort zum Tierarzt. Salmonellose bei Vögeln und Geflügel ist eine melde- bzw. mitteilungspflichtige Tierkrankheit und muss vom behandelnden Tierarzt bei der zuständigen Behörde gemeldet werden.

Diese Erkrankung ist sehr ernst zu nehmen und stellt außerdem eine Zoonose dar (eine auf den Menschen übertragbare Tierkrankheit). Daher sollte man im Umgang mit evtl. infizierten Vögeln größte Vorsicht walten lassen.

➜ *Siehe im Kapitel „Allgemeine Krankheitszustände" unter „Sallmonellose und „Darmentzündung".*

Hauptsymptome

Durchfall (oft hochgradiger), gedämpftes Allgemeinbefinden, Inappetenz, mit Todesfolge.

SCHUSSWUNDEN

Sie sollten sofort mit der homöopathischen Behandlung beginnen. Besteht der Verdacht, dass das Tier Gewehrkugeln oder Schrot im Körper hat, ist unbedingt ein Tierarzt aufzusuchen, damit er die Fremdkörper entfernen kann.

Leider kommt diese Art von Verletzung nur allzu oft bei Wildvögeln vor. Sind die Flügel betroffen, kann das Tier ganz oder teilweise flugunfähig werden. Es können aber natürlich auch die Beine verletzt sein, oder der Schuss trifft den Rumpf.

Hauptsymptome

Je nachdem, wo der Vogel getroffen wird, treten unterschiedliche Symptome auf. Meist wird man eine Wunde bzw. mit Blut verklebte Stelle an der Eintrittspforte finden. Das Tier zeigt evtl. eine Lahmheit und steht auf einem Bein, oder es kann aufgrund einer Flügelverletzung nicht mehr fliegen. Oft befindet sich der Vogel in einem Schockzustand und ist bewegungsunfähig.

Zur sofortigen Gabe. Der Vogel ist im Schock und kann u. U. mit der gebotenen Vorsicht angefasst und behandelt werden.	***Aconitum* C6** oder **C30.** Geben Sie ein paar Tropfen oder ein Globuli (u. U. zerdrückt) direkt in den Schnabel. Wiederholen Sie dies drei- bis viermal im Abstand von 5-15 Minuten.
Folgt gut auf *Aconitum* bei Schock, Quetschungen, Prellungen und Gewebeschädigung, fördert die Wundheilung.	***Arnica* C6** oder **C30.** Geben Sie die Arznei ein- oder zweimal täglich über das Trinkwasser oder Futter, einige Tage lang bis zur sichtbaren Besserung.
Zur Schmerzlinderung v. a. bei Stich- u. ä. Wunden.	***Hypericum* C30.** Geben Sie die Arznei ein- oder zweimal täglich über das Trinkwasser oder Futter, einige Tage lang bis zur sichtbaren Besserung.

UNFÄLLE

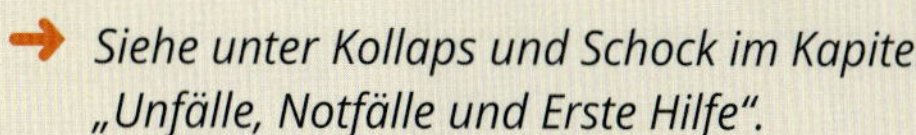
Siehe unter Kollaps und Schock im Kapitel „Unfälle, Notfälle und Erste Hilfe".

Je nach Fall muss ein Tierarzt aufgesucht werden. Die homöopathische Behandlung sollte so früh wie möglich einsetzen und kann sehr wirksam sein.

Ist der Vogel kollabiert oder so schwer verletzt, dass er sich in einem Schockzustand befindet, müssen Sie ihm die Mittel direkt in den Schnabel geben. Dabei müssen Sie so vorsichtig und sanft wie möglich vorgehen, um weiteren Stress und Verletzungen zu vermeiden.

Bei Schock zur sofortigen Gabe. Geben Sie ein Globuli (evtl. zerdrückt und in etwas Wasser) in den Schnabel. Wiederholung nach ein paar Minuten, wenn Sie sehen, dass Vogel langsam wieder zu sich kommt.	***Aconitum* C30.** Eine Gabe alle 5-15 Minuten, bis zu sechsmal nach Bedarf.

Bei Kollaps und Atemnot zur sofortigen Gabe.	***Carbo vegetabilis* C30.** Dosierung wie oben.
Folgt bei Verletzungen gut auf *Aconitum*.	***Arnica* C30.** Eine Gabe zweimal täglich in frischem Futter und Wasser, drei bis sieben Tage bis zur Besserung.
Ebenfalls bei Schock.	**Rescue Remedy.** Geben Sie drei bis fünf Tropfen in das Trinkwasser, einige Tage während der Genesung.

VERÖLTE VÖGEL

Es kann notwendig sein, einen Tierarzt aufzusuchen, um einer Toxämie vorzubeugen und zu verhindern, dass der Vogel stirbt. Seevögel bedürfen einer speziellen Behandlung, damit ihr wasserabstoßendes Gefieder nicht dauerhaft geschädigt wird.

In diesen Fällen liegt immer auch ein Schock vor, und die homöopathische Behandlung ist hier sehr wirksam (siehe im Kapitel „Unfälle, Notfälle und Erste Hilfe" unter „Schock"). Kleine Wild- und Ziervögel sollten vorsichtig mit verdünntem Spülmittel gereinigt und anschließend mit sauberem, warmem Wasser abgespült werden.

Hauptsymptome

Der Vogel macht einen „öligen" Eindruck und hat einen spezifischen Geruch. Es können nur einzelne Stellen oder auch ein Großteil des Körpers betroffen sein. Der Vogel erscheint gedämpft und schwer angeschlagen und befindet sich vielleicht in einem Schockzustand. Er kann Anzeichen einer Vergiftung und Toxämie zeigen, die zu Kollaps und baldigem Tod führen können, wenn nicht so früh wie möglich mit der Behandlung begonnen wird. Aber selbst dann kann es schon zu spät sein.

Folgt gut auf die angezeigten Schockmittel, v. a. wenn der Vogel sehr verängstigt und/oder ausgetrocknet und geschwächt ist.	***Gelsemium* C30.** Eine Gabe ein- bis zweimal täglich in Wasser oder Futter, einige Tage bis zur Besserung.

ZIEGEN

SPEZIELLE ERKRANKUNGEN

Erkrankungen, die in diesem Abschnitt nicht aufgeführt sind, finden Sie im Kapitel „Allgemeine Krankheitszustände". Um unnötige Wiederholungen zu vermeiden, wird bei einigen Erkrankungen auf die relevanten Abschnitte in den Kapiteln „Rinder" oder „Schafe" verwiesen.

ALLGEMEINES

Ziegen sind (ebenso wie Esel) oftmals recht spezielle Tiere, v. a. wenn sie einzeln oder in kleinen Gruppen gehalten werden, wo sie ihre Persönlichkeiten entwickeln können und sogar eigene Namen haben. Solche Tiere bauen häufig eine enge Bindung zu ihren Besitzern auf, und diese wiederum entwickeln ein Gespür für das Naturell ihrer Schützlinge. Kranke Ziegen bauen oft sehr schnell stark ab und wenn ihre Krankheit nicht frühzeitig erkannt wird, verschlechtert sich ihr Zustand rasch und führt schließlich zum Tod. Aus diesem Grund brauchen Ziegen eine angemessene Unterbringungsmöglichkeit, vorzugsweise in einem geräumigen Stall oder einem kleinen überdachten Auslauf, der vor Zugluft und Feuchtigkeit geschützt ist. Es sollte für eine ausreichende Belüftung und saubere, trockene Einstreu gesorgt sein und stets frisches Trinkwasser zur Verfügung stehen. Homöopathische Arzneien können sehr hilfreich sein und sollten bereits bei den ersten Krankheitsanzeichen verabreicht werden, im Zweifelsfall selbst dann, wenn noch keine eindeutige Diagnose gestellt wurde.

- **Trächtigkeitsdauer**: 144-150 Tage

➜ *Siehe im Kapitel „Fortpflanzung" unter „Der Geburtsvorgang".*

ABLAMMEN

Die Untersuchung und Behandlung durch einen Tierarzt ist erforderlich, wenn bei einer Mehrlingsträchtigkeit die Lämmer so unglücklich ineinander verstrickt sind, dass sie nicht einzeln geboren werden können.

Ziegen haben, verglichen mit manchen anderen Tierarten, im Allgemeinen wenig Probleme mit der Geburt. Schwierigkeiten können entstehen, wenn sich Zwillings- oder Drillingslämmer im Mutterleib ineinander verstricken.

➜ *Mykoplasmen. Siehe im Kapitel „Rinder" unter „Abort".*

ABORT

Bei Aborten ist die Untersuchung und Diagnosestellung durch einen Tierarzt erforderlich.

Neben Aborten, die auf physiologische Faktoren zurückzuführen sind, gibt es auch einige spezifische Erkrankungen, die bei der Ziege einen Abort auslösen können.

Enzootischer Abort. Abort infolge einer Infektion mit Chlamydien tritt bei der Ziege seltener auf als beim Schaf. Weitere Informationen dazu finden Sie im Kapitel „Schafe" unter „Abort".

➜ *Salmonellen. Siehe im Kapitel „Rinder" unter „Abort".*

Toxoplasmose. Abort infolge einer Infektion mit *Toxoplasma gondii.* Weitere Informationen dazu finden Sie im Kapitel „Schafe" unter „Abort".

➜ *Listeriose. Siehe im Kapitel „Rinder" unter „Abort".*

Es gibt Nosoden zur Vorbeugung und Behandlung dieser fünf Aborterreger, die unter tierärztlicher Aufsicht eingesetzt werden sollten.

Weitere Arzneien zur Vorbeugung oder Behandlung von Aborten finden Sie im Kapitel „Fortpflanzung" unter „Abort, Fehlgeburt, Frühgeburt".

BLÄHSUCHT

(Tympanie, Meteorismus)

Bestehen Zweifel an der Diagnose oder Schwere der Erkrankung, sollte auf jeden Fall ein Tierarzt hinzugezogen werden.

Diese Erkrankung ähnelt sehr der Tympanie der Rinder. Auf der linken Seite des Körpers tritt im Bereich direkt hinter der letzten Rippe eine deutliche Schwellung auf. Deren Größe hängt davon ab, wie akut das Geschehen und wie groß die produzierte Gasmenge ist. Im Akutfall hat das Tier starke Schmerzen und kolikartige Erscheinungen, und es muss sofort etwas unternommen werden, um Abhilfe zu schaffen.

▶ **Arzneien zur Behandlung der Tympanie bei erwachsenen Ziegen und Lämmern finden Sie im Kapitel „Rinder" unter „Tympanie".**

DURCHFALL, DIARRHOE, ENTERITIS

Die Untersuchung und Behandlung durch einen Tierarzt kann ratsam sein.

→ *Siehe im Kapitel „Allgemeine Krankheitszustände" unter „Darmentzündung".*

Eine Enteritis kann Teil einer Verdauungsstörung sein oder im Rahmen einer Toxämie auftreten.

Hauptsymptome

Weicher bis flüssiger Kot, der evtl. Blut enthält und unter Pressen abgesetzt wird, Inappetenz, Kolik und allgemeine Krankheitszeichen. In akuten Fällen kann Untertemperatur auftreten. Eine Enteritis kann sich v. a. bei Lämmern und Jungtieren zu einer schwerwiegenden Erkrankung entwickeln.

Man sollte stets daran denken, dass auch Kokzidiose und Parasitenbefall bei entsprechender Infestation zu Durchfall führen können.

➜ *Siehe auch im Kapitel „Allgemeine Krankheitszustände" unter „Harnwegsprobleme".*

HARNWEGSERKRANKUNGEN

Die Untersuchung und Behandlung durch einen Tierarzt ist erforderlich.

Blasensteine

Blasensteine treten v. a. bei unkastrierten männlichen Ziegen und kastrierten Lämmern auf. Eine Fütterung mit hochkonzentrierten Futtermitteln (Kraftfutter) begünstigt die Entstehung von Blasensteinen, ebenso wie Trinkwassermangel und Eiweiß- oder Magnesiumüberschuss im Futter.

Die Steine sind anfangs sehr klein, wie Sandkörner. Im Laufe der Zeit nehmen sie an Größe zu und bilden schließlich eine Masse, die den Harnabsatz aus der Blase durch die Harnröhre behindert oder vollständig blockiert.

➜ *Siehe auch im Kapitel „Allgemeine Krankheitszustände" unter „Blasenentzündung" und „Inkontinenz".*

Hauptsymptome

Das Tier steht aufgekrümmt da, presst unaufhörlich und zeigt deutliche Schmerzen bis hin zu Kolikzeichen.

Bei chronischen, leichten Fällen.	***Thlaspi bursa pastoris* C6.** Eine Gabe dreimal täglich, 10-14 Tage.
Im Akutfall mit Kolik. Gesteigerter Durst und massive Kristalle im Urin. Starkes Pressen und evtl. Blut im Urin.	***Hydrangea* C6.** Eine Gabe dreimal täglich, 10-14 Tage.
Um der Steinbildung vorzubeugen.	***Berberis vulgaris* C30.** Eine Gabe zwei- bis dreimal wöchentlich, bis zu vier Wochen lang, oder drei bis fünf Tage pro Monat, wenn das Risiko eines Rezidivs besteht.

HITZSCHLAG

Die Untersuchung und Behandlung durch einen Tierarzt ist erforderlich, wenn das Tier offensichtliche Beschwerden hat, schwer atmet oder auf der Seite liegt.

➜ *Siehe auch im Kapitel „Unfälle, Notfälle und Erste Hilfe" unter „Hitzschlag".*

Ziegen können einen Hitzschlag erleiden, wenn sie über einen längeren Zeitraum intensiver Sonnenstrahlung ausgesetzt sind und keinen geeigneten Schutz oder Schatten haben. Es kommt zu zerebralen Störungen mit Desorientierung, evtl. auch Delirium.

KOKZIDIOSE & KOLIBAZILLOSE

➜ *Siehe im Kapitel „Schafe".*

LAHMHEIT/HINKEN

Die Untersuchung und Behandlung durch einen Tierarzt sollte erfolgen, wenn die Symptome länger andauern.

➜ *Siehe im Kapitel „Unfälle, Notfälle und Erste Hilfe" unter „Zerrungen, Verrenkungen und Verstauchungen" und im Kapitel „Allgemeine Krankheitszustände" unter „Gelenkentzündung" und „Rheumatismus".*

Eine Lahmheit kann zum einen durch eine Infektion – z. B. im Fuß – verursacht werden, zum anderen aber auch infolge einer Verletzung weiter oben am Bein auftreten, beispielsweise durch eine Zerrung oder Verrenkung, oder in schweren Fällen durch einen Knochenbruch. Ziegen leiden recht häufig an einer Infektion zwischen den Klauen (siehe im Kapitel „Rinder" unter „Klauenfäule") und an Fußfäule (einer Infektion des eigentlichen Klauenhorns, siehe im Kapitel „Schafe" unter „Klauenfäule"). Ziegen erreichen oft ein hohes Lebensalter, weil sie eher als Haustiere denn als Nutztiere gehalten werden. Mit zunehmendem Alter können sie an Arthritiden und Rheumatismus erkranken und entsprechende Lahmheiten entwickeln.

LIPPENGRIND

(Ecthyma contagiosum)

Die Untersuchung und Behandlung durch einen Tierarzt kann erforderlich sein. Die Erkrankung stellt eine Zoonose dar (eine auf den Menschen übertragbare Tierkrankheit), deshalb sollte man im Umgang mit betroffenen Tieren entsprechende Vorsicht walten lassen.

Lippengrind ist eine Infektionskrankheit, die durch das *Paravaccinia*-Virus verursacht wird und hochansteckend ist. Daher befällt sie auch sehr leicht den Ziegenhalter. Sie tritt gelegentlich auch bei Rindern auf, ist aber eigentlich eine Erkrankung der Schafe. Weitere Informationen zum Krankheitsbild und der möglichen homöopathischen Behandlung finden Sie im Kapitel „Schafe".

NACHGEBURTSVERHALTUNG

(Retentio secundinarum)

→ *Siehe im Kapitel „Rinder".*

SCHEINTRÄCHTIGKEIT

Die Untersuchung durch einen Tierarzt kann ratsam sein, um die Diagnose zu bestätigen. Eine Trächtigkeit kann mittels einer Milch-, Röntgen- oder Ultraschalluntersuchung festgestellt bzw. ausgeschlossen werden.

Diese Erkrankung wird durch ein hormonelles Ungleichgewicht hervorgerufen, wodurch eine Trächtigkeit vorgetäuscht wird.

→ *Arzneien zur Behandlung der Scheinträchtigkeit finden Sie im Kapitel „Hunde".*

Hauptsymptome

Das Abdomen ist geschwollen und das Euter vergrößert, manchmal wird auch Milch gebildet. Zum erwarteten Geburtstermin wird eine gewisse Menge Flüssigkeit aus der Gebärmutter abgesondert.

TRÄCHTIGKEITSTOXÄMIE

Die Untersuchung und Behandlung durch einen Tierarzt kann notwendig sein.

Diese Form der Toxämie tritt vorzugsweise am Ende der Trächtigkeit bei Muttertieren auf, die Zwillings- oder Drillingslämmer erwarten. Die Ursache ist ein Energiedefizit infolge einer Leberstörung. Arzneien zur Behandlung der Trächtigkeitstoxämie finden Sie im Kapitel „Schafe".

UNFRUCHTBARKEIT

➜ *Siehe im Kapitel „Fortpflanzung".*

VERDAUUNGSSTÖRUNGEN

Die Untersuchung und Behandlung durch einen Tierarzt kann ratsam sein.

Akute Verdauungsstörung

Ziegen sind in Bezug auf ihr Futter nicht sonderlich wählerisch und nehmen oft viele verschiedene Pflanzen auf, darunter auch solche, die Schafe beispielsweise nicht fressen würden. Sie neigen auch dazu, sich an Dingen, die sie besonders schmackhaft finden, zu überfressen, oder Futter aufzunehmen, das nicht mehr bekömmlich ist.

Hauptsymptome

Das erste Symptom ist oft ein Blähbauch (siehe oben unter „Tympanie"). Dazu kann sich dann entweder Verstopfung oder Durchfall gesellen, je nachdem, welche Sorte Futter und welche Menge davon aufgenommen wurde. Es kann zu Appetitverlust und beschleunigter Atmung kommen, was meist ein Hinweis auf Schmerzen und Unbehagen ist. Extremes Überfressen kann zu einem völligen Stillstand der Pansenmotorik führen und damit eine Toxämie auslösen. Das Tier liegt dann fest und entwickelt Untertemperatur. Solche Fälle müssen sofort behandelt werden, sonst können sie tödlich enden.

Bei allen Anzeichen einer Verdauungsstörung – plötzliches Erbrechen und/oder Durchfall, Blähungen oder laute Darmgeräusche, nach Überfressen.	***Nux vomica* C6.** Eine Gabe alle 15-30 Minuten, drei bis vier Gaben nach Bedarf. Bei Besserung Wiederholung in größeren Zeitabständen.
Aufstoßen und starker Abgang von Blähungen – allgemein schlimmer nach der Futteraufnahme.	***Carbo vegetabilis* C6.** Eine Gabe alle 15-30 Minuten, drei bis vier Gaben nach Bedarf. Bei Besserung Wiederholung in größeren Zeitabständen, drei- bis viermal täglich, ein paar Tage lang.
Überfressen, v. a. mit Gemüse und anderem Grünfutter (z. B. zu viel Gras). Starke Blähungen mit grünem Durchfall.	***Colchicum* C30.** Eine Gabe drei- bis viermal täglich, vier bis fünf Tage lang.
Bei Leberbeteiligung mit Intoxikation/Toxämie. Allgemeine Dämpfung, gelbe Schleimhäute (Maulschleimhaut, Bindehaut, evtl. auch die Haut). Hellbrauner oder gelber Kot, der fest, aber auch durchfällig sein kann.	***Chelidonium* C30.** Eine Gabe drei- bis viermal täglich bis zur Besserung.

WIEDERBELEBUNGSMASSNAHMEN

➔ *Siehe im Kapitel „Rinder".*

HAUPTMITTEL

Hauptmittel

ACONITUM

(*Aconitum napellus,* Eisenhut, Blauer Sturmhut)
Pflanzenfamilie: Ranunculaceae (Familie der Hahnenfuß-Gewächse)

Aconitum ist ein Staudengewächs mit blau-violetten Blüten, die wie eine Mönchskutte geformt sind. *Aconitum* blüht von Juni bis August. Die Pflanze ist schön anzusehen, macht aber irgendwie einen unheilverkündenden Eindruck. Alle Pflanzenteile enthalten das Alkaloid Aconitin, weshalb der Eisenhut zu den 10 giftigsten Pflanzen Deutschlands zählt.

Es ist vollkommen angemessen, dass *Aconitum* in dieser Materia Medica an erster Stelle steht, denn es ist auch das erste Mittel, an das wir denken, wenn wir es mit einem Schock, Schreck oder Angstzustand zu tun haben. In der Homöopathie ist es auch als „homöopathische Lanzette" bekannt, denn früher ersetzte es das gleichnamige chirurgische Instrument, das bei akutem Fieber verwendet wurde, um den Patienten zur Ader zu lassen. Damals war man der Ansicht, dass es Mord gleichkam, wenn man bei Lungenentzündungen oder Pleuritis keinen Aderlass durchführte, denn man glaubte, dass der Patient dem sicheren Tode geweiht war, wenn man sein „schlechtes Blut" nicht entfernte.

Aconitum ist eine kurz wirkende Arznei, die Wirkung setzt dafür aber sehr rasch ein. Es kann mehrere Male in kurzen Abständen wiederholt werden (seine Wirkung ist innerhalb von Minuten sichtbar).

Anwendungsgebiete

UNFÄLLE – SCHOCK – SCHRECK – FIEBER – ERKÄLTUNG

1) Um nach einem Unfall oder unerwarteten Ereignis wie z. B. einem Sturz oder Verkehrsunfall die Nerven zu beruhigen. Es eignet sich gleichermaßen für den Besitzer wie für sein Tier.
2) Um Schmerzen aller Art unter Kontrolle zu bringen.
3) Bei Fieber im Frühstadium, z. B. bei akuter Tonsillitis, Mastitis etc., wenn die Temperatur sehr hoch ist. Die Augen können gerötet sein, der Puls ist schnell und pochend. Der Patient ist oft ängstlich, unruhig, durstig und friert evtl. stark.
4) Nach Tierbissen oder Insektenstichen, Stößen oder Verbrühungen, wenn es dabei zu Blutungen kommt, v. a. wenn erhebliche Beschwerden mit Zittern, beschleunigter Atmung und erhöhter Herzfrequenz bestehen.

Modalitäten

Schlimmer abends und in warmen Räumen. Schlimmer durch Liegen auf der betroffenen Seite. Besser im Freien, aber empfindlich gegen kalten, trockenen Wind.

APIS MELLIFICA

Dieses Mittel wird aus dem ganzen Körper, einschließlich des Stachels der Honigbiene hergestellt. In der Volksmedizin wird das Gift der Beine schon seit Jahrhunderten wegen seiner arzneilichen Eigenschaften genutzt. Das Gift wirkt auf das Zellgewebe und führt zu Schwellungen und Ödemen (Flüssigkeitsansammlungen im Gewebe) mit örtlichen Schmerzen. Ödeme können an vielen Stellen des Körpers auftreten. Hier entfaltet *Apis* seine heilenden Eigenschaften. Es kann daher eine hilfreiche Alternative oder Ergänzung zu modernen Entwässerungsmitteln darstellen.

Anwendungsgebiete

STICHE UND BISSE – NESSELSUCHT – ARTHRITIS – NEPHRITIS

1) Das erste und wichtigste Anwendungsgebiet ist die Antidotierung von Schmerzen und Schwellungen infolge von Insektenstichen oder -bissen.
2) Aufgedunsene, geschwollene Augenlider, u. U. in Verbindung mit Konjunktivitis, reagieren gut auf die Behandlung mit *Apis*.
3) Akute Urtikaria (Nesselsucht) mit erhabenen geschwollenen Flecken am ganzen Körper, einhergehend mit Juckreiz und dem Verlangen, die betroffenen Stellen zu reiben oder zu kratzen.
4) Im Frühstadium von akuten Halsschmerzen (Tonsillitis) oder Ohrenschmerzen (Otitis).
5) Arthritis mit heißen, glänzenden, geschwollenen und schmerzhaften Gelenken.
6) Akute Nephritis (Nierenentzündung), oft mit Harnverhaltung oder spärlichem Harnfluss infolge Blasenbeteiligung.
7) Erschwerte Atmung durch Flüssigkeitsansammlung in der Lunge (Lungenödem).
8) Hilfreich im Frühstadium eines akuten nässenden Ekzems.

Modalitäten

Schlimmer durch jegliche Wärme oder Hitze, stickige Luft oder Druck. Die Symptome verschlimmern sich immer am frühen Abend (gegen 17 Uhr) und nach Ruhe. Die rechte Seite ist meist stärker betroffen. Besser im Freien, durch Baden der betroffenen Stellen in kühlem Wasser, Liegen auf kaltem Untergrund und Bewegung.

ARGENTUM NITRICUM

Der Ausgangsstoff für diese Arznei ist Silbernitrat. Dieses stellt ein starkes Ätzmittel dar, und bei Hautkontakt verfärbt sich diese schwarz. In der Schulmedizin wurde es lange als Styptikum (blutungsstillendes Mittel) eingesetzt, um Blutungen aus Warzen und kleinen Wunden zum Stillstand zu bringen.

Als homöopathisches Mittel hat *Argentum nitricum* ein breites Wirkungsspektrum mit einer Wirkung v. a. auf die Schleimhäute und das Nervensystem.

Anwendungsgebiete

ERWARTUNGSANGST – CHRONISCHE AUGENERKRANKUNGEN

1) Bei sehr angespannten Tieren vor einer Vorführung oder einem Turnier bzw. Wettbewerb, z. B. bei Gehorsamsprüfungen.
2) Chronische Augenerkrankungen, inkl. Katarakt und Hornhauttrübung, evtl. mit Ulzeration (Geschwürbildung) der Vorderfläche der Hornhaut.
3) Empfindliches Maul mit wundem und blutendem Zahnfleisch, evtl. auch Geschwüren.
4) Erbrechen und/oder wässriger Durchfall mit Blähungen nach der Futter- und/oder Wasseraufnahme, v. a. in Verbindung mit Angst oder Anspannung.

Modalitäten

Schlimmer durch Wärme, stickige Luft, v. a. nachts. Besser im Freien in kühler, frischer Luft.

ARNICA

(Bergwohlverleih)
Pflanzenfamilie: Compositae (Familie der Gänseblümchen)

Arnica ist eine mehrjährige Pflanze, die bis zu 30 cm hoch werden kann. Sie hat leuchtend gelbe Blüten und am Fuß des Stängels eine Rosette aus ovalen grünen Blättern, die dem Boden aufliegen. *Arnica* wächst in den Bergen und blüht im Juli und August. Die Pflanze ist giftig. Die Urtinktur wird aus der ganzen Pflanze hergestellt – den Wurzeln, Blüten und Blättern. In der Schweiz wird *Arnica* schon seit vielen Jahren von Bergsteigern und Skifahrern zur lokalen Behandlung von Prellungen, Zerrungen und anderen stumpfen Traumata eingesetzt.

Arnica ist eines der bekanntesten, wertvollsten und hilfreichsten Mittel des homöopathischen Arzneischatzes.

Anwendungsgebiete

VERLETZUNGEN – ZAHNMEDIZINISCHE EINGRIFFE – GEBURT

1) Ein nützliches Mittel bei Schockzuständen aller Art, insbesondere nach Unfällen. *Arnica* folgt in solchen Fällen sehr gut auf *Aconitum*.
2) Bei allen Verletzungen, wie z. B. Quetschungen, Zerrungen und Verrenkungen.

3) Wird es vor und nach zahnärztlichen Eingriffen gegeben, minimiert es Quetschungen, Wundheit und Blutungen. Zur Schmerzlinderung in Kombination mit *Hypericum*.
4) Vor und nach jeder Operation. *Arnica* hat antiseptische und heilungsfördernde Eigenschaften. Es vermindert Entzündungen, Schwellungen und Gewebeschäden und hilft, Blutungen unter Kontrolle zu bringen.
5) Vor und nach der Geburt, aus denselben Gründen wie oben beschrieben.
6) Augenverletzungen mit subkonjunktivalen oder Netzhautblutungen.
7) Othämatome (ausgedehnte Schwellungen der Ohrmuschel, die mit Blut gefüllt sind) und Nasenbluten.
8) Nach einem Schlaganfall, im Wechsel mit *Belladonna*.
9) Bei jeder ungewohnten Anstrengung, z. B. Ausdauersport, Jagdtage, Agility etc.

Modalitäten

Schlimmer durch jegliche Berührung, Druck oder Bewegung. Besser durch Hinlegen und Ruhe.

ARSENICUM ALBUM

(Weißarsenik, Arsentrioxid)

Weißarsenik ist ein schweres weißes Pulver. Die Giftwirkung von Arsen ist weithin bekannt. Wird es mit Zucker vermischt, ist es nur schwierig auszumachen. Aus diesem Grund wurde es im echten Leben wie auch in Buch und Film eingesetzt, um Menschen zu vergiften. Bei der Arsenvergiftung kommt es zu perakutem Erbrechen und meist gleichzeitig auch zu hochgradigem Durchfall. Als homöopathische Zubereitung hingegen stellt Arsen eine sanfte, sichere und schnell wirkende Arznei mit tiefgreifender Wirkung auf alle Organe und Körperteile dar. Darüber hinaus vermag es schwer- bzw. todkranken Patienten noch zu einer Steigerung des Wohlbefindens zu verhelfen. Diese Patienten sind sehr oft extrem unruhig, schwach, nervös und kälteempfindlich.

Anwendungsgebiete

ERBRECHEN UND DURCHFALL – FUTTERMITTELVERGIFTUNG – HAUTERKRANKUNGEN

1) In allen Fällen von Erbrechen mit Durchfall sollte man so schnell wie möglich Arsen als homöopathisches Mittel verabreichen. Es kann den Verlauf einer ansonsten möglicherweise sehr gefährlichen akuten Gastroenteritis oft abkürzen.
2) Akute Konjunktivitis mit wässriger und reizender Absonderung, die zu Rötung, Wundheit oder sogar Geschwürbildung des umgebenden Gewebes führt.
3) Hauterkrankungen, wie z. B. chronische Ekzeme mit trockener Haut und Schuppenbildung, sprechen gut auf *Arsenicum* an. Der Juckreiz führt zu permanentem Kratzen und Reiben, u. U. auch zu Haarverlust.
4) Inappetenz aus scheinbar unerfindlichen Gründen spricht oft gut auf einige wenige Gaben von *Arsenicum* an.
5) Asthmatische Symptome infolge von Allergien mit pfeifender Atmung.
6) Krebs und andere Erkrankungen mit Abmagerung und/oder Erschöpfung.

Modalitäten

Schlimmer durch nasses Wetter und jegliche Kälte – Luft, Zugluft, Speisen und Getränke. Die Symptome sind nach Mitternacht schlimmer. Besser durch warme Getränke und Wärme/Hitze in jeder Form. Auch besser durch Bewegung.

BELLADONNA

(Tollkirsche)
Pflanzenfamilie: Solanaceae (Nachtschattengewächse)

Die Pflanze *Atropa belladonna* ist in den meisten Ländern Europas heimisch. Zur Familie der Solanaceae zählen auch die Kartoffel *(Solarium tuberosum),* der Rote Pfeffer *(Capsicum),* Tabak *(Nicotiana tabacum),* der Bittersüße Nachtschatten *(Solarium dulcamara* – ebenfalls ein sehr nützliches homöopathisches Mittel) und zwei weitere Giftpflanzen: das Bilsenkraut *(Hyoscyamus niger)* und der Stechapfel *(Datura stramonium).* Der Name „bella donna" – „schöne Dame" – geht auf frühere Zeiten in Italien zurück, als die italienischen Damen den Saft der Tollkirsche in ihre Augen träufelten, um die Pupillen zu erweitern und ihre Augen so größer, dunkler und glänzender erscheinen zu lassen und damit noch attraktiver zu wirken.

Die Tollkirsche blüht im Juli und August. Die Blüten sind purpurrot, aber eigentlich sind es die glänzend-schwarzen, kirschgroßen Beeren, die den Blick auf sich ziehen. Für die Urtinktur wird die ganze Pflanze verwendet. Sie enthält eine ganze Reihe giftiger Alkaloide, die insbesondere auf das Nervensystem wirken. Die Arznei wirkt sehr schnell und eignet sich daher ganz besonders zur Behandlung akuter Erkrankungen.

Anwendungsgebiete

HOHES FIEBER – INFEKTIONEN – ABSZESSE

1) Akute Infektionen aller Art, die mit hohem Fieber, einem kräftigen, pochenden Puls und erweiterten Pupillen einhergehen. *Belladonna* enthält u. a. Atropin. Es ist ein gutes Folgemittel von *Aconitum.*
2) Jede akute Entzündung, z. B. Otitis (Ohrenentzündung), Mastitis (Entzündung der Milchdrüsen) oder Metritis (Entzündung der Gebärmutter).
3) Plötzliches, hellrotes Nasenbluten mit Problemen beim Atmen. Die Atemfrequenz ist erhöht, oft tritt Husten mit blutigem Auswurf auf.
4) Übererregbarkeit und aggressives Verhalten.
5) Hitzschlag.
6) Bei einigen Formen von Anfallsleiden und nach einem Schlaganfall.

Modalitäten

Überempfindlichkeit gegen helles Licht, Verschlimmerung durch jedes Geräusch, Erschütterung und Berührung. Schlimmer durch Liegen auf der betroffenen Seite. Besser im warmen Zimmer, durch Zudecken und Ruhe.

BRYONIA

(Weiße Zaunrübe)
Pflanzenfamilie: Cucurbitaceae (Kürbisgewächse)

Bryonia alba gehört zu derselben Pflanzengruppe wie die gewöhnliche Gurke. Sie wächst in ganz Europa als Hecken- und Kletterpflanze. Die große, knollenförmige und gedrehte Wurzel wird zur Herstellung der Urtinktur verwendet. Die weiße Wurzel ist giftig, und es heißt, dass sie in der Vergangenheit von skrupellosen Menschen anstelle der exotischeren Alraunenwurzel verkauft wurde. (Die Alraunenwurzel soll eine aphrodisische Wirkung haben.) *Bryonia alba* blüht von Mai bis September. Aus den gelbgrünen Blüten entwickeln sich rote Beeren.

Ein Charakteristikum von *Bryonia* ist, dass sich alle Symptome durch Bewegung verschlimmern, unabhängig davon, welche Krankheit vorliegt. Daneben besteht auch großer Durst, v. a. auf kalte Getränke.

Anwendungsgebiete

HUSTEN – RHEUMATISCHE SCHMERZEN

1) Trockener, abgehackter Husten mit Mundtrockenheit und gesteigertem Durst.
2) Bronchitis, Pneumonie und Pleuritis mit starken Brustkorbschmerzen, v. a. bei Bewegung.
3) Chronische Arthritis und Rheuma, mit geschwollenen, schmerzenden Gelenken und der typischen Verschlimmerung durch Bewegung. Sind die Symptome nicht klar und deutlich zu erkennen, kann *Bryonia* mit gutem Erfolg im Wechsel mit *Rhus toxicodendron* gegeben werden.
4) Mastitis (Entzündung der Milchdrüsen) mit harten, geschwollenen Drüsen und Verschlimmerung der Schmerzen durch die leichteste Berührung.
5) Gelbsucht und Hepatitis; Erbrechen von Galle.
6) Chronische Verstopfung mit hartem, trockenem Kot.

Modalitäten

Schlimmer durch jegliche Bewegung und Wärme, bei heißem Wetter, morgens und durch die leichteste Berührung. Besser in kühler Umgebung, durch kalte Getränke, Ruhighalten und Liegen auf der betroffenen Seite. Besser durch festen Druck, aber nicht durch leichte Berührung.

CANTHARIS

(*Lytta vesicatoria*, Spanische Fliege)
Familie: Meloidae (Blasen- oder Ölkäfer)

Dieses Insekt sieht eher wie ein kleiner geflügelter Käfer als wie eine Fliege aus. Es lebt bevorzugt auf Büschen und Bäumen der Familien der Geißblatt- und Olivengewächse. Es ist leuchtend grün oder blaugrün gefärbt und wird ein bis zwei Zentimeter lang. Sein Verbreitungsgebiet erstreckt sich auf Mitteleuropa und den westasiatischen Raum (Sibirien). Es riecht stechend und schmeckt bitter. Die Fliegen werden im Juni und Juli gesammelt, wobei die Arbeiter Schutzmasken tragen müssen.

Der aktive Wirkstoff ist eine giftige chemische Substanz namens Cantharidin. Diese ist außerordentlich reizend und führt bei der Ausscheidung mit dem Urin zu brennenden, wundmachenden Schmerzen. *Cantharis* wurde als Aphrodisiakum eingesetzt, aber aufgrund der brennenden Schmerzen ist es extrem gefährlich in der Anwendung.

Glücklicherweise weist die homöopathische Zubereitung keine dieser schädlichen Eigenschaften der Ausgangssubstanz mehr auf, sondern ist eine überaus wirkungsvolle und zuverlässige Arznei für vielerlei Arten von brennenden Schmerzen.

Anwendungsgebiete

BLASENENTZÜNDUNG – BLASEN – VERBRENNUNGEN UND VERBRÜHUNGEN

1) Das wichtigste Einsatzgebiet von *Cantharis* ist die Behandlung von Blasenentzündungen. Eine Zystitis ist eine Entzündung der Harnblase mit häufigem und oft schmerzhaftem Absatz von kleinen Mengen Urin, der Blutspuren enthalten kann. Bei einer akuten Blasenentzündung kann es manchmal ratsam sein, ein Antibiotikum einzusetzen, um die beteiligten Bakterien abzutöten. Die gleichzeitige Gabe von *Cantharis* lindert dann die Schmerzen und sonstigen Beschwerden. In chronischen Fällen reicht oft die alleinige Gabe von *Cantharis* aus, und man muss den Patienten nicht unter antibiotischen Schutz stellen.
2) Durch die Gabe von *Cantharis* C30 über drei bis fünf Tage pro Monat kann die Anfallshäufigkeit oft reduziert werden.
3) Nephritis (Nierenentzündung) mit vermehrtem Durst, Schmerzen und Blut im Urin.
4) Akute Verbrennungen, Verbrühungen, Insektenstiche und Mundgeschwüre sprechen oft gut auf eine Behandlung mit *Cantharis* an.
5) Blasenbildung auf der Haut, meist mit hochgradigem Juckreiz und dadurch bedingtem heftigem Beißen, Reiben und Kratzen.

Modalitäten

Schlimmer durch Berührung, das Trinken von kaltem Wasser und bei Blasenentzündung durch Harnabsatz. Besser durch Wärme und Reiben der betroffenen Stelle.

CARBO VEGETABILIS

(Holzkohle)

Diese Arznei wird hergestellt, indem Holz so stark erhitzt wird, bis es glüht und die Gase abgegeben bzw. die festen Bestandteile zu Asche werden. Aus der Asche wird dann die Arznei zubereitet. Heutzutage dient Birkenholz als Ausgangsstoff. Holzkohle in ihrer natürlichen Form ist inert und wird in der Tierernährung eingesetzt, um Schadstoffe und üble Gerüche im Darm zu binden.

Es gibt zwei weitere inerte Substanzen, die ebenso wie Holzkohle wertvolle homöopathische Arzneien darstellen: *Lycopodium* (Bärlapp) und *Silicea* (Kieselerde).

Anwendungsgebiete

FLATULENZ (BLÄHUNGEN) – KOLLAPS

1) Hochgradige Flatulenz mit Unbehagen und evtl. kolikartigen Schmerzen.
2) Plötzlicher Kollaps: *Carbo vegetabilis* wird wegen seiner kreislaufanregenden Wirkung auch oft als „Leichenerwecker“ bezeichnet. Es kann einen Schockzustand oder plötzlichen Kol-

laps aufheben. Die Symptome sind in solchen Fällen: blasse Schleimhäute (Zahnfleisch, Bindehaut), ein kaum noch fühlbarer Puls, Kälte und kalter Schweiß. Der Patient ringt nach frischer Luft.

3) Mundgeruch und Mundgeschwüre.
4) Niesen mit Ansonderung aus der Nase, die in chronisches Nasenbluten übergehen kann.
5) Verklebte Augenlider nach dem Schlaf.

Modalitäten

Schlimmer abends und nachts. Schlimmer durch Kälte, kalte Luft und kalte frostige Nächte. Umgekehrt verschlimmert eine heiße, stickige und feuchte Atmosphäre die Symptome ebenfalls. In beiden Fällen kommt es zu einem Sauerstoffmangel, der bis zum Kollaps führen kann. Besser durch kühle Luft und Wind bzw. Zufächeln von kühler Luft.

CAUSTICUM

Diese Arznei wurde von Hahnemann selbst hergestellt. Aus gleichen Teilen von Löschkalk (Kalziumhydroxid) und Kaliumbisulfat wurde durch Destillation Kaliumhydrat.

Die Hauptwirkung von *Causticum* erstreckt sich auf die Nerven und Muskeln. Es beeinflusst sowohl die willkürliche Muskulatur – z. B. die Muskeln zur Kontrolle der Bewegungen – als auch die unwillkürliche Muskulatur beispielsweise des Herzens und Darmtraktes. Insbesondere im höheren Lebensalter kommt es zu fortschreitender Schwäche, die zu Lähmungserscheinungen führen kann.

Causticum sollte immer in Betracht gezogen werden, wenn bei einem älteren Patienten die Körperfunktionen nachlassen.

Anwendungsgebiete

INKONTINENZ – HUSTEN – STEIFHEIT – WARZEN

1) Harntröpfeln. Das Tier merkt oft gar nicht, dass es Harn verliert, wenn es sich bewegt oder auch ruhig daliegt. Eine chronische Blasenentzündung spricht häufig gut auf eine Behandlung mit *Causticum* an.
2) Unwillkürlicher Kotabsatz (der manchmal auftritt, wenn das Tier in Bewegung ist). Der Kot ist in der Regel völlig normal geformt.
3) Trockener, hohl klingender, anhaltender Husten, manchmal begleitet von Harninkontinenz.
4) Allgemeine Steifheit, v. a. zu Beginn der Bewegung. Die Gelenke können vergrößert sein und knacken bei Bewegung. Das Tier entwickelt dabei eine zunehmende Gangunsicherheit.
5) Ein hilfreiches Mittel bei großen und zerklüfteten Warzen, die leicht bluten. Sie sind meist groß und flach, können aber auch gestielt sein.

Modalitäten

Schlimmer durch trockenes Wetter und kalten trockenen Wind. Die Symptome scheinen sich in kalter Luft und bei klarem schönen Wetter zu verschlimmern. Durch den Wechsel von kalt zu warm, Durchnässung und Reisen werden sie ebenfalls verstärkt. Besser durch warmes feuchtes Wetter, außer einigen rheumatischen Symptomen (die sich umgekehrt unter diesen Bedingungen verschlechtern können).

COLOCYNTHIS

(Cucumis colocynthis, Teufelsapfel)
Pflanzenfamilie: Cucurbitaceae (Kürbisgewächse)

Colocynthis ist eine Schlingpflanze mit fünfblättrigen, sternförmigen, gelben Blüten. Das Außergewöhnliche an dieser Pflanze ist, dass sowohl die Pollen- als auch die Samenbildung in unterschiedlichen Blüten stattfinden. Die Frucht ähnelt mehr einer Orange als einer Gurke. Ihre Größe schwankt zwischen fünf und zehn Zentimetern. Ist sie reif, platzt die Haut beim leichtesten Druck auf und entlässt die Samen. Diese fliegen dabei drei bis fünf Meter weit. Die homöopathische Arznei wird aus der zerdrückten Frucht hergestellt. Das Fruchtmark enthält das toxische Glucosid Colocynthin. Dieses ist extrem bitter und hat eine derart stark abführende Wirkung, dass es zu einer Schädigung des Gastrointestinaltraktes und in der Folge zu Peritonitis und unstillbarem Durchfall mit Todesfolge kommen kann.

Anwendungsgebiete

KOLIK – AKUTE BAUCHSCHMERZEN

1) Alle Arten von Kolik, v. a. Blähungskoliken, wie sie häufig bei Pferden, aber auch bei Hunden u. a. Tieren auftreten.
2) Krampfartige Schmerzen infolge von Erregung (vor Aufführungen etc.) oder Nervosität.

Modalitäten

Schlimmer durch Kälte, Wind, Feuchtigkeit und kalte Getränke. Besser durch Wärme, festen Druck, Zusammenkrümmen und lokale Hitze.

EUPHRASIA

(Euphrasia officinalis, Augentrost)
Pflanzenfamilie: Scrophulariaceae

Den Namen „Augentrost“ trägt diese Pflanze schon seit grauer Vorzeit, was interessant ist, da er genau ihre Wirkung beschreibt. Zur Herstellung der Urtinktur wird die ganze Pflanze verwendet. *Euphrasia* ist eine weit verbreitete einjährige Pflanze. Sie wächst auf Wiesenflächen in ganz Europa und blüht von Juni bis September. Die zweilippigen Blüten haben ein kleineres oberes und ein größeres unteres Blütenblatt. Beide sind schneeweiß mit purpurfarbenen Streifen und einem gelben Fleck nahe der Mitte.
Wie der Name schon sagt, ist Augentrost ein wichtiges Mittel für Augenerkrankungen. Es wird v. a. lokal als Augenspülung verwendet. Es kann aber auch innerlich eingenommen werden, um seine Wirkung noch zu verstärken.

Anwendungsgebiete

AUGENENTZÜNDUNGEN – ALLERGIEN

1) Konjunktivitis, auch in chronischen und hartnäckigen Fällen.
2) Hornhautgeschwüre.
3) Allergien mit übermäßigem Tränenfluss und evtl. auch Nasenkatarrh.

Modalitäten

Schlimmer durch Sonnenlicht, kalten Wind, im Haus und im Warmen. Schlimmer durch Reiben der Augen. Besser durch kalte Waschungen und im Dunkeln.

Warnung: Wenden Sie Euphrasia-Urtinktur niemals unverdünnt an. Jede Augenerkrankung kann schwerwiegender Art sein, daher sollten Sie lieber frühzeitig einen Tierarzt aufsuchen. Die Kombination von verdünnter Euphrasia-Urtinktur zur Beruhigung der Augen in Kombination mit vom Tierarzt verschriebenen antibiotischen Augentropfen oder -salben ist eine sichere Angelegenheit. Ein oder zwei Tropfen in einem Eierbecher oder Weinglas sollten ausreichen. Haben Sie den Eindruck, dass dies zu sehr reizt, verdünnen Sie weiter. Die Lösung sollte mit sterilem oder gekochtem und abgekühltem Wasser hergestellt werden.

GELSEMIUM

(Gelsemium sempervirens, Wilder Jasmin, Falscher Jasmin – weil es in Wirklichkeit überhaupt kein Jasmin ist)
Pflanzenfamilie: Loganiaceae – Schmetterlingsgewächse (Fliedergewächse), die im Garten so anziehend auf Schmetterlinge wirken.

Gelsemium wächst in den Südstaaten Nordamerikas. Diese verholzende Kletterpflanze braucht Unterstützung und rankt daher ähnlich Clematis und Geißblatt an großen Bäumen. Die Arznei wird aus der äußeren Wurzelschicht hergestellt.

Gelsemium enthält zwei sehr giftige Alkaloide und hat einen bitteren Geschmack. Das eine von ihnen, Gelseminin, wirkt ähnlich wie Strychnin und führt zu Steifheit und Lähmungen.

Das Hauptwirkungsgebiet ist das Nervensystem.

Anwendungsgebiete

INFLUENZA – ANGST – NERVENSCHWÄCHE – LÄHMUNGEN

1) Virusinfektionen mit möglichen toxischen Folgen (deshalb ist es so wertvoll bei der Behandlung von allen Arten von Influenza).
2) Große Angst und Erwartungsspannung („Zittern vor Angst“). Hilfreich vor Vorführungen, Rennen, Gehorsamsprüfungen etc.
3) Schluckprobleme, wie z. B. bei akuter Tonsillitis (Mandelentzündung). Niesen und Nasenausfluss. Geringer Durst.
4) Schwäche und Muskelzuckungen mit Verlust der Muskelkraft und mangelhafter Koordination der Beine, manchmal bis hin zu Lähmungserscheinungen.
5) Hitzschlag mit Schwäche.

Modalitäten

Schlimmer durch feuchtes Wetter, Gewitter und Nebel. Schlimmer durch Hitze und Aufregung. Besser im Freien und, sofern möglich, durch Bewegung.

HEPAR SULPHURIS

(*Hepar sulphuris calcareum*, Kalkschwefelleber)

Hahnemann selbst entwickelte diese wertvolle Arznei. Sie wird nach wie vor entsprechend seinen Anweisungen zu gleichen Teilen aus pulverisierten Austernschalen und Schwefelblüten hergestellt.

Hepar sulphuris hat eine tiefgreifende Wirkung auf alle Schleimhäute des Körpers wie z. B. des Verdauungstraktes und der Atemwege. Auch bei Hautinfektionen ist es oftmals angezeigt.

Anwendungsgebiete

ABSZESSE – INFEKTIONEN – EITERUNGEN

1) Abszesse aller Art, innerlich oder äußerlich (Eiterbeulen). Es besteht die Neigung zu Eiterbildung.
2) Infektionen der Ohren (Otitis) und Erkrankungen des Mittelohres.
3) Trockener und tiefsitzender Husten mit Giemen und Rasseln im Brustkorb. Chronische Tonsillitis.
4) Infizierte Veränderungen der Haut (infizierte Dermatitis) und Hautdrüsen.
5) Hartnäckige Zahnfleischentzündungen.
6) Akute Konjunktivitis mit eitriger Absonderung.

Modalitäten

Schlimmer durch Kälte, trockenen Wind, Zugluft und kühle Luft. Sehr empfindlich gegen leichte Berührung oder Druck, diese führen zu erheblichen Schmerzen. Besser durch Wärme und warmes, feuchtes Wetter.

HYPERICUM

(Hypericum perforatum, Johanniskraut)
Pflanzenfamilie: Hypericaceae

Johanniskraut ist eine wildwachsende Pflanze, die üppig in Wäldern und Heckengehölzen wächst. Sie blüht goldgelb von Juni bis September. Die Arznei wird aus der ganzen Pflanze hergestellt. Diese enthält das Glykosid Hypericin. Wird die Pflanze beschädigt, gibt sie einen rotbraunen Saft ab, der einen harzigen Geruch verströmt. Dieser bleibt in der Urtinktur erhalten. Der Saft hat eine gewisse Ähnlichkeit mit Blut, und schon seit dem Mittelalter ist Johanniskraut für seine wundheilungsfördernden Eigenschaften bekannt.

Die Arznei wird äußerlich angewandt, kann aber nach erfolgter Potenzierung auch innerlich eingenommen werden. Sie hat eine tiefgreifende Wirkung auf das Nervensystem, insbesondere die Nervenendigungen. *Hypericum* ist eines der besten homöopathischen Schmerzmittel.

Anwendungsgebiete

SCHMERZLINDERUNG – SCHMERZHAFTE VERLETZUNGEN

1) Risswunden mit Schädigung von Nervenendigungen.
2) Verbrennungen und Verbrühungen.

3) Rückenschmerzen.
4) Vor und nach Zahnbehandlungen. (*Arnica* sollte zusätzlich in Betracht gezogen werden.)
5) Quetschungen im Bereich der Zehen, Nägel und des Schwanzes.
6) Verletzungen von Lippen, Zahnfleisch und Zähnen.
7) Im Wechsel mit *Ledum*, wenn bei infizierten Wunden die Gefahr von Tetanus besteht.
8) In Lotionen und Cremes, oft in Kombination mit *Calendula*-Tinktur.

Modalitäten

Schlimmer durch kaltes und feuchtes Wetter, Berührung und Bewegung. Die Symptome scheinen sich auch zwischen 18 und 22 Uhr sowie im Dunkeln zu verschlimmern. Besser durch Stillliegen.

LYCOPODIUM

(*Lycopodium clavatum*, Keulenbärlapp)
Pflanzenfamilie: Lycopodiaceae

Diese Pflanze ist schwierig zu klassifizieren und stellt ein Zwischending zwischen Moosen und Farnen dar. In der Homöopathie werden ihre Sporen verwendet. Diese sind inert und ungiftig und wurden im 19. Jahrhundert als Überzugsmittel für Tabletten verwendet. Durch Zerkleinerung und homöopathische Aufbereitung werden sie allerdings zu einer hochwirksamen Arznei mit einer tiefgreifenden Wirkung auf eine Vielzahl von Organen und Körperfunktionen, wie z. B. die Lunge, die Leber, den Magen, die Nieren und die Harnblase.

Lycopodium wird in höheren Potenzen vielfach als Konstitutionsmittel eingesetzt, oft mit ausgezeichnetem Erfolg. Aber auch in niedrigeren Potenzen entfaltet es gute Wirkungen. Aus diesem Grund eignet es sich hervorragend zur Behandlung von chronischen Erkrankungen.

Interessanterweise scheint es eine ausgeprägtere rechtsseitige Wirkung zu haben, die dann allmählich auf die linke Seite übergreift.

Anwendungsgebiete

NASENNEBENHÖHLEN – LEBER – DICKDARM – NIEREN /BLASE

1) Nasennebenhöhlenprobleme mit reichlicher wässriger Absonderung aus der Nase, die später dicker wird und gelbe oder grüne Krusten bildet. Chronischer Husten beginnt mit quälendem Kitzeln und endet in heftigen Hustenanfällen. Es treten häufig Atemwegsprobleme auf, die zu einer Lungenentzündung führen können.
2) Chronische Lebererkrankungen, unter Umständen mit Gelbsucht und Empfindlichkeit in der Lebergegend.
3) Magenprobleme mit Magenverstimmung und Aufgasung, evtl. auch Erbrechen.
4) Dickdarm: *Lycopodium* hat eine deutliche Wirkung auf das Colon, mit viel Kollern und Gasbildung. Es kann harter Kot mit schwierigem Absatz auftreten, der dann von Durchfall gefolgt wird.
5) Nieren und Harnblase: Harnverhaltung infolge von Blasenschwäche. Die Bildung von Nierensteinen oder Harngrieß führt zu Nierenkoliken.

Lycopodium scheint ganz besonders angezeigt zu sein, wenn zwei oder mehr der oben aufgeführten Symptome vorliegen. Die Haut kann ebenfalls beteiligt sein, mit Hautgeschwüren oder chronischen Ekzemen.

Modalitäten

Die Symptome scheinen auf der rechten Seite schlimmer zu sein und es besteht eine Verschlimmerungszeit zwischen 16 und 20 Uhr. Schlimmer durch heiße Luft und im warmen Zimmer. Besser durch Bewegung, warme Speisen und Getränke, Abkühlung und nach Mitternacht.

Bei chronischen Krankheiten wirkt *Lycopodium* manchmal besser, wenn es im Anschluss an *Sulphur* gegeben wird. *Sulphur* wirkt hier vorab als „klärendes" Mittel.

MERCURIUS SOLUBILIS

(Quecksilber)

Diese Arznei wurde ebenso wie *Causticum* 1788 von Hahnemann persönlich entwickelt. Sie ist ein Beispiel für seine unermüdlichen Bemühungen auf der Suche nach neuen Arzneien mit einem breiten Wirkungsspektrum. Flüssiges Quecksilber war früher in Fieberthermometern enthalten.

Die Arznei wird durch Trituration (Verreibung) von flüssigem Quecksilber bis zur Potenz C3 hergestellt. Erst danach erfolgt die übliche Verdünnung und Verschüttelung bis zur gewünschten Stufe. Quecksilber ist ein Korrosionsgift und schädigt die Schleimhäute (in Mund, Darm, Nase und Lunge), Knochen, Leber, Nieren, das Nervensystem, das Blut und die Haut. Es führt zu Degeneration und schließlich zu Zerstörung und Absterben des Gewebes. Aufgrund seiner dramatischen Wirkungen auf den Körper ist es insbesondere in akuten Situationen ein herausragendes Arzneimittel.

Anwendungsgebiete

OHREN – MAULHÖHLE – NIEREN – HAUT

1) Akute Otitis: Akute Infektion des äußeren Gehörganges, aber auch des Mittel- und Innenohres. Es besteht meist ein übler Geruch und oft tritt eine eitrige Absonderung auf. Nässendes Ekzem der Ohrmuschel.
2) Geschwüre im Maulbereich und Zahnfleischentzündung mit vermehrtem Speichelfluss, der blutstreifig sein kann.
3) Akute Enteritis mit schleimigem, übelriechendem, manchmal blutstreifigem Durchfall und starkem Drang. Akute Dickdarmentzündung (Colitis).
4) Akute und chronische Nierenerkrankungen mit vermehrtem Durst. Pressen beim Harnabsatz und u. U. blutstreifiger Harn sind weitere mögliche Indikationen für den Einsatz von *Mercurius solubilis.*
5) Akutes nässendes Ekzem mit großflächigen klebrigen Bereichen. Diese können ganz plötzlich bei Stressbelastung auftreten und sind mit heftigem Juckreiz und Lecken verbunden.

Modalitäten

Schlimmer durch Wetterextreme, v. a. bei regnerischem oder feuchtem Wetter sowie nachts. Schlimmer in warmer und stickiger Atmosphäre, durch Berührung und Druck. Geringfügig besser durch Ruhe.

NATRIUM MURIATICUM

(Natriumchlorid, Kochsalz)

Einer der faszinierenden Aspekte der Homöopathie ist, dass eine Substanz, die in der Natur so weit verbreitet ist und in so vielen Dingen vorkommt, die wir als Nahrung zu uns nehmen, zu einer derartig wirkungsvollen und nützlichen Arznei werden kann. Der menschliche Körper speichert ca. 250 Gramm Salz, v. a. in der Haut und im Unterhautgewebe.

Natrium muriaticum besteht aus den beiden Elementen Natrium und Chlor. Jedes für sich ist ein aktives und potenziell schädliches Element, aber als Verbindung sind sie fast inert.

Die Symptome, die auf *Natrium muriaticum* ansprechen, sind aufgrund dieser Verbindung manchmal verwirrend, v. a. auf der konstitutionellen Ebene. Auf der lokalen Ebene ist die Haut entweder fettig und sondert ein klebriges Exsudat ab, oder sie ist trocken und schuppig.

Das Mittel *Bryonia* ist das Akutmittel von *Natrium muriaticum. Natrium muriaticum* folgt oft gut auf *Bryonia*, wenn die Krankheit chronisch wird. *Apis* und *Ignatia* sind weitere Komplementärmittel zu *Natrium muriaticum*.

Ist *Natrium muriaticum* angezeigt, finden wir oft großen Durst und Salzverlangen.

Anwendungsgebiete

KATARRH – FETTIGE HAUT – VERSTOPFUNG / DURCHFALL – KUMMER

1) Chronischer Katarrh und Sinusitis mit reichlichem, wässrigem Nasenausfluss und häufigem Niesen. Im weiteren Verlauf ist die Nase oft verstopft.
2) Fettige Haut mit akneähnlichem Aussehen, wobei die Bereiche an den Hautübergangsstellen und in den Gelenkbeugen oft trocken und schuppig sind.
3) Verstopfung oder wässriger Durchfall, dem kolikartige Schmerzen vorausgehen.
4) *Natrium muriaticum* ist auch ein gutes Mittel zur Behandlung von Kummer.

Diese Arznei wird von homöopathischen Ärzten und Tierärzten oftmals in der Konstitutionsbehandlung eingesetzt. Katzen scheinen insgesamt als Spezies gut auf dieses Mittel anzusprechen, vielleicht wegen ihrer oftmals zwiespältigen Persönlichkeit (z. B. distanziert und doch anschmiegsam), die sich in den beiden Elementen von *Natrium muriaticum* widerspiegelt.

Modalitäten

Besser durch frische Luft und Liegen auf der rechten Seite. Schlimmer durch Hitze, Hinlegen und laute Geräusche.

NUX VOMICA

(Strychnos nux vomica, Brechnuss)

Pflanzenfamilie: Loganiaceae, Familie der Schmetterlingsbäume

Der Brechnuss-Baum wächst in Australien, Indonesien, Malaysia und Vietnam und erreicht eine beträchtliche Höhe. Die Frucht wird so groß wie ein großer Apfel, ist aber kugelförmig und leuchtend orange. Das weiche Mark unter der harten Rinde enthält fünf scheibenförmige Samen, aus denen die homöopathische Arznei hergestellt wird. Sie enthalten die giftigen Alkaloide Strychnin und Brucin, allerdings kommt es aufgrund des extrem bitteren Geschmacks nur selten zu Vergiftungen. Strychnin wurde über viele Jahrhunderte in winzigen Mengen arzneilich genutzt und war ein Inhaltsstoff des sogenannten „Eastern Syrup", der insbesondere zur Behandlung von Eiterbeulen verwendet wurde.

Nux vomica wird oft als „reinigendes" Mittel eingesetzt (zur Unterstützung der Ausscheidung von Giftstoffen und Abfallprodukten des Körpers). Dadurch wird der Weg für andere homöopathische Arzneien bereitet. Es ist aber auch ein wichtiges Konstitutionsmittel.

Anwendungsgebiete

VERDAUUNGSPROBLEME – RÜCKENSCHMERZEN

1) Verdauungsstörungen aller Art. Magen-Darm-Verstimmung mit Blähungen durch Überfressen oder falsche Nahrung. Erbrechen, gefolgt von Verstopfung und anschließendem Durchfall.
2) Kolikanfälle nach Überfressen.
3) Lebererkrankungen wie z. B. Hepatitis und Gelbsucht profitieren oft von der Behandlung mit *Nux vomica*.
4) Appetitverlust oder Mundgeruch infolge von Verdauungsproblemen.
5) Dickdarmentzündung (Colitis) und andere chronische Darmerkrankungen.
6) Strychnin führt zu akuten Muskelkrämpfen – daher kann *Nux vomica* auch bei schweren Rückenschmerzen hilfreich sein, beispielsweise bei Bandscheibenvorfällen.
7) *Nux vomica* kann bei der Behandlung von Nabelbrüchen bei Jungtieren nützlich sein.

Modalitäten

Schlimmer durch trockenes, kaltes und windiges Wetter, nach der Futteraufnahme, durch Mangel an Ruhe und durch Überanstrengung. Besser durch warmes und nasses Wetter, Ruhe und abends.

PHOSPHORUS

Phosphor als Element ist überaus giftig und hochreaktiv. In der Natur ist er allerdings ein lebensnotwendiger Stoff für die Erhaltung von tierischem und pflanzlichem Leben. Seine Hauptwirkung erstreckt sich auf die Schleimhäute des Körpers – z. B. im Mund und Verdauungstrakt und die Bindehaut.

Homöopathische Tierärzte verschreiben *Phosphorus* oft als Konstitutionsmittel.

Anwendungsgebiete

ERBRECHEN – TROCKENER HUSTEN – PNEUMONIE – AUGEN

1) Akutes Erbrechen, mit vorhergehendem, extremen, Durst.
2) Harter, trockener Husten (durch einen anhaltenden Kitzelreiz im Kehlkopf). Der Husten ist am stärksten, wenn sich das Tier hinlegt, in der ersten Bewegung und beim Übergang von einer warmen in eine kalte Umgebung. Es können auch Atemprobleme auftreten.
3) Ein hervorragendes Mittel bei Lungenentzündung, das auch gut in Kombination mit Antibiotika eingesetzt werden kann.
4) Hilfreich bei Nasenbluten, das im Rahmen eines Katarrhs auftritt.
5) Augen: *Phosphorus* kann das Fortschreiten einer Retinaatrophie verlangsamen. Weitere Anwendungsgebiete sind grüner Star (Glaukom) und grauer Star (Katarakt).
6) Hepatitis (Leberentzündung) und Periostitis (Knochenhautentzündung).
7) Nierenentzündung und -schädigung mit geringem Absatz von oftmals blutstreifigem Harn.

Modalitäten

Schlimmer durch Kälte, v. a. kaltes Wasser, Durchnässung in heißem Wetter, vor und bei Gewitter, Liegen auf der linken Seite, v. a. wenn diese die schmerzhafte Seite ist. Besser durch Wärme, Ruhe und Schlaf, Massage und Liegen auf der rechten Seite.

PULSATILLA

(Pulsatilla nigricans, Küchenschelle)
Pflanzenfamilie: Ranunculaceae, Familie der Butterblumen

Diese eher zart erscheinende Pflanze wächst in Europa wild auf Grasflächen und auf trockenen, kalkhaltigen, windigen Abhängen. Sie ist eine beliebte Gartenpflanze, winterhart und blüht im April und Mai, oft auch ein zweites Mal im September. Die Blüten haben purpurfarbene Blütenblätter mit einem goldenen Zentrum. Allerdings darf man sich durch ihr zartes Äußeres nicht täuschen lassen. Der Geruch, der beschädigten Blüten oder Blättern entströmt, kann Kopfschmerzen, tränende Augen und sogar Ohnmachtsanfälle auslösen. Der Saft der Pflanze kann bei Kontakt mit der Haut zu Brennen und sogar Ausschlag führen.
Die Wirkung von *Pulsatilla* erstreckt sich auf viele Körperteile, insbesondere die Schleimhäute und weiblichen Geschlechtsorgane.

Anwendungsgebiete

KATARRH – INKONTINENZ – FORTPFLANZUNG

1) Chronischer Nasenkatarrh mit milder, gelbgrüner Absonderung aus der Nase und evtl. auch den Augen. Die Absonderungen von *Pulsatilla* sind per se nicht reizend und zeigen keine Tendenz, das umgebende Gewebe wund zu machen.
2) Ohrentzündungen mit cremigem, oftmals übelriechendem Sekret.
3) Zahnfleischentzündungen und Zahnschmerzen.
4) Vermehrter Harnabsatz ohne merklich gesteigerten Durst, mit Inkontinenz, v. a. bei sterilisierten weiblichen Tieren.
5) Entzündung der Prostata.
6) Fruchtbarkeits- und Geburtsprobleme.
7) Nässende Ekzeme und Nesselsucht infolge von Reizung oder allergischen Reaktionen.

Modalitäten

Schlimmer durch Hitze, stickige Atmosphäre, in Ruhe und durch Liegen auf der linken Seite. Besser durch frische Luft, v. a. wenn diese kalt und trocken ist, und durch sanfte Bewegung.

PYROGENIUM

(Sepsin, faules Fleisch)

Diese Arznei ist in der Tat ein merkwürdiges Mittel und könnte als polyvalente Nosode bezeichnet werden. Sie wurde erstmalig 1870 hergestellt, indem Stücke von magerem Rindfleisch in Wasser gelegt und zwei bis drei Wochen lang in die Sonne gestellt wurden, bis sie vollständig zersetzt waren. Das dabei entstehende Gemisch wurde dann zweimal gekocht und anschließend potenziert.

Pyrogenium ist eine wertvolle Arznei zur Behandlung von septischen Zuständen mit übel- bzw. faulig riechenden Absonderungen. Man sollte auch immer an dieses Mittel denken, wenn andere Arzneien bei Infektionen oder septischen Zuständen angezeigt erscheinen, aber nicht wirken.

Pyrogenium ist hilfreich bei Erkrankungen, die mit hohem Fieber und gleichzeitig verlangsamter Pulsfrequenz oder umgekehrt mit niedriger Temperatur und gleichzeitig schnellem Puls einhergehen (vgl. *Belladonna* – hohe Temperatur und schneller, voller, klopfender Puls). Das Tier macht einen schwachen und erschöpften Eindruck, ist aber dennoch unruhig und wechselt ständig die Lage.

Anwendungsgebiete

PYREXIE (HOHES FIEBER) – SEPSIS – TOXÄMIE

1) Fieber, v. a. wenn an irgendeiner Stelle des Körpers ein Abszess vorliegt.
2) Infektionen der Ohren mit eitriger Absonderung.
3) Schmerzhafte Zahnabszesse.
4) Katarrh und Sinusitis mit übelriechender und eitriger Absonderung und offensichtlichen Schmerzen.
5) Chronische septische Zustände, die zu Toxämie führen.
6) *Pyrogenium* kann unter bestimmten Umständen vier bis sechs Wochen lang gegeben werden, um in einer Tiergruppe oder Herde in Zeiten hohen Infektionsdrucks vor der Ansteckung zu schützen.

Modalitäten

Schlimmer durch Kälte, v. a. in Verbindung mit Feuchtigkeit. Geringfügig besser durch Bewegung.

RHUS TOXICODENDRON

(Echter Giftsumach)
Pflanzenfamilie: Anacardiaceae, Familie der Efeugewächse

Giftsumach wächst wild in den östlichen Staaten Nordamerikas und in Kanada. Die Stängel dieser holzigen Pflanze kriechen oder winden sich genau wie unser heimischer Efeu über den Boden und klettern in die Höhe, sobald sie auf eine Wand oder einen Baum zur Unterstützung stoßen.

Die Arznei wird aus einer Tinktur aus den frischen Blättern hergestellt, die im Mai gesammelt werden, kurz bevor die Pflanze dann im Juni und Juli blüht. Die Sammlung muss abends erfolgen, denn durch Sonnenlicht verfärbt sich der weiße Milchsaft nicht nur schwarz, sondern er verliert dadurch auch seine Wirkung. Man nimmt an, dass es sich bei dem aktiven Wirkstoff um ein Phenol handelt. Er wirkt extrem reizend auf die Haut, sodass großflächige und sehr schmerzhafte Hautveränderungen entstehen, ähnlich wie sie bei der Gürtelrose des Menschen auftreten. Er hat weiterhin eine tiefgreifende Wirkung auf die Muskeln, Schleimhäute und das gelenknahe Bindegewebe.

Eine der wichtigsten Indikationen für die Wahl von *Rhus toxicodendron* ist, dass die erste Bewegung nach der Ruhe zu einer Verschlimmerung, fortgesetzte Bewegung aber zu einer leichten Besserung führt.

Anwendungsgebiete

ARTHRITIS – RHEUMATISMUS – ZERRUNGEN / VERRENKUNGEN – HAUTERKRANKUNGEN

1) Eines der wichtigsten Mittel für alle rheumatischen Erkrankungen und Arthritis, wenn sich die Beschwerden mit fortgesetzter Bewegung bessern. Hilfreich sowohl in akuten als auch chronischen Fällen; in letzteren muss es u. U. über einen langen Zeitraum gegeben werden.
2) Gelenk- und Muskelschmerzen durch Zerrungen und Verrenkungen.
3) Akute Hauterkrankungen, v. a. solche mit Blasenbildung und hochgradigem Juckreiz, der zu Reiben und Kratzen der betroffenen Stelle führt. Häufig kommt es zu Zellgewebsentzündung (Flüssigkeits- oder Ödembildung).
4) Influenza-ähnliche Symptome mit Steifheit, Gelenkschmerzen und trockenem Husten.
5) Mundgeschwüre v. a. an den Mundwinkeln.

Modalitäten

Schlimmer durch Kälte, kalten Wind und die Kombination von Nässe und Kälte. Schlimmer nachts und in Ruhe, sowohl im Stehen, Sitzen als auch im Liegen. Steifheit und Schmerzen zu Beginn der Bewegung mit leichter Besserung bei fortgesetzter Bewegung. Besser durch trockenes, warmes Wetter und Bewegung, sofern diese keine Überanstrengung bedeutet. Besser durch Massage der betroffenen Körperteile und warme Anwendungen.

RUTA

(Ruta graveolens, Gartenraute)
Pflanzenfamilie: Rutaceae

Ruta ist eine häufig vorkommende Heckenpflanze und schon seit Menschengedenken für ihre arzneilichen Eigenschaften bekannt. Ihr Erscheinungsbild ist sehr auffallend, mit leuchtendgelben vierblättrigen Blüten und grünlich-grauen Blättern. Die Arznei wird aus der ganzen frischen Pflanze hergestellt. Jüngst wurde als wichtigster Wirkstoff Rutin, ein gelbes kristallines Glykosid (Vitamin P) isoliert. *Ruta* hat einen bitteren Geschmack und einen ziemlich unangenehmen Geruch.

Homöopathisch betrachtet hat *Ruta* eine Affinität zu den Muskeln (v. a. den Beugemuskeln), Sehnen und dem Periost – der Knochenhaut. Die Arznei ist hilfreich bei der Behandlung von Sehnenschäden, insbesondere im Bereich der Ansatzstelle der Sehnenscheiden am Periost, sowie bei Gelenkerkrankungen. Erkrankungen des Vorderfußwurzelgelenks (Karpalgelenk), Sprunggelenks (Tarsalgelenk) und des Kniegelenks sprechen besonders gut auf *Ruta* an.

Anwendungsgebiete

ÜBERANSTRENGUNG – GELENKE – BÄNDER – SEHNEN

1) Wiederkehrende Verrenkungen und Zerrungen der Bänder und Sehnen.
2) Berührungs- und druckempfindliche Knochenprellungen.
3) Schmerzen entlang der Wirbelsäule, die sich durch Bewegung leicht bessern. Schmerzen im unteren Rücken.
4) Sehnenverletzungen im Bereich der Ansatzstellen am Knochen, häufig nach wiederholter Überanstrengung.
5) Muskelrheumatismus (Fibrositis) mit schmerzhaften Bändern, Steifheit und Schmerzhaftigkeit des beteiligten Gelenks.
6) Bestimmte Augenerkrankungen mit Rötung und deutlicher Lichtempfindlichkeit. Reiben der Augen führt zu Schmerzen und Wundheit. In solchen Fällen kann die verdünnte Urtinktur als Augenlotion verwendet werden.

Modalitäten

Schlimmer durch Kälte und Nässe, unter feuchten Bedingungen, durch Hinlegen und nach Anstrengung. Besser durch Wärme und Bewegung der betroffenen Körperteile.

SILICEA

(Siliziumdioxid, Quarzkieselsäure, Bergkristall)

Silicea kommt in der Natur in Form der chemischen Verbindung Siliziumdioxid vor. Als Sand ist *Silicea* inert und überall auf der Erde zu finden, sowohl an Land als auch am Meeresgrund. In der konventionellen Medizin spielt *Silicea* keine ausgeprägte Rolle, aber durch die homöopathische Zubereitung wird es zu einer sehr wirksamen und nützlichen Arznei.

Silicea ist Bestandteil des Stützgewebes vieler Pflanzen und findet sich auch in winzigen Mengen im tierischen und menschlichen Körper, z. B. im Zahnschmelz. Wird zuviel Kieselsäure als Staub über einen langen Zeitraum eingeatmet, kann es zu der ernsten, manchmal sogar tödlichen Krankheit Silikose kommen. Auf der anderen Seite enthalten viele Mineralwässer Spuren von *Silicea,* das hier wiederum nützlich für den Körper ist.

In der Homöopathie ist *Silicea* ein wichtiges Konstitutionsmittel, sofern die Charakteristika des „*Silicea*"-Patienten die Eigenschaften von Sand widerspiegeln. Diese Individuen (Mensch oder Tier) sind normalerweise ruhig, inaktiv und von Natur aus eher lethargisch, aber sobald sie aufgerüttelt werden (wie z. B. in einem Sandsturm) können sie gewalttätig und zerstörerisch werden und eine viel härtere Seite ihres Charakters zeigen.

Anwendungsgebiete

LANGDAUERNDE ERKRANKUNGEN – CHRONISCHE INFEKTIONEN

1) Chronische Konjunktivitis und Hornhautgeschwüre.
2) Sinusitis mit viel Niesen und Wundheit der Nase, was zu Reizung, Reiben oder Kratzen führt.
3) Chronische Darmreizung mit Wechsel von Verstopfung und Durchfall.
4) Schmerzen und Steifheit der Knochen und Gelenke mit großen Beschwerden bei der ersten Bewegung nach einer Ruhephase.
5) Langdauernde Hauterkrankungen, die oft mit Sepsis und Eiterbildung einhergehen. Hilfreich bei schlecht heilenden Wunden.
6) Brüchige, splitternde und deformierte Nägel bessern sich oft nach einer Behandlung mit *Silicea*.
7) *Silicea* kann die Abstoßung von Fremdkörpern unterstützen, wie z. B. Dornen, Holz-, Metall- oder Glassplitter, die schon seit geraumer Zeit irgendwo im Körper stecken.

Modalitäten

Schlimmer durch kaltes Wetter und bei Wechseln von trockenem zu feuchtem Wetter. Schlimmer durch jeglichen Kontakt mit kalter Luft und durch Druck. Schlimmer bei Gewitter, am frühen Nachmittag und in der Zeit um Neumond. Besser durch Wärme und warmes Zudecken, Hinlegen und im Sommer.

SULPHUR

(Sublimierter Schwefel)

Schwefel ist ein natürliches Element, das bereits seit Urzeiten arzneilich verwendet wird. In seinem natürlichen Zustand ist er gelb und steinartig, aber durch Verbrennung wird er zu einem gelben kristallinen Pulver. In dieser Form hat er weite Verbreitung als Abführmittel und in Zubereitungen für die Haut gefunden.

Schwefel ist ein Bestandteil von Albumin (einem essentiellen Eiweißbaustein des Körpers) und in nahezu allen Körpergeweben zu finden, v. a. aber im Epithelgewebe (Gewebe, das im Zusammenhang mit der Haut steht). Daher hat er bei vielen Hauterkrankungen eine tiefgreifende Wirkung und ist besonders hilfreich bei der Behandlung chronischer Krankheiten.

Lange Zeit wurde Schwefel eingesetzt, um infizierte Bereiche auszuräuchern, denn durch die Verbrennung entstehen giftige Dämpfe. Er ist auch ein Bestandteil von Bittersalz, ebenso wie der Sulfonamide, die in den 1930ern und 1940ern noch vor der Einführung der Antibiotika entwickelt und mit gutem Erfolg weithin bei Infektionen eingesetzt wurden.

Anwendungsgebiete

HAUTERKRANKUNGEN – FIEBER

1) Hauterkrankungen, v. a. bei Tieren, die es nicht gerne warm haben. Oft hilfreich bei der Behandlung von akuten trockenen Ekzemen, Juckreiz, Schuppenbildung, Räude und chronischer Dermatitis.
2) Chronische Hautveränderungen, die oftmals einen üblen Geruch aufweisen und zu Sepsis neigen. Akne-ähnliche Infektionen, Eiterbeulen und Abszesse, juckende Hautausschläge.
3) Anhaltend hohes Fieber, oft im Rahmen von Virusinfektionen.
4) Lungenentzündung und Pleuritis bei Virusinfektionen.
5) Konjunktivitis und Geschwürbildung der Augenlider.
6) Verstopfung und morgendlicher Durchfall.
7) Ein nützliches Mittel, das dem Körper hilft, sich von Giftstoffen und den Auswirkungen anderer Medikamente zu befreien. Es wird oft im Anschluss an andere Arzneien eingesetzt, um den Körper in der Rekonvaleszenz zu unterstützen.

Modalitäten

Schlimmer durch Wärme und Hitze in jeglicher Form, durch Ruhe, Stehen und Waschen oder Baden der betroffenen Körperteile. 11 Uhr vormittags scheint für „*Sulphur*"-Patienten eine schlechte Zeit zu sein. Besser durch trockenes, nicht zu warmes Wetter und durch Liegen auf der rechten Seite.

SYMPHYTUM

(*Symphytum officinale*, Beinwell)
Pflanzenfamilie: Boraginaceae, Familie der Vergissmeinnicht

Beinwell ist eine weit verbreitete Pflanze und wächst in ganz Europa und Nordasien an feuchten Stellen. Die Blüten können cremefarben, weiß, rosa oder purpurrot sein, aber jede Pflanze hat jeweils nur eine einzige Blütenfarbe. Die Blütezeit dauert von Mai bis Juli. Die homöopathische Arznei wird aus der ganzen, frischen Pflanze einschließlich der Wurzel hergestellt. Im Mittelalter wurde Beinwell zu einem Brei verrieben und als Packung um gebrochene Knochen gebunden. Es härtete dann schnell aus und bildete so eine Art Gipsverband.

Anwendungsgebiete

FRAKTUREN – AUGENVERLETZUNGEN

1) Jede Knochenfraktur wird von der Behandlung mit *Symphytum* profitieren und schneller zusammenwachsen und heilen.
2) Augenschmerzen mit erheblichen Beschwerden (Tränenfluss und Reiben des Auges) infolge eines Schlages oder Stoßes. Jede traumatisch bedingte Augenverletzung wird von *Symphytum* profitieren.
3) *Symphytum* regt die Epithelbildung an (das Gewebe, das die äußere Oberfläche des Körpers und die oberste Schicht der Schleimhäute bildet), und kann daher unterstützend zur Behandlung aller Arten von Verletzungen der Gelenke und Sehnen eingesetzt werden.

Modalitäten

Diese Arznei hat keine charakteristischen Modalitäten, die für die Mittelwahl ausschlaggebend sein könnten.

THUJA

(Thuja occidentalis, Lebensbaum)

Thuja ist keine echte Zeder, sondern eine immergrüne Konifere, die in vielen Gartencentern angeboten wird. Die Urtinktur wird aus den frischen, grünen Zweigen hergestellt. Sowohl die Zweige als auch die Zapfen haben einen charakteristischen Geruch, wenn sie zerrieben werden. Das Öl reizt die Haut und kann zur Bildung von Warzen führen.

Die Hauptwirkung von *Thuja* erstreckt sich auf die Haut, aber es wirkt auch auf den Magen-Darm-Trakt, die Blase und die Nieren.

Eine seiner wichtigsten Funktionen in der heutigen Zeit immer potenterer Medikamente und Impfstoffe ist seine Fähigkeit, die Nebenwirkungen solcher Behandlungen aufzuheben.

Anwendungsgebiete

HAUT – WARZEN – DURCHFALL – IMPFFOLGEN

1) Haut: *Thuja* ist das Mittel der Wahl bei allen Arten von Warzen, v. a. wenn diese leicht bluten. Solche Warzen werden durch Viren verursacht und breiten sich leicht über das aus ihnen heraussickernde Blut aus. Die Urtinktur kann mehrmals täglich lokal aufgetragen werden, sollte aber nicht im Bereich der Augen angewendet werden.
2) *Thuja* kann auch zur Behandlung von warzenartigen Zubildungen in der Harnblase eingesetzt werden. Diese können sich dadurch zeigen, dass der Urin ab und zu Blut enthält.
3) Zur Behandlung von chronischem Durchfall, der durch blassen und fettig aussehenden Kot gekennzeichnet ist, welcher geräuschvoll und unter Anstrengung abgesetzt wird. Es treten auch massive Blähungen auf.
4) *Thuja* ist hilfreich bei der Behandlung von schwerwiegenden chronischen Bindehautentzündungen mit starkem Tränenfluss, der die Augen über Nacht verklebt.
5) Unerwünschte Folgen und Nebenwirkungen von Impfungen. Ist bei einem Tier bekannt, dass es nachteilig auf Impfungen reagiert hat, empfiehlt es sich, zum Zeitpunkt der Impfung über mehrere Tage eine Behandlung mit *Thuja* durchzuführen.

Modalitäten

Schlimmer durch kaltes feuchtes Wetter, nachts und ganz besonders zwischen 3 Uhr und 15 Uhr. Eine gewisse Besserung kann evtl. durch Strecken und kühle Luft erzielt werden.

URTICA URENS

(*Urtica urens,* Kleine Brennnessel)
Pflanzenfamilie: Urticaceae, Familie der Brennnesseln

Urtica ist die Gemeine Brennnessel, die überall wächst. Die Arznei wird aus der kleinen Wuchsform hergestellt, die etwas weniger weit verbreitet ist als die größere Brennnessel *Urtica dioica*. Sie wird selten höher als 30 cm und blüht von Mai bis Oktober. Die Urtinktur wird aus der frischen blühenden Pflanze gewonnen.

Die Brennnessel wird seit Jahrhunderten als Arznei angewendet, meist in Form von Tees oder Aufgüssen zur innerlichen Einnahme, um Fieber zu senken. Sie wird aber auch äußerlich in Cremes, Lotionen und Kompressen verwendet, um Verbrennungen und Verbrühungen zu behandeln.

Anwendungsgebiete

URTIKARIA – VERBRENNUNGEN UND VERBRÜHUNGEN – MILCHMANGEL

1) Urtikaria (Nesselsucht) mit Juckreiz und roten Quaddeln oder Hautausschläge, Ödeme (flüssigkeitsgefüllte Schwellungen) und erhabene Flecken oder Striemen.
2) Verbrennungen und Verbrühungen. Dieses Mittel ist in solchen Fällen von unschätzbarem Wert und wird sofort nach dem Vorfall sowohl innerlich verabreicht als auch äußerlich als Creme oder Lotion angewendet, die Creme oder Lotion enthält neben *Urtica* oft auch *Hypericum* zur Schmerzlinderung.
3) Agalaktie: Milchmangel nach der Geburt. Hohe Potenzen (C30 und höher) fördern die Milchbildung, tiefe Potenzen (unter C6) hemmen sie.
4) Akute Nephritis mit sedimenthaltigem Urin, oft in Verbindung mit Hautveränderungen.
5) Harnverhaltung (Unterdrückung des Harnabsatzes oder Unfähigkeit, Wasser zu lassen) kann mit dieser Arznei oft positiv beeinflusst werden.

Modalitäten

Schlimmer durch Berührung, Wasser und kühle, feuchte Luft. Besser durch lokale Wärme.

WEITERE MITTEL

AGARICUS MUSCARIUS

Die Arznei wird aus dem frischen Giftpilz *Amanita muscaria* (Fliegenpilz) hergestellt. Sie wirkt hauptsächlich auf das Nervensystem.

Anwendungsgebiete

1) Zerebrokortikalnekrose der Rinder und Schafe (bei Wiederkäuern auftretende metabolisch-toxische Gehirnerkrankung [*Enzephalopathie*])
2) Hypomagnesämie (Weideteetanie), ebenfalls der Rinder und Schafe.
3) Hirnhautentzündung (Meningitis) bei allen Tierarten.
4) Ekzem in Verbindung mit nervösen Symptomen.

Modalitäten

Schlimmer bei kaltem Wetter und an der frischen Luft, nach der Futteraufnahme und durch Druck auf den Rücken oder die Wirbelsäule. Besser durch langsames Umhergehen.

ALLIUM CEPA

Rote Küchenzwiebel. Die Arznei wird aus der ganzen, frischen Pflanze hergestellt. Sie ist hilfreich bei Augenerkrankungen.

Anwendungsgebiete

1) Konjunktivitis (Bindehautentzündung). Die Bindehaut ist gerötet und evtl. geschwollen. Es besteht reichlicher, milder und wässriger Tränenfluss.
2) Niesen, v. a. beim Betreten eines warmen Raumes. Die Atmung kann erschwert sein.
3) Milde Fälle von Katzenschnupfen.

Modalitäten

Schlimmer abends und im Warmen. Besser im Kalten und an der frischen Luft.

ALOE

Die Arznei wird aus dem Milchsaft der Pflanze *Aloe socotrina* hergestellt. Das Abdomen ist vergrößert und der Kotabsatz erfolgt unfreiwillig. Es treten starke Blähungen auf, und der Anus ist gerötet und wund.

Anwendungsgebiete

1) Zur Behandlung aller Nebenwirkungen von schulmedizinischen Medikamenten (siehe auch *Antimonium tartaricum*).
2) Zur Wiederherstellung der normalen Darmfunktion, v. a. wenn die Leber beteiligt ist. Verstopfung mit klumpigem, wässrigem Kot, der oft eine geleeartige Konsistenz hat und viel Schleim enthält.

Modalitäten

Schlimmer bei heißem, trockenem Wetter, im Sommer und morgens. Besser im Kalten und an der frischen Luft.

ANTIMONIUM CRUDUM

Die Arznei wird aus schwarzem Antimoniumsulfid hergestellt. Sie ist bei Darmerkrankungen angezeigt. Die Zunge weist einen dicken, weißen Belag auf und es besteht starker schleimiger Speichelfluss. Der Appetit ist schlecht, aber das Tier hat übermäßig großen Durst. Bei Hunden, Katzen und Schweinen kommt es häufig zu Erbrechen, das mit Aufgasung und dem Abgang der Blähungen nach oben und unten einhergeht.

Anwendungsgebiete

1) Magenverstimmung mit den obigen Symptomen.
2) Ekzem in Verbindung mit Erkrankungen des Magens oder der Nieren.

Modalitäten

Schlimmer durch Hitze, Trinken und abends. Besser an der frischen Luft und durch Ruhe.

ANTIMONIUM TARTARICUM

Die Arznei wird mittels Trituration aus Brechweinstein (Antimon-Kaliumtartrat) hergestellt. Sie hat eine ausgeprägte Wirkung auf die Schleimhäute. Der Hauptwirkungsbereich sind die Atemwege. Giemen, Schweratmigkeit, Keuchen, Hochhalten des Kopfes, um die Atmung zu erleichtern. Es wird sehr viel Schleim gebildet, der im Brustkorb verbleibt und dadurch zu Stauung und Ansammlung von Flüssigkeit in den Geweben führt. Es kann Nasenbluten auftreten.

Anwendungsgebiete

1) Rasselnder, krächzender Husten mit reichlicher Schleimbildung.
2) Bronchitis mit erschwerter Atmung und dem unter (1) beschriebenen charakteristischen Husten.
3) Hilfreich bei akuten und chronischen Erkrankungen des Brustkorbs.
4) Als Gegenmittel bei Impfreaktionen, wenn *Thuja* nicht geholfen hat (z. B. bei Inappetenz, Erbrechen, Durchfall oder Hautreizungen).

Modalitäten

Schlimmer bei feuchtkaltem Wetter und Aufenthalt im Warmen. Besser durch Hochhalten des Kopfes und Abhusten von Schleim.

BAPTISIA TINCTORIA

Die Arznei wird aus der Wurzel und Rinde des Wilden Indigo hergestellt, der in den östlichen Gegenden Nordamerikas wächst. Die Hauptsymptome sind Schwäche und Erschöpfung bei Fieber und Septis, v. a. bei plötzlichem Beginn und bedrohlich schnell fortschreitendem Verlauf.

Anwendungsgebiete

1) Erbrechen bei Schweinen, Hunden und Katzen. Gastroenteritis bei allen Tieren mit üblem Geruch aus dem Maul, starkem Speichelfluss und oft auch Geschwüren im Maulbereich. Die Maulschleimhaut und Zunge sind gelbbraun verfärbt. Evtl. bestehen Schluckprobleme.

2) Gebärmutterentzündung (Metritis) nach einem Abort.
3) Salmonellose.
4) Influenza beim Pferd. Katzenschnupfen.

Modalitäten

Schlimmer durch Feuchtigkeit, feuchte Hitze, Nebel und im stickigen Haus oder Stall.

BARIUM CARBONICUM

Barium carbonicum ist ein Salz des giftigen Elements Barium. Die Urtinktur wird durch Trituration und Verdünnung hergestellt. Die Arznei ist nützlich bei der Behandlung alter Tiere, deren Fähigkeiten und Funktionen geschwächt sind bzw. zunehmend abbauen. Sie kann auch zur allgemeinen Behandlung der „Kümmerer" eines Wurfes hilfreich sein, die schwächlich und ängstlich sind, sich von der Gruppe absondern, ein vergrößertes Abdomen und eine schwach ausgebildete Muskulatur haben.

Anwendungsgebiete

1) Chronische Bronchitis bei älteren Tieren mit übermäßiger Schleimbildung, rasselnden Atemgeräuschen und anhaltendem, würgendem Husten. Bereits diagnostizierte Herzschwäche.
2) Kümmerer eines Wurfes.
3) Allgemeine Anzeichen von Senilität, oft begleitet von Harn- und/oder Kotinkontinenz. Symptome ähnlich seniler Demenz – Stehen in den Ecken, Starren in die Luft, Desorientierung.

Modalitäten

Schlimmer bei extremer Hitze oder Kälte, durch langes Stehen. Besser durch Bewegung und an der frischen Luft.

BERBERIS VULGARIS

Sauerdorn, Berberitze. Die Arznei wird aus den äußeren Teilen der Wurzel hergestellt. Sie ist angezeigt, wenn sich die Symptome rasch verändern, z. B. wenn exzessiver Durst mit absoluter Durstlosigkeit abwechselt oder Hunger mit plötzlicher Inappetenz. Die Hauptwirkungsbereiche sind die Nieren und Harnwege, aber auch die Leber und Gallenblase.

Anwendungsgebiete

1) Nierendysfunktion, oft mit wechselnden Phasen von häufigem und gesteigertem Harnabsatz und dann wieder verminderter Harnausscheidung.
2) Nierenkolik, die zu Blasenentzündung und evtl. Hämaturie (Blut im Urin) führt. Bauchschmerzen und Empfindlichkeit im Bereich des unteren Rückens.
3) Leberprobleme mit Gelbsucht durch Entzündung der Gallenblase und Gallengänge. Evtl. gleichzeitig Nierenprobleme.

Modalitäten

Schlimmer im Stehen und in der Bewegung. Leichte Besserung durch Ruhe.

BORAX

Die Arznei wird aus Natriumborat hergestellt. Kennzeichnend sind Nervosität und Angst mit Überempfindlichkeit gegenüber plötzlichen und lauten Geräuschen. *Borax* hat auch eine Affinität zur Maulhöhle und den Füßen.

Anwendungsgebiete

1) Angst vor Gewitter, Feuerwerk, Schüssen etc.
2) Geschwüre in der Maulhöhle mit übermäßigem Speichelfluss und Sabbern.
3) Infektion zwischen den Zehen und Klauen mit beginnender Bläschenbildung und Ekzem.

Modalitäten

Schlimmer durch Lärm und plötzliche Abwärtsbewegung. Besser durch kaltes Wetter und später am Tage.

BUFO

Die Arznei wird aus dem Gift der Erdkröte hergestellt. *Bufo* wirkt auf das Nervensystem.

Anwendungsgebiete

1) Hauptanwendungsgebiet in der Tiermedizin sind epileptische und andere Krampfanfälle. Sollte nur unter der Aufsicht eines homöopathischen Tierarztes eingesetzt werden.
2) Kann manchmal bei Metritis und anderen Erkrankungen der Gebärmutter hilfreich sein.

Modalitäten

Schlimmer durch Bewegung und Aufregung. Besser durch kalte Luft und in kühler Atmosphäre.

CALCIUM CARBONICUM

Die Arznei wird aus der mittleren Schicht der Austernschale hergestellt. Sie hat eine ausgeprägte Affinität zum Skelettsystem.

Anwendungsgebiete

1) Erkrankungen der Knochen – Rachitis; Deformation oder verzögerte Entwicklung der Knochen.
2) Milchfieber bei Rindern und Kalkmangel bei Schafen und anderen Tierarten.
3) Eklampsie bei der Hündin.
4) Konstitutionell nach Verschreibung durch einen homöopathischen Tierarzt. In diesen Fällen hat es eine positive Wirkung auf viele Systeme des Körpers.

Modalitäten

Schlimmer durch jegliche Anstrengung, Stehen, Kälte in jeder Form, Durchnässung. Besser in warmem, trockenem Wetter.

CALCIUM FLUORATUM

Flussspat. Diese Substanz steht mit der Härte der Knochen und des Zahnschmelzes in Zusammenhang. Die Arznei wird aus Kalziumfluorit hergestellt. Sie ist hilfreich zur Behandlung chronischer und langdauernder Erkrankungen.

Anwendungsgebiete

1) Mangelernährung von Jungtieren, zur Unterstützung des normalen Knochenaufbaus.
2) Knöcherne Schwellungen, v. a. des Oberkiefers. Zähne und Zahnfleisch können ebenfalls betroffen sein.
3) Harte Drüsenschwellungen, auch der Milchdrüsen.
4) Hilfreich bei der Behandlung von Katarakt (grauem Star).

Modalitäten

Schlimmer in Ruhe und bei feuchtem, wechselhaftem Wetter. Schlimmer bei Bewegung. Besser durch Massage und warme Anwendungen.

CALCIUM PHOSPHORICUM

Kalziumphosphat. *Calcium phosphoricum* wird durch die Verbindung von verdünnter Phosphorsäure mit Kalkwasser hergestellt. Es hat einen starken Bezug zu den Knochen sowie der Bildung und Reparatur der Körperzellen. Es ist hilfreich bei mangelhafter Ernährung und Entwicklungsverzögerung. Brüchige Knochen können ein weiteres Merkmal sein.

Anwendungsgebiete

1) Wachstums- und Entwicklungsverzögerung bei Jungtieren (Rachitis).
2) Mangelhafte Entwicklung der Zähne, evtl. begleitet von anfallsartigem, wässrigem Durchfall.
3) Ausbleibender Zusammenschluss von Frakturenden, wenn *Symphytum* nicht hilft.
4) Dieses Mittel hat eine ähnliche Wirkung wie *Calcium carbonicum*, passt aber eher zu schlankeren, aktiveren Tieren.

Modalitäten

Schlimmer durch kaltes, nasses und wechselhaftes Wetter. Schlimmer durch Bewegung und jegliche Anstrengung. Besser durch warmes, trockenes Wetter und im Sommer. Besser durch Ruhe.

CALENDULA

Calendula officinalis. Ringelblume. Die Tinktur wird aus den Blättern und Blüten hergestellt. Die Arznei wird sehr häufig äußerlich als Lotion angewendet, ist aber auch als Creme oder Salbe erhältlich, oft in Kombination mit *Hypericum* (siehe dort).

Anwendungsgebiete

1) Förderung der Wundheilung, selbst bei infizierten Wunden.
2) Zur Mundspülung bei allen Erkrankungen der Maulhöhle und Zunge, auch nach Zahnextraktion.

3) Heiße, mit *Calendula*-Lotion getränkte Auflagen eignen sich gut zur Behandlung von Abszessen und Eiterbeulen.
4) *Calendula* kann in potenzierter Form auch innerlich eingenommen werden, um die äußerliche Wirkung zu unterstützen.

CAULOPHYLLUM

Blauer Hahnenfuß. Die Arznei wird aus der Wurzel der Pflanze hergestellt. Der Hauptwirkungsbereich sind die weibliche Geschlechtsorgane.

Anwendungsgebiete

1) Fördert und erhält eine normale Trächtigkeit. Hilfreich, wenn es bei früheren Trächtigkeiten und/oder Geburten Probleme gegeben hat.
2) Regt die Wehentätigkeit an, wenn diese zu schwach ist oder im Verlauf der Geburt nachlässt.
3) Unterstützt den Abgang der Nachgeburt.
4) Blutungen, v. a. im Zusammenhang mit Nachgeburtsverhaltung.
5) Metritis – Infektion und Absonderungen nach der Geburt.
6) Schmerzen in kleinen Gelenken – Knien, Knöcheln, Zehen -, v. a. wenn sie von Gelenk zu Gelenk zu springen scheinen.

Modalitäten

Keine spezifischen Modalitäten.

CHAMOMILLA

Echte Kamille. Die Arznei wird aus der ganzen frischen Pflanze hergestellt. Sie beeinflusst das Nervensystem.

Anwendungsgebiete

1) Schmerzen, v. a. im Kopfbereich (Zahnung bei Jungtieren, Zahnschmerzen, Ohrenschmerzen).
2) Extreme Unruhe mit kolikähnlichen Symptomen und Reizbarkeit.
3) Nach der Geburt, wenn das Muttertier beim kleinsten Anlass reizbar, erregt oder aufgebracht ist (möglicherweise entwickelt sich eine Mastitis).
4) In manchen Fällen von Epilepsie und Krampfanfällen, unter der Anleitung eines Tierarztes.

Modalitäten

Schlimmer durch Hitze, übermäßige Aufregung oder Reizung, an der frischen Luft und bei starkem Wind. Besser durch Zuwendung, im Warmen und durch Feuchtigkeit.

CHELIDONIUM MAJUS

Schöllkraut. Die Arznei wird aus der ganzen frischen Pflanze hergestellt. Sie hat eine Affinität zur Leber.

Anwendungsgebiete

1) Alle Erkrankungen der Leber – z. B. Hepatitis.
2) Erkrankungen mit Gelbsucht (Gelbfärbung der Schleimhäute – Maulschleimhaut, Bindehaut).
3) Allgemeine Abgeschlagenheit mit viel Gähnen spricht oft gut auf *Chelidonium* an.
4) Verstopfung und Durchfall im Wechsel, oft mit kolikartigen Schmerzen.

Modalitäten

Schlimmer durch Hitze, Bewegung, Berührung, Wetterwechsel, an der frischen Luft und frühmorgens. Besser in warmem, feuchtem Wetter, nach der Futteraufnahme und in Ruhe.

CHINA

Cinchona officinalis, Chinarinde. Die Arznei wird aus der chininhaltigen Rinde hergestellt. Chinin ist ein Alkaloid und wird mit allgemeiner Schwäche und Austrocknung in Verbindung gebracht.

Anwendungsgebiete

1) Nach Blutverlust oder Austrocknung, um normalen Flüssigkeitshaushalt wiederherzustellen.
2) Nach langdauerndem Durchfall, aus denselben Gründen.
3) Chronische Krankheiten und periodische Fieberschübe.
4) Nach einer Erkrankung, wenn Schwäche und Austrocknung bestehen bleiben.

Modalitäten

Schlimmer durch die leichteste Berührung oder Kontakt. Schlimmer nachts und in zugiger Umgebung. Besser durch Wärme, festen Druck und im Freien.

CIMICIFUGA RACEMOSA

Actaea racemosa, Wanzenkraut, Nordamerikanische Schlangenwurzel. Die Arznei wird aus der Wurzel hergestellt. Sie hat eine Affinität zum Nervensystem und zu den weiblichen Geschlechtsorganen.

Anwendungsgebiete

1) Nervöse Tiere mit rheumatischer Steifheit und Schmerzen, die eine Tendenz zeigen, von einem Körperteil zum anderen zu wandern. Besonders bei älteren Tieren angezeigt.
2) Unwillkürliche Muskelzuckungen (Chorea bei Hunden). Krampfartige Schmerzen. Die Kolik kann mit grünem Durchfall einhergehen.
3) Dysfunktion der Eierstöcke, unter der Anleitung eines Tierarztes. Auch bei drohendem oder früherem Abort.

Modalitäten

Schlimmer durch Kälte und Feuchtigkeit, zu Beginn der Bewegung. Besser durch Wärme, im Freien und bei der Futteraufnahme.

COCCULUS

Cocculus indicus, Kockelskörner. Die Arznei wird aus den pulverisierten Samen hergestellt und hat eine Wirkung auf das Gehirn und Nervensystem.

Anwendungsgebiete

1) Alle Arten von Reisekrankheit, sei es bei Reisen mit dem Auto, Schiff, Zug oder Flugzeug.
2) Bestimmte Formen von Epilepsie, unter der Anleitung eines Tierarztes (z. B. bei Anfällen nach einer Staupeerkrankung).
3) Schwierigkeiten beim Öffnen der Maulhöhle und beim Schlucken, mit starkem Speichelfluss und evtl. Erbrechen.

Modalitäten

Schlimmer durch Kälte und im Freien, durch alle ruckartigen Bewegungen, Berührung, Druck und zu großen Lärm. Besser durch Stillhalten und Hinlegen.

COLCHICUM AUTUMNALE

Herbstzeitlose. Die Arznei wird aus der im Frühling gewonnenen Knolle hergestellt. Die ganze Pflanze, v. a. aber die Samen, sind extrem giftig. Die Arznei hat eine Affinität zu den Gelenken und Muskeln, aber auch zu den Harnwegen (z. B. Gicht beim Menschen). Es besteht eine ausgeprägte Abneigung gegen Futter sowie Kälte des Körpers und Schwäche.

Anwendungsgebiete

1) Rote, heiße, geschwollene Gelenke.
2) Tympanie bei Rindern sowie Aufblähung und andere Erkrankungen im Bauchraum bei anderen Tierarten.
3) Entzündliche Harnwegserkrankungen. Schmerzen und Brennen beim Harnabsatz. Der Urin ist dunkel (wie Rotwein oder braunrot) mit vermindertem oder gänzlich unterdrücktem Harnabsatz.
4) Blähungskolik, v. a. bei Pferden. Durchfall und Dysenterie (blutiger Durchfall) mit Flatulenz und Pressen bei allen Tierarten.

Modalitäten

Schlimmer durch Kälte und Feuchtigkeit, v. a. im Herbst, aber auch durch sehr heiße Temperaturen im Sommer. Schlimmer durch die geringste Bewegung, Berührung oder den leichtesten Druck. Besser durch Wärme, Ruhe und Stillhalten.

CONIUM MACULATUM

Gefleckter Schierling. Die Arznei wird aus der frischen blühenden Pflanze hergestellt. Sie wird hauptsächlich mit dem Nervensystem und Lähmungserscheinungen in Verbindung gebracht.

Anwendungsgebiete

1) Paralyse, halbseitige Lähmung, fortschreitende Schwäche und Funktionsverlust, v. a. der Hinterhand. Die Lähmung schreitet allmählich von oben nach unten fort (Chronische degenerative Radikulomyelopathie (CDRM) bei Hunden, v. a. Deutschen Schäferhunden und Corgis).

2) Kleine, harte Mammatumoren.
3) Schwäche, Bewegungsstörungen, allgemeiner Verlust der körperlichen und geistigen Fähigkeiten, v. a. bei älteren Tieren (Blasenschwäche und/oder Kotinkontinenz).
4) Hornhautgeschwüre können u. U. von diesem Mittel profitieren. Sie gehen meist mit starkem Tränenfluss einher.

Modalitäten

Schlimmer durch Hinlegen, Umdrehen, den Versuch aufzustehen, Berührung oder Erschütterung. Schlimmer durch jegliche körperliche oder geistige Anstrengung. Besser durch Wärme, Bewegung und Druck.

CRATAEGUS

Weißdorn. Die Arznei wird aus den reifen Beeren hergestellt. Weißdorn wirkt als Herztonikum und kräftigt die Herztätigkeit.

Anwendungsgebiete

1) Herzerkrankungen. Es ist ratsam, dieses und andere Herzmittel nur unter Anleitung eines homöopathischen Tierarztes zu verwenden.
2) Nützlich bei älteren Tieren mit Herz- und Kreislaufproblemen, unregelmäßiger Herztätigkeit, Wassersucht (Ansammlung von Flüssigkeit im Bauchraum) und Atemproblemen.

Modalitäten

Schlimmer im Warmen. Besser durch frische Luft und Ruhe.

CROTON TIGLIUM

Purgierbaum. Die Arznei wird aus den ölhaltigen Samen der Pflanze hergestellt.

Anwendungsgebiete

1) Bei chronischem, langdauerndem Durchfall, mit wässrigem Kot, der unter großer Anstrengung abgesetzt wird. Viel Kollern in den Gedärmen.
2) Hochgradige Hautreizung mit nässenden Blasen, die schnell zu Pusteln werden. Das Tier kratzt sich stark, was Schmerzen bereitet.

Modalitäten

Schlimmer durch Futter- oder Wasseraufnahme, Berührung und im Sommer.

DROSERA ROTUNDIFOLIA

Rundblättriger Sonnentau. Die Arznei wird aus der ganzen frischen Pflanze hergestellt. Sie hat eine Affinität zu den Atemwegen, v. a. dem Hals- und Kehlkopfbereich. (Sie scheint besonders gut in der Potenz C12 zu wirken.)

Anwendungsgebiete

I) Krampfartiger, trockener Husten in schnell aufeinanderfolgenden Anfällen (wie beim Keuchhusten des Menschen). Der Husten ist tief und heiser und kann mit Würgen, Erstickungsgefühl und manchmal auch Nasenbluten einhergehen.
2) Pleuritis (Brustfellentzündung), unter Anleitung eines Tierarztes.
3) Virusbedingte Lungenentzündung bei Kälbern.

Modalitäten

Schlimmer durch Hinlegen, Warmwerden, abends und später in der Nacht. Besser im Freien, durch Herumgehen und Aktivität.

DULCAMARA

Solarium dulcamara. Bittersüß. Die Pflanze gehört zu derselben Familie wie *Belladonna* (Tollkirsche). Die Arznei wird aus den jungen grünen Trieben und Blättern zu Beginn der Blüte hergestellt.

Anwendungsgebiete

1) Bei Erkrankungen, die durch Feuchtigkeit bedingt sind, v. a. im Herbst. Chronischer Husten im Winter in Verbindung mit Feuchtigkeit.
2) Durchfall im Winter, der grün und wässrig ist und viel Schleim und manchmal auch Blut enthält.
3) Erkältungen oder leichte Niereninfektionen durch nasse oder feuchte Bedingungen.
4) Hauterkrankungen und Juckreiz (Hautreizung) bei feuchtem Wetter.

Modalitäten

Schlimmer durch jeden Wetterwechsel, v. a. bei Feuchtigkeit und Nässe und allgemein durch Kälte. Besser durch Herumgehen und im Warmen.

ECHINACEA

Rudbeckia, Sonnenhut. Die Arznei wird aus der ganzen frischen Pflanze hergestellt. Sie hat eine Affinität zu Sepsis und Krankheiten des Blutes.

Anwendungsgebiete

1) Septische Zustände, die zu Blutvergiftung und Toxämie führen.
2) Folgen von Schlangenbissen und Stichen mit drohender Sepsis.
3) Übelriechende, spärliche Absonderungen aus der Gebärmutter, die zu innerer Infektion und Toxämie führen.

Modalitäten

Keine besonderen.

FERRUM METALLICUM

Eisen. Die Arznei wird aus dem eigentlichen Metall in Verbindung mit Ferrumkarbonat hergestellt. Sie hat eine Affinität zu Erschöpfungs- und Schwächezuständen und Blutarmut (Anämie). Inappetenz wechselt mit Heißhunger.

Anwendungsgebiete

1) Alle Formen von Blutarmut bzw. nach Blutverlust.
2) Erbrechen oder Regurgitieren (Hochwürgen) von teilweise verdautem Futter.
3) Durchfall mit Aufgasung, bei Jungtieren evtl. mit einem Spulwurmbefall verbunden.

Modalitäten

Schlimmer durch Überhitzung und in Ruhe. Besser durch langsame Bewegung.

FERRUM PHOSPHORICUM

Eisenphosphat. Die Arznei wird aus dem Salz hergestellt. Sie kommt bei allen Arten von Fieber in Frage.

Anwendungsgebiete

1) Tonsillitis und Halsentzündung, die sich allmählich entwickeln. (Siehe auch *Aconitum* und *Belladonna* bei akutem Fieber und damit verbundenen Erkrankungen.)
2) Nasenbluten, v. a. bei einer Infektion der Nase.
3) Bronchitis und Brustinfektionen, v. a. bei Jungtieren.

Modalitäten

Schlimmer nachts und frühmorgens, durch Berührung oder Bewegung und auf der rechten Seite. Besser durch kalte Anwendungen.

FLOR DE PIEDRA

Die Arznei wird aus der Wurzel der Pflanze *Lophophyton* hergestellt, die im Wurzelbereich bestimmter Bäume in Südamerika wächst.

Anwendungsgebiete

Schilddrüsenerkrankungen. Diese Arznei sollte nur unter Anleitung eines homöopathischen Tierarztes angewendet werden.

GRAPHITES

Die Arznei wird aus pulverisiertem Graphit oder Reißblei hergestellt. Hahnemann bereitete die Originalarznei aus dem reinen schwarzen Blei zu, das er einem englischen Bleistift entnommen hatte. Sie hat eine ausgeprägte Affinität zur Haut und den Krallen bzw. Hufen und Klauen.

Anwendungsgebiete

1) Chronisches, nässendes Ekzem mit honigfarbener, klebriger Absonderung, v. a. in den Gelenkbeugen, hinter den Ohren und auf dem Kopf.
2) Risse in der Haut, an den Mundwinkeln, zwischen den Zehen, an den Zitzen oder am Anus, oft mit Absonderung.
3) Zysten zwischen den Zehen bei Hunden (Interdigitalzysten).
4) Ungesunde Haut: Wunden und Kratzer infizieren sich schnell und brauchen lange, um abzuheilen.
5) Chronische Infektionen der Ohren mit übelriechender Absonderung.

Modalitäten

Schlimmer durch Kälte und Feuchtigkeit, aber auch durch Überhitzung nach Anstrengung. Besser durch Wärme, Einhüllen und im Dunkeln.

HAMAMELIS VIRGINICA

Hamamelis, Zaubernuss. Die Arznei wird aus der Wurzel und der frischen Rinde hergestellt. Sie hat eine Affinität zu den Venen.

Anwendungsgebiete

1) Langsam heilende Wunden mit Quetschung und ständigem Heraussickern von Blut, v. a. wenn sie schmerzhaft sind.
2) Nach Operationen, wenn dunkelrotes Blut heraussickert und offensichtliche Schmerzen oder andere Beschwerden bestehen.
3) Intermittierendes Nasenbluten mit langsamem Aussickern von dunkelrotem Blut (aus einer Vene, nicht aus einer Arterie; in letzterem Falle wäre das Blut leuchtend rot und würde frei fließen).
4) Venengeschwüre, v. a. im Bereich der Hintergliedmaßen.
5) Blutungen innerhalb des Auges.

Modalitäten

Schlimmer durch feuchte Wärme.

IGNATIA AMARA

Die Arznei wird aus den Samen der Ignatiusbohne hergestellt. Diese haben in etwa die Größe einer großen Bohne und enthalten das Gift Strychnin. Die Hauptwirkung der Arznei betrifft daher das Nervensystem.

Anwendungsgebiete

1) Trauer durch den Verlust eines Gefährten (Mensch oder Tier).
2) Trennung vom Besitzer, v. a. bei manchen Hunden.
3) Chorea (unwillkürliche Muskelzuckungen) und bestimmte Formen von Krampfanfällen; sollte nur unter Anleitung eines homöopathischen Tierarztes eingesetzt werden.

4) Hysterie, die manchmal zu selbst zugefügten Hautverletzungen oder zur Zerstörung des Zwingers und Zerbeißen von Holz etc. führt. (Hier sollte unbedingt der Rat eines Fachmannes eingeholt werden.)

Modalitäten

Schlimmer am Morgen und nach der Futteraufnahme. Besser durch Wärme und sanfte Bewegung.

IPECACUANHA

Brechwurzel. Die Arznei wird aus der getrockneten Wurzel der Pflanze *Cephaelis ipecacuanha* hergestellt, die in bestimmten Urwäldern Brasiliens wächst. Sie enthält eine ganze Reihe von Alkaloiden, von denen das Emetin ein starkes Emetikum (Brechmittel) ist.

Anwendungsgebiete

1) Anhaltendes Erbrechen, oft mit wenig oder keinem Durst zwischen den Krankheitsschüben.
2) Nasenbluten mit viel Niesen und reichlicher Absonderung. Das Blut ist hellrot bis leuchtend rot (vgl. *Hamamelis*, bei dem das Blut dunkelrot ist).
3) Plötzlicher krampfartiger, trockener Husten, mit Stauung in Nase und Brustkorb, die zu Atembeschwerden führt.
4) Hellrote Blutungen aus der Gebärmutter oder in der Milch.
5) Dysenterie (Blut im Kot) mit viel Pressen und deutlichen Beschwerden.

Modalitäten

Schlimmer durch kaltes Wetter, aber auch durch extreme Hitze und Hinlegen. Besser im Freien und in der Ruhe.

KALIUM BICHROMICUM

Die Arznei wird aus Kaliumbichromat hergestellt, einer giftigen chemischen Substanz, die aus Chromeisenerz gewonnen wird und für Farbstoffe, Holzbeize, elektrische Batterien und in der Fotografie verwendet wird. Die Arznei hat eine Affinität zu den Schleimhäuten und katarrhalischen Erkrankungen.

Anwendungsgebiete

1) Akute und chronische Katarrhe, Rhinitis (Entzündung der Nasenschleimhaut) und Sinusitis, die durch eine dicke, gelbe und fadenziehende Absonderung charakterisiert sind.
2) Katarrhalische Absonderungen (gelb) aus den Augen, mit geschwollenen, aufgedunsenen Augenlidern.
3) Evtl. hilfreich bei Gastritis, Bronchopneumonie und Niereninfektionen unter Anleitung eines homöopathischen Tierarztes.

Modalitäten

Schlimmer morgens und in heißem Wetter, durch Zugluft. Rechtsseitiger Katarrh. Besser durch Hitze und in feuchtwarmem Wetter.

KREOSOTUM

Die Arznei enthält eine Mischung aus Phenolen und wird aus Buchenholzteerdestillat hergestellt.

Anwendungsgebiete

1) Kleine Wunden, die stark bluten (dunkelrotes Blut).
2) Infektionen mit übelriechenden Absonderungen – Pusteln und Eiterbeulen mit Absonderungen und Geschwürneigung.
3) Infektionen der Maulhöhle mit Blutungen, entzündetem Zahnfleisch und Zahnverfall.

Modalitäten

Schlimmer durch Kälte, im Freien, in Ruhe und v. a. beim Hinlegen. Besser durch Wärme und Umhergehen.

LACHESIS

Die Arznei wird aus dem extrem toxischen Gift der in Südamerika lebenden Surukuku oder Buschmeisterschlange hergestellt. Das Gift zerstört die roten Blutkörperchen und führt zu Blutungen, greift aber auch das Nervensystem an. Die Arznei entfaltet ihre Wirkung mehr in der linken Körperhälfte.

Anwendungsgebiete

1) Eiterbeulen und Wunden, die schnell zu Sepsis neigen und blauschwarz nekrotisch (faulend) aussehen.
2) Schlangenbisse – Linderung der Entzündung und Schwellung, v. a. im Bereich von Kopf, Hals und Nacken.
3) Epilepsie – Petit und Grand Mal – v. a. wenn der Anfall im Schlaf auftritt. Dieses Mittel sollte nur unter Anleitung eines homöopathischen Tierarztes eingesetzt werden.
4) Als Konstitutionsmittel – auch hier nur unter Anleitung eines homöopathischen Tierarztes.

Modalitäten

Schlimmer durch Hitze, in stickiger Umgebung, durch Berührung und Druck. Besser durch frische Luft und einsetzende Absonderungen.

LEDUM

Sumpfporst oder Wilder Rosmarin. Dieses kleine Gewächs ähnelt einer Teepflanze. Die Arznei wird aus der ganzen, frisch geernteten Pflanze hergestellt. Sie hat eine Affinität zu den Muskeln und zum Bindegewebe.

Anwendungsgebiete

1) Stichwunden durch Tierbisse, Nägel etc. (wird oft zusammen mit *Hypericum* eingesetzt).
2) Insektenstiche mit Kälte der betroffenen Stelle (statt Hitze und Schwellung, wo *Apis* angezeigt wäre).
3) Rheumatismus, der in den unteren Gliedmaßen beginnt und nach oben aufsteigt, mit sehr steifen, geschwollenen Gelenken, die heiß, aber nicht rot sind.

4) Chronischer Rheumatismus der kleinen Gelenke in den Füßen und Zehen.
5) Bronchitis und Emphysem (Dämpfigkeit) mit heftigem Husten und evtl. blutstreifigem Auswurf.
6) In Verbindung mit *Hypericum* soll es Tetanus vorbeugen.

Modalitäten
Schlimmer durch Berührung, Gehen und nachts. Besser durch Ruhe und im Kühlen.

MAGNESIUM PHOSPHORICUM

Die Arznei wird aus dem Salz Magnesium-Monohydrogen-Phosphat hergestellt. Sie hat eine Affinität zur Muskulatur und zum Nervensystem. Ihre Wirkung ähnelt in vielerlei Hinsicht der von *Colocynthis*, allerdings passt *Magnesium phosphoricum* eher zu ruhigen, erschöpften Tieren, die Schmerzen haben, als zu zornigen, reizbaren, manchmal sogar gewalttätigen Individuen.

Anwendungsgebiete
1) Zur Linderung von Schmerzen, die sehr heftig und erschöpfend sind, sei es in den Muskeln oder im Abdomen. Krämpfe in den Beinen und ischialgische Schmerzen, die sich die Hintergliedmaßen hinunter erstrecken.
2) Bauchkrämpfe wie bei einer Blähungskolik.
3) Hypomagnesämie bei Rindern und Schafen, mit unwillkürlichen Zuckungen der Gliedmaßen. Es kann ergänzend zu schulmedizinischen Injektionen von Magnesiumsulphat gegeben werden.

Modalitäten
Schlimmer durch jegliche Kälte und Berührung. Besser durch Wärme, Druck und Zusammenkrümmen.

MERCURIUS CORROSIVUS

Quecksilbersublimat. Die Arznei wird aus dem Salz hergestellt. Sie hat eine ausgeprägte Affinität zum Darm und zu den Nieren.

Anwendungsgebiete
1) Anhaltender blutiger Durchfall mit ständigem Pressen, auch nach dem Kotabsatz. Extremer Durst.
2) Akute Gastroenteritis (z. B. Parvovirose), auch mit extremem Durst und Erbrechen einige Zeit nach dem Trinken.
3) Nierenerkrankungen (Nephritis), meist chronisch, mit allmählicher Zerstörung des Nierengewebes. Nach dem Harnabsatz tritt evtl. Pressen auf.
4) Akutes infiziertes, nässendes Ekzem, meist im Rahmen einer Allgemeinerkrankung.
5) Chronische Infektionen der Augen und Ohren mit reichlicher eitriger Absonderung.

Modalitäten
Schlimmer abends und nachts. Besser durch Ruhe.

PETROLEUM

Steinöl. Die Arznei wird aus dem Rohöl hergestellt.

Anwendungsgebiete

1) In manchen Fällen von Reisekrankheit hilfreich, wenn *Cocculus* nicht wirkt.
2) Generalisiertes Ekzem mit trockener Haut und Blasenbildung. Das Ekzem infiziert sich schnell und die betroffenen Stellen bluten leicht und sondern Sekret ab.
3) Trockenes, manchmal schuppiges Ekzem im Bereich der Augen und Ohren.

Modalitäten

Schlimmer durch Feuchtigkeit und im Winter. Schlimmer durch Reisen mit dem Auto, Schiff und Flugzeug. Besser durch trockenes Wetter und in warmer Luft.

PHOSPHORICUM ACIDUM

Phosphorsäure. Die Arznei wird aus der Säure hergestellt und ist bei hochgradiger Erschöpfung und Schwäche angezeigt.

Anwendungsgebiete

1) Wirksame Unterstützung der Rekonvaleszenz nach einer Erkrankung.
2) Hilfreich bei Jungtieren, die zu schnell gewachsen sind.
3) Zahnfleischbluten mit aufgeblähtem Abdomen und wässrigem, weißlichem oder gelbem Durchfall, v. a. bei schwachen und erschöpften Tieren, und ganz besonders, wenn diese ausgetrocknet sind.

Modalitäten

Schlimmer durch jegliche Anstrengung und Austrocknung, sowie durch Zugluft und Wind. Besser durch Wärme und sanfte Bewegung.

PHYTOLACCA

Kermesbeere. Die Arznei wird aus der frischen Wurzel und den Beeren hergestellt. *Phytolacca* hat eine Affinität zu den Drüsen. Oft bestehen auch Unruhe und Schwäche sowie gesteigerter Durst und wechselhafter Appetit.

Anwendungsgebiete

1) Mastitis bei allen Tierarten. Die betroffenen Drüsen sind äußerst hart, geschwollen und schmerzhaft.
2) Halsentzündung, Tonsillitis etc. mit vergrößerten, schmerzhaften Drüsen.
3) Rheumatische Erkrankungen, die nicht auf *Rhus toxicodendron* oder *Bryonia* ansprechen.

Modalitäten

Schlimmer durch Regen, Durchnässung und in kaltem, feuchtem Wetter. Auch schlimmer durch Berührung sowie nachts. Besser durch Wärme, trockenes Wetter und Ruhe.

PODOPHYLLUM

Maiapfel. Die Arznei wird aus der ganzen frischen Pflanze einschließlich der Wurzeln und Frucht hergestellt.

Anwendungsgebiete

1) Durchfall. Der Kot ist wässrig, übelriechend, oft grünlich und kommt herausgeschossen. Evtl. treten kolikähnliche Schmerzen auf. Vermehrter Durst.
2) Verstopfung im Wechsel mit Durchfall, u. U. mit grüngelber Galle und schaumigem Schleim. Meist besteht heftiger Durst.

Modalitäten

Schlimmer durch heißes Wetter und frühmorgens. Schlimmer während der Zahnung.

PSORINUM

Krätzmilbe. Die Arznei wird aus dem Inhalt der Krätzebläschen hergestellt. Sie hat eine Affinität zur Haut, ist aber auch bei Erschöpfung und Schwäche angezeigt.

Anwendungsgebiete

1) Hauterkrankungen bei wärmesuchenden Tieren. Die Haut sieht schmutzig aus und ist extrem gereizt, mit ständigem Kratzen, oft auch mit Reiben, Lecken oder Beknabbern der betroffenen Stellen. Die Haut riecht unangenehm muffig.
2) Räude, sobald die Diagnose von einem Tierarzt gestellt wurde. Ergänzend zu allen anderen verordneten Medikamenten.
3) Evtl. hilfreich nach Erkrankungen, die mit Drüsenschwellungen (z. B. Tonsillitis) und Hautveränderungen einhergegangen sind, und wenn andere Arzneien keine durchschlagende Wirkung zeigen. Dem Tier ist immer kalt und es verströmt einen muffigen Geruch. Daneben bestehen Schwäche und Erschöpfung mit gesteigertem Durst.

Modalitäten

Schlimmer durch jegliche Kälte: kaltes Wetter, Aufenthalt im Freien, Wetterwechsel, im Winter. Besser durch Wärme, Einhüllen und im Sommer.

SABINA

Stinkwacholder, Seviebaum. Die Arznei wird aus den frischen Blättern dieses immergrünen Baumes hergestellt. Das Öl wirkt auf die Gebärmutter.

Anwendungsgebiete

1) Metritis (Entzündung der Gebärmutter) mit weißlicher oder rötlicher, übelriechender Absonderung.
2) Nachgeburtsverhaltung und Pyometra (Infektion der Gebärmutter).
3) Bei drohendem Abort (z. B. wenn während der Trächtigkeit eine Absonderung auftritt, die evtl. hellrotes Blut enthält).

Modalitäten
Schlimmer durch Hitze und in heißer Umgebung, durch Bewegung und Berührung. Besser im Freien und in kühler, frischer Luft.

SCUTELLARIA
Sumpfhelmkraut. Die Arznei wird aus der frischen Pflanze hergestellt. Scutellaria wird sowohl in der Pflanzenheilkunde als auch in der Homöopathie wegen seiner beruhigenden Wirkung auf das Nervensystem verwendet.

Anwendungsgebiete
1) Anspannung und Nervosität aller Art. Extreme Unruhe.
2) Verhaltensstörungen; Hysterie und Übererregbarkeit.
3) Welpen und andere Jungtiere, die Zerstörungswut und anderes Fehlverhalten zeigen.
4) Krampfanfälle (Epilepsie), Chorea (unwillkürliche Muskelzuckungen), Konvulsionen (unter Anleitung eines homöopathischen Tierarztes).

Modalitäten
Keine.

SEPIA OFFICINALIS
Die Tinte des Tintenfisches. Die Arznei wird aus der getrockneten „Tinte" des Tintenfisches hergestellt. Sie hat eine Affinität zum Kreislauf, v. a. in Zusammenhang mit der Leber und den weiblichen Geschlechtsorganen mit Erschöpfung und Schwäche.

Anwendungsgebiete
1) Scheinträchtigkeit der Hündin mit Depression und Verstimmungszuständen bei einem normalerweise ausgeglichenen Tier.
2) Unfruchtbarkeit und Zyklusstörungen, die eine normale Fortpflanzung unmöglich machen.
3) Gelbgrüne Absonderungen nach der Geburt.
4) Nachgeburtsverhaltung.
5) Ein wichtiges Konstitutionsmittel, das von einem homöopathischen Tierarzt verordnet werden sollte.

Modalitäten
Schlimmer durch Feuchtigkeit, kalte Luft und vor einem Gewitter. Schlimmer nachmittags und abends. Besser durch Wärme, Herumgehen und Bewegung sowie nach Schlaf.

SPONGIA TOSTA

Meeresschwamm, Röstschwamm. Die Arznei wird aus dem gerösteten und pulverisierten Schwamm *Euspongia officinalis* hergestellt. Der Schwamm enthält Jod und Brom und hat eine Affinität zu den Atemwegen.

Anwendungsgebiete

1) Trockener, rauer, krächzender und würgender Husten bei Hunden und anderen Tieren mit einer Herzerkrankung.
2) Chronische Bronchitis mit Atemproblemen und dem oben beschriebenen Husten.
3) Manche Schilddrüsenerkrankungen (unter Anleitung eines homöopathischen Tierarztes).
4) Schwellung und Entzündung der Hoden beim männlichen Tier.

Modalitäten

Schlimmer durch Bewegung, Berührung, Druck und Anstrengung. Besser durch Tiefhalten des Kopfes sowie durch Wasser- und Futteraufnahme.

STAPHYSAGRIA

Rittersporn, *Delphinium staphysagria.* Die Arznei wird aus den Samen der Pflanze hergestellt. Sie hat eine ausgeprägte Affinität zum Nervensystem und zu den Harn- und Geschlechtsorganen.

Anwendungsgebiete

1) Blasenentzündung, mit häufigem Harndrang und spärlichem Harnabsatz.
2) Ekzem, v. a. am Kopf und hinter den Ohren, mit Wundheit und Krustenbildung und unangenehmem Geruch.
3) Nach einer Operation, wenn die Wunde nur langsam verheilt und überschießendes Granulationsgewebe bildet („wildes Fleisch“, das über die Wunde hinauswächst und dadurch verhindert, dass sich die Haut schließen kann).
4) Hornhautverletzungen, oft mit Ekzem im Bereich der Augenlider.
5) Verstimmungszustände, Groll. Die Behandlung erfolgt am besten unter Anleitung eines homöopathischen Tierarztes.

Modalitäten

Schlimmer durch Berührung, Druck und emotionale Störungen. Besser durch Wärme und Ruhe.

VERATRUM ALBUM

Weiße Nieswurz. Die Arznei wird im Frühsommer aus dem Wurzelstock gewonnen, bevor die Pflanze blüht. Sie hat eine Affinität zu den Schleimhäuten und dem Magen-Darm-Trakt.

Anwendungsgebiete

1) Akutes Erbrechen und Durchfall mit hochgradiger Kälte und Kollapsneigung. Hilft, die Austrocknung unter Kontrolle zu bringen, die in solchen Fällen kritisch sein kann. Dysenterie (wässriger blutiger Durchfall).
2) Hilfreich bei Koprophagie (Kotfressen). Hier werden die besten Ergebnisse erzielt, wenn das Mittel von einem homöopathischen Tierarzt verordnet wird.

Modalitäten

Schlimmer durch nasskaltes Wetter, Bewegung, Wärme, Berührung und Druck. Besser durch Ruhe und im Kühlen.

ANHANG

DIE HOMÖOPATHISCHE HAUSAPOTHEKE

Wenn man anfängt, mit homöopathischen Arzneien zu behandeln, ist es sinnvoll, mit einigen wenigen, bekannten Mitteln mit spezifischem Wirkungsspektrum zu beginnen. Besonders geeignet sind dafür die in der primären Materia Medica beschriebenen Arzneien.

Einsteigerapotheke

Aconitum, Apis, Arnica, Arsenicum album, Belladonna, Bryonia, Cantharis, Colocynthis, Hepar sulphuris, Hypericum, Mercurius solubilis, Nux vomica und *Rhus toxicodendron.*

Mit zunehmender Erfahrung und Vertrauen in die eigenen Fähigkeiten können die folgenden Mittel ergänzt werden:
Argentum nitricum, Carbo vegetabilis, Causticum, Euphrasia, Gelsemium, Lycopodium, Natrium muriaticum, Phosphorus, Pulsatilla, Pyrogenium, Ruta, Silicea, Sulphur, Symphytum, Thuja und *Urtica urens*.

Die nachstehenden Arzneien aus der sekundären Materia Medica werden in der homöopathischen Tierarztpraxis ebenfalls recht häufig eingesetzt, so dass es sich unter Umständen empfiehlt, sie ebenfalls in die Hausapotheke aufzunehmen:
Cocculus, Ignatia, Ledum, Phytolacca, Podophyllum und *Sepia.*

Cremes, Lotionen und Tropfen

Hypericum- und *Calendula*-Creme (oder Lotion) – lindernd und heilungsfördernd, für alle Verletzungen und wunden Stellen.

Hypericum- und *Urtica*-Creme (oder Lotion) – für Beulen, Verbrühungen und Sonnenbrand.

Euphrasia-Augentropfen – für tränende Augen mit leichter Reizung und klarer Absonderung. Unter Anleitung eines homöopathischen Tierarztes bei akuter Konjunktivitis und anderen Infektionen.

Anmerkung: Auch wenn die Behältnisse einmal geöffnet wurden, können diese Mittel über längere Zeit aufbewahrt und verwendet werden. Informationen zur Anwendung, Dosierung und Aufbewahrung finden Sie in der Einleitung. Augentropfen sollten aber grundsätzlich nicht länger als 4 Wochen nach dem Öffnen verwendet werden.

Rescue Remedy

Diese Zubereitung ist zwar nicht streng homöopathisch, sollte aber trotzdem in die homöopathische Hausapotheke aufgenommen werden, weil sie in allen Fällen, die mit einem Schock einhergehen, von unschätzbarem Wert ist.

Rescue Remedy ist eine Mischung aus verschiedenen Bach-Blüten. Dr. Edward Bach war Arzt und Bakteriologe und wurde später zum Homöopathen. Er interessierte sich sehr für Wildpflanzen und fühlte sich intuitiv zu ganz bestimmten Pflanzenarten hingezogen, die er mit spezifischen Emotionen in Verbindung brachte. Insgesamt gibt es 38 Bach-Blüten. 37 von ihnen werden aus Pflanzen und eine aus reinem Quellwasser hergestellt. Sie sind alle bei ganz bestimmten Gemüts- bzw. Verstimmungszuständen angezeigt. Der Herstellungsvorgang ist ein anderer als bei homöopathischen Arzneien und umfasst keine Potenzierung.

Rescue Remedy enthält die folgenden fünf Bach-Blüten: Cherry Plum für Angst, Clematis für Bewusstlosigkeit oder Desorientierung, Impatiens für Aufregung und Erregbarkeit, Rock Rose für Schrecken und Entsetzen, und Star of Bethlehem für die Folgen eines Schocks oder Traumas.

DER ERSTE HILFE KOFFER

Es ist nützlich, eine Reihe von Notfallutensilien griffbereit zu haben. Nachstehend sind einige Vorschläge aufgeführt, wobei die Liste natürlich an die individuellen Erfordernisse angepasst werden kann.

- Selbstklebende Pflaster in mehreren Größen.
- Mehrere Rollen von selbstklebenden Verbänden und Bandagen in verschiedenen Größen.
- Mehrere normale Mullbinden.
- Gaze-/Mulltupfer in verschiedenen Größen (nicht-medizinisch).
- Medizinische Mulltupfer zur Förderung der Wundheilung (beim Tierarzt erhältlich).
- Elastische Binden in mehreren Größen.
- Eine Rolle Baumwollwatte.
- Eine gebogene chirurgische Schere. (Viel sicherer als eine gerade Schere, wenn man Haare oder Fell dicht über der Haut abschneidet.)
- Chirurgische Pinzette zum Aufbringen oder Entfernen von Tupfern oder Kompressen (für diesen Zweck gibt es auch Einmalpinzetten).

WIE FINDE ICH EINEN HOMÖOPATHISCHEN TIERARZT?

Die folgenden Organisationen können Ihnen bei der Suche nach einem homöopathisch arbeitenden Tierarzt in Ihrer Nähe helfen. Sie können aber auch im Internet unter „Tierarzt Homöopathie" suchen, eventuell noch mit einem Ort.

GGTM – Gesellschaft für ganzheitliche Tiermedizin:
Mooswaldstr. 7, 79227 Schallstadt, www.ggtm.de/tierhalter/tierarztsuche

www.tierarzt-onlineverzeichnis.de

Für das Handy gibt es inzwischen auch verschiedene Apps mit denen man im Notfall auch unterwegs gleich einen Tierarzt findet, zum Beispiel den „VetFinder"

BEZUGSADRESSEN FÜR HOMÖOPATHISCHE ARZNEIMITTEL

Anmerkung: Von den nachfolgend aufgeführten Firmen können Sie die in diesem Buch empfohlenen homöopathischen Arzneien beziehen bzw. über eine örtliche Apotheke besorgen lassen. Wenn Sie im Internet unter „homöopathisch Apotheke" suchen, werden Sie höchstwahrscheinlich noch andere Namen und Adressen finden, die vielleicht mehr in Ihrer Nähe sind und wo Sie ebenfalls homöopathische Mittel bestellen können.

Deutschland:

DHU: Deutsche Homöopathie-Union, Ottostr. 24, 76227 Karlsruhe, www.dhu.de

Gudjons: Höfatsweg 21, 86391 Stadtbergen, www.gudjons.com/www.gudjons-shop.com/ www.gudjons-apotheke.de

Heel: Dr. Reckeweg-Str. 2-4, 76532 Baden-Baden, www.heel.de

Staufen-Pharma: Bahnhofstr. 35, 73033 Göppingen, www.staufen-pharma.de

Weleda-AG: Möhlerstr. 3, 73525 Schwäbisch Gmünd, www.weleda.de

Österreich:

Remedia: Salvator-Apotheke, Hauptstr. 4, A-7000 Eisenstadt, www.remedia.at

Schweiz:

Schmidt-Nagel: www.schmidt-nagel.ch

Spagyros: www.spagyros.ch

Belgien:

Boiron/Dolisos : www. boiron.com

Großbritannien :

Helios: www.helios.co.uk

WEITERFÜHRENDE LITERATUR

Bär, (2006) Arzneimittellehre in der Tierhomöopathie II, Aude Sapere Verlag
Bär, (2002) Arzneimittellehre in der Tierhomöopathie I, Aude Sapere Verlag
Borschel, (2002) Homöopathie in der Veterinärmedizin, Barthel Verlag
Borschel, (2000) Klinische Materia Medica in der Tiermedizin, Barthel Verlag
Couzens, (2014) Das Pferde-Homöopathie-Buch, Narayana Verlag
Deiser, (2008) Taschen-Repertorium der homöopathischen Tiermedizin, MVS Medizinverlage
Favre, (2011) Homöopathie für Schafe, Narayana Verlag
Fünfrocken, (2012) Arbeitsbuch Tierhomöopathie, Narayana Verlag
Henne, (2014) Blutegeltherapie bei Tieren, Narayana Verlag
Krüger, (2010) Praxisleitfaden Tierhomöopathie, MVS Medizinverlage Stuttgart
Mathison, (2012) Homöopathische Mittelbilder für Tiere, Narayana Verlag
Rakow, (2009) Die homöopathische Stallapotheke, Kosmos Verlag
Rakow / Rakow, (1995) Homöopathie in der Tiermedizin Groß- und Kleintiere, Aude Sapere Verlag
Richard / Pitcairn, (2013) Natürliche Gesundheit für Hund und Katze, Narayana Verlag
Saxton, (2013) Leitfaden Miasmen, Narayana Verlag
Saxton / Gregory, (2006) Lehrbuch der Veterinärhomöopathie, MVS Medizinverlage Stuttgart
Sonnenschmidt, (2014) Haustiere und Ziervögel ganzheitlich behandeln, Narayana Verlag
Stein, (2004) Homöopathische Therapie des Hundes, Natura Med Verlag
Wolff, (2012) Unsere Hunde – gesund durch Homöopathie, MVS Medizinverlage Stuttgart
Wolff, (2014) Unsere Katze – gesund durch Homöopathie, MVS Medizinverlage Stuttgart
Ziegler, (2015) Hunde würden länger leben, wenn ..., mvg

SEMINARE / INTERVIEWS

Armstrong, (2014) Krebserkrankungen von Tieren – ein homöopathischer Ansatz – 1 DVD, Narayana Verlag
Armstrong, (2013) Krebstherapie bei Tieren mit Homöopathie – 1 DVD, Narayana Verlag
Couzens / Krüger / Pysall / Saxton / Armstrong / Fraefel / Favre / Sonnenschmidt / Henne, Tierhomöopathie-Kongress 2013 – DVD-Set, Narayana Verlag
Gnadl / Krüger /Fraefel, (2009) Homöopathie bei Rindern, Pferden, Hunden und Katzen – Der Tierhomöopathie-Kongress auf 6 DVD's, Narayana Verlag
Gnadl / Lamminger, (2009) Einblicke in die homöopathische Behandlung von Rindern – 1 DVD, Narayana Verlag
Krüger, (2014) Das Auffallende finden – Die Kunst der homöopathischen Anamnese bei Tieren – 1 DVD, Narayana Verlag
Krüger, (2012) Homöopathie bei Katzen – Katzenseminar – 8 DVDs, Narayana Verlag
Krüger / Scherr, (2012) Pferdehomöopathie – 2 Audio-CDs im mp3-Format, Narayana Verlag
Saxton, (2013) Miasmen in der Tierhomöopathie – 1 DVD, Narayana Verlag
Scherr / Urbas / Bär / Weiermayer / Nowotny, (2014) Homöopathisches Pferdeseminar für Praktiker – 10 DVDs, Narayana Verlag

ARZNEIMITTELVERZEICHNIS

A

B

C

SACHREGISTER

Hinweis:
Manche Symptome sind so allgemeiner Art, dass das Sachregister nur dann hilfreich wäre, wenn sich die Seitenzahl auf ein bestimmtes Kapitel bezöge. Solche allgemeinen Symptome sind z. B.: Sich kratzen oder beißen, Durchfall und Erbrechen, Trägheit, Reiben, Schock, Fieber. Die Suche nach einer Arznei geht oft schneller, wenn man ein etwas weniger gewöhnliches Symptom findet.

L

M

N

O

P

Abbildungsverzeichnis

Coverabbildungen

Frontseite (von links nach rechts):

Oben 1: © Dudarev Mikhail shutterstock.com

Oben 2: © Dmitry Kalinovsky shutterstock.com

Oben 3: © Baronb shutterstock.com

Oben 4: © Dan Vostok shutterstock.com

Oben 5: © Horse Crazy shutterstock.com

Mitte 1: © danz13 shutterstock.com

Mitte 2: © SantiPhoto55 shutterstock.com

Mitte 3: © Vera karlova shutterstock.com

Mitte 4: © veryolive shutterstock.com

Mitte 5: © otsphoto shutterstock.com

Mitte 6: © spiro shutterstock.com

Unten 1: © Nina Buday shutterstock.com

Unten 2: © Stefano Garan shutterstock.com

Rückseite:

© Nikiteev_Konstantin shutterstock.com

Weitere Abbildungen

S.6 oben, 22 © Distrikt 3 shutterstock.com

S. 6 unten, 56/57 © Eric Isselee shutterstock.com

S. 7, 154 oben © Schubbel shutterstock.com

S. 8 oben, 170 © yevgeniy11 shutterstock.com)

S. 8 mitte oben, 173 © Ru Bai Le shutterstock.com

S. 8 mitte, 176 © Kostin_max shutterstock.com

S. 8 mitte unten, 180 © Bildagentur Zoonar GmbH shutterstock.com

S. 8 unten, 184 © VeryOlive shutterstock.com

S. 9 oben, 189 © Rita Kochmarjova shutterstock.com

S. 9 mitte oben, 213 © Miroslav Hlavko shutterstock.com

S. 9 mitte unten, 217 © amenic181 shutterstock.com

S. 9 unten, 221 © Cherry-Merry shutterstock.com

S. 10 oben, 242 © Anton Gvozdikov shutterstock.com

S. 10 oben mitte, 247 © sanddebeautheil shutter-stock.com

S. 10 mitte unten, 276 © Heiko Kiera shutterstock.com

S. 10 unten, 281 © smereka shutterstock.com

S. 11 oben, 306 © Baronb shutterstock.com

S. 11 mitte oben, 321 © Karel Gallas shutterstock.com

S. 11 mitte unten, 327 © janecat shutterstock.com

S. 11 unten, 345 © monticello shutterstock.com

S. 12 oben, 355 © Dudarev Mikhail shutterstock.com

S. 12 unten, 364/365 © photo-oasis shutterstock.com

S. 58 © cynoclub shutterstock.com

S. 150 © Sascha Preussner shutterstock.com

S. 152-153 © Eric Isselee shutterstock.com

S, 154 oben © Schubbel shutterstock.com

S. 154 unten © Brberrys shutterstock.com

S. 159 © risteski goce shutterstock.com

S. 165 © Geoffrey Kuchera shutterstock.com

S. 168 oben links © Mirko Rosenau shutterstock.com

S. 168 oben rechts © Nantawat Chotsuwan shutterstock.com

S. 168 mitte/unten rechts © Pakhnyushchy shutterstock.com

S. 168 unten links © Ermolaev Alexander shutterstock.com

S. 169 oben links © Eric Isselee shutterstock.com

S. 169 oben rechts © Eric Isselee shutterstock.com

S. 169 alle unten © Pakhnyushchy shutterstock.com

S. 256 © eastern light photography shutterstock.com

S. 277 © phloen shutterstock.com

S. 278 © schankz shutterstock.com

S. 282 © fullempty shutterstock.com

S. 287 © aleks.k shutterstock.com

S. 310 © Jeroen Beerten shutterstock.com

S. 328 © tratong shutterstock.com

S. 349 © Kuttelvaserova Stuchelova shutterstock.com

S. 354 © wim claes shutterstock.com

S. 25, 27, 29, 31, 32, 39, 40, 46, 50, 60, 64, 75, 92, 107, 118, 120, 131, 140, 148, 252, 272 © Katja Kappeler

S. 36, 87, 130, 220 © Kleintierklinik Frank, Partnerschaft Freiburg, Mooswaldallee 10i, 79108 Freiburg i. Br., www.kleintierklinik-frank.de

S. 197-198 © orthoVET, Dr. med. vet. Patrick Blättler Monnier, Fasanenstr. 13, 4402 Frenkendorf, Schweiz http://www.orthovet.ch

S. 126 © Kalumet, wikimedia commons

S. 258 © Anke Henne

Richard H. Pitcairn / Wendy F. Jensen

Das große Repertorium der Tierheilkunde

Zur homöopathischen Behandlung nach Bönninghausen und Kent und vielen weiteren Autoren – neu aufbereitet für Veterinäre

752 Seiten, geb., € 118.-

Endlich gibt es das erste Repertorium in dieser Vollständigkeit ausschließlich für Veterinäre. Es ist das erste, das mit großer Sorgfalt speziell für die Verwendung in der Tierearztpraxis zusammengestellt wurde.

Die Tierärzte Richard Pitcairn und Wendy Jensen, mit zusammengenommen über 55 Jahren ausschließlich homöopathischer Praxiserfahrung, bringen ihr Wissen über Tierkrankheiten und die dazu am besten passenden Rubriken in dieses beispiellose Nachschlagewerk ein. Grundlage für dieses Werk war das Repertorium von Bönninghausen in der Ausgabe von Boger, und zwar aufgrund seiner Betonung der physischen Zustände und seines geschickten Umgangs mit Modalitäten und Begleitsymptomen, die in der Arbeit mit Tieren so unumgänglich sind. Nach dem Aussortieren des nicht verwendbaren Materials wurden Rubriken hinzugefügt oder erweitert, die besonders in der Tierarztpraxis hilfreich sind – vor allem aus Kents Repertorium, doch auch aus anderen Quellen, einschließlich Jahr, Boger, Allen, Hering und Boericke. Dazu kamen umfangreiche Querverweise, mit denen die ähnlichsten Rubriken leichter als je zuvor aufzufinden sind.

Dieses Werk, das erste seiner Art, wird die praktische Arbeit jedes homöopathischen Tierarztes befriedigender und erfolgreicher gestalten.

Richard H. Pitcairn / Susan Pitcairn

Natürliche Gesundheit für Hund und Katze

Mit Homöopathie und Naturheilkunde

616 Seiten, geb., € 39.-

Dieser Leitfaden liefert eine unglaubliche Fülle an wertvollen Hinweisen zur Gesunderhaltung von Haustieren in ihren unterschiedlichen Lebensphasen. Die englische Ausgabe ist mit über 500.000 verkauften Exemplaren bereits ein Bestseller.

Richard Pitcairn ist der wohl bekannteste homöopathische Tierarzt in den USA. Auf 600 Seiten gibt er wichtige Empfehlungen zur homöopathischen Behandlung und zu naturheilkundlichen Maßnahmen bei den häufigsten Erkrankungen von Hund und Katze.

Die Gesundheit fängt bereits beim Tierfutter an. Kritisch hinterfragt Dr. Pitcairn dessen Zusammensetzung und gibt einfache Rezepte für selbstgemachte Tiernahrung sowie spezielle Hinweise für kranke Tiere.

Seine praktischen Behandlungshinweise reichen von Beschwerden wie Allergien, Haarausfall, Hauterkrankungen, Würmern, Appetitverlust, Durchfall, Husten und Augenerkrankungen über Vergiftungen und Notfälle, Epilepsie, Probleme nach Impfungen und Kastration bis zur Hüftgelenksdysplasie, Arthrose, Tumoren, feliner Leukämie, Toxoplasmose, Staupe und Verhaltensproblemen. Ein Ratgeber, der sowohl Tierhaltern als auch Therapeuten eine unglaubliche Fülle an wertvollen Tipps gibt.

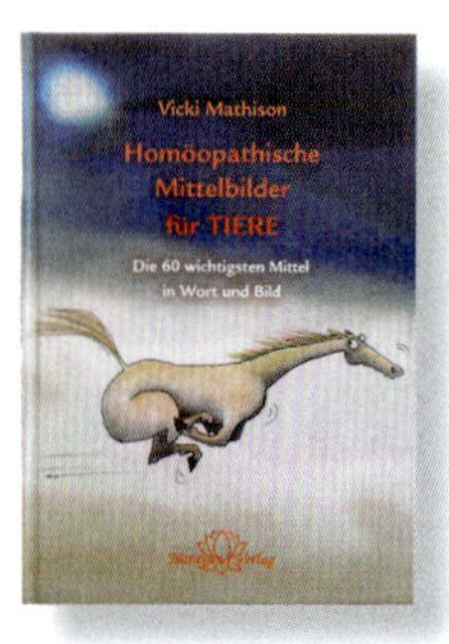

Vicki Mathison

Homöopathische Mittelbilder für Tiere

Die 60 wichtigsten Mittel für Tiere in Wort und Bild

136 Seiten, geb., € 39.-
60 homöopathische Mittel für Tiere, dargestellt mit köstlichen Karikaturen und treffenden Leitsymptomen – selten hat das Studium von Arzneimittelbildern so viel Spaß gemacht.
Die neuseeländische Tierhomöopathin Vicki Mathison vereint in diesem Werk künstlerisches Können mit tiefer Feinfühligkeit für das Wesen der Tiere und das passende Mittel.
„Gibt es eine bessere Art zu lernen, als die Essenz eines Mittels mit einer Karikatur zu erfassen? Vicki Mathison versteht den Geist des Pferdes, wie nur ein Pferdenarr es kann, der schon aus den winzigsten Anzeichen Wesen und Stimmung des Pferdes herauszuspüren vermag. Auch Hunde und andere Tiere haben einen großen Platz in ihrem Herzen. Deren Possen fängt sie in Karikaturen ein, durch die man das Tier deutlich erkennen kann.
Vicki Mathison ist nicht nur eine Meisterin darin, die Essenz zu zeichnen, sie malt auch mit Worten ein deutliches Bild. Die Mittel werden zum Leben erweckt und sind keine bloße Symptomliste mehr. Die Trauer von Natrium muriaticum, die Erregung von Arsenicum, die Ruhelosigkeit von Iodum – sie alle nehmen Gestalt an und sind leicht zu erkennen. Wie sie selbst sagt, ist es so schön, sich von einem Tier sein Mittel „zeigen" zu lassen.

Rosina Sonnenschmidt

Haustiere und Ziervögel ganzheitlich behandeln

Mit Homöopathie, Bach-Blüten, Farb- und Klangtherapie

228 Seiten, geb., € 39.-
Die Heilpraktikerin Rosina Sonnenschmidt ist eine der großen Pionierinnen der ganzheitlichen Tiertherapie. In ihrem Standardwerk spannt sie den großen Bogen von der Wahl des passenden Haustiers, über Vorsorge und Behandlung der häufigsten Beschwerden bis hin zur angstfreien Sterbebegleitung. Dabei setzt sie erfolgreich einzeln oder in Kombination die Farb- und Klangtherapie sowie die Homöopathie und Bachblüten ein.
Die Grundlagen der Farbtherapie werden ausführlich erläutert. Welche Farben wirken anregend und welche beruhigend oder sind schlaffördernd? So kann Grünlichtbestrahlung mit anschließendem orangenem Licht Traumen nach Operationen abbauen und die Wundheilung fördern.
Musiktherapie kann Erstaunliches leisten, auch wenn andere Therapien versagen. So konnte ein aggressiver Hund durch klassische Musik wieder Vertrauen zum Menschen aufbauen.
Lebendig werden die wichtigsten homöopathischen Konstitutionstypen beschrieben und wie sich diese bei den verschiedenen Tierarten zeigen. Auch bestimmte Komplexmittel kommen zum Einsatz, wie z. B. Mischungen für schönes Fell bei Nagern, Augenentzündungen bei Vögeln, Probleme nach Kastration oder Stress bei Fischen.
Das Werk bietet eine erstaunliche Fülle an praktischen Hinweisen und ist eine Bereicherung sowohl für den Tierhalter als auch den Tiertherapeuten.

Marion Fünfrocken

Arbeitsbuch Tierhomöopathie

Über 50 Fälle zum Selbstlösen

232 Seiten, geb., € 34.-

Homöopathie ist auch bei Tieren eine bewährte und sanfte Heilmethode. Die erfahrene Tierheilpraktikerin Marion Fünfrocken gibt in ihrem Leitfaden praktische Hilfestellung für angehende Tierhomöopathen und interessierte Laien, wie man am besten zum passenden homöopathischen Mittel kommt.
Anhand von über 50 eindrucksvollen Fallbeispielen zeigt sie das praktische Vorgehen bei der Mittelfindung. Die Fälle werden detailliert beschrieben – häufig auch mit Fotos – und man wird ermuntert, selbst die möglichen Ursachen, die wichtigsten Symptome, die passenden Repertoriumsrubriken und anschließend das richtige Mittel zu finden.
Die Auflösung kann man am Ende des Buches nachlesen – verbunden mit einer ausführlichen und nachvollziehbaren Begründung der Mittelwahl und dem Heilungsverlauf.
Die Fallbeispiele reichen vom Erbrechen bei einer Katze, einer Hornhauttrübung beim Meerschweinchen, Bauchkrämpfen bei einer Ratte, über Panikattacken beim Pferd bis zum metastasierenden Mamma-Karzinom beim Hund.
Neben den Fällen gibt das Werk auch wertvolle Tipps zur Fallaufnahme, der Wertung von Symptomen, der passenden Potenzwahl, der Beurteilung des Heilungsverlaufs, der symbolischen Bedeutung von Krankheiten sowie zur Beziehung zum Tierhalter.
Ein praktisches Werk, aus dem der Leser großen Nutzen für seine eigene Praxis ziehen wird.

Anke Henne

Blutegeltherapie bei Tieren

Methodik, Indikationen und Fallbeispiele

136 Seiten, geb., € 29.-

Die Blutegeltherapie beim Menschen ist eine etablierte Behandlung, die durch zahlreiche Studien belegt ist.
Erstmals beschreibt in diesem Werk die erfahrene Tierheilpraktikerin Anke Henne die Anwendung von Blutegeln beim Tier. Sie gibt eine systematische, leicht nachvollziehbare Anleitung und beschreibt eindrückliche Heilungserfolge bei schweren, oft chronischen Erkrankungen.
Neben einer ausführlichen Einführung zur Biologie und Wirkweise werden Haltung und Handhabung des Blutegels erläutert. Detailliert werden Anamnese und Aufklärung, das Anlegen des Blutegels sowie Nachsorge, mögliche Nebenwirkungen und Kontraindikationen dargestellt.
Im Hauptteil des Buches werden verschiedenste Anwendungsmöglichkeiten beim Tier besprochen. Dies umfasst die Behandlung von Arthrosen, Abszessen, Hämatomen, Gallen und Piephacken, der Operationsnachsorge bis zur Hufrollenentzündung, Spondylose und Sehnenscheidenentzündung. Besonders bewährt hat sich die Therapie bei der sonst oft therapieresistenten Hufrehe des Pferdes. Zum Einsatz kommen Blutegel u. a. bei Hund und Katze, beim Pferd und beim Schwein.
Das Buch ist reich bebildert, die Anwendung wird praxisnah anhand vieler Fallbeispiele erläutert – ein vielversprechendes Grundlagenwerk.

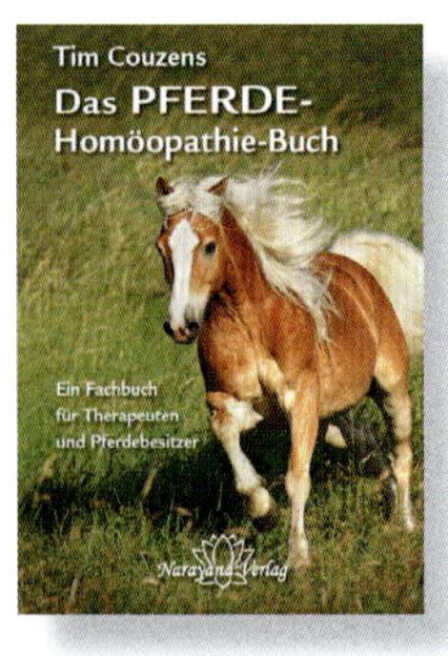

Tim Couzens

Das Pferde-Homöopathie-Buch

Ein Fachbuch für Therapeuten und Pferdebesitzer

580 Seiten, geb., € 58.-
Das wohl umfangreichste Werk über die homöopathische Therapie von Pferden.
Tim Couzens, praktizierender Tierarzt und Homöopath aus Großbritannien, geht in bisher einmaliger Ausführlichkeit auf die ganze Bandbreite von Pferdekrankheiten ein und beschreibt detailliert die wichtigsten Arzneimittel bei den einzelnen Symptomen und klinischen Indikationen. Besonders wertvoll ist die Pferde-Materia-Medica, die in Umfang und Beschreibung auch „kleiner" Mittel bisher einmalig ist.
Das Buch beginnt mit einer kurzen Betrachtung der Geschichte der Homöopathie und ihrer Wirkungsweise, einer Beschreibung der wichtigsten Konstitutionstypen beim Pferd sowie Erläuterungen zur Auswahl des Arzneimittels, zur Wahl der Potenz und zur Dosierung bezogen auf den jeweiligen Fall. Im zweiten Teil werden die verschiedenen Organsysteme mit ihren häufigsten Problemen und den dazu passenden Mitteln umfassend dargestellt, indem jedes Heilmittel durch einige Schlüsselsymptome kurz beschrieben wird. Dieser Teil schließt Abschnitte über Verhaltensprobleme, Vergiftungen, Impfungen, Erste Hilfe und Notversorgung ein. Der dritte Teil beinhaltet eine äußerst detaillierte Materia Medica zur homöopathischen Behandlung von Pferden. Auch viele seltene Mittel werden angesprochen – eine wahre Fundgrube für jeden Therapeuten jenseits der gängigen Ratgeberliteratur.

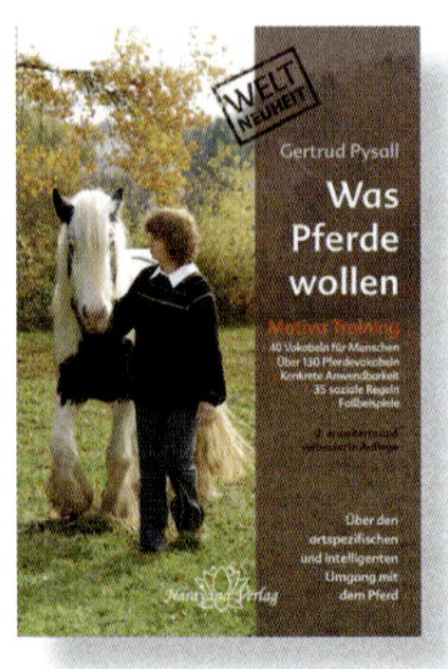

Gertrud Pysall

Was Pferde wollen

Motiva Training – Über den artspezifischen und intelligenten Umgang mit dem Pferd

272 Seiten, geb., € 34.-
Dieses Buch ist nicht nur für alle Pferdefreunde eine Offenbarung, sondern auch für die Menschen, die schon immer eine unerklärliche Sehnsucht nach Pferden oder Reiten verspürten. In jahrelanger Arbeit erforschte Gertrud Pysall das Wesen und die Verhaltensweisen von domestizierten Pferden, deren Umgang mit Menschen und die Reaktionen auf das Leben in Stallungen anstatt in freier Wildbahn. Sie gibt jedem Leser wertvolle Hilfen an die Hand, zu einem harmonischen und friedlichen Miteinander zu finden.
Die Schwierigkeiten im Umgang mit Pferden lassen sich nicht alleine durch die Liebe zu ihnen lösen. Dieses Buch schafft ein Bewusstsein für die Bedürfnisse der Pferde. Es macht das Pferd nicht zum Täter, sondern weist den Weg zum respektvollen Umgang.
In diesem Werk sind erstmalig die sozialen Regeln der Pferde dargestellt. Dies umfasst ca. 130 „Vokabeln" der Pferde und auch etwa 40 notwendige Kommunikationsgesten für Menschen. Durch ihren Gebrauch wird der Mensch zu einem anerkannten Sozialpartner des Pferdes. Er schafft damit die Grundvoraussetzung für Pferde, sich für ein Vertrauensverhältnis zum Menschen zu entscheiden.
Die 2. erweiterte und verbesserte Auflage mit neuem übersichtlichen Layout wurde um weitere Pferde-Vokabeln, viele Fotos zur Erläuterung der Motiva-Einheiten und Vokabeln sowie um ein neues Fallbeispiel ergänzt.

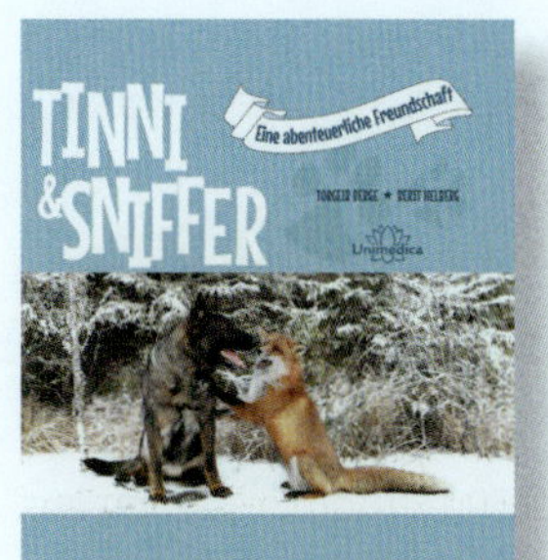

Torgeir Berge / Berit Helberg

Tinni & Sniffer

Eine abenteuerliche Freundschaft

106 Seiten, geb., € 19,80

Als Bilder des scheuen Fuchses und seines ungewöhnlichen Freundes – dem Schäferhund Tinni – um die Welt gingen, gab es ein großes Echo. Nun gibt es die Geschichte auch als liebenswertes Bilder- und Lesebuch.

Sniffer, der Fuchs, und Tinni, der Schäferhund, treffen sich zufällig in einem Wald in Norwegen. Es geht nicht lang und sie sind beste Freunde – obwohl Sniffer ein wildes und natürliches Leben führt und Tinni ein zahmer, wohlerzogener Hund ist. Seitdem haben die zwei Tiere viele spannende Tage zusammen erlebt.

Tinni & Sniffer basiert auf einer wahren Geschichte und berührt jeden Leser. Es erzählt, wie zwei Freunde, die so verschieden aussehen, doch so viel gemeinsam haben, und zusammen leben und spielen.

Durch die Fotografien von Tinnis Herrchen, Torgeir Berge, und die Texte von Berit Helberg, ist es ein einmaliges Buch voll von bezaubernden Bildern und Eindrücken.

Gilberte Favre

Homöopathie für Schafe

Ein praktisches Handbuch zur Behandlung der wichtigsten Krankheiten und Verletzungen

328 Seiten, geb., € 39.-

Ein praktischer Ratgeber, der ausführlich die häufigsten Erkrankungen und Verletzungen bei Schafen und deren homöopathische Behandlung erläutert. Es ist das erste Werk seiner Art, das dieses Thema so ausführlich und kompetent abhandelt.

Gilberte Favre verfügt über langjährige Erfahrung in der homöopathischen Behandlung von Schafen. Im vorliegenden Werk gibt sie ihr reichhaltiges Wissen auf diesem Gebiet weiter.

Von Aggressivität, Ängstlichkeit und Dauerblöken über Kriebelmücken, Husten und Atemnot, Unfruchtbarkeit, wiederholte Aborte und Mastitis bis zu Darmpech der Lämmer, Lahmheit und Beschwerdem nach schimmligem Futter – die Autorin erläutert detailliert die gesamte Bandbreite von typischen Erkrankungen der Schafe und deren homöopathische Therapie. Zusätzlich gibt sie wertvolle naturheilkundliche Hinweise, die sich in der Praxis bei Schafen bewährt haben. Als Hilfestellung zur passenden Mittelwahl beschreibt sie außerdem das Wesen der Schafe, ihre Konstitutionstypen und das Interpretieren ihrer Körpersprache.

Am Ende des Werks werden die erwähnten homöopathischen Arzneimittel erneut in knapper Form beschrieben sowie deren korrekte Anwendung und Aufbewahrung. Die Zusammenstellung einer Stallapotheke, die auf die Bedürfnisse der Schafe zugeschnitten ist, sowie detaillierte Pflanzenbeschreibungen der empfohlenen Heilpflanzen in Kurzform runden das Werk ab.

Das Werk überzeugt durch seine Detailliertheit und Praxistauglichkeit. Immer wieder zeigt sich die große Erfahrung der Autorin bei den einzelnen klinischen Hinweisen, welche in dieser Fülle einzigartig sind. Das Buch ist für Schafhalter und Therapeuten gleichermaßen ein Muss.

Tim Couzens / Christiane P. Krüger / Gertrud Pysall / John Saxton / Sue Armstrong / Dominique Fraefel / Gilberte Favre / Rosina Sonnenschmidt / Anke Henne

Tierhomöopathie-Kongress 2013 – DVD-Set

Seminar vom 19. - 21. April 2013 in Badenweiler

9 DVDs, € 195.-
Lange herbeigesehnt und ein voller Erfolg – über 250 Tierhomöopathen aus 12 Ländern trafen sich im April zum 2. internationalen Tierhomöopathie-Kongress, der mit vielseitigen und sehr praxisbezogenen Beiträgen für Begeisterung sorgte.

Tim Couzens: Mittelfindung beim Pferd, Beschreibung hilfreicher Mittel bei den wichtigsten Krankheiten und einer lebendigen Darstellung zahlreicher Pferde-Arzneimittelbilder.

Christiane Krüger: Porträts von Pferde-Arzneimitteltypen, illustriert jeweils durch ausdrucksstarke Fallbeispiele und klinische Indikationen.

Gertrud Pysall: Beobachtungen zur Kommunikation von bzw. mit Pferden – anhand von kurzen, prägnanten Videoausschnitten.

John Saxton: Hahnemanns Miasmen als physiologisches Konzept sowie die Wirkungsweise und Anwendungsmöglichkeiten der Darmnosoden in der Praxis.

Sue Armstrong: Vorgehen in der homöopathischen Krebstherapie von der Prävention bis hin zur palliativen Behandlung im Endstadium und Beobachtung eines Zusammenhangs zwischen Krebs und Verletzungen bzw. Entzündungen.

Dominique Fraefel: Beschreibungen und Beispielvideos zu Verhalten und körperlichen Symptomen bei Lycopodium-Katzen.

Gilberte Favre: Wesen und Umgang mit Schafen – ergänzt durch praktische Hinweise zur Untersuchung und Verabreichung homöopathischer Mittel und die Darstellung wichtiger Konstitutions- und SOS-Mittel.

Rosina Sonnenschmidt: Ganzheitliche Behandlung von Vögeln bestehend aus Hormontherapie, Lichttherapie, der von ihr entwickelten Vogel-Akupunktur und miasmatischer Homöopathie mit zahlreichen Beispielen.

Anke Henne: Nutzen und Anwendung von Blutegeln bei Beschwerden z. B. im Bewegungsapparat.

Der hohe Praxisbezug und die breite Fächerung der Themen bot für jeden, ob Großtier- oder Kleintierpraxis, ein hohes Maß an Information und machte diesen Tierhomöopathie-Kongress zu einem wertvollen Impulsgeber für die Behandlung von Tieren.

Birgit Gnadl / Christiane P. Krüger / Dominique Fraefel

Homöopathie bei Rindern, Pferden, Hunden und Katzen – Der Tierhomöopathie-Kongress 2009

Seminar vom 20. - 22. März 2009 in Badenweiler

6 DVDs, € 99.-
Drei der bekanntesten Tierhomöopathen und Lehrbuchautoren – Birgit Gnadl, Christiane Krüger und Dominique Fraefel – sprachen an drei Tagen über die homöopathische Behandlung von Rindern, Pferden und Kleintieren.

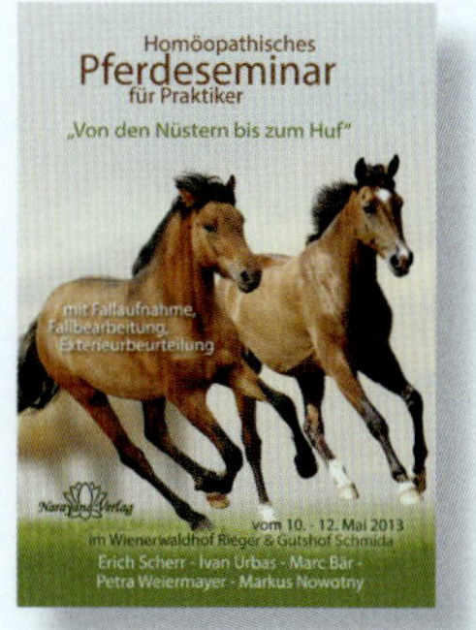

Erich Scherr / Ivan Urbas / Marc Bär / Petra Weiermayer / Markus Nowotny

Homöopathisches Pferdeseminar für Praktiker

im Wienerwald Rieger & Gutshof Schmida, vom 10. – 12. Mai 2013

10 DVDs, € 149.-
Praxisseminar „Von den Nüstern bis zum Huf“
Fallaufnahme, Fallbearbeitung, Exterieurbeurteilung – LIVE im Pferdestall
Ein Seminar das verschiedenste Aspekte der Pferdehaltung bzw. -behandlung thematisierte – beispielsweise Anforderungen an das Sportpferd, Hinweise zu einzelnen Pferderassen, wie z. B. die Eignung für bestimmte Sportarten, die Live-Anamnese auf dem Platz sowie im Pferdestall, Workshops zur homöopathischen Behandlung und Fallbearbeitungen ...
Züchter, Reiter und Pferdetherapeuten finden hier viele sehr interessante Hinweise, wie das Team von Spezialisten in der Praxis der homöopathischen Behandlung vorgeht. Eine weitere Besonderheit des Seminars ist eine Zuchtbewertungsübung mit 8 Ponystuten.
Unter anderem mit folgenden interessanten Fällen: Hannoveraner, 12 Jahre, Periodische Augenentzündung, Kastrationsfolgen, Koordinationsstörungen; Welsh, 22 Jahre, Hufrehe, Cushing; Hannoveraner, 20 Jahre, Shivering, Spat; Stute, 11 Jahre, Verhaltensauffälligkeiten: Fallberichte Erkrankungen der Haut und des Atmungstrakts, Phlegmone/Einschuss, fieberhafte Erkrankungen.

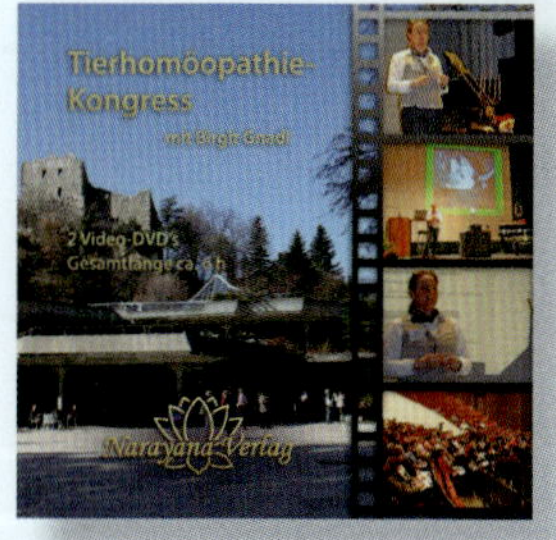

Birgit Gnadl

Tierhomöopathie-Kongress RINDER mit Birgit Gnadl

Seminar vom 20. März 2009

2 DVDs, € 48.-
Aufzeichnung des Tierhomöopathie-Kongress vom 20. März 2009 in Badenweiler.

Aus dem Inhalt:
- Homöopathische Behandlung im Stall
- Homöopathische Stallapotheke
- Rund um die Geburt
- Fruchtbarkeit
- Erkrankungen des Euters
- Homöopathische Behandlung bei Kälbern
- Erhebung zur Blauzungenimpfung
- Homöopathische Behandlung von Impfschäden

Blumenplatz 2, D-79400 Kandern
Tel: +49 7626-974970-0, Fax: +49 7626-974970-9
info@narayana-verlag.de